Mel Greaves · Krebs – der blinde Passagier der Evolution

Springer-Verlag Berlin Heidelberg GmbH

Mel Greaves

Krebs –
der blinde Passagier der Evolution

Mit 21 Abbildungen

Springer

Professor MEL F. GREAVES
Director, Leukaemia Research Fund Centre
Institute of Cancer Research
Chester Beatty Laboratories
237 Fulham Road
London SW3 6JB
Großbritannien

Übersetzt von

Dr. ANDREA PILLMANN
Am Zapfenberg 32
69121 Heidelberg
Deutschland

Cancer: The Evolutionary Legacy was originally published in English in 2000. This translation is published by arrangement with University Press.

Die Originalausgabe **Cancer: The Evolutionary Legacy** erschien 2000 auf Englisch. Diese Übersetzung wird in Übereinkunft mit Oxford University Press publiziert.

ISBN 978-3-662-06207-4   ISBN 978-3-662-06206-7 (eBook)
DOI 10.1007/978-3-662-06206-7

Die Deutsche Bibliothek - CIP-Einheitsaufnahme

Greaves, Mel:
Krebs - der blinde Passagier der Evolution / Mel Greaves. Aus dem Engl.
übers. von A. Pillmann.
  Einheitssacht.: Cancer - the evolutionary legacy dt.>

http://www.springer.de

©Springer-Verlag Berlin Heidelberg 2003
Ursprünglich erschienen bei Springer-Verlag Berlin Heidelberg New York 2003
Softcover reprint of the hardcover 1st edition 2003

Satz: Reprofähige Vorlage von Andrea Pillmann
Einbandgestaltung: design & production GmbH, Heidelberg
Umschlagfoto: Leukämiezelle im konfokalen Mikroskop
SPIN 10878536   39/3130 - 5 4 3 2 1 0 - Gedruckt auf säurefreiem Papier

Für Jo

Vorwort

Die Wissenschaft bietet uns einen von vielen möglichen Blickwinkeln, die Welt, in der wir leben, zu betrachten. Die menschliche Neugierde verhilft dem Wissenschaftler zu einem gewissen Grundoptimismus, der allerdings in Naivität umschlagen kann, wenn er dabei versucht, aus den komplexen Phänomen der Welt ein zu einfaches Bild zu zeichnen. Die Dimensionen von Raum und Zeit liegen jenseits unserer unmittelbaren Wahrnehmungsmöglichkeiten und verleiten leicht zu phantastischen Vorstellungen. Es sollte daher vielmehr darum gehen, sich um ein Verständnis der Komplexität zu bemühen. Diese Herausforderung ist für einige Forscher dann besonders reizvoll, wenn es dabei auch um den Menschen geht.

Krebs ist eines der drängenden Rätsel der Menschheit, das nach Aufklärung verlangt, momentan allerdings noch schwer fassbar, widerspenstig und ungelöst erscheint. Aber ist es das wirklich? Inzwischen gibt es durchaus einleuchtende und in sich schlüssige Erklärungen für diese häufig als launisch bezeichnete Krankheit. Mit diesen möchte ich mich in diesem Buch beschäftigen. Es handelt von unserer Geschichte, von Geographie, den Versprechungen der Molekularbiologie, von menschlichen Schwächen – und dem Glücksspiel. Vor allem anderen aber wird es um die Evolution gehen.

Meiner Ansicht nach ist die evolutionäre Sichtweise der Schlüssel zum Verständnis von Krebs. Noch bis vor wenigen Jahren wäre diese Ansicht vermutlich ungehört verhallt. Glücklicherweise hat sich dies inzwischen geändert. Heute kann ich kaum das Radio oder den Fernseher anschalten, ohne mit lärmenden Argumenten über Gene und Evolution konfrontiert zu werden; üblicherweise in Verbindung mit dem Klonen, mit Sex oder Religion. Evolution und die neodarwinistische Biologie können anscheinend alles erklären, von den Besonderheiten unserer physischen Konstitution über unsere Sprachfähigkeit und psychischen Merkmale bis hin zu wirtschaftlichen Zusammenhängen – und uns vor allem zu einem besseren Verständnis unserer Krankheiten verhelfen.

Randolph Nesse und George Williams prägten für diese neue Betrachtung der Krankheiten den Begriff „Darwinsche Medizin". Darwin erfreut sich augenscheinlich einer leidenschaftlichen Wiederbelebung, angestoßen durch die Entdeckungen von Watson und Crick und besonders stark gefördert durch George Williams, Richard Dawkins, Steve Jones, Daniel Dennett und andere eloquente und enthusiastische Anhänger.

Es ist die Macht der Molekulargenetik, die diese neue biologische Sicht auf den Menschen angestoßen hat. Allerdings bleibt sie kümmerlich, wenn sie sich bei der Lösung der großen Fragen alleine auf die Betrachtung der Gene beschränkt. In Wirklichkeit ist unsere Biologie weit vielschichtiger und interessanter. Dennoch befinden sich die Gene natürlich im Zentrum der Krebsproblematik. Sie sind der

Brennpunkt der komplexen Wechselwirkungen innerhalb eines kaum zu überschauenden Spiels mit dem Zufall. Die Teilnehmer und die Regeln dieses Spieles wurden von der Evolution bestimmt. Krebs ist in der Natur weit verbreitet und stellt in gewisser Weise einen natürlichen Bestandteil der Natur dar. Die Situation des Menschen und die weite Verbreitung von Krebs in unseren Gesellschaften sind allerdings einzigartig. Dies beruht, kurz gesagt, darauf, dass wir die Regeln des evolutionären Spiels geändert haben. So befindet der Mensch sich heute gefangen in einem Missverhältnis zwischen Biologie und Verhalten.

Von der Darwinschen Perspektive verspreche ich mir einen plausiblen Rahmen für die Klärung der drängenden Krebsfragen: Wieso gibt es überhaupt Krebs? Warum wird ein zunächst gesunder Körper nicht damit fertig? Weshalb ist Krebs derartig häufig? Wieso gibt es so viele Risikofaktoren? Warum versagen auch die besten therapeutischen Bemühungen häufig? Was genau ist eigentlich Krebs? Was können wir dagegen unternehmen? Und – warum trifft es ausgerechnet mich? Einige althergebrachte und vereinfachende Vorstellungen über die Ursachen und Heilungsstrategien mussten zunächst überwunden werden. Die nun aufscheinenden Antworten sind auf den ersten Blick wenig eingängig, machen aber überraschend viel Sinn, wenn man sie im richtigen Kontext betrachtet und versteht.

Krebs ist eines der gesundheitlichen Hauptprobleme der entwickelten Gesellschaften. Die Ursachen für Krebs sind vielfältig und vielschichtig und beinhalten sowohl sehr alte als auch neuere evolutionäre Entwicklungen. Die Lösung des Krebsproblems kann also mitnichten einfach sein. Aber wir werden mit Hilfe der Erkenntnisse aus der evolutionären Sichtweise neue Möglichkeiten für frühe Diagnose, biologische Therapie und besonders Vorsorge gewinnen. Die potentielle Bedeutung für die Zukunft ist enorm – als Beispiel genannt seien: genetisches Screening und Überwachung, Risikoabschätzung, neue therapeutische Strategien, Aufbau von Biotechnologie-Unternehmen, Gesundheitssystem und deren Kosten. – Und vermutlich werden sich neue Erkenntnisse ganz besonders auf unsere Lebensgewohnheiten auswirken.

Was ich in diesem Buch anbieten werde, ist lediglich *eine* Möglichkeit, die Dinge zu betrachten. Natürlich gibt es daneben auch andere Perspektiven und Ansichten. Meine Intention ist zielstrebig und, wie ich glaube, sehr klar: Ich möchte erkunden, in welchem Umfange ein evolutionärer und historischer „Blick über die Schulter" dazu geeignet ist, uns Aufschluss über die grundlegenden Fragestellungen der Krebsproblematik zu geben. Ich erwarte dabei nicht, dass dieser Blick uns eine komplette oder einzig gültige Interpretation oder auch Trost für die Patienten erbringen kann. Aber ich bin optimistisch, dass er uns helfen wird, das Problem in hellerem Licht zu betrachten.

Wissenschaftliche und medizinische Publikationen sind häufig hoffnungslos technisch und trocken. Erzählender Schreibstil, Spekulationen, Anekdoten und Humor sind verboten und Metaphern werden sparsam verwendet. Eine meiner Motivationen für dieses Buch beruhte daher darauf, diesen Einschränkungen zu entkommen. Ich habe es mir also etwas bequemer gemacht und denke, das Ergebnis ist dennoch von allgemeinem Interesse, in der Sache akkurat und nachvollziehbar. Es sollte deutlich werden, was allgemein anerkanntes Wissen ist und was in das Feld der Spekulation gehört. Natürlich ist noch viel Ungeklärtes enthalten, und manches wird paradox erscheinen. Einige sehr komplexe oder technische Themenbereiche habe ich vereinfacht dargestellt und dabei die Argumentationsstränge so gradlinig wie möglich gehalten. Außerdem habe ich die namentlichen Referenzen und Anmerkungen auf ein Minimum beschränkt, womit ich natürlich das Risiko eingehe, Wissenschaftlerkollegen und Experten zu brüskieren. Sollte dies der Fall sein, entschuldige ich mich dafür. Ich habe dieses Buch nicht für die Wissenschaftler geschrieben.

MG
London, 1999

Danksagung

Eine ganze Reihe von Leuten haben mich beim Schreiben dieses Buches durch Kritik und Anregungen unterstützt. Besonders bedanken möchte ich mich dafür bei Freda Alexander, David Dearnaley, Richard Doll, Tariq Enver, Tom Greaves, Barry Gusterson, Andrew Lister, Chris Marshall und Robin Weiss. Nick Day, Maria Elena Cabrera, Sonia Guillen, Faith Ho, Richard Houlston, Richard Montali, David Onions, Shizu Saki, Mike Stratton und David Wood versorgten mich freundlicherweise mit wertvollen Informationen zu einzelnen Themen. Chris Priest half mir mit den Illustrationen und verschiedene Kollegen stellten Abbildungen zur Verfügung. Sie sind im Abbildungsnachweis einzeln aufgeführt. Gay Davies und die Mitarbeiter des Institute of Cancer Research haben mich sehr bei der Recherche nach aktuellen und historischen Informationsquellen über Krebs unterstützt.

Während der vergangenen 25 Jahre wurde meine Forschung von verschiedenen Krebsforschungsorganisationen finanziell gefördert. Dadurch war es mir möglich, mich mit den Themen zu beschäftigen, die ich für am spannendsten erachte und tief in die verschlungenen Wege der Krebsproblematik einzudringen. Dafür bin ich dem Institute of Cancer Research, dem Leukaemia Research Fund und dem Imperial Cancer Research Fund zu großem Dank verpflichtet.

Susan Harrison und ihre Kollegen bei Oxford University Press haben sich während der gesamten Zeit sehr für die Verwirklichung dieses Buches eingesetzt. Ich danke Barbara Deversen für ihre exzellente Sekretariatsarbeit. Es heißt, eventuell vorhandene Fehler hätte ich selbst zu verantworten.

Inhaltsverzeichnis

Abbildungsnachweis

Abbildung 2.1 Portrait des Ferrante I von Arragon „Adorazione dei Magi" von M. Cardisco. Freundlicherweise zur Verfügung gestellt von Dr. A. Marchetti und Dr. G. Fornaciari.

Abbildung 8.2 Freundlicherweise zur Verfügung gestellt von Professor M. A. Konerding.

Abbildung 8.3 Freundlicherweise zur Verfügung gestellt von Professor R. Ott.

Abbildung 10.1 Diese Aufnahme wurde im Labor des Autors angefertigt und bereits publiziert in CM et al. (1992) Blood 80:1035 und im Institute of Cancer Research/Royal Marsden Hospital Annual Scientific Report 1991/92.

Abbildung 10.2 Mit freundlicher Genehmigung von J Workman.

Abbildung 11.2 Das Bild von Napoleon ist eine Photographie des Portraits „St. Helena. The Last Phase" von James Sant. Abdruck mit freundlicher Genehmigung des Glasgow Museums: Art Gallery and Museum, Kelvingrove.

Abbildung 13.1 Mit freundlicher Genehmigung von J. Chase.

Abbildung 14.1 Aus: A „History of Smoking" von Count Corti, 1931.

Abbildung 14.2 Aus: Reddy DG et al. (1960) Cancer 13:263. Abdruck mit freundlicher Genehmigung.

Abbildung 15.1 Von der Universitätsbibliothek Leiden, Voss. Lat. F3, fol. 90v.

Abbildung 15.2 Aus „A History of Pathology" von ER Long, Dover Publications, 1965.

Abbildung 19.1 Aus Urteaga O, Pack GT (1966) Cancer 19: 609. Abdruck mit freundlicher Genehmigung.

Abbildung 21.1 Linke und mittlere Abbildung aus T Oliver (1902) Dangerous Trades. J Murray Press, London (Die Abbildungen entstammen ursprünglich von Studien von HT Butlin, 1880).

Die rechte Abbildung stellte Getty Images zur Verfügung.

Abbildung 23.1 Abdruck des Roulette-Bildes mit freundlicher Genehmigung von Cary Design.

Abbildung 25.1 Abdruck mit freundlicher Genehmigung von S Harris.

Teil 1

Krebs:
Antikes Vermächtnis
und moderne Mythen

Niemand kann, auch nicht unter Folter,
genau definieren, was ein Tumor ist.

J Ewing, 1916

Kapitel 1: Die beunruhigenden Fakten

Erlauben Sie mir, mit den schlechten Neuigkeiten zu beginnen: Statistik. Etwa jeder dritte von uns wird irgendwann mit der Diagnose „Krebs" konfrontiert werden, egal ob Präsident, Filmstar, Bischof, Sportler oder Nobelpreisträger, ob Jude oder Nichtjude, schwarz oder weiß, reich oder arm. Täglich sterben ca. 1500 Amerikaner und darüber hinaus weit mehr Nichtamerikaner an Krebs. Über acht Millionen neue Krebserkrankungen werden weltweit pro Jahr diagnostiziert. Krebs ist auf der gesamten Erde und in allen ethnischen Gruppen verbreitet und stellt uns vor große Probleme. Besonders die westliche Welt kann sich mit dieser Krankheit nicht abfinden, da sie gerade Geschmack an Wohlstand, Gesundheit und langem Leben gefunden hat und an rasche Abhilfe bei Problemen aller Art gewöhnt ist. Daher reagiert sie mit Bestürzung auf das Ausbleiben von Lösungen. In der entwickelten Welt spielen Infektionen und Unterernährung als Todesursachen keine große Rolle mehr. Zur Kindersterblichkeit trägt der Krebs heute dagegen stärker bei, wobei allerdings hinzugefügt werden muss, dass kindliche Krebserkrankungen insgesamt gesehen relativ selten sind.

Die verschiedenen Krankheitsbilder, die wir unter dem Namen Krebs zusammenfassen, besitzen außergewöhnlich vielfältige Ausprägungen hinsichtlich ihrer Ursachen, Pathologie, klinischer Symptome, Therapiesensibilität und Heilungschancen. Jede einzelne Krebserkrankung muss individuell betrachtet werden, was uns allerdings vor erhebliche Schwierigkeiten stellt. So weit man den Krebs also überhaupt als *eine* Krankheit bezeichnen kann, handelt es sich um eine Ansammlung vieler (vielleicht tausend oder mehr) Funktionsstörungen innerhalb der Zellen und Gewebe, denen eine biologische Eigenschaft gemeinsam ist – die lokale Ausbreitung eines mutierten Zellklons.

Krebs ist eine fürchterliche Krankheit. Sie wird allgemein als launenhaft und tückisch betrachtet, unsere Wahrnehmung wird allerdings schon alleine durch die Bezeichnung erheblich verzerrt – „Krebs" (ein Erbe der Griechen). Dieser Name ist ungewöhnlich sinnträchtig und beziehungsreich und beinhaltet unmittelbar eine furchteinflößende Konnotation. Es ist wirklich bedauerlich, dass wir diese Bezeichnung nicht rückgängig machen und einen neuen Namen etablieren können. Susan Sontag beschreibt in ihrem Buch „Illness as Metaphor" sehr anschaulich, dass der Krebs eine ganz eigene mythologische Bedeutung als unzüchtiger und teuflischer Räuber erhalten hat, ein unbesiegbarer, erbarmungsloser Sensenmann also. Daher ist es auch nachvollziehbar, dass die Diagnose Krebs bei den Betroffenen unmittelbar extreme Ängste vor den scheinbar unvermeidlichen Konsequenzen auslöst. Diese Ängste können zudem durch Schuldgefühle verstärkt werden, wenn die Patienten sich vorwerfen, ihre Erkrankung durch bestimmte Lebensgewohnheiten selbst ausgelöst zu haben. Häufig wird auch die

Industrie und deren gesundheitsschädliche Produkte verantwortlich gemacht. Und als wäre das alles noch nicht belastend genug, nimmt uns der Krebs unter Umständen intimste Bereiche unseres Körpers. Schmerz, Scham und Ärger ergeben eine unbekömmliche Mixtur.

Natürlich sind diese Reaktionen sehr gut nachvollziehbar, dennoch beruhen sie in erster Linie auf Unwissenheit, althergebrachten Vorstellungen über die Krankheit und ihren Verlauf und widersprüchlichen, trotzdem eindrucksvollen Berichten. Sie werden noch dadurch verstärkt, dass bisher kein Weg zur Ausrottung des Krebses gefunden werden konnte. Therapeutische Durchbrüche scheinen zwar zum Greifen nahe, sind bis heute jedoch noch nicht gelungen. Daher wendet sich eine immer skeptischer werdende Patientenschaft verstärkt alternativen Behandlungsmethoden zu. Sowohl die volkswirtschaftlichen Kosten, die durch Behandlung, Forschung und Einkommensausfall entstehen, als auch die körperlichen und seelischen Belastungen für die Patienten und deren Familien sind ungeheuer groß.

Die Krebstherapie ist außergewöhnlich belastend und bedient sich verschiedener Zellgifte. Ärzten und Wissenschaftlern muss man vorwerfen, dass sie sich wenig zu erklären bemühen, warum die Therapien derartig belastend sein müssen und worin das eigentliche Problem bei der Krebsbekämpfung liegt. Inzwischen sind allerdings erhebliche Verbesserungen der klinischen Versorgung erreicht worden. Außerdem verstehen wir immer besser, welche biologischen Zusammenhänge der Entwicklung eines Tumors zugrunde liegen, und lernen die vielfältigen Faktoren, die zu seiner Entstehung beitragen, kennen. Immerhin haben wir inzwischen also ein Bewusstsein für die Komplexität der Krankheit und ihrer Entstehung entwickelt. Die neuen Erkenntnisse erklären frühere Fehler bei der Behandlung von Krebs und führen uns auf neue Wege zur Krebsbekämpfung durch Früherkennung sowie schnelle, individuell abgestimmte und weniger giftige Behandlung und natürlich nicht zuletzt Krebsvorsorge. Der Teufel scheint also reif für den Exorzismus.

Durch die Fortschritte der Molekulargenetik in den letzten 25 Jahren wissen wir, dass Krebs durch Chromosomenveränderungen einer einzelnen Zelle entsteht. Allerdings unterscheidet sich Krebs grundlegend von den etwa 5000 anderen genetischen Krankheiten, die durch Vererbung eines einzelnen Gens ausgelöst werden. Und natürlich unterscheidet er sich erst recht von anderen klassischen Erkrankungen, wie zum Beispiel Infektionen, die von spezifischen Mikroorganismen ausgelöst werden und mit Hilfe gezielter Behandlung oder gar Vorbeugung bekämpft werden können. Die einfache Formel: Infektion mit X gleich Krankheit gleich Behandlung mit Z ist eine Illusion und verschleiert die zugrunde liegende, ungeheuer komplexe Krebsentstehung. Zwar kritisiert Susan Sontag ebenfalls die Mystifizierung des Krebses, aber auch sie versteigt sich schließlich in unangemessenen und oberflächlichen Analogien (mit Tuberkulose) und Wunschdenken – in der simplifizierenden Annahme, dass die Lösung des Problems in einfachen, singulären und exklusiven Erklärungen für Ursache und Behandlung des Krebses liege. Allerdings ist sie nicht die einzige, die einen solch unmittelbaren Zusammenhang zwischen Ursache und Wirkung postuliert.[1] Vielmehr ist diese Ansicht speziell in den westlichen Gesellschaften vorherrschend. Weshalb? Mögliche Erklärungen umfassen den philosophischen Determinismus von Descartes, Leibniz und Newtons physikalische Thesen und, vielleicht am einflussreichsten, Hollywood-Filme. Gerade diese Spielfilme verkörpern die Grundstrukturen eindimensionalen Denkens: Illusionen von linearen Alles-oder-nichts-Beziehungen zwischen Ursache und Wirkung, Schurke und Opfer und Verführung zu einfachen Erklärungen und Lösungen.

Krebs ist jedoch, wie auch die meisten anderen Krankheiten, weit komplexer. Diese Komplexität ist dabei nicht einfach nur eine Eigenart der menschlichen Leiden, sondern ein grundlegendes Charakteristikum aller Lebensvorgänge, der Gene, Zellen und gesamten Lebewesen. Die daraus resultierenden unvermeidlichen und dennoch häufig ignorierten Schwierigkeiten erschweren sowohl die Versuche, den Krebs wirkungsvoll zu bekämpfen, als auch biologische Erklärungen über das Entstehen von Krebs zu finden, ohne dabei in die Oberflächlichkeit abzudriften. Einfache Erklärungen helfen uns nicht weiter. Schlimm genug, dass wir uns von der Annahme, es gebe *eine* Ursache für Krebs und damit auch *einen* spezifischen Weg der Heilung, lange Zeit in die Irre haben leiten lassen und damit unrealistische Hoffnungen genährt haben. Es gibt nicht nur eine einzelne Ursache. Strahlung ist zwar der einzige bisher bekannte Auslöser für Brustkrebs und wird auch für die Entstehung von Leukämie verantwortlich gemacht, aber sie ist nicht *die* Ursache für Krebs und spielt wahrscheinlich nur in einem geringen Teil aller Krebsfälle überhaupt eine nennenswerte Rolle. Das alles ist selbstverständlich sehr undurchsichtig. Natürlich neigen wir immer dazu, einen bestimmten Schuldigen dingfest machen zu wollen, dem man die gesamte Schuld in die Schuhe schieben kann. Keiner kennt momentan die Lösung und dennoch reden alle mit: Es sind die ungesunden Lebensgewohnheiten. Es sind die erbarmungslosen Chefs. Es sind die schlechten Gene. Es ist einfach Pech. Sicherlich spielt das Pech oder Schicksal eine Rolle. Die Luft, die wir atmen, das Wasser, das wir trinken, die Nahrung, die wir essen, mögen zur Tumorentstehung beitragen oder aber auch davor schützen.

Es ist eine traurige Erkenntnis, dass es weder einen heiligen Gral noch ein magisches Allheilmittel gibt. Und nun, da sich der Nebel langsam verzieht, stellen wir erstaunt fest, dass der zunächst verwirrenden Komplexität eine gemeinsame und nachvollziehbare Struktur zugrunde liegt. Und wie so häufig, erscheint uns dies in der Retrospektive so einleuchtend, dass man sich wundern muss, es nicht gleich erkannt zu haben. Wir müssen die Krankheit entmystifizieren, um endlich zu einer realistischeren und nüchterneren Betrachtung zu gelangen. Es ist zwar ein schwieriger Weg dorthin, aber er lohnt sich.

---

[1] Sie befindet sich vielmehr in guter Gesellschaft gemeinsam mit vielen anderen Wissenschaftlern, die gerne ihre Augen verschließen, wenn es um das Verständnis von kausalen Zusammenhängen geht. Für eine ausführliche Kritik s.: Rose S (1997) Lifelines. Penguin Press, London.

Kapitel 2: Der König von Neapel und andere stumme Zeugen

In der Vergangenheit wurde die Menschheit von Pest-, Syphilis- und Tuberkulose-Epidemien heimgesucht. Heute erscheint uns der Krebs – neben Krankheiten wie Herzinfarkt, Schlaganfall, Fettleibigkeit, neurodegenerativen Erkrankungen im Alter und AIDS – als typische Krankheit des 20. Jahrhunderts und in gewisser Weise als integraler Teil unserer Kultur. Müssen wir Krebs also als neue Heimsuchung betrachten? Fragen wir den König von Neapel.

Ferrante I. von Arragon, König von Neapel (s. Abb. 2.1) starb 1494 im Alter von 63 Jahren an den Folgen seiner enormen Fettleibigkeit. Sein Köper wurde einbalsamiert, mumifiziert und gemeinsam mit weiteren adeligen Abkömmlingen in einem hölzernen Sarkophag in der Abtei San Domenico Maggiore zu Neapel beigesetzt. Im Zuge einer Nekroskopie des exhumierten Körpers konnte ein relativ gut erhaltener Tumor der Beckenregion präpariert werden. Italienische Wissenschaftler des Institutes für Pathologie der Universität Pisa untersuchten einzelne Sektionen des Tumors und kamen zu dem Schluss, dass es sich wahrscheinlich um ein sogenanntes Adenokarzinom des Dickdarmes handle. Um ihre Annahme zu bestätigen, suchten sie in dem Gewebe nach einer bei dieser Tumorart sehr häufigen Genmutation. Mit Hilfe der Polymerasenkettenreaktion (PCR) können einzelne Genkopien oder Fragmente eines Gens entdeckt und vervielfältigt werden. In der molekularen Pathologie und der forensischen Medizin hat sich die PCR daher zur wichtigsten Diagnosemethode entwickelt. Das humane Gen, um das es sich beim Dickdarmkrebs handelt, ist das *RAS*-Gen. Tatsächlich ließ sich im Tumorgewebe von Ferrante I eine typische *RAS*-Mutation nachweisen, wie man sie auch bei den heute diagnostizierten Dickdarmtumoren findet. Eine diagnostische *tour de force* also - in diesem Falle für den Patienten allerdings zu spät.

Dieses sowie vergleichbare Beispiele deuten darauf hin, dass es Krebserkrankungen bereits sehr lange gibt. Da DNA im Laufe der Zeit degradiert, können molekulare Fingerabdrücke jedoch nur in begrenztem Umfange erstellt werden. Bei Skeletten aus dem Neolithium, dem mittelalterlichen Europa und bei Ureinwohnern Amerikas aus der vorkolumbianischen Zeit wurden Knochentumoren (Osteosarkome oder Knochenmetastasen aus anderen Tumoren) entdeckt, die als Verformungen und Lesionen erkennbar waren. Der eindrucksvollste Tumor dieser

Abb. 2.1 Ferrante I. von Arragon, König von Neapel[2]

Art wurde in Stanlake in Oxfordshire[3] diagnostiziert. Es handelt sich um einen außergewöhnlich großen Knochentumor, wahrscheinlich ein Osteosarkom, eines jungen Sachsen.

Alternative Diagnosen, Degeneration und Ossifikation nach Verwundung oder Infektion erschweren zwar in einigen Fällen die eindeutige Bestimmung von Knochentumoren exhumierter Skelette, dennoch konnten bereits rund 100 Tumoren sicher identifiziert werden. Dabei weisen die Tumoren an Schädeln oder Röhrenknochen (z.B. Femur) charakteristische Strukturen auf, die entweder auf Primärtumoren oder auf Metastasenbildung hindeuten. Am häufigsten sind Tumoren, die als gutartige Gebiss-Osteome des Schädels beschrieben werden. Insgesamt konnten bereits 17 solcher Tumoren bei Skeletten aus dem Zeitalter des Neolithium bis in sächsische Zeit nachgewiesen werden. Eine ähnliche Untersuchung von insgesamt 581 verschiedenen Schädelüberresten von Pecos–Pueblo-Indianern förderte 13 Tumoren dieser Art zu Tage.

Im Vergleich zu gutartigen Geschwulsten ist die Diagnose bösartiger Tumoren in Skelettüberresten weit schwieriger. Einige Skelette zeigen allerdings charakte-

---

[2] Die Darstellung von M. Cardisco mit dem Titel „Adorazione die Magi" zeigt Ferrante I. von Arragon im Alter von etwa 40-50 Jahren. Die Abbildung wurde freundlicherweise von Dr. A. Marchetti und Dr. G. Fornaciari zur Verfügung gestellt. Beschreibungen seines Tumors sind zu finden in: Fornaciari G (1994) Journal of the History of Medicine 6: 139-146 und Marchetti A. et al. (1996) Lancet 347: 1272.

[3] Don Brothwell vom British Natural History Museum hat gemeinsam mit weiteren Paläopathologen intensive Untersuchungen solcher Überreste durchgeführt. Brothwell DR, Sandison AT (1967) Diseases in antiquity. Charles Thomas Publishers, Illinois.

ristische Schädelveränderungen, die darauf hindeuten, dass es sich bei ihnen um Knochenmetastasen von Brusttumoren, multiplen Myelomen oder Melanomen handeln könnte. Diese rufen sehr charakteristische Knochenlesionen hervor. Zu den ältesten bisher beschriebenen bösartigen Tumoren gehören eine aus dem Brusttumor stammende Knochenmetastase im Schädel einer Frau aus der Bronzezeit (1900-1600 v. Chr.) und ein multiples Myelom in einem Schädel aus dem 4. Jahrhundert, der in Kentucky gefunden wurde. Hervorzuheben sind darüber hinaus die Funde etwa 2400 Jahre alter Schädel Peruanischer Inkas, bei denen typische Veränderungen metastasierter Melanome entdeckt wurden. Da die heute lebenden Inkas nur selten an Melanomen erkranken, warfen diese Funde zunächst weitere Fragen auf. Melanome werden häufig durch starke UV-Strahlung und Sonnenbrände verursacht und treten besonders bei der hellhäutigen Bevölkerung Europas und Asiens auf. Die frühen Inka-Funde können uns daher unter Umständen wertvolle Hinweise über die Besiedlung des amerikanischen Kontinents geben. Dazu jedoch später mehr.

Louis Leakey entdeckte 1932 in Kenia den bisher ältesten bei einem Hominiden gefundenen bösartigen Tumor. Es handelt sich um den fossilen Kieferknochen (den Kanam-Unterkieferknochen) eines *Australopithecus* oder *Homo erectus*. Der griechische Onkologe George Stathopolous stellte fest, dass es sich bei dem Tumor wahrscheinlich um ein Burkitt-Lymphom handelt. Burkitt-Lymphome sind im östlichen Afrika weit verbreitet und treten häufig im Kiefer auf. Die Diagnose von Stathopolous wird voraussichtlich nie eindeutig bestätigt oder widerlegt werden können. Es ist allerdings eine beeindruckende Vorstellung, dass es diese Krankheit schon 2 Millionen Jahre lange gegeben haben könnte, bevor der britische Chirurg Denis Burkitt sie für die westliche Medizin entdeckte und ihr seinen Namen gab.

Ägyptische Papyrusschriften aus der Zeit um 1500 bis 3000 v. Chr. berichten bereits über Brusttumoren. Das Ebers-Papyrus enthält eindrückliche Beschreibungen von abscheulich großen Tumoren im Bein: Danach „rufen" die Tumoren „...mit lauter Stimme: ‚Es ist ein Tumor des Gottes Xensu. Lege nicht Hand gegen ihn an.'" In seiner exzellent illustrierten Zusammenfassung der frühen Krebsberichte spekuliert Michael Shimkin aufgrund der Beschreibungen, dass es sich bei dem Tumor des Gottes Xensu – so es denn überhaupt tatsächlich ein Tumor war – um ein Kaposi-Sarkom handeln könnte. Kaposi-Sarkome kommen momentan hauptsächlich im östlichen Mittelmeerraum, in Ägypten und Teilen Afrikas vor. Zudem besitzen AIDS-Patienten ein erhöhtes Risiko, an dieser Tumorform zu erkranken. Darüber hinaus gibt es Berichte über Nasopharyngeal- und Knochentumoren bei bis zu 5000 Jahre alten ägyptischen Mumien.

Zwei besonders interessante Tumoren, die aus Skelettüberresten zweier männlicher Ägypter gewonnen werden konnten, befinden sich heute im Anthropologischen Institut in Turin. Die beiden betroffenen Männer waren 20-25 bzw. 60 Jahre alt. Beide Skelette weisen außergewöhnliche Verformungen auf. Die gespaltenen Rippen und deformierten Finger und Zehen deuten darauf hin, dass beide am Gorlin-Syndrom litten. Diese Krankheit wurde 1960 erstmals beschrieben (von Gorlin und Golz). Ein Hauptcharakteristikum des Gorlin-Syndroms ist neben vielfältigen Knochen- und Geweberänderungen ein stark erhöhtes Krebsrisiko. Die Patienten entwickeln sowohl gutartige also auch bösartige Tumoren, in erster Linie jedoch multiple Hauttumoren, was der Krankheit ihren zweiten, beschreibenden Namen Basalzellnävoidsyndrom gab. Eine Prädisposition für das Gorlin-Syndrom kann vererbt werden. Das verantwortliche Gen, ein humanes Homolog des *Drosophila*-Gens *patched*, wurde erst kürzlich kloniert und identifiziert. Interessanterweise findet man es auch in einer weiteren, sehr stark verbreiteten Krebsart regelmäßig mutiert vor: dem Basalzellkarzinom, einem Tumor der Haut. Hierbei wird das Gen jedoch nicht bereits mutiert vererbt, vielmehr entstehen die Genveränderungen erst in der bereits ausdifferenzierten Hautzelle, wahrscheinlich aufgrund übermäßiger UV-Strahlung. Da das Gorlin-Syndrom in den heutigen westlichen Gesellschaften sehr selten auftritt (1:50 000), könnten die beiden gefundenen Ägypter nahe Verwandte gewesen sein, vielleicht sogar Vater und Sohn.

Die Alten Griechen waren die ersten, die den Krebs als spezifische Krankheit beschrieben und ihm auch seinen Namen gaben: carcinos bzw. carcinoma (beides bedeutet Krebs). Sie bezeichneten damit allerdings neben echten Krebs-Geschwulsten auch andere Gewebewucherungen wie Zysten, Hämorrhoiden und Entzündungen. Schon Hippokrates (460 – 370 v. Chr.) berichtete von verschiedenen Krebsarten: Tumoren der Brust, des Nasopharynx, des Magens, der Haut, des Gebärmutterhalses und des Rektums.[4] Sogar hydatidiforme Warzen, biologisch einzigartige Tumoren der Gebärmutter, waren Griechen und Römern bereits bekannt. Auf diesen speziellen Krebstyp werden wir später noch einmal zurückkommen.

Gut erreichbare Tumoren, wie zum Beispiel Brusttumoren, wurden auch früher schon chirurgisch entfernt. Die Wunden und Tumorreste wurden mit Pasten aus Kohle und Teer oder Kräutergiften, zum Beispiel mit Schierling, dem Atropin der Tollkirsche oder mit Arsen behandelt – Vorläufer dessen, was zweitausend Jahre später wissenschaftlich entwickelt werden sollte. Für schlechter zugängliche Tumoren gab Hippokrates einen wahrhaft weisen Ratschlag. Sein Aphorismus Nummer 38 lautet: „...es ist besser, die verborgen liegenden Tumoren nicht zu behandeln; denn werden sie behandelt, sterben die Patienten sehr bald, bleiben sie jedoch unbehandelt, so leben sie eine lange Zeit."[4]

Galen, ein Grieche, der im 2. Jahrhundert in Rom praktizierte, gilt allgemein als Begründer der klinischen Medizin und erster Onkologe. Sehr detailliert beschreibt er die Tumoren vieler verschiedener Organe, darunter auch der weiblichen Geschlechtsorgane und des Verdauungstraktes, besonders aber der Brust. Nach seinen Aufzeichnungen ist der Brustkrebs die am häufigsten von ihm diagnostizierte Krebsart. In diesem Zusammenhang erläutert er auf einleuchtende Weise die Herkunft der Bezeichnung „Krebs": „... und an der Brust sahen wir häufig Tumoren, die der Gestalt eines Krebses sehr ähnlich waren. So wie die Beine des Tieres an beiden Seiten des Körpers liegen, so verlassen die Venen den Tumor, der seiner Form nach dem Krebskörper gleicht." Auch Galen vertrat die Ansicht, dass oberflächliche, leicht zugängliche Tumoren operativ entfernt werden sollten, während

---

[4] Informative Zusammenfassungen über die frühe Geschichte der Krebsmedizin sind zu finden in: Haagenson CD (1933) An exhibit of important books, papers and memorabilia illustrating the evolution of knowledge of cancer. Am J Cancer 18: 42-146; De Moulin D (1983) A short history of breast cancer. Kluwers Academic Publishers, Dordrecht.

die Behandlung verborgen liegender Tumoren eher Schaden anrichte und einen beschleunigten Tod der Patienten bedeute. Mit Blick auf unser heutiges Verständnis der Tumorentstehung und -entwicklung ist es sehr interessant, dass schon Galen feststellte, Brusttumoren seien nur heilbar, wenn sie rechtzeitig, also vor Erreichen einer bestimmten Größe, operiert würden. Ob allerdings die Entfernung der Brust, so wie sie im antiken Griechenland und Rom und anschließend in Europa durchgeführt wurde, tatsächlich zur Heilung führte, wissen wir nicht. Der im 19. Jahrhundert praktizierende arabische Chirurg Abdul Qasim hinterlässt uns allerdings eine sehr ehrliche und aufschlussreiche Notiz zu diesem Thema: „Ich für meinen Teil konnte nicht einen einzigen Fall wirklich heilen, und ich kenne auch niemanden, der dies je erfolgreich vollbracht hat."

Indische Ayurveda-Bücher, 2000-2500 Jahre alt, berichten ebenfalls über die Identifizierung und Behandlung von Tumoren (Arbuda). Auch sie kennen bereits metastasierende Tumoren. Besonders Tumoren der Mundhöhle, des Pharynx und der Speiseröhre scheinen weit verbreitet gewesen zu sein, wie sie es im übrigen auch heute noch in Südostasien sind. Die Entwicklung von Tumoren im Mundraum – also an Zunge, in Mundhöhle und Gaumen – könnte wie heute in Indien auch schon damals durch das Kauen von Betel verursacht worden sein. Innere Tumoren, wie Dickdarm-, Leber- oder Magentumoren, finden in diesen medizinischen Büchern keine Erwähnung. Das mag nicht weiter verwundern. Hingegen ist das völlige Fehlen von Brusttumoren äußerst erstaunlich, berichten doch die zeitgenössischen Aufzeichnungen der Griechen über eine weite Verbreitung von Brustkrebs.

Chinesische Überlieferungen legen die Vermutung nahe, dass Schlund- und Speiseröhrenkrebs bereits eine lange Tradition in der östlichen Kultur besitzen. Berichten zufolge waren beide Krebsarten in Persien spätestens im 11. Jahrhundert, wahrscheinlich aber auch schon vorher, weit verbreitet. Es gibt Regionen im nördlichen China, in denen heute bis zu 10 Prozent der erwachsenen Bevölkerung an Speiseröhrenkrebs erkranken. Wie wir später noch sehen werden, sind hauptsächlich spezielle Ernährungsgewohnheiten dafür verantwortlich. Allerdings ist es in der Tat bemerkenswert, dass der Speiseröhrenkrebs in diesen Regionen bereits seit mehr als 2000 Jahren derartig vorherrschend ist.

Hippokrates und später auch Galen führen Krebs auf einen Überschuss an "Schwarzer Galle" zurück. Dies entsprach der damals vorherrschenden Lehre, dass Krankheiten durch ein Ungleichgewicht der vier Körpersäfte verursacht würden, was im Falle von Krebs scheinbar durch das blutige Aussehen der Tumoren, hervorgerufen durch Gefäßneubildungen, bestätigt wurde. Ein fruchtbarer Boden für Metaphern also? Die Umschreibung von Krebs mit Hilfe von furchteinflößenden Metaphern geht zurück bis in griechische und römische Zeit. Umgekehrt wurden auch bereits zu dieser Zeit hinterhältige, korrupte, unterdrückende oder böse Verhaltensweisen als „Krebs" bezeichnet. In seinen *Metamorphosen* verwendet Ovid für die Beschreibung der zügellosen Eifersucht eines Mädchens aus Athen gegenüber ihrer Schwester die Krebs-Metapher: „ein unheilbares Leiden, das sich des Körpers bemächtigt und ihn zugrunde richtet". Mit ähnlichem Tonfall, allerdings in der Bibel; missbilligt der heilige Paulus die gottlosen Menschen als solche „deren Worte vernichten, so wie ein Krebsgeschwür".

Krebs ist also als Krankheit so alt wie der *Homo sapiens* selber und sogar sehr viel älter. Selbst der Tumor im Kanam-Unterkiefer ist noch nicht das älteste bisher bekannte Beweisstück. Der Rekord wird momentan von einem Haemangiom (ein gutartiger Tumor der Blutgefäße) und einem noch nicht genauer spezifizierten Tumor gehalten, die in Dinosaurierknochen aus dem Jura nachgewiesen wurden – und damit mehr als 150 Millionen Jahre alt sind. Es ist nicht sicher, ob wir jemals fossile Belege für bösartige Tumorarten finden werden. Wie wir noch sehen werden, stellt aber die biologische Natur von Krebs eine Grundeigenschaft aller mehrzelligen Lebewesen dar. So können wir mit einiger Gewissheit annehmen, daß gutartige und bösartige Gewebsveränderungen schon seit 500 Millionen Jahren auf dieser Welt sind. Es war nur nicht immer ein Pathologe zur Stelle, der die richtige Diagnose hätte stellen können. Alle fünf Wirbeltierklassen sowie die Mollusken und einige andere heute lebende Wirbellose können Krebs bekommen, wenn auch nicht so häufig, und oft in verdächtigem Zusammenhang mit menschlichen Aktivitäten. Wir Menschen haben lediglich einen Namen für den Krebs erfunden, nicht jedoch die Krankheit selber.

Kapitel 3: Ruß, Zivilisation und Neurosen

Folgern wir also, dass Krebs – wie im übrigen bereits häufig vermutet – und auch die Geisteskrankheiten sich gleichzeitig mit dem Aufkommen der Zivilisation entwickelt haben.

(Walter Hayle Walshe, Professor für pathologische Anatomie, University College, London, 1846)

Was ist eigentlich von der allgemein vertretenen These zu halten, Krebs sei ein Produkt der industrialisierten Gesellschaften? Diese Ansicht geht meist einher mit dem so häufig wiederholten Lamento (dessen Ursprünge bei Jean Jacques Rousseau zu suchen sind), mit der „Zivilisation" hätten die Menschen die Bodenhaftung zu Natur verloren und bezahlten dies mit dem hohen Preis schwerer, weit verbreiteter Krankheiten. Bezogen auf Krebs stützen sich die Argumente in erster Linie auf epidemiologische Studien, die einen Zusammenhang zwischen Industrialisierung und Krebs nahe legen. (So stellte bereits 1775 Percival Pott ein erhöhtes Hodensackkrebs-Risiko bei Schornsteinfegern fest.) Vor etwa 100 Jahren wurde der Einfluss von Teer, Öl und Strahlung auf die Entstehung von Hautkrebs aufgeklärt – alle drei Faktoren sind sozusagen Inbegriffe des technischen, industriellen und kommerziellen Fortschritts.

Allerdings wurde Krebs bereits als Krankheit der modernen Gesellschaft betrachtet, bevor die Industrialisierung uns mit den vermeintlichen krebsauslösenden Aktivitäten und Substanzen konfrontierte. Im 19. Jahrhundert konstatierten europäische Ärzte, Krebs sei äußerst selten bei den „Wilden", womit sie in der Hauptsache Schwarzafrikaner meinten. So stellte Dr. Livingstone während einer Missionsreise durch Afrika fest, dass die Einwohner zwar faserige und mit Fettgewebe durchzogene Tumoren besaßen, jedoch keine bösartigen Krebsgeschwüre entwickelten. In ähnlicher Weise waren auch andere Chirurgen und Ärzte im 19. Jahrhundert überrascht darüber, wie selten Krebs, speziell Brustkrebserkrankungen, bei Indern (zum Beispiel in Kalkutta), Nordafrikanern (in Algerien) und den Ureinwohnern Amerikas vorkamen.

Der bekannte Professor Walter Walshe war überzeugt davon, dass ein stresserfüllter, moderner Lebensstil nahezu zwangsläufig zu einer Krebserkrankung führe. Konsequenterweise hatte der Professor interessante Ratschläge für besorgte Eltern parat: Bei der Berufswahl ihrer Sprösslinge sei insbesondere von Jura, Medizin und Diplomatie sowie auch von dem aufreibenden Leben eines Kaufmanns, Bankers oder Aktienhändlers dringend abzuraten. Die sicherste Art und Weise, dem Krebs zu entgehen, war laut Walshe für die Jungen der Weg in die Armee oder in die Kirche und für die Mädchen eine Ausbildung zur Gouvernante.

Viele berühmte europäische Chirurgen und Ärzte des 18. und 19. Jahrhunderts betrachteten Krebs nicht nur als moderne, durch Stress ausgelöste Krankheit, sondern in erster Linie als ein typisches „Frauenleiden". Einige schienen sogar die Gründe zu kennen:

> Frauen tragen ein höheres Krebsrisiko als Männer, und zwar besonders diejenigen Frauen, die zu Lethargie und Melancholie neigen und so schwere Schicksalsschläge im Leben erleiden, dass sie in Trauer und Schmerz versinken.

(Richard Guy, 1759)

Solche und ähnliche Spekulationen von Medizinern des 17. bis 19. Jahrhunderts sind im Grunde lediglich eine Fortführung der Theorien Galens. Denn auch er hatte bereits die Melancholie als vermeintliches Grundübel ausfindig gemacht. Der Gedanke, dass die Persönlichkeit auf irgendeine noch nicht erkannte Weise ursächlich mit Krebs in Zusammenhang stehen könnte, hatte bis ins 20. Jahrhundert, der Zeit der Psychoanalyse, Bestand. Nicht ganz frei von Ironie ist daher die Annahme, lebenslang unterdrückte Emotionen seien der Grund für die Krebserkrankung Siegmund Freuds gewesen. Freud rauchte fast sein ganzes Leben lang etwa 20 Zigarren am Tag. Dass er schließlich Tumoren in Mund und Kiefer bekam, erscheint also durchaus nicht weiter verwunderlich. Sein Kollege Wilhelm Reich jedoch hatte andere Ursachen ins Visier genommen. Seine „Krebsforschung" war durch die Erkrankung Freuds inspiriert worden und führte schließlich zur Krebsbiopathietheorie (1948). Aus ihr leiten sich die ebenso einfachen wie offensichtliche Gründe für Freuds Krebserkrankung ab. Sie sei die Konsequenz seiner emotionalen und psychischen Resignation gewesen. Um die Emotionen zu unterdrücken, habe er ständig die Zähne zusammenbeißen müssen. Es mag vielleicht sogar etwas dran sein an dieser These, sie verdreht allerdings gehörig die Tatsachen.

Psychoanalytisch motivierte Theorien haben auch heute noch viele Anhänger. Unsere Persönlichkeit spielt tatsächlich eine große Rolle. Diese Aussage klingt wie ein Aphorismus von Woody Allen, und nur wenige nehmen sie ernst. Psychoanalytische Zirkel waren besonders unter den Medizinern des 19. Jahrhunderts sehr beliebt. So hatte auch der englische Chirurg Herbert Snow einiges zu diesem Thema beizutragen. In seinen 1891 publizierten Schriften „The Proclivity of Women to Cancerous Diseases" und „Cancer in its Relations to Insanity" legt er mit außerordentlicher Eloquenz seine Gedanken dar. Ich werde mir seine eher delikaten und teilweise politisch unkorrekten Äußerungen aufsparen, bis wir auf mögliche Ursachen für Brustkrebs zu sprechen kommen werden.

Lassen wir die Spekulation über mögliche Ursachen für Krebs aber zunächst einmal beiseite, um zu betrachten, wie weit Krebs in Europa vor dem 20. Jahrhundert verbreitet war. Seit Galens Aufzeichnungen gibt es zwar kontinuierlich Berichte über Brust-, Gebärmutter- und Gebärmutterhalskrebs, genauere Zahlen über die Häufigkeit und Verbreitung dieser Krebsarten finden wir jedoch nicht. Einer der herausragenden Chirurgen des 18. Jahrhunderts, John Hunter, scheint allerdings sehr vertraut mit der Krebsproblematik gewesen zu sein. Die schriftlichen Aufzeichnungen seiner Vorlesungen über die Prinzipien der Chirurgie zeugen von einem reichen Erfahrungsschatz. Er hatte bereits festgestellt, dass besonders die großen Drüsen, darunter in erster Linie die Brustdrüse, von Tumorbefall betroffen seien.[5] Da Hunter weder Dickdarm- noch Lungenkrebsfälle erwähnt, müssen wir annehmen, dass diese Tumorerkrankungen weitaus seltener auftraten als etwa Tumoren der Brust, der Gebärmutter, der Lippen, der Nase, des Hodens und überraschenderweise der Bauchspeicheldrüse.

Der niederländische Chirurg Adrian Helvetius praktizierte Ende des 17. Jahrhunderts in Paris, wo er bereits – angeblich erfolgreich – Brusttumoren und andere Knoten operierte. Er brüstete sich damit, dass schon sein Vater, ein Chirurg in Den Haag, mehr als zweitausend Brusttumoren operiert habe. Auch der berühmte französische Chirurg Alfred Valpeau hatte in seiner Praxis Anfang des 19. Jahrhunderts angeblich über eintausend Brustkrebspatientinnen gesehen. Während dieser Zeit wurden die ersten spezialisierten Krebskliniken gegründet, in Reims 1740 (gefördert durch den Domherrn der Kathedrale zu Reims) und später in London (1828) das Royal Free and Cancer Hospital (heute das Royal Marsden Hospital).

Immerhin können uns einige frühe Statistiken über Krebstodesfälle Aufschluss über die relative Häufigkeit von Brustkrebs und anderen Krebsarten der letzten 200 Jahre geben. Rigoni-Stern führte eine statistische Analyse der Krebsfälle bei Männern und Frauen in Verona von 1760-1839 durch. Interessanterweise gab es in diesem Zeitraum 994 Krebstote unter den Frauen, jedoch nur 142 bei den Männern. Etwa ein Drittel der weiblichen Krebsfälle betrafen Brustkrebserkrankungen und ein weiteres Drittel bezog sich auf Gebärmutterkrebs. Leider können wir nicht abschätzen, ob es bei der Stichprobensammlung eventuell Gründe für ein bevorzugtes Aufnehmen der weiblichen Krebsfälle gab. Es ist dennoch bemerkenswert, in welchem Ausmaße sie überwiegen. Rigoni-Stern berechnete darüber hinaus Krebsraten pro 10 000 Bewohner bezogen auf verschiedene Altersgruppen, indem er Krebstodesfälle mit den Gesamttodesfällen verglich. Im Zeitraum seiner Untersuchung starben insgesamt 1136 Männer und Frauen an Krebs. Das waren nur 0,75 Prozent der gesamten 150 073 Todesfälle. Auch wenn wir annehmen können, dass bei weitem nicht alle Krebsfälle auch als solche diagnostiziert werden konnten und viele Menschen zu dieser Zeit bereits in sehr jungen Jahren starben, so scheint die Krebssterblichkeit damals immer noch geringer gewesen zu sein als heute. Rigoni-Stern machte noch eine weitere aufschlussreiche Beobachtung, von der wir später mehr erfahren werden: Er fragte sich, ob Nonnen ein höheres Risiko besitzen, an Brustkrebs zu sterben als verheiratete Frauen. Das Gegenteil traf nämlich für Gebärmutterkrebs zu, wobei es sich hierbei wahrscheinlich eher um Gebärmutterhalskrebs gehandelt haben dürfte.

Zur gleichen Zeit wird ein ähnlich beeindruckender Überhang weiblicher über männliche Krebsfälle (im Verhältnis drei zu eins) aus Paris und aus Genua berichtet. Und auch statistische Studien, die in England und Wales zwischen 1837 und 1842 durchgeführt wurden, bestätigen ein starkes Vorherrschen von Krebs bei Frauen. Detailliertere Berichte des Middlesex Hospital aus der Mitte des 19. Jahrhunderts weisen die Häufigkeiten bestimmter Krebsformen aus. Auch hier herr-

---

[5] Vieles von dem, was Hunter über Krebs notierte, wurde angeblich von dessen Schwager Evarard Home plagiiert, der zudem verwegen genug war, die Aufzeichnungen Hunters zu verbrennen. Cohen B (1993) John Hunter Pathologist. J Royal Soc Med 86:587-92; Robson J (1959) John Hunter's views on cancer. Ann Royal Coll Surg Engl 25:176-81.

schen Brust- und Gebärmutterkrebs vor. Bei den Männern findet der Prostatakrebs überraschenderweise keine Erwähnung. Sie erkrankten dagegen verstärkt an Krebsarten, die mit dem Rauchen in Verbindung gebracht werden können (Tumoren an Lippen, Mund und Zunge, allerdings nur wenige Lungenkrebsfälle – die Zigarette hatte gerader erst begonnen, die Pfeife abzulösen).

Leider reichen die vor dem 20. Jahrhundert erhobenen Daten nicht aus, um genauere Berechnungen über altersbezogene Krebshäufigkeiten der verbreiteten Tumorerkrankungen anzustellen. Eine genauere Untersuchung der verschiedenen Krebsarten könnte zudem Aufschluss darüber geben, ob deren Häufigkeit auch schon früher zwischen unterschiedlichen Gesellschaften variierte. Einige Krebsarten sind offensichtlich bereits seit Hunderten, wenn nicht sogar Tausenden von Jahren relativ weit verbreitet. Allerdings waren einige der heute in Europa und Nordamerika vorherrschenden Krebsformen, darunter besonders der Lungenkrebs, vor dem 20. Jahrhundert sicherlich längst noch nicht so häufig. Die scheinbar geringere Krebsinzidenz des 17. bis 19. Jahrhunderts mag verschiedene Gründe haben: Wahrscheinlich erlagen viele Menschen mit Krebs im Anfangsstadium bereits tödlichen Infektionskrankheiten, noch bevor die eigentliche Krebserkrankung ausbrechen konnte. Die Diagnosen waren ungenauer und unsicherer. Einige Krebsarten, wie etwa Prostatakrebs, konnten noch gar nicht erkannt werden. Die erste Leukämie-Diagnose gelang John Hughes Bennett in Edinburgh 1845. Aber schon vorher wird es Leukämie-Erkrankungen gegeben haben. Es ist anzunehmen, dass es die Leukämie so lange gibt wie auch Lymphome, bei denen leicht zu erkennende Knoten entstehen.

Obwohl es keine gesicherten Diagnosen und Statistiken aus der Zeit vor 1900 gibt, gehen wir heute davon aus, dass einige Krebsarten tatsächlich während des vergangenen Jahrhunderts und ganz besonders während der letzten 50 Jahre zugenommen haben. Eine bemerkenswerte Ausnahme bildet der Magenkrebs. Es gibt viele weit in die Vergangenheit zurückreichende Berichte über Magentumoren. Schon Hippokrates und Galen beschrieben mehrere solcher Fälle. Dem Anatomen Antonio Benivieni aus Florenz verdanken wir besonders umfangreiche und detaillierte Aufzeichnungen aus dem 15. Jahrhundert. Virchow stellte Ende des 19. Jahrhunderts fest, dass sich der Magenkrebs zur häufigsten Tumorform bei den Männern entwickelt hatte, und noch vor hundert Jahren war der Magenkrebs in den USA für den größten Teil der Krebstode verantwortlich. Zwar fehlen entsprechende Zahlen für Indien, Japan, China und andere Teile Südostasiens, höchstwahrscheinlich ist aber auch hier der Magenkrebs, zumindest bei den Männern, seit vielen hundert Jahren die am weitesten verbreitete Krebserkrankung. Während der letzten 60 Jahre ist die Anzahl der Magenkrebsfälle im Westen deutlich zurück gegangen. In anderen Ländern wie Japan, Chile und China stehen Magentumoren dagegen weiterhin an der Spitze der Krebserkrankungen. Vermutlich werden sie allerdings demnächst auch in diesen Ländern durch Krebsarten, die mit Tabakgenuss in Verbindung zu bringen sind, verdrängt.

Der durch das Zigarettenrauchen und Inhalieren von Tabakrückständen ausgelöste Lungenkrebs ist wohl die einzige wirklich typische, epidemieartige Krebserkrankung des 20. Jahrhunderts. Er umfasst heute ein Drittel aller neu diagnostizierten Krebserkrankungen der westlichen Länder aus. Lungenkrebs ist eigentlich keine Folge der Industrialisierung im klassischen Sinne. Das bedeutet, er ist weniger auf die Folgen des technischen Fortschritts bei der Produktion von Gütern zurückzuführen als vielmehr auf die – natürlich damit verbundene – viel leichtere Verfügbarkeit des zwar natürlichen, aber süchtig machenden und Krebs auslösenden Tabaks. Selbst bei diesem eindeutigen Beispiel gibt es wiederum eine lange Geschichte, die uns durch viele Jahrhunderte führt, insbesondere durch das 18. Jahrhundert mit seinem immensen Anstieg von Tumoren des Mundraumes (Lippen, Zunge, Mundhöhle, Rachen) und seiner Vorliebe fürs Pfeiferauchen. Allerdings mögen hier auch andere mit Verbrennungsvorgängen in Zusammenhang stehende Faktoren eine Rolle gespielt haben. Mit dieser so aufschlussreichen Geschichte menschlicher Fehlbarkeit werden wir uns später noch eingehend beschäftigen.

Vor dem 20. Jahrhundert gab es nur wenige medizinische Berichte über Lungenkrebserkrankungen. So grenzt es schon an Ironie, dass die ersten klassischen, mit der Industrialisierung in Verbindung stehenden Lungenkrebsfälle nicht etwa auf Tabak und Rauch zurückzuführen sind, sondern auf Uran-Abbau. Im Erzgebirge um den Ort Schneeberg im Osten Deutschlands herum wurde eine epidemieartige Ausbreitung von Lungenkrebs bei den Arbeitern des Uran-Bergbaus festgestellt. Den Zusammenhang zwischen Uran-Abbau und Lungenkrebs kann man heute über eine Zeitspanne von 500 Jahren zurückverfolgen. Die unsichtbare, krebsauslösende Substanz, das Radon-Gas, das die Arbeiter inhalieren, identifizierte man erst in neuerer Zeit.

Diese berufsbedingten Krebsarten, verursacht durch Radon, Ruß oder Abfälle der petrochemischen Industrie, werden heute als die „modernen" Krebserkrankungen schlechthin bezeichnet. Als man Anfang des 20. Jahrhunderts entdeckte, dass bestimmte chemische Substanzen, die bei der Verfeuerung fossiler Brennstoffe und bei verschiedenen industriellen Produktionsverfahren entstehen, krebserregend sind, war man sich schnell einig, dass Krebs im Grunde hauptsächlich durch diese vom Menschen selbst zusammengebrauten, chemischen Substanzen ausgelöst werde. Scheinbar weiter untermauert wurde diese Ansicht in den späten 1960er und 1970er Jahren, als Umweltschützer, inspiriert durch Rachel Carson, Politiker und einige Wissenschaftler, allen voran Dr. Samuel Epstein aus Chicago, lautstark die These vertraten, der in den USA offensichtliche Anstieg der Krebserkrankungen sei hauptsächlich durch die rücksichtslose und umweltverpestende chemische Industrie verursacht. (Mit Umweltverpestung bezeichneten sie in erster Linie die Abfallstoffe der petrochemischen Industrie in dem Wasser, das wir trinken, der Luft, die wir atmen und der Nahrung, die wir essen.) Vom Menschen produzierte Strahlung wurde schließlich als weiterer Übeltäter in die Liste aufgenommen, nachdem die krebsauslösenden Folgen des Atombombenabwurfes über Japan unübersehbar wurden. Verschiedene Substanzen wurden experimentell auf ihre krebserzeugende Wirkung getestet. Tatsächlich lösten sie (in sehr hohen Dosen verabreicht) Tumoren bei Ratten und Genmutationen in Bakterien aus. Die Theorien waren also scheinbar bekräftigt.

Noch einmal der Reihe nach. Die Melancholie ist also inzwischen der Anklage enthoben. Ein neuer Übeltäter im Gefecht zwischen Tätern und Opfern ist bereits gefunden: der geldgierige Kapitalismus und seine chemische Industrie. Versuche, Krebsursachen auch in bestimmten, lieb gewonnenen Lebensgewohnheiten (über die wir nun immerhin selber entscheiden könnten) zu suchen, wurden regelmäßig mit einer Art gequältem Aufschrei beantwortet, man wolle den Opfern jetzt auch noch die Schuld für ihr Leiden in die Schuhe schieben. Die Debatte wurde also zusehends polarisiert und kämpferischer. Der einen Partei schritt Edith Efron voran. In ihrem sehr zutreffend betitelten Buch „Apocalyptics" wirft sie den Umweltschützern vor, ihnen fehlten die schlüssigen Beweise für ihre Thesen. Zudem seien sie durch politische und ideologische Ansichten motiviert und ignorierten geflissentlich den außergewöhnlichen Wert, den die natürlich vorkommenden, allerdings potentiell mutagenen und krebsauslösenden Stoffe immerhin auch hätten. In diesem Zusammenhang tat sich auch Bruce Ames durch virtuose Ausführungen über die natürliche Karzinogenität der Natur hervor: Pilze, Brokkoli und Wein enthielten mehr krebserregende Chemikalien (wenn man sie in sehr hohen Dosen an Ratten verabreicht) als die Schadstoffe in der Umwelt. Die „Umweltverschmutzungstheorie" erhielt durch ein schwerwiegendes Missverständnis Auftrieb. Die Wissenschaftlergemeinschaft des National Cancer Institute (USA) ließ (größtenteils anonym) verlauten, Krebs sei zu 90 Prozent umweltbedingt. Diese Aussage wurde dahingehend missverstanden, es seien synthetische Chemikalien und vom Menschen verursachte Strahlung gemeint. Nur mühsam ließ sich dieses Missverständnis in der Bevölkerung aufklären. Wie Robert Proctor in seinem Buch „The Cancer Wars" zutreffend ausführt, wurden diese Debatten in einem Umfeld ausgetragen, in dem Politik, Ideologie und Dogmatismus keine besonders kleine Rolle spielten und glaubwürdige Daten über Risikofaktoren schwierig zu beschaffen waren.

Die bekannten Epidemiologen Richard Peto und Richard Doll stellten fest, dass höchstens 5 Prozent aller Krebstodesfälle in den USA mit den Folgen unserer fortschrittlichen Industrie und Technologie in Zusammenhang gebracht werden können (ausgenommen Zigaretten) – damit soll nicht gesagt sein, 5 Prozent sei ein tolerierbares oder zu vernachlässigender Maß. Ich glaube nicht, dass überhaupt irgendjemand weiß, in welchem Umfange synthetische Chemikalien tatsächlich zur Krebsentstehung beitragen. Epidemiologische Studien sind außerordentlich schwierig durchzuführen, und es dürfte sogar nahezu unmöglich sein, den negativen Beweis anzutreten. Ich nehme an, Peto und Doll kommen der Wahrheit sehr viel näher als jene Aktivisten und Wissenschaftler, die vom Menschen produzierte Schadstoffe zu den Hauptverursachern einer scheinbaren Epidemie des 20. Jahrhunderts hochstilisieren. Bedauerlicherweise muss man letztlich feststellen, dass die Ansichten zu diesem eminent wichtigen Thema leider oft gut honoriert, stark polarisiert und religiös motiviert sind. Hier gibt es noch einiges aufzuklären.

Ich denke, man kann mit Recht für einen kleinen, aber signifikanten Teil der Krebserkrankungen einen direkten Zusammenhang mit der industriellen Produktion und chemischen Produkten herstellen, und zwar sowohl in den sogenannten entwickelten als auch weniger entwickelten Ländern. Es besteht jedoch kein Zweifel, dass die Mehrheit der Krebsfälle eine andere Ursache besitzt. Einige Krebsarten, besonders Tumoren der Leber, des Oropharynx, der Speiseröhre und des Gebärmutterhalses, sind weit häufiger in den weniger entwickelten Ländern anzutreffen, etwa in China, Südostasien, Teilen Lateinamerikas und Afrika. Etwa die Hälfte der insgesamt acht Millionen Krebserkrankungen werden in diesen Ländern diagnostiziert.

Dennoch ist der Anstieg einiger bestimmter Krebsarten in den hochentwickelten Ländern (zum Beispiel Brust-, Prostata-, Dickdarmkrebs und Melanom) sicherlich in gewissem Maße der Industrialisierung und der „Entwicklung" der Gesellschaft zuzuschreiben. Vielleicht aber nicht in dem bisher verstandenen Sinne. Im Zuge der Industrialisierung entstanden in vielen Städten übervölkerte Elendsviertel, in denen sich schnell Infektionen oder Epidemien ausbreiten konnten. In Verbindung mit schlechter Ernährung bedeutete das besonders für die Kinder und alten Leute häufig eine lebensbedrohliche Schwächung des Körpers. Intensive politische Bemühungen um soziale Reformen während des späten 19. Jahrhunderts führten zu verbesserten sanitären Bedingungen und sauberem Trinkwasser. Dadurch konnte die Sterblichkeit deutlich gesenkt werden, noch bevor man die krankheitsauslösende Potenz von Bakterien kannte.[6] Erst später brachte die Wissenschaft Medikamente und Impfungen ins Spiel.

Die deutlich verbesserte Gesundheit der Menschen in den industrialisierten Ländern führte zwangsläufig zu einer höheren Lebenswartung, hatte allerdings daneben auch unvorhergesehene und paradoxe Folgen – und zwar für die Krebsinzidenzen sowohl bei den sehr jungen als auch alten Menschen. Die enorme Reduzierung von im Grunde miteinander konkurrierenden Todesursachen geschah um den Preis einer nun zwar gesünderen, aber mit einem höheren Krebsrisiko belasteten Gesellschaft – und nicht nur, weil die Menschen einfach länger lebten. Die industrielle Entwicklung im Westen führte letztlich zu einer insgesamt wohlhabenden, kommerzialisierten Gesellschaft. Dies zog stark veränderte Lebens- und Ernährungsgewohnheiten sowie veränderte sexuelle Verhaltensweisen nach sich. Diese Folgen des materiellen Fortschrittes bilden paradoxerweise die Voraussetzung für den Anstieg einiger Krebsarten und das gleichzeitige Sinken anderer Krebsformen. Darauf werde ich später noch einmal detaillierter zurückkommen.

Es sei noch einmal ausdrücklich gesagt: Krebs ist keine neue Krankheit. Er ist ein natürlicher Bestandteil unserer Welt und in allen Gesellschaften vertreten, wenn auch in unterschiedlicher Ausprägung und Häufigkeit. Es hat nie ein krebsfreies Utopia gegeben und wird es voraussichtlich auch nie geben. Die Häufigkeit verschiedener Krebsarten hat sich immer wieder geändert und steht in direktem Zusammenhang mit kulturellen und sozialen Veränderungen. Epidemiologische Studien können vielleicht helfen, krebserregende Faktoren zu identifizieren. Um zu einem wirklichen Verständnis über die ursächlichen Mechanismen der Krebsentstehung zu gelangen, führt aber kein Weg an der Biologie vorbei – Wie funktionieren wir? Welches inhärente Erbe steckt in unserem Körper? Und welche Fallstricke eröffnen den Weg zum Krebs?

---

[6] Siehe: Dubois R (1959) Mirage of health. Utopias, progress and biological change. Harpers Brothers Publishing, New York.

Kapitel 4: Die evolutionäre Sichtweise

Nothing in biology makes sense except in the light of evolution.

(Nichts in der Biologie ergibt Sinn, solange es nicht im Lichte der Evolution betrachtet wird.)

(Th. Dobzhansky, 1937)

Was ist nun eigentlich Krebs? Auf diese Frage gibt es verschiedene Antworten, die von der Art und der Formulierung der Fragestellung abhängig sind. Einige der anschaulichsten und bewegendsten Beschreibungen verdanken wir Journalisten und Schriftstellern, die selber an Krebs erkrankten.[7] Diese sehr persönlichen Berichte handeln von der Unsicherheit und den Schmerzen, mit denen die Betroffenen fertig werden müssen. Hingegen enthalten die entsprechende Fachliteratur sowie auch das Internet viele medizinische Details der unterschiedlichen Krebsarten, wie etwa spezifische Genmutationen, Möglichkeiten der Vorsorge, bereits verfügbare Tests oder Behandlungsmöglichkeiten und deren Erfolgsaussichten. Diese Informationen mögen dazu geeignet sein, sich einen Überblick über die Krebsproblematik zu verschaffen, können jedoch die Frage, warum und wie wir Krebs bekommen auch nicht beantworten. Ich will daher auf etwas anderes hinaus.

Wir stehen bei der Beantwortung dieser Fragen vor dem großen Problem, wie wir zu einer umfassenden, multidimensionalen und dynamischen Vorstellung der Krankheit Krebs gelangen können, die die zugrundeliegenden Mechanismen tatsächlich erhellt, anstatt sie weiter zu verschleiern. Krebs ist eine so heterogene Krankheit, bei der viele Faktoren, steuerbare und nicht steuerbare, eine Rolle spielen, dass man schnell den Eindruck eines undurchdringlichen Chaos erhält. Dem soll hier entgegengewirkt werden. Die Schwierigkeiten bestehen zum vor allem in den vielfältigen Ausprägungen der Krankheit, den vielen zu beachtenden Dimensionen und dem unter Umständen missverständlichen Vokabular. Viele unterschiedliche Bereiche wollen beachtet und bedacht sein, von der kleinsten

---

[7] Es gibt viele empfehlenswerte Bücher zu diesem Thema. Die folgenden Titel erscheinen mit besonders informativ: Diamond J (1998) C because cowards get cancer too. Vermilion Publishing, London; Picardie R (1998) Before I say goodbye. Penguin Books, London. Andere Autoren haben ihre persönlichen Erfahrungen mit Krebs als Plattform genutzt, um eine bestimmte, persönliche Ansicht über die Krebsursachen darzulegen. Das von der Ökologin und Rachel Carson-Anhängerin Sandra Steingraber veröffentlichte Buch Living downstream (1988, Virago Books) zählt dabei zu den am besten geschriebenen Büchern.

DNA-Untereinheit über einzelne Zellen bis hin zum gesamten Körper, ja selbst die Entwicklungsgeschichte des Menschen und sein Verhalten. Es geht dabei um Vorgänge, die nur einige Stunden oder auch Jahre, Jahrzehnte bis hin zu Jahrmillionen in Anspruch nehmen können. Dabei müssen wir das Kunststück vollbringen, mit unserer Sprache alle diese Vorgänge adäquat zu beschreiben.

Eine erschöpfende Erklärung sollte die variablen zeitlichen Dimensionen, die vielfältigen einzelnen Komponenten und die scheinbar launenhafte Natur des Krebses beinhalten und verknüpfen können und über die reine mechanistische Beschreibung der Krebsentstehung und die Erläuterung seiner Hartnäckigkeit gegenüber therapeutischen Bemühungen hinausgehen. Die Rolle von Zufall und Schicksal sollte in diesem Zusammenhang endlich nicht weiter ignoriert, sondern im Gegenteil als wesentlicher Parameter ernst genommen werden.

Meiner Ansicht nach ist es am besten, die Krebsproblematik aus der Perspektive der Darwinschen Evolutionstheorie heraus zu betrachten. Und mit „am besten" meine ich tatsächlich schlicht und einfach, dass die Evolutionstheorie besser als jede andere Theorie, die ich kenne, die Vorgänge bei der Krebsentstehung erhellt. Sie schafft logische Verknüpfungen zwischen den vielfältigen Fakten, die wir bereits kennen und verhilft uns zu einer plausiblen Erklärung der großen Fragestellungen. Wieso bekommt ein gesunder Körper Krebs? Warum ist Krebs so weit verbreitet und warum sind einzelne Krebsarten in bestimmten Ländern besonders häufig? Warum spielen offensichtlich so viele verschiedene Dinge bei der Krebsentstehung eine Rolle? Und wieso dauert es häufig Jahrzehnte, bis er schließlich ausbricht? Warum ist die Behandlung manchmal erfolgreich und versagt dennoch so häufig? Ist es einfach Pech? Aber warum trifft es ausgerechnet mich? Beziehungsweise, warum gerade mich nicht?

Eine ganz grundlegende Theorie ist bereits getestet. Es handelt sich um *das* zentrale und alles vereinigende Thema der Biologie, das uns zu einem besseren Verständnis von Gesundheit und Krankheit verhelfen wird. Der Arzt H. C. Trowell und der Chirurg D. P. Burkitt, beide mit langjähriger Erfahrung durch ihre Tätigkeit im Osten Afrikas, beobachteten unter der schwarzafrikanischen Bevölkerung eine auffällige Zunahme von Krebs und anderen modernen, „westlichen" Krankheiten. Diese gingen einher mit zunehmender Urbanisierung und der Übernahme europäischer Lebensgewohnheiten. Trowell und Burkitt betrachteten dieses medizinische Dilemma als Preis für den „Fortschritt". Die Volksstämme, die sich über einen langen Zeitraum an eine bestimmte Ernährung und körperliche Belastbarkeit und Aktivität angepasst hatten, mussten nun rapide Veränderungen ihrer Umwelt und ihres sozialen Systems verkraften. Für diesen Erklärungsansatz verbreiteter chronischer Krankheiten prägten Randolph Nesse und George Williams die treffende Bezeichnung Evolutionäre bzw. Darwinsche Medizin. Sie streben (gemeinsam mit S. Boyd Eaton, W. M. S. Russel und anderen Wissenschaftlern) eine Sichtweise an, die unsere Anfälligkeit für bestimmte Krankheiten aus unserer Geschichte und Evolution heraus zu begründen versucht.[8]

---

[8] Eine gelungene Zusammenfassung dieses evolutionären Krebsverständnisses bietet: Trowell HC, Burkitt DP (1981) Western diseases: their emergence and prevention. Edward Arnold Publishers, London. Weiterführende, umfassendere Analysen und Einblicke in die evolutionäre Medizin sind zu finden in: Nesse RM, Williams GC (1995) Evolution

Erst mit Hilfe der Evolutionsbiologie wird es uns möglich, bestimmte Krankheiten als Konsequenz von veränderten Lebens- und Ernährungsgewohnheiten, die in Widerspruch zu unserer genetischen Ausstattung, Anatomie und Physiologie stehen, zu begreifen. Das geht natürlich weit hinaus über die schlichte Suche nach den unmittelbaren Ursachen einer Krankheit und verspricht wertvolle, neue Erkenntnisse über so unterschiedliche Krankheiten wie Fettleibigkeit, Diabetes, Herzerkrankungen, Degeneration von Knochen und Gelenken, bestimmten Schwangerschaftskomplikationen, Kurzsichtigkeit und viele Aspekte des Alterns. Auch für das Verständnis von infektiösen Mikroorganismen und den von ihnen verursachten Erkrankungen ist die evolutionäre Dimension im Grunde unerlässlich. Zweifellos ist die Evolution ebenfalls der Schlüssel zum Verständnis dafür, warum wir Krebs bekommen, warum zu bestimmten Zeiten einzelne Krebsarten in verschiedenen Gesellschaften vorherrschen und warum der Krebs heutzutage so häufig geworden ist.

Wir können vorausschicken, dass die unmittelbare Ursache für Tumorerkrankungen in der Mutation von Genen liegt. Im Grunde handelt es sich also um ein Zufallsspiel, dessen Regeln durch unsere evolutionäre Vergangenheit festgelegt sind. Die mutierten Gene sowie die Zelle und deren Klone, die das mutierte Gen enthalten, übernehmen nun die Hauptrolle in diesem Spiel. Diese Erkenntnisse reichen allerdings bei weitem noch nicht aus für eine glaubhafte Erklärung der Krankheit Krebs. Die tatsächlichen Ursachen sind weitaus vielfältiger und auch interessanter. Im folgenden stelle ich Ihnen die drei evolutionären Akteure unserer eigentlichen Geschichte vor.

Die Strafklausel

Krebs ist so etwas wie eine in unserer Evolution verankerte Strafklausel. Zwei Punkte dieser Strafklausel sind bereits extrem alt. Der erste betrifft die nie völlig fehlerfreie Vervielfältigung und Reparatur der DNA, die den Weg für Genmutationen eröffnen. Der genetische Code ist nicht sakrosankt und unantastbar. Es gäbe keine Evolution, wenn er es wäre. Eine gewisse Fehlerhaftigkeit ist die Grundvoraussetzung für Evolution. Auch die Gene liegen nicht steril verpackt auf den Chromosomen, sondern sind ebenfalls zwangsläufig ihrer Umgebung ausgesetzt. Das Leben entwickelte sich auf einem Planeten, der eine natürliche radioaktive Geologie besitzt sowie solaren und kosmischen Quellen elektromagnetischer Strahlung ausgesetzt ist. Ein kleines Spektrum davon nehmen wir als sichtbares Licht und Wärme wahr, andere terrestrische und extraterrestrische Strahlungen wiederum sind für unsere Sinne nicht fassbar. Ionisierende Strahlen, wie zum Bei-

---

and healing. The new science of Darwinian medicine. Weinfeld and Nickolson (Der Originaltitel des bereits 1994 bei Times Books publizierten Buches lautete: Why we get sick.); Nesse RM, Williams GC (1998) Evolution and the origins of disease. Scientific American, November:58-65; Stearns SC, Hrsg. (1999) Evolution in health and disease. Oxford University Press, Oxford. Siehe außerdem: Ewald P, Hrsg. (1994) Evolution of infectious diseases, Oxford University Press, Oxford.

spiel Gammastrahlen, können durch Energietransfer Ladungszustände umwandeln und die Struktur von Wassermolekülen und der DNA in Zellen verändern. UVB-Strahlen beeinflussen die DNA-Konformation in bestrahlten Zellen und können somit ebenfalls Mutationen auslösen. Die Biosphäre selbst produziert auch ohne Zutun des Menschen eine Vielzahl an Giften, Pestiziden, Chemikalien und infektiösen Substanzen, die in ausreichend hohen Dosen direkt oder indirekt zu DNA-Schäden oder Mutationen führen können.

Zu diesen externen Anfechtungen kommt nun noch die endogene Chemie unseres Körpers hinzu. Für die Aufrechterhaltung der Organfunktionen und für den Zellstoffwechsel benötigen wir Sauerstoff. Es mag paradox erscheinen, aber ausgerechnet die Nebenprodukte dieser Prozesse können die DNA schädigen – und tun das auch. Solche auf natürlichen Vorgängen beruhenden Mutationen nennt man spontane Mutationen. Vielleicht haben diese spontanen Mutationen auslösenden Mechanismen und Faktoren sogar der Erde einst zu dem entscheidenden Vorteil verholfen, der schließlich zur Entwicklung von Leben führte. Mutationen geschehen fortwährend und ohne Rücksicht auf die Konsequenzen. Nur so funktionieren natürliche Selektion und Evolution.

Unser zweites Erbe betrifft eine physiologische, für mehrzellige Organismen vorteilhafte, sogar notwendige Eigenheit, die jedoch gleichzeitig ein gefährliches Potential in sich birgt: die phänotypische Plastizität und das außerordentliche Proliferationsvermögen der Zellen sowie deren Fähigkeit, durch Blut- und Lymphgefäße in andere Gewebe abzuwandern. Diese im Grunde karzinogenen Eigenschaften sind essentiell für viele Prozesse, zum Beispiel bei der Embryonalentwicklung, bei Entzündungen und Wundheilung, Geweberegeneration, Reaktionen auf physischen Stress und der Plazentaentwicklung während der Schwangerschaft. Proliferations- und Migrationsvermögen sind bereits seit über einer Milliarde Jahre in der genetischen Ausstattung von Zellen enthalten. Sie sind unerlässlich für Stressbewältigung sowie zur Zellvermehrung und Gewebeexpansion. Die entsprechenden, zugrundeliegenden Gene bilden überhaupt erst die Voraussetzung zur Entstehung mehrzelliger Organismen und sind daher seit Beginn der Evolution bis heute hochkonserviert. Als Teil unserer genetischen Ausstattung sind aber auch sie der steten Gefahr von Mutationen ausgesetzt. Daher liegt in unserer natürlichen genetischen und physiologischen Konstitution immanent ein Mutations- und Krebsrisiko begründet, dem wir nicht entgehen können – ein unvermeidliches Erbe der   Evolution.

Gleichzeitig sind durch natürlichen, evolutionären Selektionsdruck allerdings auch gegenläufige Mechanismen entstanden. Sie können Mutationen entgegenwirken und tumorigenes Zellverhalten verhindern. Diese Mechanismen sind gar nicht einmal in erster Linie zur natürlichen Krebsvorsorge entwickelt worden, sondern vielmehr als Kontrollmechanismus, ohne den etwa die Embryonalentwicklung mit ihrem fein abgestimmten Verhältnis aus expansivem Zellwachstum und Zellruhe bzw. programmiertem Zelltod nicht ungestört ablaufen könnte. Auch das Funktionieren unserer Organe beruht auf der Vermehrungsfähigkeit der Zellen einerseits und der gleichzeitig sensiblen Kontrolle darüber andererseits. Unsere Nahrung enthält Mineralien, Vitamine und eine Vielzahl anderer Substanzen enthalten, die einen schützenden, antioxidativen Einfluss auf die Zellen ausüben – beziehungsweise sollte sie diese enthalten.. Zudem sind wir mit einem beeindruckenden Repertoire von Genen ausgestattet, die Proteine mit überwachenden und unterdrückenden Funktionen kodieren. Sie sind für das Aufspüren und Reparieren von DNA-Schäden, für Entgiftung und antioxidative Reaktionen verantwortlich.

Andere Kontrollinstanzen wiederum entscheiden über das fortgesetzte Wachstum der einzelnen Zellen. Denn so wichtig Zellwachstum auch ist, es muss in Raum und Zeit mit großer Präzision gesteuert werden. Erreicht wird diese Ausgewogenheit einmal durch die Verschaltung der Zellen untereinander und zusätzlich durch die soziale und strukturelle Organisation der Zellen in einzelne, interaktive Zellverbände. Plötzliche oder anhaltende Proliferation wird innerhalb der betroffenen Zelle sofort als zerstörerisch erkannt. Entsprechende Sicherheitsinstanzen zwingen daraufhin den Ausreißer entweder zu angemessenem Wachstumsverhalten oder lösen den Zelltod aus. Zell-Zell-Kommunikation und ein das Gewebe durchziehendes Netzwerk chemischer Signale sorgen im Normalfall also dafür, dass plötzliche Expansionstendenzen einzelner Zellen erkannt und sofort unterdrückt werden. Die Strafen für das Überschreiten der Regeln und Grenzen können schwerwiegend sein und im Extremfall das Todesurteil für die Zelle bedeuten.

Diese sogenannten *caretaker*-Funktionen und Abstimmungen innerhalb und zwischen Zellen werden bei mehrzelligen Organismen, also auch bei uns Menschen, durch evolutionär hochkonservierte Gene gewährleistet. Ähnliche Gene werden auch bei Invertebraten und sogar teilweise in Hefen, Einzellern und einigen Bakterien gefunden. Sie sind häufig derartig stark konserviert, dass sie nicht nur eine extrem hohe artübergreifende Sequenzhomologie zeigen, sondern in einigen Fällen sogar nachgewiesen werden konnte, dass entsprechende humane Gene in der Lage sind, auch in Hefen ihre angestammte Funktion auszuführen.

Solche Milliarden Jahre alte und hoch konservierte Gene sind für Funktionen der Zelle verantwortlich, die ihr das Überleben oder zumindest einen größeren reproduktiven Erfolg ermöglicht haben. Sie wurden daher mit dem Preis für adaptiven Fortschritt ausgezeichnet – eine auf ewig gültige evolutionäre Lizenz für Fortbestand. Ohne diese regelmäßigen Überwachungs- und regelmäßige Reinigungsarbeiten könnte das Leben, so wie wir es kennen, wahrscheinlich überhaupt nicht existieren. Allerdings sind auch sie nicht allmächtig: Sie können das Auftreten von Mutationen nur minimieren, nicht jedoch völlig verhindern. Und schließlich sind auch die *caretaker*-Gene nicht immun gegen Mutationen.

Um eingermaßen sicher zu überleben, haben wir uns genetisch kräftig aufgerüstet. Unsere Gewebe sind so konstruiert, dass sie sich im Prinzip ständig am Rande zum Chaos bewegen, und das Pendel kann in genau diese Richtung ausschlagen, wenn Zellen oder Gewebe chronischem oder lange andauerndem Stress, natürlichen oder endogenen DNA-schädigenden Substanzen oder Mutationen ausgesetzt sind. Daher sind kleine Tumoren und auch ein gewisses Maß an Krebserkrankungen unvermeidlich und entsprechend in der gesamten Natur verbreitet.[9] Wir alle stehen dem Abgrund viel näher, als wir uns das vorstellen und wünschen würden.

---

[9] Eine Zusammenstellung von bei Tieren und Pflanzen auftretenden Tumoren und Krebsarten findet sich bei Becker FF, Hrsg. (1975) Cancer, Vol. 4. Plenum Press, New York.

Der gesellschaftliche Fluch

Der *Homo sapiens* nimmt zweifellos eine besondere, allerdings wenig beneidenswerte Stellung in diesem System ein. Unser oben beschriebenes uraltes Erbe wird nämlich überlagert durch eine neuere Errungenschaft, die wir vor etwa einer Million Jahre im Zuge unserer Entwicklung zu Hominiden hinzugewannen: unsere außergewöhnliche Begabung für kulturelle Evolution. Doch diese Begabung hat ihren Preis. Zwei Eigenschaften, die ursprünglich einen großen evolutionären Vorteil darstellten, wirken sich nun - im Hinblick auf unsere Krebsanfälligkeit - negativ aus: erstens unsere Fähigkeit, weit über die Dauer unserer reproduktiven Periode hinaus zu leben und zweitens die Neigung, sich in die eigene Biologie und in die Biologie anderer Lebewesen einzumischen. So gehen wir liebgewonnen Genüssen, wie Rauchen, Sonnenbaden und Sex nach und haben uns eine Ernährungsweise, eine körperliche Trägheit sowie ein Fortpflanzungsverhalten angewöhnt, die allesamt in Widerspruch zu unserer genetischen Ausstattung und Biologie stehen. Die unerwünschten biologischen Konsequenzen stellen sich langsam, aber stetig ein; zunächst verborgen, bevor sie üblicherweise zum Ende unserer reproduktiven Lebensphase immer deutlicher hervortreten. Sie entziehen sich dem Filter der natürlichen Selektion und verbünden sich, um schließlich die ansonsten sehr zuverlässigen biologischen Kontrollen auszuhebeln und zu überwinden.

Wir sind in einem Missverhältnis zwischen unserer biologischen Natur und unserer Lebensweise gefangen. Unsere träge Genetik ist schlicht und einfach zu langsam, um mit der rasanten Veränderung unserer Vorlieben und Gewohnheiten Schritt zu halten. Eine stete Anhäufung von Schädigungen und damit ein steigendes Krebsrisiko in unserem älter und sozusagen immer verwirrter werdenden Körper sind die Konsequenzen. Natürlich ist diese „Zügellosigkeit" nicht die einzige, allein verantwortliche Ursache für Krebs. Sie ist nur ein Teil eines ganzen Netzes von kulturell geprägten Risikofaktoren, die eine lange und komplexe Entstehungsgeschichte haben mögen und schließlich alle in ein und denselben biologischen Mechanismus münden. Dieser biologische Mechanismus selber trägt bemerkenswerte Darwinsche Grundzüge.

Der dominante Klon

Von den Milliarden Zellen, die der Körper täglich neu produziert, ist es schließlich lediglich eine einzige Zelle samt ihrer Nachkommen, die sich mit so verheerenden Folgen ihren expansiven Weg bahnt - angesichts der Risiken und Gefahren, die durch das Missverhältnis zwischen genetischer Konstitution und Lebenswandel entstehen, ein wirklich bemerkenswerter Umstand. Unser stringentes Kontrollsystem sieht sich vielfältigen Anfechtungen ausgesetzt. Der Zufall spielt letztlich das Zünglein an der Waage. Daher sollte die Frage nicht lauten: „Warum bekommen wir Krebs?", sondern vielmehr: „Warum nicht?". Die Antwort liegt in der außergewöhnlichen Weise, in der sich Krebs entwickelt – oder besser: evolviert.

Infolge einer DNA-Schädigung entsteht ein territorial dominanter Zellklon mit expansivem Wachstum. Dieses biologische Grundprinzip der Krebsentstehung parodiert damit den Prozess der Entwicklung der Artenvielfalt während der Evolution. Der Prozess läuft hier zwar im Miniaturformat ab, folgt aber allen wesentlichen Grundregeln der Darwinschen Evolutionstheorie. Zufällige genetische Variation bietet die Voraussetzung zur natürlichen Selektion von Zellen mit dem größten Überlebens- und Reproduktionsvorteil und damit zur Ausbreitung eines bestimmten Genotyps. Dieser Prozess ist nicht nur vergleichbar mit Evolution, im ureigensten Sinne ist es Evolution – in Zellen mit einem zwei Milliarden Jahre alten genetischen Gedächtnis des einzelligen Egoismus. Unsere Zellen sind latente Parasiten und können sich gegebenenfalls zu echten entwickeln – ein elementarer Atavismus.

Wir kennen eineiige Zwillinge (und nebenbei auch Dolly) als genetisch identische Kopien, als Klone also. Im Falle des Krebses müssen wir uns ein Paradoxon vergegenwärtigen: jeder Tumor besteht aus Zellklonen, aber es ist gerade die fehlende genetische Uniformität, die ihm zu expansivem Wachstum verhilft. Krebs evolviert und diversifiziert sich üblicherweise über Jahre und Jahrzehnte. Nach und nach fügen sich Mutationen in verschiedenen Genen hinzu, die schließlich zusammengenommen zu verstärktem Zellwachstum führen. Sie sind die genetische Voraussetzung für den nun beginnenden evolutiven Wettkampf: Entstehung einer Geschwulst, Weiterentwicklung zum Tumor mit invasivem Wachstum innerhalb des Gewebes, Metastasierung in andere Gewebe und schließlich das Überleben der therapieresistenten Zellen. Jeder dieser Schritte setzt extrem unwahrscheinliche Ereignisse oder Prozesse voraus, und stets ist es eine einzige mutierte Zelle (samt ihrer Abkömmlinge), die sich für die nächste Runde qualifizieren kann. Es dauert eine lange Zeit, bis eine einzelne Zelle ein solches „full house" an genetischen Veränderungen beisammen hat, und von den Millionen von Aspiranten erreichen nur einige wenige schließlich diesen karzinogenen Zustand. Erfolgreiche Phänotypen sind daher selten, die Ausfallrate ist hoch, aber am Ende des Prozesses entsteht eine Zelle, die alle Kontrollmechanismen durchbrochen hat und sich nun ungehindert als unsterblicher Zellklon vermehren kann und territoriale Dominanz erlangt. So wird unsere uralte Vergangenheit noch einmal zum Leben erweckt, wenn auch zugegebenermaßen in einem abgeschlossenen und fragilen System, unserem Körper. In den Dimensionen der Evolution betrachtet, läuft die Krebsentwicklung ungeheuer schnell ab. Aus der Sicht des Patienten allerdings erscheint sie langsam, sieht man von den letzten Stadien ab, in denen ein Tumor seine volle pathologische Wirkung entfaltet. Der lange Zeitraum der Krebsentstehung und das Fehlen einfacher Beziehungen zwischen Ursachen und Folgen erschweren die zweifelsfreie Identifizierung von Risikofaktoren. Zudem mindern sie die Bereitschaft der Bevölkerung, bekannte Risiken zu verinnerlichen und zu akzeptieren.

Viele der genetischen Regelkreise, die durch Mutationen gestört und unterbrochen werden können, sind bereits aufgeklärt. Damit kennen wir auch die molekularen und biochemischen Mechanismen, die die Evolution einer Krebszelle antreiben. Vor diesem Hintergrund verwundert es nicht mehr, dass so viele Faktoren direkt oder indirekt, alleine oder in Kombination mit anderen zur Krebsentstehung ursächlich beitragen können. Die Krebsforschung hat unerwartete und sehr grundlegende Einsichten in die biologischen Grundprinzipien von Zellwachstum und -tod hervorgebracht. Das wichtigste aber ist vielleicht, dass sie dabei potentielle Achilles-Fersen der Krebszellen identifizierte, die wir uns für therapeutische und diagnostische Zwecke zunutze machen können. Die konventionelle Krebstherapie versagt, sobald der Krebs ein gewisses Stadium erreicht hat. Onkologen und Pharmakologen hatten sicherlich ein anderes Krebskonzept vor Augen, als sie diese Therapeutika entwickelten.

Neben allen diesen evolutionären Faktoren ist der Zufall die große Unbekannte bei der Entwicklung von Tumoren. Der Zufall spielt in jedem Stadium der Krebsprogression eine Rolle, wie auch bei der biologischen Evolution allgemein – denken wir nicht zuletzt auch an die genetische Lotterie bei der natürlichen Befruchtung einer Eizelle. Die einzigartige, individuell ererbte Genausstattung (das Vermächtnis unserer Eltern, manchmal bereits belastet durch Mutationen in Krebsgenen) beeinflusst das persönliche Krebsrisiko, wie sie im übrigen ebenfalls Veranlagungen für andere Krankheiten und natürlich auf der anderen Seite auch weit wünschenswertere Charakteristika vorzeichnet. Aber die Risiken und Chancen sind veränderbar - wenn man weiß, nach welchen Regeln das Spiel abläuft.

Weiterführende Literatur zu Teil 1

Ames B, Gold LS (1989) Pesticides, risks and apple sauce. Science 244:755-7

Ames BN, Profet M, Gold LS (1990) Nature's chemicals and synthetic chemicals: comparative toxicology. Proc Natl Acad Sci USA 87:7782-6

Doll R, Peto R (1981) The causes of cancer. Oxford University Press, Oxford

Efron E (1984) The apocalyptics: cancer and the big lie – how environmental politics controls what we know about cancer. Simon and Schuster, New York

Epstein SS (1979) The politics of cancer. Anchor Press, New York

Greer S (1983) Cancer and the mind. Br J Psychiat 143:535-43

Kowal SJ (1955) Emotions as a cause of cancer. The Psychoanalytic Review 42:217-27

Proctor R (1995) Cancer wars. Basic Books, New York

Roberts C, Manchester K (1995) The archaeology of disease. Cornell University Press

Rothschild BM, Witzke BJ, Schultz M (1999) Metastatic cancer in the Jurassic. Lancet 354:398

Satinoff MI, Wells C (1969) Multiple basal cell naevus syndrome in ancient Egypt. Med History 13:294-7

Shimkin MB (1977) Contrary to nature – cancer. US Department of Health, Education and Welfare. Public Health Service, NIH, USA

Sontag S (1983) Illness as metaphor. Penguin Books, London

Statopolous G (1975) Kanam mandible tumour. Lancet 1: 165

Walshe WH (1846) Nature and the treatment of cancer. Taylor and Walton, London (präsentiert unter anderem die Daten von Rigoni-Stern über die Verbreitung von Krebs in Verona)

Teil 2

Krebsevolution

Insgesamt betrachtet trägt die Entstehungsweise von Krebserkrankungen
die typische Züge der Darwinschen Evolutionsmechanismen.

(Mac Farlane Burnet, 1974)

Das, was wir aus der Entdeckung der Onkogene lernen konnten,
ist ein erster Blick hinter den Vorhang, der die Mechanismen der
Krebsentstehung so lange im Dunkeln gehalten hatte. In gewisser Weise
sind diese ersten Erkenntnisse allerdings entmutigend, da die chemischen
Mechanismen, die die Krebsentwicklung vorantreiben, identisch sind
mit jenen, die auch in einer normalen, gesunden Zelle wirken.

(Michael Bishop, 1982)

Die natürliche Selektion [in der Evolution] hat keinen Sinn für die Zukunft.

(George Williams, 1966)

Kapitel 5: Pandits Forschritt

Inzwischen haben wir recht umfangreiche Kenntnisse über die grundlegenden Prinzipien der Krebsentstehung gewonnen. Ein langwieriger und schwieriger Weg liegt hinter uns. Die Forschung ist über weite Strecken nur schleppend vorangekommen, allerdings gab auch immer wieder Perioden sprunghaften Fortschrittes, die auf neuen technischen Errungenschaften in der Chirurgie, Mikroskopie, Pathologie und Genetik beruhten.

Schon die Griechen und Römer kannten einige Krebsarten, aber viele ihrer zugegebenermaßen recht vagen und teilweise auch fehlerbehafteten Ideen fanden lange Zeit, über 1500 Jahre, keine weitere Beachtung. Über zwei Jahrtausende lang lag die Beschäftigung mit der Krankheit Krebs fast ausschließlich in den Händen von Chirurgen und Pathologen. Während des frühen Mittelalters wurden in Europa und China genau diese beiden Disziplinen aus dem Kanon der medizinischen Ausbildung gestrichen. Kein Wunder also, dass die Krebsforschung und -behandlung während dieser Zeit keine Fortschritte erzielte. Im mittelalterlichen Europa besaßen fast ausschließlich die von Bagdad bis Cordoba praktizierenden islamischen Chirurgen und Ärzte den notwendigen medizinischen Sachverstand. Insgesamt wurde in dieser Zeit kein nennenswerter medizinischer Fortschritt erzielt. Nicht nur fehlende technische und theoretische Kenntnisse, sondern vor allem philosophische Doktrinen hemmten in dieser Zeit die freie Forschung. Die alte babylonisch-griechische These der Universalität der vier Elemente (Luft, Wasser, Feuer und Erde) und ihrer korrespondierenden Körperflüssigkeiten (Blut, Schleim, helle und schwarze Galle) blockierte lange Zeit die Entwicklung neuer Gedanken und Theorien. Parallelen hierzu finden wir in orientalischen Gesellschaften, wo die traditionelle Medizin Tumoren über Jahrhunderte hinweg, teilweise bis heute, als Resultat widerstreitender, das Universum durchziehender Kräfte ansah – Yin und Yang und die fünf Elemente. Wir müssen endlich zu einer holistischen Sichtweise der Krebsproblematik gelangen, aber leider ist es ein weiter Weg bis dorthin.

Die Renaissance brachte schließlich das geeignete philosophische und intellektuelle Klima hervor, das der bis dahin vernachlässigten Krebsmedizin zu neuem Leben verhalf – eine Entwicklung vergleichbar mit dem Durchbruch der Kopernikanischen Ideen. Für ein tieferes Verständnis der Krankheit Krebs sorgten zunächst neue Einsichten in die Anatomie und in zelluläre Strukturen. William Harvey erklärte als erster das Blutkreislaufsystem des menschlichen Körpers, bald darauf folgte die Beschreibung des Lymphkreislaufes durch Gaspare Aselli in Mailand. Der Pariser Chirurg Henri François Le Dran veröffentlichte 1757 schließlich erstmalig ein Modell der Krebsentstehung. Er hatte erkannt, dass sich Krebs aus einem zunächst noch sehr kleinen Tumor entwickelt, sich immer mehr ausdehnt und schließlich Zellen über die Lymphbahnen in lokale Lymphknoten verstreut. Später, 1829, beschrieb Récamier die Invasion von Brustkrebszellen in Venen und prägte den Begriff „Metastasen" für die weiter verstreuten Krebszellen, zum Beispiel für aus Brusttumoren stammende Hirnmetastasen. Diese neuen Erkenntnisse waren größtenteils der Erfindung des Mikroskops zu verdanken. Die Weiterentwicklung des Mikroskops ermöglichte es schließlich auch Theodor Schwann sowie später Rudolf Virchow und der deutschen Schule des 19. Jahrhunderts, die fundamentale Rolle der Zelle in der Pathologie zu entdecken. Bereits Mitte des 19. Jahrhunderts waren der zelluläre Aufbau von Organen und deren pathologische Veränderungen bei einer Reihe von Krankheiten, darunter auch Krebs, aufgeklärt. Besonders Wilhelm Waldeyer legte die Grundlagen für viele unserer heutigen Erkenntnisse über Krebs. Er postulierte, Krebs entstehe durch eine von äußeren Faktoren induzierte Transformation von normalen Zellen in maligne Zellen, gefolgt von einer zunächst lokalen, schließlich aber weiteren Ausbreitung der Krebszellen über das Lymph- oder Blutsystem.

Diese zunächst rein deskriptiven Untersuchungen erbrachten allerdings noch keinen Aufschluss über die zugrundeliegenden Mechanismen der Krebsentstehung. Dies wurde erst durch die Entschlüsselung der DNA-Struktur durch Watson und Crick möglich, für die natürlich zuvor noch einige Vorarbeiten notwendig waren. Am Beginn des 20. Jahrhunderts postulierte der herausragende deutsche Embryologe Theodor Boveri, Krebs entwickle sich aus einer einzigen Zelle, deren genetische Information zuvor verändert wurde. Experimente mit Seegurken-Embryonen führten ihn zudem zu der Vermutung, diese genetische Information müsse sich auf den Chromosomen der Zelle befinden. Diese revolutionären Ideen fanden zunächst nicht viel Anklang, stellten sich schließlich jedoch als außerordentlich vorausschauend heraus. Auch andere experimentelle Ansätze trugen bereits vor Entwicklung der Molekularbiologie zu einem besseren Verständnis grundlegender Mechanismen der Krebsentwicklung bei. Ernest Kennaway forschte in den 1920er Jahren gemeinsam mit Kollegen am Londoner Institute of Cancer Research. Sie isolierten erstmals polyzyklische Kohlenwasserstoffe, die für die krebserregende Wirkung teerhaltiger Produkte verantwortlich sind. Sie hatten damit die ersten Karzinogene identifiziert. Später konnten dann Brookes und Lawley am selben Institut nachweisen, dass karzinogene Substanzen direkt mit der DNA reagieren und nicht wie vorher angenommen mit Ribonukleinsäuren oder Proteinen. Auch diese Studie markierte einen Wendepunkt in der Krebsforschung und legte die Grundlage für die darauffolgende Erkenntnis, dass Krebs durch Mutationen der DNA verursacht wird. Hermann Müller hatte schon 1920 entdeckt, dass ionisierende Strahlung DNA-Mutationen hervorrufen kann.

Die Aufklärung der DNA-Struktur durch Watson und Crick im Jahre 1953 war schließlich für die Krebsforschung wie für die meisten anderen Bereiche der Biologie und Medizin ein Schlüsselereignis. Die Büchse der Pandora war geöffnet und erlangte außerordentlichen Einfluss. Die moderne Ära der Molekularbiologie brach an. Der schwindelerregende Fortschritt wurde bereits von Weinberg, Varmus, Bishop und anderen bekannten Wissenschaftlern ausführlich skizziert. Da diese neuere Geschichte der molekularen Krebsforschung bereits mehrfach umfassend beschrieben wurde, möchte ich mich hier nur auf die wichtigsten neuen Ideen und Prinzipien beschränken, um sie im Kontext der Evolution zu interpretieren.

Kapitel 6: Klone, Klone, Klone

Krebs unterscheidet sich von allen anderen Krankheiten durch eine biologische Besonderheit: Alle Zellen eines Tumors sowie dessen Metastasen entstehen üblicherweise aus einer einzigen Ursprungszelle. Man bezeichnet sie als Klone, die allerdings nicht notwendigerweise auch alle genetisch identisch sein müssen, da sie sich in beschleunigtem Tempo weiter genetisch verändern können. Krebs besteht also aus bis zu mehr als 10^{12} geklonten Zellen (eine Million Millionen Zellen), die sich im schlimmsten Falle über den gesamten Körper verstreuen. Diese Zellen besitzen ein derartiges Vermehrungspotential, dass sie außerhalb des menschlichen Körpers, der ihnen letztlich räumliche Grenzen setzt, unter geeigneten Bedingungen unendlich weiter wachsen können. Klone, identische Kopien, sind in der Natur reichlich vorhanden.

Charles Darwin entwickelte als erster die Theorie der gemeinsamen Abstammung. Er postulierte, dass alle Organismen historisch gesehen von einem gemeinsamen Vorfahren abstammen und dass daher alles Leben auf einen Ursprung zurückverfolgt werden kann. Die Entstehung und Weiterentwicklung von Klonen bilden die entscheidende Grundlage für Evolution. Alle Organismen, die sich asxuell fortpflanzen, wie Bakterien, Viren, Pilze und sogar einige komplexere Pflanzen und Tiere, vermehren sich als identische Klone. Der beharrlich unseren Rasen besiedelnde Löwenzahn oder die Blattläuse, die die Rosen in unserem Garten heimsuchen, sind beide häufig Klone eines gemeinsamen Ursprungs. Erst kürzlich wurde im australischen Wollemi National Park eine bisher unbekannte farnähnliche Koniferenart entdeckt. Sie erhielt den Namen *Wollemia nobilis* und ist offenbar bereits etwa 300 Millionen Jahre alt. Molekularbiologische Analysen ergaben, dass die Bäume untereinander identisch sind und daher wahrscheinlich die Nachkommen eines einzigen bemerkenswert stabilen Genotyps sind. Da solche Klone sich geographisch weit ausbreiten, können wir unmöglich deren genaue Anzahl und Biomasse bestimmen. In seltenen Ausnahmen aber bleiben die Abkömmlinge beieinander. Das Ergebnis kann sehr eindrucksvoll sein, wie zum Beispiel im Falle eines gigantischen Pilzes, der 15 Hektar Waldboden in Montana bedeckt.

Die Entwicklung Antibiotika-resistenter Bakterienstämme oder DDT-resistenter Insekten beruht häufig (jedoch nicht immer) auf klonaler Expansion. Durch zufällige DNA-Mutation entsteht ein neuer Genotyp, der eine Resistenz gegen die ansonsten tödlichen Substanzen und damit einen Überlebensvorteil erwirbt. Dieser Genotyp wird sich gegenüber anderen Individuen durchsetzen und sich folglich ausbreiten können. So beruhen wahrscheinlich auch die Entwicklung neuer infektiöser Viren, wie zum Beispiel des HIV, und die Ausbreitung von Epidemien auf genau diesem Mechanismus der klonalen Expansion. Auch periodisch auftretende Grippe-Epidemien entstehen durch neue Virusvarianten, die veränderte infektiöse

Fähigkeiten erworben haben oder sich dem Immunsystem entziehen. In den 1990er Jahren wurde New York von einer Tuberkulose-Epidemie heimgesucht, ausgelöst durch den zunächst therapieresistenten Erreger *Mycobacterium tuberculosis*. Untersuchungen, bei denen ein sogenannter genetischer Fingerabdruck erstellt wurde, ergaben, dass es sich tatsächlich um einen bis dato unbekannten Bakterienstamm handelte. Auch im Falle einer durch *S. pyogenes* verursachten Streptokokken-Epidemie, die in den 1980er Jahren mit schweren Komplikationen, wie rheumatischem Fieber und toxischem Schock, einherging, konnte ein neuer Bakterienstamm nachgewiesen werden. Sogar Parasiten, die sich normalerweise sexuell vermehren, gehen unter bestimmten Bedingungen zu asexueller Vermehrung eines dominanten Klons über.[1]

Durch Teilung und Trennung einer befruchteten Eizelle können auch beim Menschen auf natürlichem Wege Klone, also eineiige Zwillinge, entstehen. Der Mensch hat im übrigen bereits lange bevor das Klon-Schaf Dolly die öffentliche Debatte erregte, die Technik des künstlichen Klonens angewendet. Dolly entstand aus der DNA einer Euterzelle, die in die entkernte Eizelle eines zweiten Schafes überführt wurde. Schon seit Jahrtausenden und wahrscheinlich sogar seit Jahrmillionen klonen Bauern Bananen, Süßkartoffeln, Dattelpalmen und Weinreben aus selektierten Samen und Pfropfreisig. Kommerziell betriebener Weinbau wäre ohne diese Technik nicht denkbar. Es gibt ganze Weinberge und auch Wälder, die klonalen Ursprungs sind. Die Replikate entstehen hier durch gleichmäßige Teilung und Trennung von Zellen. Voraussetzung dafür ist die identische Verdopplung des genetischen Codes (der DNA) vor der Zellteilung und die gleichmäßige Verteilung der beiden DNA-Kopien auf die Tochterzellen. Die beiden daraus resultierenden Zellen besitzen wieder die gleiche genetische Information wie die Ursprungszelle und können sie wiederum als Vorlage für weitere Vervielfältigungen verwenden. Von Beginn der Evolution an war das Klonen eine ganz ursprüngliche und grundlegende Eigenschaft biologischer Systeme. Klonen bedeutet Ausbreitung durch asexuelle Fortpflanzung. Starke Ausbreitung erhöht die Überlebenswahrscheinlichkeit – Macht durch Masse.

Auch der menschliche Körper entwickelt sich im Grunde durch Klonen gekoppelt mit natürlicher Selektion weiter. Alle Zellen unseres Körpers stammen von ein und derselben Ursprungszelle, der befruchteten Eizelle, ab. Dass wir dabei aber nicht auch wie amorphe Schleimpilze aussehen, verdanken wir dem Umstand, dass sich die so entstehenden Zellen spezialisieren und differenzieren. Am deutlichsten und verständlichsten läuft das Klonen in unserem Immunsystem ab. Einer unserer ersten Wirbeltiervorfahren muss dieses System vor etwa 450 Millionen Jahren erworben haben. Es beruht ebenfalls auf klonaler Zellexpansion und natürlicher Selektion. In Knochenmark und Thymus werden kontinuierlich Lymphozyten produziert, die anschließend einen einzigartigen Prozess von Genverschiebungen durchlaufen. So können aus einem ursprünglichen Gensatz von hundert Genen für die Bildung eines bestimmten Antikörpers mehrere zehn Millionen neue Gensätze für ebenso viele neue Antikörper entstehen. Die neu zusammenge-

---

[1] So lösen beispielsweise einzellige Protozoen-Parasiten in den Entwicklungsländern Krankheiten wie Leishmaniosen, Amöben-Ruhr, Schlafkrankheit und Chagas-Krankheit aus.

stellten Antikörper-kodierenden Gensätze werden an Tochterlymphozyten weiter-
gegeben. Die gebildeten Antikörper wiederum können komplementäre molekulare
Strukturen – die sogenannten Antigene – erkennen oder im Schlüssel-Schloss-
Prinzip binden und dadurch geeignete zelluläre Reaktionen auslösen.

Der Prozess der klonalen Diversifizierung läuft völlig zufällig ab und kann
nicht gezielt auf bestehende Notwendigkeiten reagieren. Vielmehr werden Varianten in großem Überschuss produziert, von denen letztlich nur ein kleiner Teil
nützlich und vorteilhaft ist. Das Immunsystem produziert so viele verschiedene
Antikörper wie möglich und bereitet sich so auf mögliche Invasionen der unterschiedlichsten Antigene und Mikroorganismen vor. Lymphozyten, die zufällig
körpereigene Strukturen erkennen, werden größtenteils eliminiert oder zumindest
an ihrer weiteren Vermehrung gehindert. Identifiziert jedoch ein Antikörper eine
infektiöse Fremdstruktur, so wird selektiv speziell dieser Lymphozytentyp, der die
genetische Ausstattung zur Bildung des Antikörpers trägt, vermehrt. Das Vermehrungspotential der ausgewählten Zelltypen und die Anzahl der resultierenden Klone sind enorm. So können durchaus mehrere Millionen Zellen entstehen, die zudem unter Umständen viele Jahrzehnte oder sogar ein Leben lang überdauern.

Das Immunsystem ist nicht das einzige Beispiel für selektive Expansion von
genetisch identischen Klonen durch natürliche Auslese. Alle mehrzelligen Tiere
bestehen aus genetisch identischen Zellen, mit Ausnahme der vielfältigen Immun-
zellen und der DNA-freien roten Blutkörperchen. Einen eindruckvollen Beweis
bietet uns die Entwicklung eines normalen Nachkommen aus dem Zellkern einer
Schaf-Euterzelle. Die Zellen innerhalb eines Individuums differenzieren sich
funktionell, indem sie ein spezifisches Genexpressionsmuster aktivieren – auf der
Grundlage eines gemeinsamen genetischen Repertoires können so von verschiedenen Zelltypen unterschiedliche Funktionen ausgeführt werden. Dazu sind Änderungen der DNA- und Chromosomen-Strukturen notwendig. Die gesamte genetische Information ist zwar weiterhin in jeder Zelle vorhanden, sie wird jedoch
spezifisch reguliert, so dass nur bestimmte Gene in bestimmten Zelltypen aktiviert
werden. Der Körper wird also in einzelne Kompartimente aufgeteilt. Nur aufgrund
dieser Fähigkeit der Kompartiment-Bildung konnten sich mehrzellige Organismen
mit spezialisierten Zellen und Geweben überhaupt entwickeln. Die spezifische
Genexpression der unterschiedlichen Zellen muss genau reguliert und kontrolliert
werden.

Es ist eines der noch ungelösten Rätsel der Biologie, wie aus einer befruchteten
Eizelle während der Embryonalentwicklung ein Körper mit genau definierten Geweben, Organen und Strukturen entsteht. Dank der Molekularbiologie kommen
wir allerdings der Lösung des Rätsels langsam näher. Auch dieser Prozess ist ganz
offensichtlich von den Darwinschen Prinzipien von Variation und natürlicher Selektion durchdrungen. Grundlage der Embryogenese, bei der unser gesamter Kör-
peraufbau bereits im Embryo angelegt wird, ist wiederum die klonale Expansion
geeigneter Vorläuferzellen für die verschiedenen Gewebe. Zellen, die zur richtigen Zeit am richtigen Ort das richtige Genexpressionsmuster aktivieren, überleben
im Gegensatz zu anderen falsch positionierten Zellen und breiten sich aus. Unser
Körper besteht also aus einem Mosaik von Geweben und Zellklonen mit spezialisierter Funktion oder Genaktivität. Jede Darmkrypte, die die hervorstehenden Villi
des Darmepithels umgibt, besteht aus Klonen einer einzigen Ursprungszelle. Jedes

Gewebe, also etwa Leber, Brustdrüse, Gehirn, Arterienwände und Haut, besteht aus einem Mosaik einzelner Gewebebereiche aus bis zu zwei Millionen Zellen (etwa zehn Millimeter groß), von denen jeder auf eine einzigen Ursprungszelle zurückzuführen ist. Einige Neurobiologen, darunter in erster Linie Gerald Edelmann, nehmen an, dass auch unser neurales Netz und das außerordentliche Repertoire unseres Gehirns ähnlich wie das Immunsystem durch klonale Expansion und natürliche Selektion entstehen. Sie schlagen ein Modell vor, nach dem diejenigen Zellen oder Zellcluster einen selektiven Überlebensvorteil erhalten, die potentielle Netze und Zellverbindungen bilden können. Die anschließende Feinabstimmung und Festigung des Netzes geschieht mit Hilfe externer Stimuli.

Klonjunkies

Sobald sich Zellklone in unserem Körper ungehindert vermehren und ausbreiten, können sie zu einer ernsthaften Gefahr werden. Sogar unser Immunsystem kann fehlgeleitet werden und Krankheiten verursachen, anstatt sie zu bekämpfen. Bei Autoimmunreaktionen etwa reagieren entsprechende Lymphozytentypen auf eine scheinbar fremde, in Wirklichkeit aber körpereigene Struktur und verursachen dadurch unter Umständen schwere Gewebeschäden. Autoimmunreaktionen spielen wahrscheinlich auch bei Krankheiten wie Multipler Sklerose, rheumatischem Fieber, insulinabhängigem Diabetes und bei einigen Formen von Arthritis eine Rolle. In diesen Fällen könnte die klonale Expansion der Lymphozyten durch die permanente Präsenz von autostimulierenden Gewebsantigenen oder auch durch fortgesetzte Infektionen ausgelöst werden.

Arteriosklerose-Plaques, die sich an den Arterienwänden ablagern, entstehen ebenfalls durch klonales Wachstum. Diese Entdeckung gibt den Kardiologen bereits seit zwei Jahrzehnten Rätsel auf. Die Plaques sind das Ergebnis von Wundheilungsprozessen und entstehen offensichtlich als Reaktion auf chronische Verletzungen der Blutgefäße. Sie tragen wesentlich zur Entwicklung von Schlaganfällen und Herzinfarkten bei, zwei Erkrankungen also, die in der westlichen Welt neben Krebs zu den häufigsten Todesursachen zählen. Aber warum entstehen die Plaques aus einer einzigen Ursprungszelle? Neuere Untersuchungen konnten zeigen, dass die Plaque-bildenden Zellen Mutationen tragen. Daher liegt die Vermutung nahe, die genetische Instabilität der Zellen führe zu einem Verlust von Zelloberflächenrezeptoren, die normalerweise für den Empfang und die Weiterleitung von negativen Wachstumssignalen verantwortlich sind. Eine auf diese Weise erworbene Desensibilisierung gegen wachstumsunterdrückende Signale ist funktionell direkt vergleichbar mit erworbener Resistenz gegen Arzneimittel. Die mutierte Zelle erhält somit einen Wachstumsvorteil gegenüber anderen Zellen des Gewebeverbandes. Wie diese Mutationen entstehen, ist noch unklar. Zu den denkbare Ursachen zählen Zigarettenrauch und oxidativer Stress, der beispielsweise durch chronische Entzündungen hervorgerufen wird. Letztendlich sind Arteriosklerose-Plaques also ebenfalls Mini-Tumoren.

Evolutionäre Flaschenhälse

Krebszellen machen sich ein grundlegendes und uraltes biologisches Prinzip zunutze – die zwei Milliarden Jahre alte Fähigkeit der klonalen Replikation. Aber wie unterscheiden sie sich nun genau von anderen Zellen und warum stellen sie eine solche Gefahr dar? Zunächst einmal: Sie sind Mutanten und haben über einen längeren Zeitraum Schritt für Schritt eine Vielzahl von Mutationen erworben. Bei der Tumorentwicklung entstehen immer wieder neue Zelltypen mit neuen Eigenschaften, bis schließlich ein Punkt erreicht ist, an dem sie faktisch unsterblich geworden sind. Die Zellen erwerben Selektionsvorteile, indem Mutationen nach und nach bestimmte wachstumskontrollierende Funktionen außer Kraft setzen. Sie ignorieren wachstumshemmende Signale und vermehren sich weiter, werden trotz eingebauter Zelltod-Programme unsterblich und breiten sich unter Missachtung von Grenzen und Regeln ungehemmt aus. Sie verhalten sich also, als seien sie einfach blind, egoistisch und atavistisch veranlagt. Das bedeutet biologisches Chaos – ein Verhalten, dass durch den Verlust der normalen Zellkommunikation fortschreitende Funktionsstörungen der betroffenen Gewebe hervorbringt[2].

Schon in der Vergangenheit ist häufig beschrieben worden, dass die Prozesse der Krebsentwicklung mit der Entstehung neuer Arten vergleichbar sind. Die neuen molekularbiologischen Entdeckungen der Krebsforschung konnten die Gültigkeit dieses Vergleiches nun auch auf zellulärer und genetischer Ebene eindrucksvoll unterstreichen. Mehr noch, wir erkennen inzwischen, dass die Krebsentstehung nicht einfach eine Art Parodie der Evolution ist, sondern vielmehr eine Form der Evolution selbst. Sie läuft nach allen Regeln der Darwinschen Evolutionstheorie ab, und zwar speziell nach den Regeln der Evolution sich asexuell fortpflanzender Arten. Die grundlegenden Spielregeln umfassen die fort-

---

[2] Die Idee, Krebszellen könnten auf evolutionären Rückfällen beruhen, ist nicht neu. Sowohl Morley Robert, 1926, als auch Sir Herbert Snow, 1893, schlugen vor, dass Krebs sich aus Zellen entwickle, die sich ein amöbenähnliches, egoistisches Verhalten angeeignet hätten. Sie brächen aus dem normalen Zellverband aus, indem sie die Bindung an die Nachbarzellen verlören. Roberts Ansichten wurden nur wenig zitiert, waren jedoch bemerkenswert vorausschauend. Er betrachtete Krebs als natürlichen, evolutionären Prozess und als ein Problem der Entwicklungsbiologie und erkannte, dass die Regenerationsfähigkeit einiger Gewebe und die Migrations- und Invasionsfähigkeit bestimmter Zelltypen eine inhärente Voraussetzung für die Entwicklung zur Krebszelle sind. In neuerer Zeit argumentierte Lucien Israel, dass das Auftreten eines Krebsklons auf die Expression eines Zellüberlebensprogramms zurückzuführen sein könnte, das bereits die einzelligen Urlebewesen besessen haben müssen und normalerweise nur vorübergehend aktiviert wird, und zwar im sich entwickelnden Embryo und bei der Wundheilung. Israel meinte weiterhin, dass die dauerhafte Expression dieses genetischen Programms in Krebszellen nicht durch spontane Mutationen oder natürliche Selektion geschehe. Siehe dazu: Roberts M (1926) Malignancy and evolution. Grayson and Grayson Publishers, London; Snow H (1893) Cancers and the cancer process. J and A Churchill Publishers, London; Israel L (1996) Tumour progression: random mutations or an integrated survival response to cellular stress conferred from unicellular organisms. J Theoret Biol 178:375-80.

schreitende genetische Diversifikation durch Mutationen und die nachfolgende Selektion einzelner Zellen aufgrund von genetisch festgeschriebenem Überlebensvorteil und reproduktiver Fitness – Evolution im Schnelldurchlauf.

Krebs entsteht bzw. wird initiiert und vorangetrieben durch Genmutationen. Für die weitere Entwicklung des Krebses ist die erste Mutation entscheidend, die zur Herausbildung der Krebsursprungszelle führt, auch wenn schon vorher globalere Störungen aufgetreten sein mögen, die Gewebsfunktionen beeinträchtigen und viele Zellen gleichzeitig betreffen. Krebsklone evolvieren kontinuierlich durch genetische Diversifikation und Selektion. Physische und physiologische Parameter innerhalb des Körpers und innerhalb der einzelnen Krebszellen selbst vermitteln den entsprechenden Selektionsdruck. Wird eine Krebserkrankung schließlich diagnostiziert und therapiert, wirkt ein weiterer Selektionsdruck in Form der verwendeten Therapeutika auf überlebende Krebszellen Spätestens hier können wir eine klare Parallele zwischen der Evolution von Parasiten und der Entwicklung von therapieresistenten, pathogenen Organismen ziehen. Krebszellen sowie normale Körperzellen stehen miteinander im Wettstreit um die Vorherrschaft in bestimmten Körperhabitaten. Diese Konfrontation läuft klinisch gesehen zunächst vollständig verborgen ab, kann unterschiedliche Richtungen einschlagen und stärker oder schwächer ausgeprägt sein. Lediglich bei einer Minderheit solcher Scharmützel wird schließlich ein „point of no return" bzw. Startpunkt erreicht, bei dem die wachstumshemmende Grenze durchbrochen wird. Dies äußert sich klinisch in pathologisch veränderter Organfunktion, schwerwiegender Bösartigkeit des Tumors bis hin zum Tode.

Solche Katastrophen können einen überraschend harmlosen Anfang nehmen. Jeder Krebs beginnt als kleiner, örtlich begrenzter klonaler Zellhaufen oder Mini-Tumor. Er kann sich als Warze, Polyp, Fasergeschwulst, Muttermal, Leberfleck oder kleiner Tumor äußern. Im äußersten Falle sind Anfangsstadien selbst unter dem Mikroskop zunächst nicht erkennbar und können lediglich durch molekulargenetische Analysen als mutierte und klonal expandierte Gewebefragmente identifiziert werden. Die meisten dieser Mini-Zellwucherungen sind absolut gutartig und werden nie zu bösartigen Tumoren ausarten. Leiomyome (Gebärmutterzysten) etwa entwickeln sich dennoch zu einer echten Plage für Frauen. Obwohl sie nur sehr selten bösartig werden, entfernt man ihretwegen häufig vorsorglich die gesamte Gebärmutter. Asiatische Elefantenkühe, weibliche Nashörner sowie einige Primatenweibchen haben haargenau das gleiche Problem – sie allerdings leiden stumm. Dunkle Leberflecken oder Muttermale auf heller Haut galten über Jahrhunderte hinweg als Schönheitsmerkmale oder wurden wie im Mittelalter als Zeichen des Teufels betrachtet. Sie sind damit die einzigen Mini-Tumoren, die gewissermaßen Kultstatus erreicht haben. Selbst religiöse Bedeutung wurde ihnen schon beigemessen. Vor etwa 65 Jahren trugen in Tibet Leberflecken am Oberkörper eines zwei Jahre alten Jungen dazu bei, dessen Qualifikation und Inkarnation als vierzehnter Dalai Lama zu beweisen.[3]

---

[3] Für einen unterhaltsamen und gleichzeitig informativen Streifzug durch die Kulturgeschichte des Leberflecks siehe Ariel AM (1981) Is the beauty mark a mark fo beauty or a potentially dangerous cancer? In: Malignant Melanoma. Appleton-Century-Crofts Publishers, New York.

Leukämien (Blutkrebs) nehmen den gleichen Anfang wie solide Tumoren auch. Allerdings werden ihre Zellklone über das Knochenmark oder das Blut verteilt und treten daher nie als Zellkonglomerat auf. Jeder einzelne von uns besitzt solche zellulären Ausreißer. Die allergrößte Mehrheit bleibt jedoch gutartig, ruft keine Symptome hervor oder ist klinisch unauffällig, bildet sich schließlich zurück und verschwindet wieder. Dennoch könnte sich potentiell aus jedem dieser Ausreißer auch ein bösartiger Tumor entwickeln, wenn sie die entscheidenden Hürden nehmen würden. Sie bilden den Flaschenhals der Krebsprogression, durch den die Anfangsstadien gelangen müssen.

Ein wichtiger Flaschenhals ist die Bildung von neuen Blutgefäßen (Neovaskularisation) zur Versorgung des wuchernden Gewebes, wenn es über eine Größe von etwa 100 Millionen Zellen (ein bis zwei Kubikmillimeter) hinauswachsen will. Gelingt es einem entstehenden Tumor nicht, sich ausreichend mit Blut und somit Sauerstoff zu versorgen, erstickt er förmlich. Einen weiteren und wahrscheinlich engsten Flaschenhals bildet das Übertreten von Gewebegrenzen. Diese Grenzen bestehen nicht nur zwischen, sondern auch innerhalb von Geweben und legen zelluläre Territorien und Expansionsregeln fest. Um diese Grenzen zu durchbrechen, müssen Krebszellen physische Barrieren auflösen, um innerhalb von Geweben zu expandieren und schließlich aus ihnen zu emigrieren und neue Gewebe zu infiltrieren und kolonisieren. Die Emigration, also Metastasierung, von Krebszellen ist klinisch gesehen das kritischste Stadium der Krebsevolution.

Den letzte Flaschenhals schließlich bildet die Krebstherapie. Diese von außen durchgeführte Intervention verursacht einen weiteren Selektionsdruck, dem nur wenige überlebende Mutanten standhalten. Diese erweisen sich in der Folge dann aber als therapieresistent.

Die Krebsentwicklung kann unter Umständen relativ schnell ablaufen. Bei einigen Kinderkrebsarten dauert sie weniger als ein Jahr und betrifft schnell proliferierende und sehr mobile Zellen des Fetus. Üblicherweise nimmt die Entstehung eines bösartigen Tumors beim Erwachsenen jedoch mehrere Jahre bzw. Dekaden in Anspruch. Dieser lange Zeitraum ist notwendig für die Entwicklung eines Zellklons, der nach und nach die entsprechenden Mutationen erwirbt, um die oben beschriebenen Hürden überwinden zu können. Um zu verstehen, wie Mutationen in Krebszellen zu territorialer Expansion führen ohne dabei die selbstzerstörerischen Konsequenzen zu berücksichtigen, müssen wir uns nun zunächst mit der Frage beschäftigen, wie Gene das Zellverhalten beeinflussen.

Kapitel 7: Unser Bauplan: Risiken und Kontrollen

Einzeller, also Bakterien, viele Protozoen und Viren, sind die ursprünglichsten, ältesten Lebewesen und haben sich außergewöhnlich erfolgreich ausgebreitet. Ihr Erfolg beruht auf dem einfachen Prinzip der Selbstvervielfältigung. Die Evolution der mehrzelligen Organismen vor etwa 700 Millionen Jahren markierte den entscheidenden Übergang zu komplexerem Leben und veränderten Reproduktionsstrategien. Voraussetzung dafür war die Spezialisierung der Zellen und Gewebe. Die einzelnen Zellen wurden voneinander abhängig und ordneten sich als Teile einem Ganzen unter. Trotz dieser primär kooperativen Lebensweise bewahrten die Zellen aber ihre Fähigkeit zu klonaler Expansion und zur Durchbrechung von Gewebegrenzen. Sie konnten sich also weiterhin – zumindest zeitweise – wie ein Einzeller, eine Krebszelle verhalten. Für einige lebenswichtige Prozesse ist die Vermehrung von Zellklonen auch bei mehrzelligen Organismen absolut essentiell, wie zum Beispiel bei der Embryogenese, bei Geweberegeneration, Entzündungen, Wundheilung und Immunantworten sowie, bei Säugern, während der Schwangerschaft. Während der Evolution sind daher die entsprechenden Gene selektiert und konserviert worden. Gleichzeitig entstand damit aber auch das Risiko der Entwicklung von klonal expandierenden Ausreißern. Wer möchte schon die Entscheidungen auf sich nehmen, die die natürliche Selektion immer wieder treffen muss?

Die Evolution der mehrzelligen Organismen konnte nur gelingen, da dem sensiblen Konflikt zwischen einzelner Zelle und gesamtem Zellverband mit stabilisierenden Mechanismen begegnet wurde. Wie kann man sich die einerseits gewollte Vermehrung spezialisierter Zellen zunutze machen ohne ihr andererseits völlig freien Raum zu lassen? Wie kann man Zellen Einhalt gebieten, die den historischen Imperativ der egoistischen Vermehrung zu neuem Leben erweckt haben? Für die sich entwickelnden Pflanzen war dieses Dilemma weit weniger akut. In erster Linie beruht dies auf ihrer völlig anderen Architektur: Pflanzen bestehen aus immobilen Zellen, die eine zudem viel festere Zellwand besitzen. Unter diesen Bedingungen ist die Herausbildung einer egoistischen Individualität von vornherein stark erschwert. Folglich entwickeln Pflanzen zwar lokale Tumoren, jedoch keinen metastasierenden Krebs. Dagegen muss das Ausreißer-Problem bei den ersten Metazoen gravierend gewesen sein. Es verwundert daher nicht, dass die Evolution der Metazoen mit der Entwicklung von Mechanismen einherging, die dieses Risiko beherrschbar machten und verringerten.

Man kann sich die Kontrollmechanismen als Gesellschaftsvertrag denken, der in der Sprache der DNA abgefasst ist und von verschiedenen chemischen Signalen, die die Zellen untereinander austauschen, gesteuert wird. Jeder Zelltyp, ob in Blut, Gehirn oder wo auch immer, lebt in seiner eigenen Sinneswelt. Sie ist vergleichbar mit der einzigartigen „Merkwelt" jeder Art (um hier einen Begriff aus der Verhaltensbiologie zu verwenden). Die Gesamtheit der eingehenden Signale bestimmt, was eine Zelle wann und wo tun darf. Durch physischen Kontakt mit Nachbarzellen und mechanischen Druck nehmen Zellen wahr, wie viel Platz ihnen zur Verfügung steht. Auch dadurch wird das Zellwachstum kontrolliert und das Territorium, die Lebensfähigkeit und die Lebensdauer von Zellklonen limitiert. Bereits der befruchteten Eizelle werden diese Kontrollmechanismen auferlegt. Der sich entwickelnde Embryo ist von ungleichmäßig verteilten mütterlichen Botenstoffen umgeben. So entstehen Bereiche mit unterschiedlichem Mikroklima, wodurch in den betroffenen Zellen gezielt bestimmte Genexpressionsmuster angeschaltet werden. In der Folge wird eine Kaskade von Reaktionen ausgelöst, die schließlich zur Spezialisierung der Zellen führt. Dieser Prozess wird als Differenzierung und Gewebemorphogenese bezeichnet. Er beinhaltet umfangreiche Steuerungs- und Kontrollmechanismen, die expansives Wachstum eines Zellklons erheblich erschweren, jedoch nicht völlig verhindern können. Es ist in der Tat eine Gratwanderung, da für eine normale Embryonalentwicklung Zellmigration und klonales Wachstum bis zu einem gewissen Umfang zugelassen werden müssen.

Die Lösung dieses Dilemmas muss ein Meilenstein der Evolution gewesen sein. Erkennbar ist dies in der Entwicklung der so zahlreichen unterschiedlichen Körperarchitekturen, die auch als „Baupläne" bezeichnet werden. Bereits im Präkambrium, also vor rund 500 Millionen Jahren, war der größte Teil dieser Entwicklung abgeschlossen. Seitdem sind weniger neue Baupläne evolviert als vielmehr die vorhandenen weiter verfeinert und immer besser angepasst worden. Solange eine weitere Erhöhung der Überlebenswahrscheinlichkeit und der reproduktiven Fitness erreicht werden kann, solange wird der natürliche Selektionsdruck zu weiterer Diversifizierung und Verfeinerung der interzellulären Kontrollen führen. Die Entwicklung komplexerer und wirksamer Kontrollmechanismen resultierte gleichzeitig in einer verlängerten Lebensdauer, einer besseren physiologischen Anpassung sowie komplizierter gestalteten Körperbauplänen mit Kreislaufsystemen, die nun die Migration von Zellen erlaubten. Um aber ein lebenslanges Funktionieren und Regenerieren der Organe zu gewährleisten, „erfand" die Evolution die nur teilweise differenzierten Zellen, bei denen die Fähigkeit zu klonaler Expansion auch nach der Festlegung des embryonalen Bauplans erhalten blieb – mit weitreichenden Folgen für das damit ebenfalls steigende Krebsrisiko. Diese nur unvollständig differenzierten Zellen bilden die Grundlage dafür, dass langlebige Organismen, wie beispielsweise der Mensch, verletztes oder ermüdendes Gewebe immer wieder regenerieren können – aus Sicht der Evolution eine wirklich intelligente Erfindung, für uns jedoch gleichzeitig ein schweres Erbe.

Insgesamt betrachtet beruht also ein Großteil des evolutionären Erfolges der komplexen Organismen auf „Erfindungen", die zugleich ein immanentes Risiko bergen: Lebenswichtige Gewebefunktionen bewegen sich permanent an der Grenze zum Chaos. Für ihre Aufrechterhaltung müssen sie notwendigerweise einerseits relativ stabil, gleichzeitig oszillierend und andererseits zu vorübergehender, regulierter Instabilität fähig sein. Die großen Vorteile bestehen in der resultierenden Flexibilität, Plastizität und maximalen Fitness, die allerdings mit einer steten Gefahr einhergehen: und zwar in Form gelegentlicher Stürze ins Chaos durch das Übertreten von Grenzen. Das Verhalten von Krebszellen bietet ein lebhaftes Beispiel dafür, aber auch Blutgerinnungsmechanismen oder unser streitlustiges Immunsystem sowie deren pathologische Auswüchse zählen dazu.

Der vorprogrammierte Tod

Spezialisierungs- und Differenzierungsprozesse bilden ein wirksames Abwehrsystem gegen potentielle klonale Proliferation. Spezialisierte, ausdifferenzierte Zellen konzentrieren ihre Energie auf die ihnen zugewiesenen Funktionen, zum Beispiel auf die Herstellung von Verdauungsenzymen, auf Kontraktionsbewegungen oder auf die Weiterleitung von Nervenimpulsen. Dadurch werden sie automatisch von übermäßiger, zerstörerischer Vermehrung abgehalten. Es gibt daneben noch einen zweiten effizienten, weniger offensichtlichen Kontrollmechanismus, den programmierten Zelltod. Jede Zelle eines mehrzelligen Organismus ist mit einem genetisch festgelegten Selbstmord-Programm ausgestattet, bei dem die Zelle sich kontrolliert selber zerstört. Dieser Prozess wird daher als Programmierter Zelltod bzw. Apoptose bezeichnet und wird ausgelöst, sobald positive Überlebenssignale der benachbarten Zellen ausbleiben. Auf den ersten Blick erscheint dieser Regulationsmodus waghalsig, besonders für diejenigen Zellen, die lebenswichtige Funktionen ausüben. Dennoch ist er durchaus sinnvoll. Für eine effiziente Regulation unserer Embryonalentwicklung und für die Kontinuität physiologischer Prozesse ist es erforderlich, dass Zellen zuverlässig absterben, wo und wann immer es notwendig wird. Im stets wiederkehrenden evolutionären Prozess von Versuch und Irrtum hat sich das Prinzip des Gewährens oder des Versagens von Gunst überzeugend bewährt.

Während der Embryonalentwicklung müssen bereits alle Strukturen korrekt herausgebildet werden, um deren spätere Funktionstüchtigkeit zu gewährleisten. Dafür müssen ständig überschüssige Zellen beseitigt werden. Beispiele hierfür sind etwa die Rückbildung des Kaulquappenschwanzes oder auch die Beseitigung überzähliger Zellen aus der sich entwickelnden menschlichen Hand, die schließlich bewirkt, dass aus einem zunächst netzförmigen Gebilde eine Hand mit einzelnen Fingern entstehen kann. Nach der Geburt erfordern die dynamische Struktur und die stetige Zellerneuerung des Blutes, der Haut und vieler Oberflächenepithelien (von Lunge, Darm oder Hormondrüsen) schnelle Produktion und ebenso schnellen Verlust von Zellen. Neubildung und Beseitigung durch Zelltod oder Gewebeuntergang müssen in gut abgestimmter Balance stehen und werden nach Bedarf reguliert. Darüber hinaus können auch beschädigte Zellen gezielt durch Apoptose entfernt werden. Ein Mechanismus, der das Zellwachstum mit Hilfe eines Selbstmord-Programms in definierten Grenzen hält, erscheint dazu geeignet, das Auftreten von Krebszellen, a priori zu verhindern, insbesondere, weil gerade Zellen mit geschädigter DNA unverzüglich in den Programmierten Zelltod getrieben werden. Es ist daher unmittelbar einleuchtend, dass Gene, die zu einem solchen Programm beitragen, sich schon am Beginn der Evolution als sehr vorteilhaft herausgestellt und durchgesetzt haben müssen. Vielleicht sind sie sogar bereits in den ersten Kolonie-bildenden Einzellern aufgetreten. Damit wird auch verständlich, warum sich unsere Epithelien und unser Blut mit so hoher Geschwindigkeit permanent erneuern. Da sie am unmittelbarsten mit einer potenziell toxischen Umwelt in Kontakt treten, besitzen sie auch das höchste Risiko, DNA-Schädigungen zu erleiden, was sofortigen Zelltod zur Folge hat.

Was aber, wenn das eingebaute Selbstmord-Programm Fehler aufweist? Die neuere Forschung hat gezeigt, dass eine fehlerhafte Regulation des Zelltods schwerwiegende pathologische Konsequenzen haben kann. Zellen, die sterben, obwohl sie es nicht sollten, sind verantwortlich für schwere Krankheiten, wie neurodegenerative Erkrankungen, Arteriosklerose, AIDS-assoziierte Immunerkrankungen und Gewebszerstörungen durch Autoimmunreaktionen. Zellen, die nicht sterben, obwohl sie es nach allen Regeln des „Gesellschaftsvertrages" sollten, sind die Ursache für Krebs. Sie durchbrechen den evolutionär entwickelten Gesellschaftsvertrag, der für ein Gleichgewicht zwischen klonaler Zellvermehrung und hauptsächlich durch Apoptose reguliertem Zellverlust sorgen soll.

Konstruktionsfehler und Krebsrisiko

In Kenntnis der grundlegenden Mechanismen aller mehrzelligen Organismen können wir nun einige wesentliche Voraussagen über Krebs treffen. Erstens, bestimmte Zellen mit besonders langer Lebensdauer, replikativem Potential und Migrationsvermögen sollten ein erhöhtes Risiko zu tumorigener Transformation besitzen. Man findet solche Zellen sowohl vorübergehend während der embryonalen und fetalen Entwicklung als auch später während des gesamten Lebens innerhalb der Gewebe, die sich ständig selbst erneuern oder nach Bedarf proliferieren müssen oder sich nach einer Verletzung regenerieren (also in Blut, Haut, Lungenepithel, Darm, endokrinen Drüsen und Leber). Diese Zellen nennt man Stammzellen. Sie entstehen während der frühesten Entwicklungsphasen, sind nur in recht geringer Anzahl vorhanden und bilden das Reservoir für Zellen, die durch klonales Wachstum Gewebe erneuern oder nach Verletzungen regenerieren. Es steht also zu vermuten, dass genau diejenigen Gene, die so kritische und wichtige Prozesse wie Proliferation und Migration von Stammzellen bzw. entsprechende restriktive Kontrollmechanismen steuern, einem besonders hohen Mutationsrisiko ausgesetzt sind (oder besser gesagt, dass Mutationen in diesen Genen sehr schnell zu einem Überlebensvorteil für die betroffene Zelle führen). Wie zutreffend diese Vermutung ist, werden wir später sehen.

Zweitens, verschiedene Gewebetypen sollten gemäß ihrer Entwicklung und ihrer physiologischen Aktivität zu bestimmten Zeiten besonders krebsanfällig sein. Daher sollten einzelne Krebsarten in bestimmten Lebensphasen besonders häufig bzw. besonders selten auftreten. Während der embryonalen und fetalen Entwicklung besäßen demnach diejenigen Stammzellen, aus denen Muskeln, Nieren und Teile des Nervensystems (Retina und das sympathische Nervensystem) hervorgehen, ein erhöhtes Entartungsrisiko. Nach der Geburt sinkt dieses Risiko in dem gleichen Maße wie ihre proliferative Aktivität sinkt, bis die meisten von ihnen, wenn auch nicht alle, abgestorben sind oder wenigstens ruhen. Wir benötigen sie nun nicht mehr. Entsprechend sind Muskeltumoren (Rhabdomyosarkome) und Augentumoren (Retinoblastome) typische Kinderkrebsarten, die so gut wie nie in späteren Lebensjahren auftreten.

Im Gegensatz dazu sind Stammzellen des Blutes, des Hautepithels, der Lunge, des Darmepithels und der endokrinen Hormondrüsen über Jahrzehnte oder sogar lebenslang aktiv und bieten damit ein permanentes, allerdings dynamisches Ziel für krebsauslösende Veränderungen. Das Krebsrisiko der entsprechenden Gewebe sollte sich also mit zunehmendem Alter kontinuierlich erhöhen. In der Tat dominieren in höherem Alter epitheliale Tumoren. Besonders sind dabei die Frauen betroffen, da speziell die Fortpflanzungsorgane einem erhöhten Risiko ausgesetzt sind, also Eierstöcke, Gebärmutter, Gebärmutterhals, Vagina und Brust. Bei den Männern ist in erster Linie die Prostata gefährdet. Besonders bei älteren Männern wird häufig eine Vergrößerung der Prostata diagnostiziert. Bei jüngeren Männern treten hin und wieder Hodenkrebs und sehr selten auch Penistumoren auf. Diese Asymmetrie der Geschlechter hat einige gravierende Konsequenzen. Obwohl Frauen ein höheres geschlechtsspezifisches Krebsrisiko besitzen, hat das stärkere Rauchverhalten und das damit verbundene Lungenkrebsrisiko der Männer bislang dazu geführt, dass deren Krebssterblichkeit das der Frauen übertraf. Allerdings steht zu vermuten, dass sich dies in naher Zukunft wieder ändern wird, so dass wie schon in früheren Jahrhunderten deutlich mehr Frauen als Männer an Krebs erkranken und sterben werden.

Der Knochenkrebs, das Osteosarkom, ist weder ein typisch embryonaler Krebs noch ein typischer Erwachsenentumor, vielmehr tritt er besonders häufig bei Jugendlichen zwischen 13 und 15 Jahren auf – keineswegs verwunderlich, führt man sich das rasante Körperwachstum der Jugendlichen in diesem Alter vor Augen. Wodurch auch immer Krebs letztlich „verursacht" wird, sein gewebs- und altersabhängiges Auftreten steht in direktem Zusammenhang mit genetisch festgelegten Funktions- und Entwicklungsstadien.

Die Probleme mit den Genen

Grundlage aller evolutiven Prozesse ist die genetische Variation. Diese wird hervorgerufen durch Mutationen oder bei sich sexuell fortpflanzenden Arten durch Rekombination und genetischen Austausch, die ähnlich wie Mutationen ebenfalls neue Variation hervorbringen. Denken wir in diesem Zusammenhang an die genetisch regulierte Krebskontrolle, so führt uns dies mitten hinein in eine vertrackte Zwickmühle: Ohne genetische Veränderungen gäbe es keinen Krebs; ohne genetischen Veränderungen gäbe es allerdings auch keine Evolution, folglich auch keinen *Homo sapiens*. Das Ausmaß des damit verbundenen und scheinbar unvermeidbaren Risikos wirkt auf den ersten Blick entmutigend.

Sowohl Keimzellen als Aufbewahrungsorte der für die Nachkommen bestimmten chromosomalen DNA als auch alle anderen somatischen Zellen verdoppeln ihre DNA mit Hilfe eines sehr effizienten Mechanismus, bevor sie sich teilen. Dabei muss der aus vier verschiedenen Nukleotidbasen (A, C, T und G) bestehende genetische Code zuverlässig und fehlerfrei verdoppelt werden. Allerdings geschehen dennoch hin und wieder einzelne Fehler. So kann zum Beispiel thermische Energie Schwingungen auslösen, wodurch in der Folge ein falsches Nukleotid in den neuen DNA-Strang eingebaut wird. Wird ein solchermaßen fehlerhaftes oder mutiertes Gen translatiert, entsteht ein Protein mit veränderter Struktur oder Funktion. Diese uralte Konstruktionsschwäche hat vielleicht früher einmal ein echtes Problem dargestellt. Seitdem die Zellen allerdings biochemische Systeme entwickelt haben, die neu synthetisierte DNA-Stränge auf spontane oder durch Mutagene hervorgerufene Fehler hin überprüfen und reparieren, konnten die Folgen von Replikationsfehlern erheblich gemindert werden. Aber auch die Reparaturmechanismen sind nicht vollkommen zuverlässig. Mutationen sind also unvermeidbar, geschehen jedoch sehr selten und sind gleichzeitig mit einem potentiellen Nutzen für die Nachkommen verbunden.

Schätzungen gehen davon aus, dass innerhalb von einer Million Kopien, die von einem Gen angefertigt werden, ein einziger Sequenzfehler fixiert wird. Im ersten Moment erscheint diese Zahl sehr klein, sie erhält jedoch neues Gewicht angesichts der Tatsache, dass wir täglich alleine 10^{11} (das sind 100 000 Millionen) neue Blutzellen sowie etwa noch einmal so viele neue Darmzellen produzieren. 10^{11} neue Genkopien bedeuten eine Menge von potentiellen Fehlern. Es ist eine alarmierende Zahl, wenn man bedenkt, dass nur eine einzige mutierte Zelle ausreicht, um einen Tumor und Krebs zu entwickeln. Machen wir uns zudem klar, wie viele Gene betroffen sein können. Wir besitzen in jeder einzelnen Zelle zwischen 30 000 und 40 000 Gene. Viele von ihnen stehen in direktem Zusammenhang mit der Kontrolle und Regulation von Wachstum und Differenzierung der Zelle. Bis heute kennen wir etwa 200 verschiedene genetische Veränderungen, die bei der Krebsentstehung eine Rolle spielen, und die Molekularbiologie wird in der nahen Zukunft sicher noch mehr solcher Veränderungen aufdecken. Angenommen 500 unserer Gene (also gut 1 Prozent) können in mutiertem Zustand zur Krebsentwicklung führen, so können wir ermessen, wie viele Gene und Zellen innerhalb eines 75-jährigen Lebens insgesamt ein Krebsrisiko tragen.

Hinzu kommen nun zu allem Überfluss auch noch externe krebserregende Faktoren. Wir sind zum einen umgeben von natürlichen pflanzlichen und mikrobiellen Giften, die DNA-Schäden und Mutationen hervorrufen können und mit der Nahrung oder durch Infektionen aufgenommen werden. Zum anderen entstehen während unseres normalen zellulären Stoffwechsels Sauerstoff und Stickstoff, die ebenfalls genetische Veränderungen hervorrufen können, wenn sie in zu hohen Konzentrationen produziert oder nicht ausreichend effizient neutralisiert werden. Diese schädlichen chemischen Substanzen, sehr anschaulich als „freie Radikale" bezeichnet, werden besonders bei Entzündungen von den dann sehr stoffwechselaktiven Makrophagen und anderen assoziierten Zellen hergestellt, entstehen also zwangsläufig im Zuge notwendiger zellulärer Entzündungsreaktionen. Das eigentlich Überraschende ist also nicht die mit steigender Lebenserwartung höhere Krebsrate, sondern viel eher die Tatsache, dass wir nicht alle bereits in deutlich jüngeren Jahren vielfältige Tumoren entwickeln; oder dass greise Elefanten und Riesenschildkröten nicht von Krebs geplagt sind; oder dass wir überhaupt auf dieser Welt existieren. Was meinen Sie?

Die Minimierung des Risikos

Die Antwort auf diese Fragen liegt in der Natur und dem Entwicklungsablauf der Krebsgene und Krebszellen und deren Entwicklung selber begründet. Bis ein krebsrelevantes Gen tatsächlich Krebs auslöst, müssen vielfältige Voraussetzungen erfüllt sein:

1. Es muss mutieren und anschließend dem Reparaturmechanismus entgehen bzw. fehlerhaft repariert werden.

2. Es muss eine Mutation erwerben, die die Funktion des kodierten Proteins verändert.

3. Die veränderte Proteinfunktion muss einen direkten oder indirekten Überlebensvorteil für die betroffene Zelle und ihre Abkömmlinge bieten.

4. Die Mutation sollte in einer der seltenen langlebigen und vermehrungsfreudigen Stammzellen geschehen. Im Prinzip gilt das gleiche für Keimzellen (also die Vorläufer der Spermien und Eizellen), bei denen Mutationen während der Evolution zu der heute beobachtbaren Artenvielfalt geführt haben. Nun sind aber DNA-Mutationen mehr oder weniger zufällig, wahllos und laufen nicht zielgerichtet auf bestimmte Funktionsänderungen ab. Daraus folgt, dass die allergrößte Mehrheit der Mutationen schlicht unerheblich ist und folgenlos bleibt.

5. Schließlich ist entscheidend: Zwar genügt eine mutierte Zelle, um einen bösartigen Tumor zu erzeugen, aber die Mutation eines einzelnen Gens reicht dazu nur selten, wahrscheinlich sogar nie aus. Eine durch Genmutation hervorgerufene verstärkte Zellteilung würde zunächst die entsprechenden Kontrollinstanzen auf den Plan rufen. Ließe sich die Zelle daraufhin nicht zur Ruhe bringen, würde das Apoptose-Programm gestartet. Es müssen also schon Veränderungen bei einer Reihe von Genen in ein und derselben Zelle zusammenwirken, damit diese erfolgreich expandieren kann. Nur gemeinsam bringen sie einen malignen Zellklon zustande. Darauf wollen wir gleich weiter eingehen.

Auch die Stammzellen, die von Natur aus besonders gefährdet sind, zu Krebszellen zu entarten, sind Beschränkungen und Zwängen unterworfen. Die Evolution hat diese wichtigen, langlebigen Zellen mit besonderen Schutzmechanismen in Form von strengen Kontrollsystemen, physischer Isolation und Notfallplänen ausgestattet. Erstens, die unglaublich hohe Anzahl an Stammzellabkömmlingen, die wir täglich produzieren, geht letztlich auf eine relativ geringe Menge ursprünglicher Stammzellen zurück (im Knochenmark findet man auf 10 000 Zellen lediglich eine blutbildende Stammzelle), die überdies keine besonders übermäßige Teilungsfrequenz aufweisen. Wie ist das möglich angesichts der exorbitanten Zellproduktion? Nach der Geburt verharren die meisten Stammzellen in einer teilungsfreien Zellruhe. Dadurch wird das Risiko genetischer Veränderungen beträchtlich reduziert, da nicht-replizierende DNA in kondensierter Form als Chromosomen im Zellkern liegt und so weniger anfällig für Schädigungen ist. Einige Stammzellen weisen zwar vorübergehend Zellteilungsaktivität auf, die Mehrheit der täglich produzierten Zellen stammt jedoch von direkten Tochterzellen der Stammzellen ab. Es sind unreife, kurzlebige Zellen, die sich solange mit sehr hoher Frequenz teilen, bis ihre Nachkommen ausgereift sind, die Zellteilung einstellen oder absterben. Mutationen, die solche unreifen, teilungsaktiven Zellen treffen, bleiben mit großer Wahrscheinlichkeit unwirksam, da sie in dem Maße wieder verloren gehen, in dem die Nachkommen absterben. Es gibt also drei unterschiedliche Wege, mit der eine Stammzelle von ausufernder Zellteilung abgehalten werden kann: Sie kann dazu gebracht werden, die Zellteilung zu beenden und in ein Ruhestadium zurückzukehren oder die Zellteilung zwar fortzuführen, jedoch den Weg der Reifung, also der sogenannten terminalen Differenzierung, einzuschlagen oder zu sterben.

Im Zuge der evolutionären Adaptation haben sich unserer Zelle immer ausgefeilter an die gestellten Herausforderungen angepasst. Die ältesten Erfindungen sind dabei bis heute weiterhin die besten. Insbesondere zwei sehr alte Entwicklungen befähigen die Zelle dazu, sich aktiv gegen DNA-Schädigungen durch externe oder interne Einflüsse zu schützen. Den ersten Schutzmechanismus bilden die Oberflächenproteine, die ein Art Wächterfunktion übernehmen und den Einstrom, teilweise auch den Ausstrom fremder Moleküle kontrollieren. Aufgrund von Gestalt und elektrischer Ladung werden die umherfließenden Moleküle geprüft und potentiell toxische Substanzen unverzüglich aus der Zelle herausgepumpt. Dieser einfache aber sehr wirkungsvolle Trick zur Bekämpfung genotoxischer Moleküle ergibt im evolutionären Kontext Sinn, findet jedoch erst seit kurzem stärkere Beachtung. Wie wir später noch sehen werden, haben wir hier einen Ansatzpunkt für die Entwicklung genotoxischer Medikamente für die Krebstherapie. Die zweite, ebenso alte zelluläre Adaptation ist eine Art Reinigungsprozess, bei dem die Zellen bestimmte Substanzen metabolisieren, mit denen sie potentiell genotoxische Moleküle neutralisieren können. Außerdem werden möglicherweise schädliche Nebenprodukte des zelleigenen oxidativen Stoffwechsels mit Hilfe von Antioxidantien abgebaut; zellulärer Großputz sozusagen. Und dennoch zeigen sich immer wieder durch oxidative Reaktionen hervorgerufene, unreparierte DNA-Schäden, die darauf hindeuten, dass unsere Schutz-, Neutralisierungs- und Reinigungsmechanismen umgangen und überlistet werden können.

Bisher haben wir die grundlegenden Überlebensstrategien der Zellen behandelt. Stammzellen aber bedürfen weiterer spezieller Taktiken. So sind die Stammzellen des Darmepithels zum Beispiel tief an der Basis der Darmkrypten, weit entfernt von der Oberfläche und dem Darmlumen, gelegen. Dadurch werden sie erstens nicht unmittelbar den schädlichen Toxinen und mutagenen Substanzen des Darminhaltes ausgesetzt und können zweitens aufgrund des engen Platzangebotes besser von expansiver Vermehrung abgehalten werden. Sollten sich diese Zellen nun tatsächlich DNA-Schädigungen zuziehen, besitzen auch sie natürlich den sehr wirksamen Notfallmechanismus: den programmierten Zelltod. Ziemlich clever, nicht wahr? Man kann beobachten, dass verschiedene Gewebe die Apoptose bei einem unterschiedlichen Grad an DNA-Schäden aktivieren. Dies geschieht wahrscheinlich in Abhängigkeit von der jeweiligen spezifischen Toleranzgrenze der Gewebe gegenüber von Strahlungseinflüssen. So reagieren einige Stammzellen, darunter die des Darms (bei denen die Neubildungsrate außerordentlich hoch ist), der Lymphozyten (in Knochenmark und Thymus) und unsere Keimzellen (Spermien- und Eizellenvorläufer), ganz besonders sensibel schon auf sehr geringe Mengen an DNA-Brüchen und lösen augenblicklich Apoptose aus. Das deutet auf ein äußerst umsichtiges Vorgehen zur Verringerung des Krebsrisikos hin. Keimzellen und Lymphozyten sind die einzigen Stammzellen unseres Körper, deren

Abkömmlinge ihrerseits wiederum die typischen Stammzell-Eigenschaften der Langlebigkeit und Proliferationsfähigkeit besitzen. Sie müssen daher streng an der kurzen Leine gehalten werden. Und dennoch können sie entarten– allerdings lange nicht so häufig, wie man es aufgrund ihrer lebhaften und ausdauernden Aktivität erwarten würde.

Stammzellen stehen also unter ständiger Überwachung. Damit sie wie beim Menschen über Jahrzehnte in der Lage sind, ihre Funktion zu erfüllen, benötigen sie eine bemerkenswerte Anpassungsfähigkeit und Flexibilität. Sie können unter bestimmten Umständen bis an ihre Grenzen getrieben werden – und manchmal darüber hinaus.

Das Spiel mit dem Sex

Eine weitere evolutionäre Erfindung der Evolution trägt dazu bei, genetische Veränderungen, die zu klonaler Expansion führen könnten, in Schach zu halten. Solche Genmutationen sollten tunlichst nicht in der DNA der Keimzellen auftreten um die eigenen Nachkommen nicht von vornherein mit dieser Hypothek zu belasten. Es hat sich daher ausgezahlt, dass schon im frühen Embryo eine Gewebespezifikation stattfindet, bei der die zur Fortpflanzung bestimmte DNA abgesondert und später in Keimzellen abgekapselt wird – beim Menschen findet dieser Prozess bereits sechs Wochen nach der Verschmelzung von Eizelle und Spermium statt. Allerdings stehen wir damit gleichzeitig vor einem Dilemma: Das gesamte Potential für zukünftige Variation und Evolution ist auf diese wenigen Zellen gebündelt und beschränkt. Hierin erkennen wir wiederum einen notwendigen Kompromiss zwischen Risikominimierung und Bewahrung genetischer Vielfalt, der bereits während der frühen Evolution der mehrzelligen Organismen entstanden sein muss und Voraussetzung für deren erfolgreiche Weiterentwicklung war. Vermeidung überbordender Mutationen durch das Auslösen von Zelltod ist eine gelungene Strategie, aber der richtig clevere Kniff ist der Sex.

Bei Arten oder Klonen, die sich asexuell fortpflanzen, erhöht sich die Anzahl der an die Nachkommen weitergegebenen, teilweise nachteiligen Mutationen kontinuierlich. Evolutionsbiologen bezeichnen dies als Müllers Fluch, nach dem Genetiker Hermann Müller. Im Gegensatz dazu kommt es bei sexueller Fortpflanzung immer wieder zu einer Neukombination der elterlichen Gene. Jedes so entstehende Individuum ist einzigartig. Mutationen der elterlichen Keimzellen werden nicht zwangsläufig an die Nachkommen weitergegeben. Daher hört man häufig das Argument, sexuelle Reproduktion bedeute Steigerung der Fitness von (einigen) Nachkommen durch Befreiung von Mutationen. Gleichzeitig entsteht durch DNA-Austausch zwischen den elterlichen Genomen (oder auch durch Mutationen) weitere genetische Variation. Das Resultat dieser evolutionären Erfindungen ist jedoch wiederum ein Kompromiss: Es treten weiterhin Mutationen auf, sie werden in Wahrheit sogar erleichtert und lediglich unterschiedlich auf die Nachkommen weiterverteilt. Um mit Darwin zu sprechen: Glück im Spiel zeigt sich letztlich durch „survival of the fittest".

Das Pokern scheint sich auszuzahlen, betrachtet man die sich mehrheitlich sexuell fortpflanzenden Arten auf diesem Planeten. Allerdings geschehen immer wieder krebsauslösende Mutationen auch in der Keimbahn und werden auf einige, nicht alle Nachfahren übertragen. Man sollte annehmen, dass solche Mutationen schon längst bei unseren Vorfahren hätten ausgeräumt werden müssen, da die so belasteten Nachkommen sterben und sich nicht weiter fortpflanzen. Leider ist die ganze Geschichte beim Menschen nicht so einfach. Erstens liegt es in der Natur der Krebsentwicklung, dass die Entstehung eines lebensbedrohlichen Tumors einen langen Zeitraum einnimmt, die ererbte und krebsauslösende Mutation also zuvor an die nächste Generation weitergegeben werden kann. Zweitens wird es in den Keimzellen immer auch neue, nicht ererbte und potentiell krebserregende Mutationen geben. Man schätzt, dass etwa 5 – 10 Prozent aller Krebserkrankungen auf ererbte Genveränderungen zurückzuführen sind. Die Evolution selbst hat keine bösartigen Absichten; sie kann die Konsequenzen ihres Vorgehens nicht abschätzen.

Reprise

Tumorigenes Zellwachstum ist ein ureigenes Vermächtnis unserer Evolution und unserer Entwicklungsgeschichte. Bestimmte Zelltypen weisen natürlicherweise ein expandierendes Zellwachstum auf. Sie stehen daher unter besonders strenger zeitlicher und räumlicher Kontrolle. Unsere komplexe Gewebsarchitektur und die Flexibilität bzw. Anpassungsfähigkeit der Gewebefunktionen sind nur aufgrund dieser „gefährlichen" Fähigkeiten zu verwirklichen. Der Gesellschaftsvertrag zwischen den Zellen, der klonale Expansion verhindern soll, ist in der DNA bzw. den Genen niedergelegt und festgeschrieben, desgleichen alle weiteren biologischen Regeln für jegliche Zellaktivitäten. Die Gene sind jedoch nicht unantastbar. Sie können zerstört oder verändert werden, obwohl es sehr alte und wirksame Mechanismen für das Editieren, Bewahren und Reparieren von DNA sowie für das zelluläre Reinigen gibt. Krebs wird daher zu einem statistisch unvermeidbaren Phänomen in der Natur – um Jaques Monods denkwürdigen Ausspruch über die Evolution zu zitieren: eine Frage von Zufall und Unumgänglichkeit. In gewisser Weise ist es eigentlich viel bemerkenswerter, dass Krebs nicht schon immer stärker verbreitet war.

Diese Perspektive führt uns zu einer sehr naheliegenden Frage, die uns näher an die Wirklichkeit heranführt: Wenn Krebs im Grunde ein Versehen unseres evolutionären Erbes (ein Konstruktionsfehler) ist, welche Parameter beeinflussen dann das tatsächliche Auftreten einer Tumorerkrankung? Bevor wir aber diese entscheidende Frage tatsächlich stellen können, sollten wir uns zunächst damit befassen, wie es eine Krebszelle denn nun anstellt, allen Kontrollen zu entwischen. Die außerordentlichen Fortschritte der Molekularbiologie in den letzten 25 Jahren haben darüber Aufschluss erbracht. Das dynamische Bild, das daher inzwischen entstanden ist, bildet den Rahmen für die eigentlich entscheidenden Fragen nach Ursachen und Kontrolle.

Kapitel 8: Wie die Krebszelle auf die Überholspur gelangt

Evolutionäre Flaschenhälse

Eine Zelle muss viele Grenzen durchbrechen und einige evolutionäre Flaschenhälse überwinden, bevor sie zu einem dominanten, ausgewachsenen Krebsklon wird. Bei den meisten Krebsarten ist dazu die Akkumulation mehrerer Mutationen notwendig. Von den Mutationen betroffen sind Gene, die unterschiedliche aber sich ergänzende oder ineinandergreifende Funktionen ausüben. Da solche Mutationen statistisch gesehen selten auftreten und ihre Anhäufung Schritt für Schritt erfolgt, kann dieser gesamte Prozess nur in einzelnen Zellen und deren Klonen und über einen langen Zeitraum hinweg ablaufen. Das macht ihn unberechenbar und zufallsabhängig (Abb. 8.1).

Es erscheint vielleicht zunächst paradox, aber es sind die vielfältigen und strengen, während der Evolution entwickelten Kontrollmechanismen selbst, die das geeignete Umfeld für die natürliche Selektion mutierter Zellen erzeugen. Einen Selektionsvorteil erhalten Zellen, die den Kontrollen entgehen können oder ihre Nachbarzellen schlicht überwuchern. Krebszellen entwickeln Strategien, mit denen sie sich von ihrem Umfeld einfach loskoppeln, ihre Nachbarzellen unterdrücken oder ihre Umgebung so verändern, dass sie ihnen bessere Voraussetzungen für expansives Wachstum bietet. Im Grunde sind dies natürliche und physiologisch nutzbringende Reaktionen in einem nachvollziehbaren örtlichen und zeitlichen Rahmen. Schwierigkeiten bereiten uns solche Mutanten, deren Kontext wir nicht durchschauen.

Der erste Schauplatz von Konfrontation und Selektion befindet sich innerhalb der Zelle selbst. Nur wenn eine Stammzelle einen Fortpflanzungsvorteil erwirbt, kann sie sich zu einem dominanten Zellklon entwickeln. Dazu bedarf es allerdings mehr als nur einer Mutation, die die Zelle zu verstärkter Vermehrung anregt. Zelluläre Kontrollmechanismen würden einer Zellvermehrung schnell Einhalt gebieten. Solange also die beiden miteinander zusammenhängenden Systeme von Vermehrung und Proliferationskontrolle nicht voneinander losgekoppelt werden, bedeutet ein einfacher Wachstumsstimulus noch keinen reproduktiven Vorteil. Eine durch Genmutation ausgelöste verstärkte Zellproliferation wird sich im Normalfall schnell wieder erschöpfen. Die entstandenen Zellen differenzieren sich, gehen in ein teilungsinaktives Ruhestadium über oder sterben wieder ab. Die Aussichten auf klonale Emanzipation sind in diesem Zustand eher schlecht.

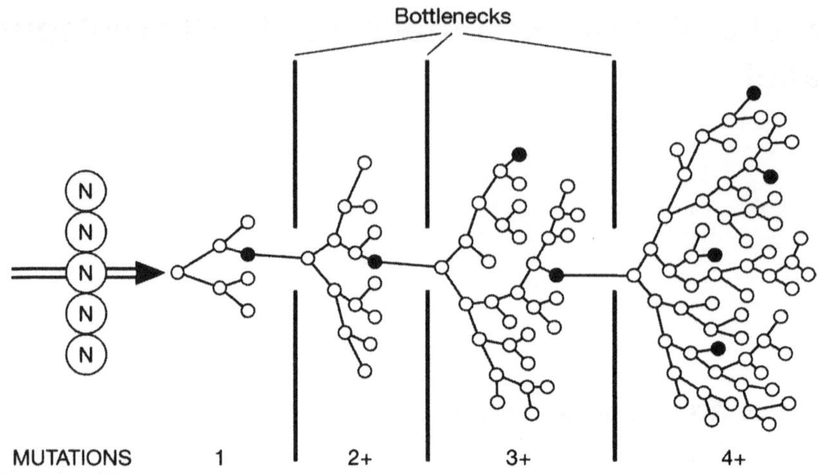

Abb. 8.1 Modell der klonalen Evolution eines Tumors. Krebszellen erwerben schrittweise Mutationen hinzu (1-4+), die es ihnen ermöglichen die durch natürlichen Selektionsdruck entstehenden „Flaschenhälse" zu überwinden. Jede schwarze Zelle repräsentiert eine neue Mutation. N = normale Stammzelle.

Im äußersten Falle wird eine Neuordnung des dynamischen Gleichgewichts zwischen Zellwachstum und -tod erreicht, da eine verstärkte Zellvermehrung einerseits schließlich zu einer erhöhten Apoptoserate andererseits führt. Auf diese Weise kann ein kleiner Tumor mit nahezu normaler zellulärer Architektur und Funktion entstehen. Ein solcher Tumor, zum Beispiel ein Polyp, mag inaktiv erscheinen, da sein Umfang nicht weiter zunimmt. Das fehlende Größenwachstum beruht allerdings nicht auf Inaktivität, sondern vielmehr auf einer Art Patt-Situation zwischen den beiden gegenläufigen Kräften der Proliferation und des Zelltods. Ein solcher Tumor hat bereits den ersten Schritt in Richtung klonaler Expansion und Bösartigkeit vollbracht[4].

Damit ein klonaler Zellverband seine Umgebung dominieren kann, muss er mehr Zellen produzieren als er gleichzeitig verliert. Dazu sind Mutationen notwendig, die eine Proliferation unter Ausschaltung der üblichen restriktiven Kontrollen ermöglichen. Daher kann man unter den krebsauslösenden Mutationen im Prinzip zwei Grundtypen unterscheiden: erstens Mutationen, die die Reproduktionsaktivität konstitutiv oder unaufhaltsam erhöhen (die „Bleifuß"-Metapher) und zweitens Mutationen, die zu einem Verlust der Wachstumskontrolle führen

---

[4] Es gibt vermutlich eine Korrelation zwischen der Polypengröße und der Wahrscheinlichkeit der malignen Entartung. Allerdings ist keine allgemeingültige Regel erkennbar. Gutartige Tumoren oder Polypen können gelegentlich beachtliche Umfänge erreichen, ohne je lebensbedrohlich zu werden. In seinem Buch „Tumours: innocent and malignant" (1893, Cassells, London) berichtet Bland-Sutton über den Fall einer „alten Waliserin" mit einer hornförmigen, papillomartigen Warze von 21 cm Länge.

(vergleichbar mit einem gerissenen Bremszug)[5]. Zu den letzteren gehören Mutationen, die zu einem Defekt von Wachstumsinhibitoren, fehlenden Differenzierungsstimuli oder zum Verlust von Seneszenz- oder Apoptose-Induktoren führen. Auch durch das physische Abkoppeln von Nachbarzellen durch Auflösen von Zellkontakten werden restriktive Einflüsse weiter reduziert. Während der Krebsentwicklung herrscht also ein starker Selektionsdruck, der diejenigen Zellen bevorzugt, die komplementäre Mutationen zur Steigerung der Proliferation einerseits und Verminderung inhibierender Faktoren andererseits erwerben. Den größten Selektionsvorteil erhalten sich konstitutiv teilende Zellen, die gleichzeitig die Signalwege für Differenzierung, Zelltod und Wachstumshemmung – zumindest teilweise – blockieren. Diese Strategie ist erfolgreicher, als nur einen einzigen der drei Prozesse vollständig auszuschalten. Durch den Verlust inhibierender Faktoren erhöht sich die Anzahl der mutierten Zellklone innerhalb des betroffenen Stammzellkompartiments. Sie können sich nun weiter ausbreiten, ohne restriktive Gegenmaßnahmen wie den obligatorischen Vermehrungsstillstand oder Zelltod zu fürchten. Das Dilemma der Roten Königin ist entstanden:

> Du siehst ja, wie schnell ich auch renne, ich komme nicht von der Stelle.
> (sagt die Rote Königin zu Alice in „Alice hinter den Spiegeln" von Lewis Caroll)[6]

Übermäßige Vermehrung von Stammzellen, des ursprünglichsten Zelltyps also, der die Grundlage aller neuen, sich differenzierenden Zellen bildet, hat zwei entscheidende Konsequenzen. Erstens sind diese teilungsaktiven Zellen von Natur aus nicht darauf programmiert, den üblichen Regeln des Zellverbandes zu folgen wie etwa ihre ausgereiften Nachkommen. Sie sind weit mobiler und unabhängiger. Als unnatürlich expandierender Gewebeklon sind sie daher nicht in der Lage, eine normale, funktionstüchtige Architektur zu errichten. Unter dem Mikroskop erkennt der Pathologe in einem solchen Tumor, auch „Carcinoma *in situ*" genannt, viele in Zellteilung begriffene, unreife Zellen. Zudem besitzt der Tumor eine sehr untypische, von normaler Gewebearchitektur stark abweichende Gestalt und greift auf umliegendes Gewebe über. Lange Zeit wurde das Auftreten solcher unorganisierter oder schwach differenzierter Gewebeanteile innerhalb eines Tumors von den Pathologen als Zeichen von Dedifferenzierung, also rückwärts gewandter Entwicklung, interpretiert. Eine zweite entscheidende Konsequenz dieses „Auf-der-Stelle-Rennens" besteht darin, dass die Wahrscheinlichkeit weiterer Mutationen und damit also klonaler Evolution proportional mit der Teilungsfrequenz der Stammzellen steigt.

---

[5] Die entsprechenden Gene werden auch als Onkogene bzw. Tumorsuppressorgene bezeichnet.

[6] Dies ist ein häufig verwendetes, literarisches Zitat, das inzwischen Eingang in den Sprachgebrauch der Evolutionsbiologie gefunden hat. Leigh Van Valen führte es ursprünglich als anschauliche Metapher für evolutionären „Fortschritt" ein: Es verdeutlicht, dass Organismen sich (genetisch gesprochen) beständig bewegen und verändern und einfallsreich sein müssen (durch die „Erfindung" von Sex beispielsweise), um Schritt zu halten mit Parasiten und anderen Konkurrenten, die ihr Überleben gefährden. Siehe Ridley M (1993) The Red Queen. Penguin Group.

Der Selektionsdruck, der die natürliche Selektion von Krebszellen ermöglicht, wirkt aus allen Richtungen auf sie ein und entsteht sogar in der Zelle selbst. Erstens besitzt eine Zelle alle notwendigen Notfallpläne, um expansiver Vermehrung durch Wachstumshemmung oder Selbstmord vorzubeugen. Diese bieten jedoch gleichzeitig einen Hebel für das Durchbrechen der restriktiven Kontrolle, so dass entsprechend erfolgreiche Zellen einen reproduktiven Vorteil gegenüber Nachbarzellen erlangen, die diese Mechanismen weniger wirksam ausschalten können. Expandiert nun eine Krebsursprungszelle, werden Platz und Nährstoffe sehr bald zur limitierenden Ressource. Damit entsteht ein neuer Selektionsdruck, der wiederum das Auftreten von Mutationen begünstigt, die es ihrem Träger ermöglichen, die umgebenden Geschwisterzellen zu übervorteilen und sich durchzusetzen. Entsprechende Mutationen könnten zum Beispiel dazu führen, dass die betroffene Zelle bereits mit geringen Mengen an Wachstumsfaktoren auskommt, immun gegen wachstumshemmende Faktoren wird, selber die notwendigen Substanzen synthetisiert oder sogar das umgebende Gewebe dazu bringt, sie mit stimulierenden Wachstumsfaktoren zu versorgen. Im letzten Falle verändert sie ihre Umwelt, um nicht zu sagen, betrügt ihre Umgebung.

Eine sich insgesamt ergänzende Ansammlung von Mutationen bildet demnach die Formel für anhaltenden Reproduktionsvorteil – alle Hindernisse sind überwunden. Dennoch ist es immer noch nicht das vollständige Erfolgsrezept. Schlicht und einfach auf der Stelle zu verharren und immer größer und größer zu wachsen, ist nicht zwangsläufig eine erfolgreiche Strategie, für einen Krebsklon ebenso wenig wie für ein Tier, einen Termitenhügel oder auch eine Verwaltungsbehörde. Die Krebszellen eines expandierenden Tumors mögen sich unkontrolliert und sogar „asozial" verhalten, aber auch sie sind an bestimmte grundlegende und unüberwindbare chemische und physikalische Gesetzmäßigkeiten gebunden. Sie benötigen Sauerstoff und Platz. Mit dem Bleifuß auf dem Gaspedal und defekter Bremse mag unser Fahrzeug unaufhörlich vorangetrieben werden, aber es benötigt dazu Benzin und freie Bahn. Zellen werden über Kapillaren mit im Blut gelösten Nährstoffen und Sauerstoff versorgt. Aufgrund der Diffusionseigenschaften von Sauerstoff und Nährstoffen in physiologischen Flüssigkeiten darf eine Zelle nicht weiter als etwa einen Millimeter von einer Kapillare entfernt sein, um genügend Energie zum Überleben oder Teilen zu erhalten. Für einen wachsenden Tumor bedeutet dies eine erhebliche Hürde, einen engen evolutionären Flaschenhals, will er über eine Größe von wenigen Kubikmillimetern hinaus wachsen. Dazu ist die Bildung neuer Kapillaren dringend erforderlich – ein Prozess, der als Angiogenese bezeichnet wird (siehe Abb. 8.2).

Angiogenese wird sowohl durch Sauerstoffmangel im Tumor als auch durch bestimmte von den Tumorzellen produzierte Wachstumsfaktoren induziert. Damit macht sich der Tumor einen eigentlich normalen und durchaus nicht bösartigen Mechanismus zunutze, der entwickelt wurde, um Entzündungsreaktionen und Wundheilung zu erleichtern und die Gewebeanordnung im Embryo und den Menstruationszyklus bei Säugetieren zu gewährleisten.

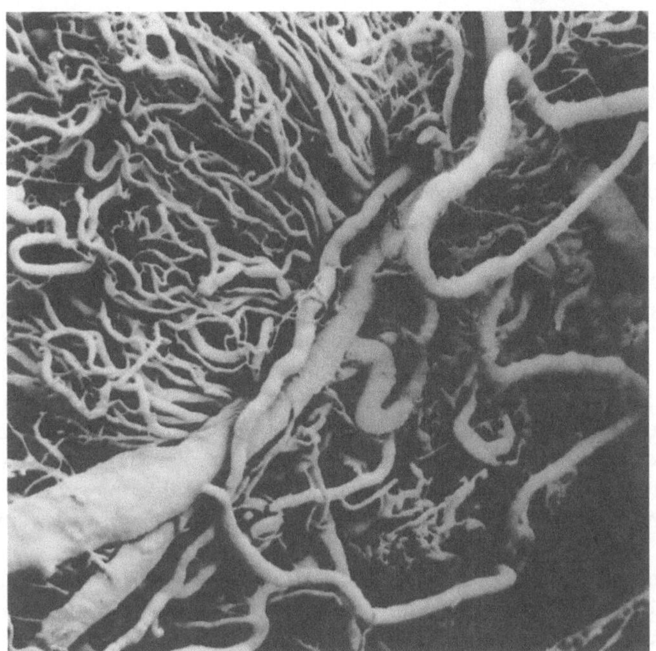

Abb. 8.2 Blutversorgung eines Tumors. Die elektronenmikroskopische Aufnahme des Kapillargeflechts verdeutlicht die intensive Versorgung des Tumors mit Nährstoffen und Sauerstoff.

Die entstehende sauerstoffarme Mikroumwelt, eigentlich ein Friedhof für Tumoren, bringt ein weiteres Paradoxon hervor. Mangelhafte Blutzufuhr führt zu Sauerstoffentzug und folglich zu Zelltod und sollte daher eigentlich klonaler Expansion unmittelbar Einhalt gebieten können. Da gleichzeitig jedoch denjenigen Zellen Rettung winkt, die sich auf irgendeine Weise Zugang zum Kapillarsystem verschaffen, entsteht ein Selektionsdruck zur Entwicklung entsprechender Strategien. Mutanten des *p53*-Gens, einem der wichtigsten krebsassoziierten Gene, über das wir später noch mehr erfahren werden, entstehen wahrscheinlich über diesen Mechanismus als dominante Subklone. Außerdem scheinen sauerstoffarme Bedingungen die Bildung von DNA-Brüchen zu fördern, was eine erhöhte genetische Variation innerhalb der überlebenden Zellen hervorruft und damit einen Ansatzpunkt für weitere natürliche Selektion bietet. Ist erst die Neubildung von Kapillaren in Gang gekommen, so dass neu gebildete Zellen mit Sauerstoff und Nährstoffen versorgt werden können, wächst ein Tumor bzw. ein neuer mutierter Zellklon des Tumors zu einer manchmal bemerkenswerten Größe heran. An den meisten Stellen im Körper findet sich ein Tumor allerdings in einer Art physischen Zwangsjacke wieder.

Vorfahrtsregeln

Hat ein Tumor die physiologischen Hürden überwunden – mit Vollgas über alle roten Ampeln –, so stehen ihm weitere Hindernisse bevor. Unsere Gewebe sind als Mosaike aus einzelnen, abgetrennten Kompartimenten zusammengesetzt. Faserproteine und die extrazelluläre Matrix definieren die Grenzen und Barrieren, innerhalb derer die Zellen normalerweise zusammengeschlossen sind, und lassen wenig Raum für besondere Aktivitäten – vergleichbar mit einer Tierpopulation innerhalb eines Gebirgszuges oder auf einer Insel: eine hohe Hürde, ein enger Flaschenhals, deren Bewältigung alleine darin besteht, dieser Enge irgendwie zu entkommen. Glücklicherweise (bzw. je nach Blickwinkel fatalerweise) sind die Fluchtwege und Verbindungen zwischen unterschiedlichen Gewebeanteilen aus physiologischen und evolutionären Gründen bereits angelegt und müssen nur noch genutzt werden. Zweifellos erleichtert die vorangegangene Angiogenese diesen Prozess, da erstens die Anzahl der potentiellen Ausreißer steigt und zweitens die neu gebildeten Kapillaren einen direkten Fluchtweg bilden, bzw. der steigende Druck innerhalb des Tumorgewebes einzelne Zellen förmlich in die Lymphbahnen presst.

Eine Krebszelle, die sich auf eine solche Reise begibt, benötigt dazu dreierlei: eine Ausreisegenehmigung, eine Strategie für das Überleben in einem turbulenten Flüssigkeitsstrom und ein Einreisevisum für den neuen Lebensraum. Die dazu notwendigen Gene existieren, eine Krebszelle muss lediglich noch das Fälschen und Schmuggeln erlernen. Im Normalfall würde einer Zelle die Ausreise nicht erlaubt; schafft sie es aber, sich als reisebefugt zu verstellen, so kann sie alle notwendigen Vorbereitungen ungestört verrichten: Sie reduziert die Zellkontakte zu ihren Nachbarzellen, baut physische Barrieren enzymatisch ab, tritt in Blut- oder Lymphbahnen ein, infiltriert fremde Gewebe und richtet sich schließlich dort ein. Proliferierende Stammzellen besitzen von Natur aus bereits einige dieser Fähigkeiten, wahrscheinlich sammeln aber auch sie weitere Mutationen an, die den gesamten Prozess erleichtern. So werden Zellen, die bereits das auf Stress-Signale reagierende Selbstmord-Programm ausgeschaltet haben, leichter durch teilweise fremdes Gewebe wandern können. Aber auch ausgestattet mit solchen Vorzügen gleicht die Wanderung von Krebszellen einer Odyssee durch das Chinesische Meer in einem Holzkahn. Nur sehr wenige werden schließlich ankommen. Dennoch, angesichts der Menge an Zellen, die es versuchen und der zur Verfügung stehenden Zeit, wird es unvermeidlich ein paar Erfolge zu verzeichnen geben.

Die Streuung eines Krebsklons, die Metastasierung, ist kein sogenanntes Alles-oder-nichts-Ereignis, sondern geschieht vielmehr schrittweise bzw. als Kaskade. Am Beginn der Metastasierung wandern Krebszellen zunächst in die lokalen Lymphknoten ein, die damit sozusagen als Zwischenstation für weitere Vermehrung und schließlich Verbreitung dienen. Die Metastasierung erfolgt in erster Linie in Leber, Lunge und Knochen, wo sich Sekundärtumoren bilden. Weitere Gewebe dienen später als Tertiärlokalisationen. Einige Gewebe sind ganz offensichtlich bevorzugt von Metastasenbildung betroffen, was zumindest teilweise auf anatomische Gegebenheiten und auf die Beschaffenheit der Transportwege des Blut- und Lymphsystems zurückzuführen ist, denen die Zellen nach dem Prinzip des geringsten Widerstandes folgen. Krebszellen durchströmen das Blutsystem als winzige Zellaggregate und bleiben in der ersten Kapillarenge stecken, die sie erreichen. Alternativ treten sie aktiv in ein Gewebe über, welches positive chemische Botenstoffe ins Blut abgibt. Eine größere Herausforderung ist nun aber, sich erfolgreich zu integrieren und die Voraussetzungen für weitere Expansion zu schaffen. Nur wenige der migrierenden Krebszellen sind dazu tatsächlich autonom genug. Am einfachsten ist es daher, sich in einem dem Ursprungsgewebe möglichst ähnlichen Gewebe weiter auszubreiten – also von einem Teil der Blase in einen anderen oder von Hautbereich zu Hautbereich zu wandern. Bei einer sich ausbreitenden Tier- oder Pflanzenart würden wir in diesem Falle von „Habitattracking" sprechen. Gelangt eine migrierende Krebszelle nicht in bereits bekanntes Gewebe, so hat sie die besten Überlebens- und Expansionschancen in einem Gewebe, das über ausreichend Platz und Nährstoffe verfügt. Knochen, Leber und Lunge bieten daher bequeme und gut erreichbare Ziele für metastasierende Melanome, Brust- und Prostata-Tumoren (siehe Abb. 8.3.).

Dennoch sind diese Gewebe fremd für eingewanderte Metastasen. Klonale Expansion kann daher unter Umständen nur ineffizient und langsam vonstatten gehen; egoistische Strategien sind also gefragt. So könnte eine Krebszelle versuchen, Wachstumssignale, die eigentlich für die normal spezialisierten Gewebezellen bestimmt sind, für sich selbst zu nutzen oder Verletzungs- und Reparaturprozesse in Gang zu setzen. So provozieren zum Beispiel Knochenmetastasen die Resorption und Neubildung von Knochenmaterial. Dabei werden natürlicherweise Wachstumsfaktoren ausgeschüttet, die sich die eingewanderten Zellen zur eigenen Ausbreitung zunutze machen. Alternativ können Krebszellen selbststimulierende Moleküle synthetisieren, welche die im normalen Zelldialog von den umgebenden Zellen produzierten Signalmoleküle funktionell ersetzen. Wie bei jeder Kolonialisierung gibt es eine gewisse Kommunikation zwischen Eindringlingen und Einheimischen, bei der durch natürliche Selektion zumindest kurzfristig eher der gerissene Eindringling bevorzugt wird, der die lokalen Verhältnisse zu seinen Gunsten verändern kann.

Aber trotz aller Tricks und Kniffe, mit denen Krebszellen ihre imperialistischen Tendenzen ausleben, kommen auch sie nicht ohne Sauerstoff aus. Frisch eingewanderte Zellen verharren häufig zunächst in der Nähe der Blutgefäße, durch die sie in das neue Gewebe gelangt sind, um ausreichend mit Sauerstoff und Nährstoffen versorgt zu werden. Diese Zellen beginnen üblicherweise erst mit der Zellteilung, wenn sie die Bildung neuer Gefäße induziert haben, es sei denn, sie befinden sich zufällig in einem ohnehin sehr stark durchbluteten Gewebe. Gelingt es einer „Mikrometastase" nicht, die Angiogenese in Gang zu setzen, so bleibt sie winzig und scheinbar ruhend mit minimaler Expansionstätigkeit. Die unter solchen Umständen eher geringe Proliferationsrate wird durch gleichzeitig aus Sauerstoffmangel absterbende Zellen ausgeglichen.

Kurioserweise kann die angiogenetische Aktivität des Primärtumors (durch die Abgabe von chemischen Signalstoffen ins Blut) seine eigenen Metastasen daran hindern, in ihrer Umgebung die Gefäßneubildung anzukurbeln. Vielleicht erklärt dieser Mechanismus, warum nach operativer Entfernung des Primärtumors hin und wieder ein beschleunigtes Metastasenwachstum stattfindet, ein bereits seit längerem beobachtetes, paradoxes Phänomen.

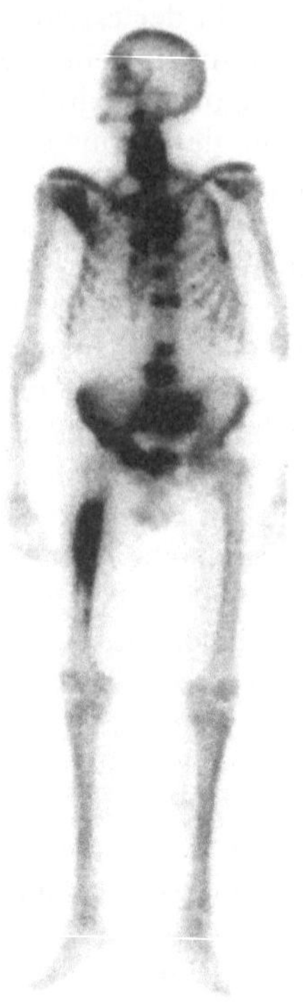

Abb. 8.3 Metastasierender Krebs: territoriale Invasion. Mit Hilfe einer Gammastrahlen-Aufnahme wurden die Knochenmetastasen eines Prostatatumors (schwarze Bereiche) sichtbar gemacht. Dazu wurde dem Patienten zuvor ein metabolisches Kontrastmittel verabreicht. Diese Methode wird in der Klinik dazu genutzt, das Stadium einer Krebserkrankung festzustellen und eine geeignete Therapie auszuwählen.

Die erfolgreiche Immigration ist *das* entscheidende Ereignis während der Krebsentwicklung – sowohl für den Krebs als auch für den Patienten. Der dominante Krebsklon, bzw. Subklon, kann nun seine expansiven Tendenzen ausleben und greift schließlich auf immer mehr lebenswichtige Organe über und behindert deren Funktion mit allen pathologischen Konsequenzen. Um dieses Stadium der Krebsevolution durch natürliche Selektion zu erreichen, muss ein Krebsklon erfolgreich expandieren, mutieren und sich diversifizieren, um robust und unverwüstlich zu werden. Das wappnet ihn schließlich, unbeabsichtigt, auch für die letzte, entscheidende und künstlich gesetzte Hürde – das Eingreifen des Onkologen. So wird das bedauerliche, aber unvermeidliche Versagen der meisten Therapieversuche bei Patienten mit fortgeschrittenem oder metastasierendem Krebs verständlich. Wir werden später (in Teil 4) noch genauer beleuchten, wie Krebszellen letztlich der therapeutischen Intervention entkommen. Es ist eine lehrreiche und traurige Geschichte und entspricht dabei vollständig den Paradigmen der Evolutionstheorie. Andererseits erhalten wir durch das genaue Verständnis dieses Prozesses neue Ansatzpunkte und Möglichkeiten der Krebstherapie. Einen sehr vielversprechenden Therapieansatz bietet die offensichtliche Notwendigkeit der Gefäßneubildung, die selbst auf sehr stark metastasierende Tumoren zutrifft. Die Aussichten sind also nicht nur düster.

Es gibt noch einen weiteren wichtigen Selektionsdruck, der das Auftreten und die Evolution von Krebsklonen fördern kann. Dabei handelt es sich um toxische Umwelteinflüsse, die einen Teil der Krebsätiologie ausmachen. Viele der krebsverursachenden Umweltsubstanzen oder -agenzien sind toxisch, einige sind sogar mutagen *und* toxisch. Beispiele dafür umfassen Knochenmarksschädigungen durch Chemikalien wie etwa Benzol oder virale Infektionen, leberschädigende Chemikalien sowie das Hepatitis B-Virus, toxische Substanzen im Teer von Zigaretten, die das Lungenepithel angreifen, und durch stark salzhaltige Nahrung oder bakterielle Infektionen ausgelöste Gastritis. Es gibt sowohl experimentelle als auch klinische Hinweise darauf, dass die Entwicklung von Tumoren in den genannten Organen durch Aplasie oder durch den Verlust von Zellen mit nachfolgender Regeneration und Reparatur hervorgerufen werden kann. Unter diesen Bedingungen wird der natürliche Selektionsdruck entweder mutierte Zellen bevorzugen, die von vornherein resistent gegen die toxischen Substanzen sind oder aber solche, die während des Regenerationsprozesses den zuvor frei gewordenen Platz am schnellsten besiedeln können. Evolutionsbiologen kennen das Phänomen, dass nichts das Phönix-gleiche Auferstehen neuer, unterschiedlicher Arten besser verursachen kann, als eine leichte Dezimierung des Vorhandenen. Aus der Natur kennen wir dieses Phänomen beispielsweise von krautigen Pflanzen (und dem Unkraut in unseren Gärten).

Unsere eigenen Abwehr- und Reparaturmechanismen können also umgewandelt und unbeabsichtigt in den Dienst der Krebsentstehung gestellt werden, indem sie selber den Antrieb für Mutationen und damit das Entstehen von Krebsklonen während der Geweberegeneration bieten. Entzündungsreaktionen, bei denen Makrophagen, Neutrophile und andere weiße Blutzellen in infiziertes oder beschädigtes Gewebe einwandern, gehören zu einem Abwehrsystem, das parallel auch die Invertebraten entwickelt haben, allerdings in etwas simplerer Ausführung. Die Reinigungsaktivitäten der Lymphozyten sind mit einem hohen Energieaufwand verbunden, bei dem reaktiver Sauerstoff freigesetzt wird. Übergangsweise ist eine erhöhte Konzentration von reaktivem Sauerstoff zwar tolerabel, auf Dauer kann sie jedoch zu DNA-Schäden führen. Bereits seit einiger Zeit weiß man, dass chronische oder sehr lang andauernde Entzündungen zu Krebs führen können. Inzwischen ist die Ursache für diesen Zusammenhang geklärt: Viele Patienten, die an chronischer oder mehrjähriger Bauchspeicheldrüsenentzündung, Darmgeschwüren oder Gastritis leiden, weisen Mutationen in den Zellen der betroffenen Epithelregionen auf. Sie sind eine Konsequenz der permanenten Gewebeschädigung und -regeneration. Es steckt schon eine kräftige Portion Ironie in der Tatsache, dass dieser „Kollateralschaden" durch einen biologischen Prozess verursacht wird, der sich eigentlich in der Evolution wegen seines großen Nutzens durchgesetzt hat.

Eine Reihe toxischer Umwelteinflüsse scheint also erstens dazu beizutragen, dass es in verletztem Gewebe zu einem Überlebenskampf von Zellen und zu klonaler Regeneration kommt als auch zweitens direkt oder indirekt Mutationen zu induzieren, die den Wettstreit überhaupt erst ermöglichen. Eine fatale Kombination. Und wo können wir ganz ähnliche Mechanismen beobachten? Bei der Krebstherapie.

Und am Ende die Unsterblichkeit

Bis hierher haben wir verschiedene Regeln für das „Spiel" der „natürlichen" Selektion von Krebs kennengelernt. Es gibt jedoch noch einen weiteren Aspekt. Er betrifft ein spezifisches Charakteristikum, welches nur asexuell, also klonal propagierende Organismen – und Engel natürlich – besitzen: Unsterblichkeit. Wir wissen heute, dass die meisten, wenn nicht alle menschlichen Zellen eine innere Uhr besitzen, welche die Anzahl der Zellteilungen zählt und ein oberes Limit festsetzt. Die Uhrzeiger entsprechen den Chromosomenenden, die mit jeder Zellteilung ein wenig kürzer werden. Ist ihre Zeit schließlich abgelaufen, so treten die Zellen in das Stadium der Seneszenz ein und werden dazu gezwungen, entweder in ein Ruhestadium einzutreten oder zu sterben – keine verlockenden Aussichten für eine Krebszelle. Es besteht also ein beträchtlicher Selektionsdruck, diese Uhr zum Stillstand zu bringen. Dies gelingt durch die Aktivierung eines Enzyms, das die Chromosomenenden nach jeder Zellteilung wieder erneuern kann. Allerdings ist es noch nicht klar, ob dies tatsächlich auf eine Mutation zurückzuführen ist, da einige Stammzellen dieses „Unsterblichkeitsenzym", die Telomerase, auch von Natur aus produzieren. Auf jeden Fall ist die Expression des Telomerase-Gens   aber ein wichtiger Schritt auf dem Weg zur Krebsentstehung und daher in jedem bösartigen Krebsklon nachweisbar. Sie erlangen dadurch Unsterblichkeit, worauf ich später noch einmal ausführlicher eingehen will.

Full House

Noch immer kennen wir nicht den kompletten Katalog der Gene, die durch Mutation, Verlust oder Deletion zur Krebsevolution beitragen können. Auch wissen wir nicht, wie viele Gene nun genau zur Tumorentstehung und Metastasierung notwendig sind. Allgemein kann man sagen, je weiter fortgeschritten ein Tumor ist, desto größer wird die Anzahl nachweisbarer Anomalitäten und Mutationen in dem Krebsklon sein. Woraus aber besteht in diesem speziellen Poker-Spiel ein „Full House"?

In gewisser Weise kann man immer nur das finden, was man gesucht hat. Man angelt sozusagen mit sehr selektiven Ködern nach Beute. Die Anzahl genetischer Anomalitäten einer Krebszelle und die Vielfalt solcher Mutationen innerhalb eines Tumors werden daher zwangsläufig unterschätzt. Mit zunehmendem technischen Fortschritt erhalten wir allerdings ein immer klareres Bild. Das Humangenomprojekt, die Entwicklung von Mikroarrays mit Tausenden von Gensequenzen, Chromosomenfärbe-Methoden und das sehr ambitionierte „Cancer Genome Anatomy Project" des National Cancer Institute werden zu einem revolutionär neuen Verständnis der Gene führen. Wahrscheinlich können wir schon bald über vollständige genetische Profile von Krebszellen verfügen. Momentan wissen wir noch nicht, aus wie vielen Genen ein „Full House" besteht. Die Anzahl hängt sicherlich vom Zelltyp und von der vorgefundenen spezifischen Kombination von Mutationen ab. Zur Zeit gehen die meisten Krebsforscher davon aus, dass 5-10 Mutationsereignisse für die Entstehung eines metastasierenden, epithelialen Tumors bei Erwachsenen notwendig sind. Um Schritt für Schritt eine definierte Kartenkombination dieses Umfangs zu erwerben, braucht man einen langen Atem.

Es ist also extrem mühsam, ein vollständiges Set oder „Full House" von Mutationen anzusammeln, von denen jede einzelne extrem selten ist. Statistisch betrachtet ist die Entstehung eines dominanten Krebsklons also sehr unwahrscheinlich. Daher nimmt der gesamte Prozess der malignen Entartung einer Zelle zu einem metastasierenden Krebs lange Zeit in Anspruch. Man kann Krebs im Grunde als chronische Erkrankung auffassen. Bei oberflächlicher Betrachtung von Mutationsraten und simplen Hochrechnungen müsste man sogar zu dem Ergebnis kommen, die Entstehung eines Krebses sei schlicht unmöglich. Sie wäre es auch tatsächlich, wenn alle Mutationen gleichzeitig geschehen müssten. Das ist jedoch nicht der Fall. Nehmen wir an, die erste Mutation führe zu einem kleinen dominanten Zellhaufen von 10 Millionen Zellen. Es würde nun ausreichen, wenn in einer einzigen dieser 10 Millionen Zellen eine zweite geeignete Mutation stattfände, die das Wachstum einer Subpopulation von Zellen ermöglichte, die wiederum die Plattform für eine dritte vermehrungssteigernde Mutation böte. Entsprechend geht es weiter mit Mutationen Nummer 4 und 5 und so weiter, bis das „Full House" beisammen und ein bösartiger Tumor entstanden ist[7]. Der gesamte Prozess läuft also sukzessive ab. Notwendig dafür ist eine enorme Redundanz, die mit einem entsprechend hohen Verlust von Zellen einhergeht. Während der Tumorentwicklung muss es außerdem einen Selektionsdruck geben, der Mutationen in einer bestimmten Gruppe von Genen, den bereits erwähnten „Caretaker"-Genen, begünstigt. Diese Gene sind für den Schutz der Chromosomen und der DNA verantwortlich, also für das Aufspüren von Schädigungen, für Reparatur und Stabilität sowie für die korrekte Aufteilung der Chromosomen bei der Zellteilung (Mitose) und die globale Expressionskontrolle. Sind sie mutiert und funktionsunfähig geworden, so kommt es zu einer weitreichenden genomischen Instabilität, die das Risiko für weitere Mutationen um das hundertfache erhöhen kann – eine Art evolutionärer Turbomotor. Ein Schlüsselgen ist in diesem Zusammenhang das sogenannte *p53* (siehe Kasten), ein regelrechter Star der Krebsgenetik.

---

[7] Der Biochemiker und Nobelpreisträger Manfred Eigen schlug eine ähnliche Erklärung für die molekulare Evolution von hocheffizienten Enzymen durch hintereinandergeschaltete Mutationsschritte vor, die im wesentlichen zufällig geschehen. Zusammengefasst kann man sagen, Mutanten, die gegenüber ihren Vorläufern, den „Wildtypen", einen Vorteil besitzen, bieten ein ausgedehnteres und exponierteres Ziel für zukünftige Selektionskräfte. Eigen M (1992) Steps towards life. A perspective on evolution. Oxford University Press, Oxford.

Wem die Stunde schlägt: der *p53*-Gong

Ich werde nur über ein einziges der vielen krebsrelevanten Gene genauer berichten. Sein Name erinnert mehr an die Bezeichnung einer Buslinie – *p53* – und verharmlost seine außergewöhnliche Bedeutung für Leben und Tod von Zellen – sowie für Krebs.

Die Zellen aller Wirbeltierarten besitzen ein Gen für das Protein p53 (p für Protein, 53 für sein Molekulargewicht von 53 Kilodalton). Dieses Gen wurde eher zufällig durch seine Interaktion mit einem Virus, der Tumoren bei Tieren verursacht, entdeckt. Das p53-Protein wird ganz normal synthetisiert und üblicherweise sehr schnell wieder abgebaut. Bei einer Beschädigung der Zelle jedoch wird das p53 stabilisiert und kann nun seine Alarm-Funktion ausführen, indem es abhängig von der Art und Schwere der Schädigung und vom Zelltyp verschiedene Prozesse auslöst. Dieses Alarmsystem folgt einem einfachen Prinzip: Zellen, die beschädigt sind und deren DNA ernsthafte Veränderungen erfahren hat, müssen entweder

1. die Proliferation unterbrechen und die Schäden reparieren oder

2. die Proliferation unterbrechen und eine verlängerte Ruhephase oder Quieszenz eingehen oder

3. die weitere Vermehrung vollständig einstellen – und letztlich absterben.

Ein Versagen des p53-Alarmsystems hat fatale Folgen: p53-defiziente Mäuse (durch sogenanntes knock-out genetisch veränderte Tiere) weisen infolge genotoxischer Einwirkungen eine Vielzahl angeborener Veränderungen auf. Das p53 besaß demnach sicherlich schon sehr früh einen hohen evolutionären adaptiven Wert: Es konnte zellulären Stress und DNA-Schäden durch mikrobielle oder pflanzliche Toxine erkennen und entweder das Reparatur-Programm auslösen oder bei zu starker Schädigung den Tod des Embryos induzieren. Besser tot als beladen mit Dutzenden von Mutationen. Setzt man p53-defiziente Mäuseembryonen genotoxischem Stress, also zum Beispiel ionisierender Strahlung aus, so entwickeln sie nicht nur vielfältige angeborene genetische Veränderungen, sondern außerdem eine große Anzahl von Krebserkrankungen, darunter besonders Leukämie. Ein evolutionärer Vorteil der Wachsamkeit gegenüber Stress und Beschädigungen durch das p53 besteht also unter anderem in der Verringerung des durch genotoxische Einflüsse verursachten Krebsrisikos. Auf der anderen Seite bietet die Inaktivierung von p53 unmittelbar die Gelegenheit für den Beginn der Krebsevolution. Wir können dies in unterschiedlichen Fällen und Ausprägungen beobachten. Einige Menschen besitzen eine ererbte Mutation in einer der beiden elterlichen Kopien des *p53*-Gens. Ihr dadurch verursachtes Krankheitsbild wird als Li-Fraumeni-Syndrom bezeichnet. Sie besitzen ein erhöhtes Risiko, bereits in relativ jungen Jahren an verschiedenen Krebsformen (Brustkrebs, Sarkome, Leukämien) zu erkranken. Auch bei etwa 50 Prozent der nicht-familiären Krebserkrankungen weisen die Tumoren Veränderungen (Mutationen oder Deletionen) in einer oder sogar beiden Kopien des *p53*-Gens auf. Dem *p53* ist damit die Auszeichnung des bei Krebs am häufigsten veränderten Gens zuteil geworden. Und es ist ganz offensichtlich, dass die natürliche Selektion *p53*-Veränderungen befördert:

1. Durch die p53-Inaktivierung wird es Zellen möglich, eigentlich tödliche Mutationen zu erwerben, die eine dauerhafte Proliferation induzieren. Das bedeutet, der Verlust des p53 ergänzt andere Mutationen.

2. Die p53-Inaktivierung erlaubt es Zellen, unter Sauerstoffmangel zu überleben, also zum Beispiel in nur schwach durchbluteten Tumoren.

3. Verlust der p53-Funktion ermöglicht es krebsauslösenden Viren, sich zu vermehren, zum Beispiel dem HPV16-Virus bei Gebärmutterhalskrebs.

4. Durch Inaktivierung von p53 können Zellen sich trotz DNA-Schädigungen weiter teilen, zum Beispiel Zellen in sonnenverbrannter Haut.

Zudem sind in Tumor-Biopsien diagnostizierte *p53*-Veränderungen ein Hinweis auf eine schlechte klinische Prognose, da die Tumoren schlecht auf systemische Chemo- oder Strahlentherapie ansprechen, und zwar wahrscheinlich aufgrund ihrer Unfähigkeit, DNA-Schädigungen zu erkennen und im Notfall das Zelltodprogramm einzuleiten.

Nicht umsonst wird das p53 als Wächter des Genoms bezeichnet. Verliert es seine Funktion, so sind Krebszellen am Zuge – und wir in Schwierigkeiten.

Ein solcher Beschleunigungsprozess findet auch in der normalen Evolution der Mikroorganismen statt. Es kann sich für Bakterien lohnen, unter bestimmten Bedingungen, bei sich schnell verändernden Wirts- oder Umweltbedingungen zum Beispiel, die Kontrollen etwas zu lockern und so eine leicht erhöhte Mutationsfrequenz zuzulassen. Einige Krebsforscher argumentieren daher, dass es eine Form der Mutationsbeschleunigung, einen sogenannten „Mutator"-Phänotyp, geben muss, ohne den die Entwicklung eines Krebses durch sukzessives Anhäufen von Mutationen mathematisch unmöglich sei.

Eine fundiertere mathematische Schätzung besagt allerdings, genetische Instabilität sei nicht unbedingt eine notwendige Voraussetzung für den Erwerb ausreichender genetischer Varianz innerhalb eines sich entwickelnden Tumors bzw. für die Akkumulation eines „Full House" – vielmehr benötige ein Tumor genügend Zeit für klonale Expansion und natürliche Selektion[8]. Allerdings weisen tatsächlich einige Krebsarten, darunter besonders die des Verdauungstraktes, in hohem Maße genetische Instabilität auf. Wahrscheinlich ist die gerade im Darm zu beobachtende genetische Instabilität als evolutionäre Antwort auf dessen steten Kontakt mit toxischen Substanzen zu verstehen. Sie bietet die Voraussetzung für weitere vorteilhafte genetische Veränderungen. Toxische Substanzen führen also wiederum erstens zu DNA-Schäden und verursachen damit zweitens einen Selektionsdruck, der das Entstehen von Mutanten begünstigt, die auch ohne DNA-Reparatur überleben.

Mittels zahlenmäßiger Übermacht zu siegen, das ist auch die Strategie jeder Blitzkrieg-Politik. Viele einzellige Organismen und Parasiten und in etwas eingeschränkterem Maße auch die meisten Tiere (Säugetiere und Vögel bilden die Ausnahme) haben sich diese Strategie angeeignet und produzieren eine hohe Anzahl von Nachkommen in der Annahme und Hoffnung, dass wenigstens einige von ihnen überleben werden. Bei der Krebsentstehung kommt es allerdings nicht alleine auf Masse an. Die Formel des Erfolges lautet vielmehr: eine hohe Anzahl Zellen, multipliziert mit vererbbarer Mannigfaltigkeit. Umweltstress, Konkurrenz und natürliche Selektion werden sodann die eine Zelle und ihre Nachkommen herausfischen, die sich zu einem bösartigen Tumor entwickeln und das komplette „Full House" erwerben.

Wie aber immer in der Biologie, finden wir auch hier etwas, was nicht zu passen scheint, ein weiteres Rätsel. Wenn die Wahrscheinlichkeit, dass eine einzige Zelle tatsächlich alle notwendigen Mutationen erwirbt, so gering ist, zudem eine sehr komplexe Populationsdynamik innerhalb des entstehenden Tumors notwendig wird und es normalerweise Jahrzehnte dauert, bis der Krebs ausbricht, warum erkranken dann auch Säuglinge und Kleinkinder an Krebs? In einer Minderheit der kindlichen Krebsfälle sind ererbte Mutationen für die frühe Erkrankung verantwortlich – jedoch ist das nicht die Regel. Es gibt auch keine Hinweise auf außerordentliche genetische Instabilität. Wir müssen also über eine andere Erklärung nachdenken. Kinder entwickeln selten die bei Erwachsenen typischen epithelialen Tumoren in Darm, Lunge und Haut oder Tumoren endokriner Gewebe. Vielmehr betreffen die ohnehin sehr viel selteneren kindlichen Krebserkrankungen Zellen und Gewebe, die eine hohe Aktivität während der frühen Entwicklungsstadien aufweisen (das Zentralnervensystem, Muskeln, Nieren und Blut).

Kinder, bei denen im Alter von etwa drei Jahren eine Leukämie diagnostiziert wird, besitzen die dafür verantwortlichen Mutationen bereits bei ihrer Geburt. In diesem Falle sind die betroffenen Zellen nicht nur sehr vermehrungsaktiv, sondern gleichzeitig auch sehr mobil und bis zu einem gewissen Grade auch invasiv (eine Voraussetzung dafür, dass unser Körper die richtige Gestalt und die richtigen

---

[8] Tomlinson I, Bodmer W (1999) Selection, the mutation rate and cancer: ensuring that the tail does not wag the dog. Nature Med 5:11-12. Eine entgegengesetzte Sichtweise bietet Loeb LA (1991) Mutator phenotype may be required for multi-stage carcinogenesis. Cancer Res 51:3075-9.

Funktionen annimmt). Die lokalen Einflüsse erlauben diese Aktivitäten nicht nur, sie befördern sie sogar, natürlich nur bis zu einem bestimmten Punkt. Das legt folgende Erklärung nahe: Bei vielen kindlichen Krebsarten sind wenige (vielleicht nur zwei) genetische Veränderungen notwendig, um Metastasierung und klonale Dominanz zu erreichen. Zudem sind bei einer Leukämie die Krebszellen nicht dem Selektionsdruck ausgesetzt, der durch Sauerstoffmangel bei einem lokalen, soliden Tumor entsteht. Und als bewegliche Zellen unterliegen sie nicht der strikten Kontrolle durch Nachbarzellen, wie etwa die Stammzellen in einem ausgereiften und strukturierten Epithel des Erwachsenen.

Pädiatrische Krebsarten haben daher wahrscheinlich eine ganz eigene evolutionäre Historie und bringen bereits sehr früh diagnostizierbare Symptome hervor. Wenn diese Theorie korrekt ist, was ich im übrigen für sehr wahrscheinlich halte, dann erklärt sie nicht nur, warum kindliche Tumoren sich in so kurzer Zeit entwickeln, sondern hat außerdem Auswirkungen auf den Erfolg von therapeutischen Maßnahmen, wie wir später noch sehen werden.

Networking

Proliferation und deren gegenläufige Prozesse Quieszenz, Differenzierung oder Zelltod sind von der Zelle beeinflussbare, alternative Antwortstrategien. Die Entscheidungen über das An- oder Abschalten der Prozesse werden durch ein sehr komplexes, genetisch festgelegtes Netz von Signalen gesteuert, die eine Kaskade bis hinein in den Nukleus und bis zur DNA formen[9].

Abbildung 8.4 zeigt einen einfachen Schaltplan, bei dem eine Reihe chemischer Signale einen externen Stimulus (1) interpretieren und in ein Wachstums- bzw. *Go*-Signal umwandeln. Damit das induzierende Anfangssignal (1) zu seinem Zielort innerhalb des Nukleus gelangen kann, ist eine Kaskade von Energieübertragungen entlang verschiedener Checkpoints notwendig. Ein solcher Signalweg ähnelt in gewisser Weise dem Schaltplan eines elektrischen Stromkreises. Jeder einzelne Schritt enthält Protein-Protein-Interaktionen oder Proteinkomplexe mit häufig katalytischen oder enzymatischen Funktionen. Eine solche Signalkaskade ist daher

---

[9] Diese Signalwege können als Beispiele für komplexe adaptive Systeme betrachtet werden, die vielfältige oder miteinander kombinierte Interaktionen, nicht-lineare Dynamik und neue oder gerade entstehende Fähigkeiten besitzen (das Verhalten der Aktienmärkte ist ein weiteres Beispiel). Die Modellierung und das Verstehen solcher Systeme sind natürlich sehr schwierig und komplex, werden jedoch inzwischen durch Mathematik, Chaostheorie und Computersimulationen erleichtert. Eine sehr gelehrte und erhellende Erforschung dieser Ideen im Zusammenhang mit zellulären Signalsystemen und Krebs bieten Schwab ED, Pienta (1997) Explaining aberrations of cell structur and cell signalling in cancer using complex adaptive systems. Adv Mol Cell Biol 24:207-47; Weng G, Bhalla US, Iyengar R (1999) Complexity in biological signalling systems. Science 284:92-5.

besser noch mit dem Bild einer komplexen Protein-Maschine umschrieben, die aus beweglichen und interagierenden Einzelkomponenten besteht. Dieser Vergleich ist tiefgründiger als es im ersten Moment erscheinen mag. Man kann die dreidimensionalen Interaktionen zwischen verschiedenen Proteinen an bestimmten Knotenpunkten von Signalwegen sichtbar machen, indem man die Proteine zunächst in Kristalle umwandelt und deren Struktur anschließend durch Diffraktion mit Hilfe von Röntgenstrahlen analysiert. Einige Regionen des Moleküls besitzen Gerüstfunktion, während andere Einbuchtungen, Spalten oder Wölbungen bilden, die dem Andocken anderer Moleküle dienen. Das Andocken führt zu einer Konformationsänderung eines oder mehrerer Bindungspartner, wodurch weitere Bindungsstellen für neue Interaktionspartner geschaffen werden. Auf diese Weise werden zum Beispiel diejenigen Domänen verändert (geöffnet oder geschlossen), die für die Signalweiterleitung notwendig sind. Alternativ kann auch das gesamte Molekül innerhalb der Zelle umgeleitet werden.

Noch können wir diese Prozesse nicht unmittelbar beobachten, aber der Mechanismus scheint die Bezeichnung „Mechanik" tatsächlich verdient zu haben. Diese Molekülaggregate sind in Wirklichkeit sogar weit komplexer als vom Menschen konstruierte Maschinen oder Schaltpläne, da sich deren Einzelkomponenten an den Schaltstellen ständig voneinander lösen und wieder zusammenfinden. Die Dynamik dieses Prozesse bestimmt daher auch tatsächlich die Aktivität eines Signalweges sowie das daraus resultierende Zellverhalten.

Signaltransduktionswege werden darüber hinaus von weiteren Signalen beeinflusst, die ihrerseits andere, dem Zellwachstum entgegenwirkende Zellfunktionen kontrollieren (zum Beispiel Signal 2 in Abb. 8.4). Darunter befinden sich auch Signale, die ein verfrühtes Zellwachstum erkennen und betroffene Zellen auf den Weg der Zellruhe, des Zelltodes oder aber der Differenzierung führen. Könnten wir die stark versponnen Signalnetze in jeder einzelnen Zelle sichtbar machen, so würden wir entdecken, dass sie sich unabhängig vom Zelltyp in weiten Teilen sehr ähneln. Besonders die Zelltod und Proliferation vermittelnden Signalwege sind wahrscheinlich zelltypübergreifend sehr ähnlich und offensichtlich durch die Evolution hindurch stark konserviert worden. Auch hier zeigt sich erneut das Prinzip der evolutionären Konservierung von sehr alten und bewährten Mechanismen, die grundlegende Zellfunktionen steuern. Andere Signalwege dagegen erweisen sich als einzigartig und charakteristisch, da sie auf spezialisierte Funktionen in bestimmten Zellen zugeschnitten sind wie zum Beispiel dem Zell-Zell-Kontakt oder der Differenzierung.

Ein solchermaßen innerhalb jeder einzelnen Zelle zusammengesetztes Signalnetz ist jedoch keine isolierte oder unabhängige Einheit, sondern vielmehr durch Zelloberflächenmoleküle, die Rezeptor- oder Dekodierungsfunktion besitzen, mit den Signalen anderer Zellen des Gewebes verbunden.

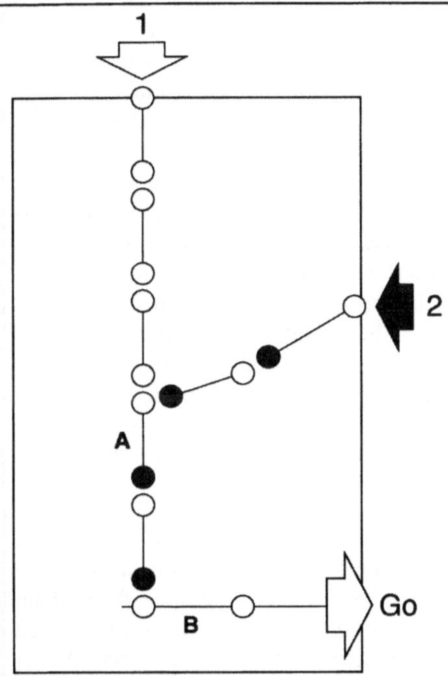

Abb. 8.4 Bei jedem Schritt dieses Signalweges wird zunächst ein Molekül durch Assoziation mit einem oder mehreren Partnern aktiviert (O), welches sodann ein weiteres Molekül durch physische Interaktion entweder aktiviert (O–O) oder hemmt (O–●). Eine kritische Störung dieses System kann eintreten, wenn Molekül A (wie in dem vereinfachten Modell gezeigt) von außen beeinflusst wird. Es hemmt dann einen Inhibitor, was dazu führt, dass Molekül B, welches für das „*Go*"-Signal verantwortlich ist, der Kontrolle entzogen wird. Der letzte Schritt in dieser „Get ready to *Go*"-Signalkette ist üblicherweise eine Interaktion zwischen Proteinkomplexen und der genetischen Maschinerie, der DNA, selber.

Dergestalt verknüpfte Gewebebereiche sind ihrerseits in generellere Signalwege des Körpers eingebunden. Durch im Blut zirkulierende Hormone werden zum Beispiel Zell- und Gewebsfunktionen reguliert und aufeinander abgestimmt. Schließlich wird das gesamte, ähnlich einer russischen Matruschka-Puppe ineinandergeschachtelte Signalgefüge von vielfältigen externen Signalen beeinflusst. Aus dem einprasselnden Gewitter chemischer Signale können einzelne von ihnen gezielt herausgefiltert und in sinnvolle Informationen umgewandelt werden. Eine solchermaßen induzierte Signalkaskade resultiert (üblicherweise) in einer adäquaten Zellantwort. Das klingt kompliziert, zugegeben. Wie sonst aber könnte eine Zelle so widerstands- und anpassungsfähig sein? Diese hierarchische Struktur beschreibt den mehrdimensionalen Raum oder die Ebene, auf denen Schwankungen und Störungen verarbeitet werden und so auch tumorigenes Wachstum seinen Anfang nehmen kann.

Von dem Funktionieren dieses komplizierten genetischen Gefüges hängt es ab, ob die Zellen ordnungsgemäß reguliert und kontrolliert werden. Jedes einzelne Protein des Signalnetzwerkes wird durch sein eigenes, spezifisches Gen kodiert. Eine Mutation in einem solchen Gen kann weitreichende Folgen für die gesamte Signalweiterleitung haben, wenn dadurch etwa Bindungsstellen verändert werden oder eine Komponente der Kaskade ganz ausfällt. Normalerweise sorgt die interne Zellkommunikation allerdings dafür, dass sich solche Genmutationen nicht bedrohlich auswirken. Sind jedoch innerhalb einer Zelle und seiner Nachkommen mehrere Komponenten des stark verflochtenen Netzes durch Mutationen beschädigt, so kann das fatale Folgen haben. Die fortschreitende Zerstörung des diffizilen Regulationssystems bewirkt schließlich das Ausscheren und so das klonale Wachstum einer Zelle. Solche Zellen mögen weiterhin einige Signale richtig „ablesen", jedoch entspricht die induzierte Antwortkaskade nicht mehr der funktionellen Logik des gesamten Systems, passt zum Beispiel nicht mehr in den physiologischen Kontext.

Wir können vor diesem Hintergrund nun verstehen, warum so viele Gene durch Mutation zur Krebsentstehung beitragen können, warum die Überlebensvorteile und die Dominanz einer Zelle mit zunehmender Anzahl an Mutationen steigt und warum die fehlerhafte Verarbeitung eines Signals eine normalerweise unverdächtige und adaptive Zellfunktion in den Dienst von klonalem Wachstum und Dominanz stellen kann.

Kapitel 9: Das Bein des Peregrinus

Verläuft die Tumorentwicklung mit gleichmäßiger Beschleunigung?

Krebsforscher stellen den Prozess der Krebsentstehung häufig als lineare Sequenz von Mutationen dar, bei der zunehmend dominantere Subklone selektiert werden. Ein solchermaßen zeitlich geordnetes Schema beschreibt die genetischen Veränderungen, die zum Fortschreiten der Krankheit führen und von Pathologen anhand von Biopsien als Zerstörung der ursprünglichen Gewebestruktur und Ausbreitung des Krebses identifiziert werden. Es fügt sich zudem gut in eine sehr scharfsinnige These zweier mathematisch begabter Epidemiologen, Armitage und Doll, aus den 1950er Jahren ein. Sie stellten fest, dass die exponentiell mit dem Alter steigende Häufigkeit der meisten Krebsarten höchstwahrscheinlich mit der langen Zeitspanne zu erklären sei, die für das Akkumulieren aller Mutationen notwendig ist.

Die Untersuchungen von Bert Vogelstein und seinen Kollegen an der John Hopkins University Medical School über die molekulare Pathogenese des Dickdarmkrebses haben einiges Licht in die molekularen Zusammenhänge der Krebsentstehung gebracht. Ihre Erkenntnisse sind wahrscheinlich auf die meisten im Erwachsenenalter auftretenden Krebsarten übertragbar. Durch den Vergleich genetischer Profile von Zellen aus verschiedenen histopathologischen Tumorstadien – vom gutartigen Adenom bis zum invasiven Karzinom – (aus Biopsien verschiedener Patienten) konnten sie schließlich jedem Stadium eine spezifische Genveränderung zuordnen. So entstand ein genetisches Schema, nach dem sich wahrscheinlich ein großer Teil der Dickdarmtumoren entwickelt. Andere Studien an normalen sowie bösartigen Zellen des Dick- und Enddarmepithels weisen darauf hin, dass kleine Tumoren oder Miniadenome ihre Vorläufer in einer Ansammlung von Polypen besitzen, die wiederum aus dysplastischen Zellfoci hervorgegangen sind, welche ihrerseits zurückgehen auf eine expansive Population veränderter und verdickter Darmkrypten. Viele dieser extrem frühen Stadien besitzen Veränderungen im *RAS*-Gen, und zwar an genau der Stelle, die auch häufig bei fortgeschrittenen Tumoren, wie im Falle des Königs von Neapel, mutiert sind. Dieses mit Hilfe von Endoskopie, Biopsie, Histopathologie und Mutationsuntersuchungen aufgestellte genetische Schema bietet uns im Grunde eine Serie von Schnappschüssen, die die Entstehung kolorektaler Tumoren abbilden (siehe Abb. 9.1).

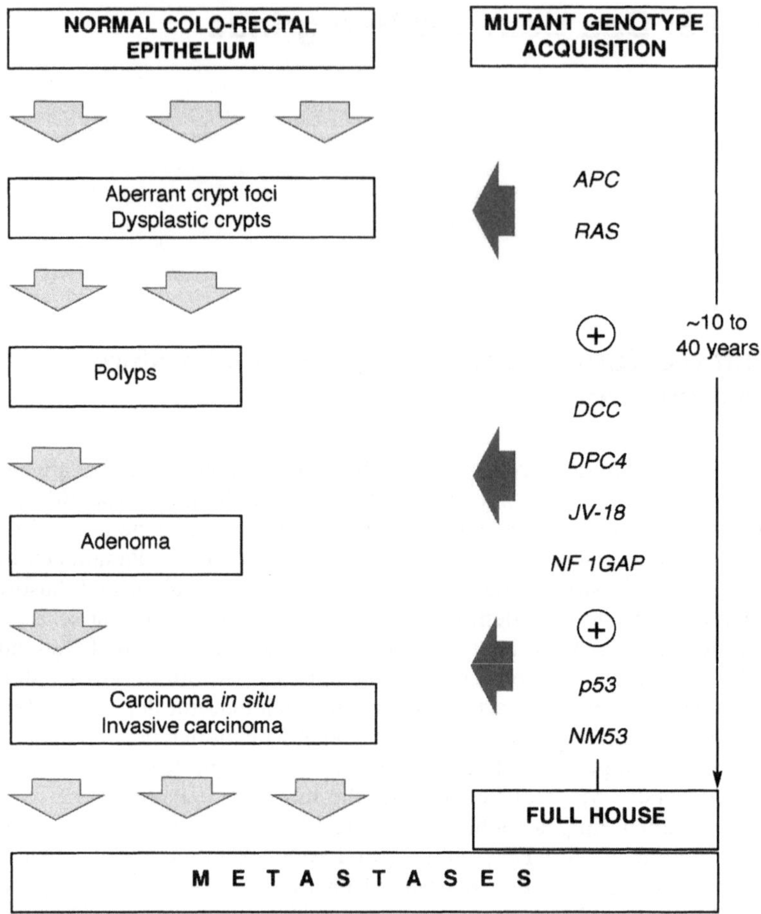

Abb. 9.1 Modell der sequentiellen Entstehung von kolorektalen Karzinomen. Dargestellt sind die verschiedenen, histopathologisch diagnostizierbaren Stadien eines Darm-
krebstumors (links) zusammen mit stadienspezifischen genetischen Veränderungen
(rechts). Dieses Diagramm vereinfacht stark die in Wahrheit vorhandene Komplexität der
molekularen Evolution des Dickdarmkrebses. Umfassendere Informationen können nach-
gelesen bei Ilas M, Straub J, Tomlinson IPM, Bodmer WF (1999) Eur J Cancer 35:335-351.

Bei einigen Biopsien ist es sogar gelungen, zwischen den noch gutartigen Tu-
morbestandteilen, diejenigen klonalen Zellen zu identifizieren, die bereits einen
Schritt weiter hin zu invasivem Wachstum fortgeschritten waren. Durch molekulargenetische Untersuchungen dieser beiden verschiedenen Gewebebereiche wurden anschließend sowohl allen Zellen gemeinsame Mutationen (demnach relativ
frühe Veränderungen) als auch nur für den fortgeschrittenen Subklon spezifische
Mutationen (also spätere Ereignisse) nachgewiesen. Solche Studien bekräftigen
eindrucksvoll, dass die Krebsentstehung treffend als Sequenz von Mutationsereig-
nissen dargestellt werden kann.

Die Zusammenhänge erscheinen plausibel. Allerdings ergab die detaillierte genetische Untersuchung von Probenmaterial, das einzelnen Patienten im Laufe mehrer Jahre immer wieder entnommen wurde, ein etwas komplexeres und sehr interessantes Bild.[10] In einzelnen Fällen war es möglich, die histopathologische und genetische Entwicklung eines gutartigen Zellklons über einen gewissen Zeitraum zu beobachten. Winzige Knötchen an der Oberfläche der Bronchien können mit Hilfe der sogenannten Bronchoskopie sichtbar gemacht und biopsiert werden. Eine kleine Gruppe kanadischer Patienten, die aufgrund ihres starken Zigarettenkonsums ein erhöhtes Bronchialkarzinom-Risiko besaß, wurde auf diese Weise untersucht. Zusammengefasst zeigten die Ergebnisse, dass die Anzahl genetischer Veränderungen in den histopathologisch weiter fortgeschrittenen Stadien zunahm. Bei sechs Patienten, die über einen Zeitraum von zwei Jahren beobachtet wurden, bildeten sich Tumoren entweder zurück (in drei Fällen), bestanden unverändert fort (in vier Fällen) oder schritten weiter voran (in einem Fall). Diese Prozesse gingen einher mit entsprechenden genetischen Veränderungen bzw. im Falle des unveränderten Fortbestehens mit einem ebenso unveränderten genetischen Profil.

In einer weiteren, kürzlich veröffentlichten Studie wurde einzelnen Patienten über einen Zeitraum von sechs Jahren Probenmaterial von beginnenden Ösophagustumoren entnommen und molekularbiologisch untersucht. Auch hier wiesen die weiter fortgeschrittenen Tumoren mehr nachweisbare genetische Veränderungen auf als die früheren Stadien. Bemerkenswert war darüber hinaus die außerordentliche Heterogenität der Tumoren. Sie enthielten eine Reihe von Subklonen, die augenscheinlich alle einen unterschiedlichen evolutionären Weg eingeschlagen hatten.

Solche Studien machen uns klar, dass jeder Tumor einen einzigartigen und stark verzweigten evolutionären Stammbaum aufweist. Die Entwicklung eines Krebses ist daher nicht auf einen spezifischen linearen Weg festlegbar oder vorhersagbar, auch wenn uns Serien pathologischer Schnappschüsse oder unvollständige molekulare Profile dies vermuten lassen.[11] Bestimmte Konstellationen von Mutationen und deren chronologisch geordnete Anhäufung mögen tatsächlich in Tumoren anzutreffen sein, dennoch ist der Entwicklungsweg eines Krebses nicht vorherbestimmt. Und wir sollten uns davor hüten, dies zu erwarten. Diese bisher noch nicht vollständig erkannte und gewürdigte molekulare Komplexität hat entscheidende Auswirkungen für die Erstellung klinischer Prognosen und die Auswahl der optimalen Therapie.

---

[10] Details sind nachzulesen bei Thiberville L, Payne P, Vielkinds J, LeRiche J, Horsman D, Nouvet G et al. (1995) Evidence of cumulative gene losses with progression of premalignant epithelial lesions to carcinoma of the bronchus. Cancer Res 55:5133-9; Barrett MT, Sanchez CA, Prevo LJ, Wong DJ, Galipeau PC, Paulson TG et al. (1999) Evolution of neoplastic cell lineages in Barrett oesophagus. Nature Genet 22:106-9.

[11] Ein paar scharfsinnige Pathologen hatten dies bereits vor Jahren erkannt: Foulds L (1969) Neoplastic development. Academic Press, New York.

Stop and Go?

Auf der Grundlage der bis hierher beschriebenen evolutionären Charakteristika von Krebszellen ergibt sich ein äußerst interessantes und gleichzeitig provokantes Bild von der natürlichen Historie dieser Krankheit(en). Durchsucht man normales Gewebe eines Erwachsenen nach pathologischen oder molekularen Hinweisen für eine beginnende tumorigene Entartung, so stößt man auf ein überraschendes und zugleich alarmierendes Ergebnis. Auf den zweiten Blick allerdings müssen wir erkennen, dass es in Wahrheit weder überraschend noch alarmierend ist. Sonnenexponierte Bereiche der Haut eines normalen Erwachsenen etwa enthält pro Quadratzentimeter rund 50 Zellfoci mit *p53*-Veränderungen (jeder Zellfocus besteht aus 60 bis 3000 Zellen). Gesicht und Hände eines Erwachsenen besitzen also insgesamt Tausende solcher veränderter Zellaggregate. Allerdings ist es extrem unwahrscheinlich, dass sich einer von ihnen tatsächlich bösartig weiterentwickelt. Im Alter von 50 Jahren besitzen die meisten Menschen bereits klonale Polypen der Haut, die den ersten Schritt zu einer progressiven Tumorentwicklung bilden können. Glücklicherweise bleiben Schritt für Schritt immer mehr von ihnen auf der Strecke. Eine Darmkrebserkrankung unterscheidet sich von diesen hier beschriebenen Fällen im wesentlichen durch die viel höhere Ausgangszahl an Polypen, wodurch sich die Wahrscheinlich deutlich erhöht, dass einer von ihnen tatsächlich „durchkommt".

Das gleiche gilt auch für Prostata- und Brustkrebs. Die meisten über 70 Jahre alten Männer leiden an einem lokalen Prostatakarzinom. Dies ergaben Autopsien von Männern, die nicht an einer Krebserkrankung gestorben waren. Ganz ähnlich ist es mit Brustkrebs. Wahrscheinlich jede vierte Frau entwickelt während ihres Lebens ein Carcinoma *in situ* (CIS) der Brust. Damit bezeichnet man ein mittleres Stadium auf dem Weg zum malignen Krebs. In einer bislang allerdings noch nicht erhärteten dänischen Studie wurden im Rahmen gerichtsmedizinisch durchgeführter Autopsien bei einem Drittel aller Frauen zwischen 40 und 50 Jahren CIS gefunden. Etwa die Hälfte davon waren multifokal oder bilateral, betrafen also beide Brüste. In einer kleinen Kontrollgruppe von Frauen zwischen 20 und 30 Jahren konnte dagegen kein einziger Fall nachgewiesen werden. Sehr wahrscheinlich würden wir mit geeigneten genetischen Sonden bei der Mehrheit aller 30 bis 50 Jahre alten Frauen Miniaturtumoren finden, die bereits eine oder zwei Mutationen erfahren haben. Die Mehrheit dieser Tumoren wird es jedoch nie schaffen, das für eine lebensbedrohliche Erkrankung notwendige „Full House" an Mutationen anzusammeln. Was zeichnet aber dann die Menschen aus, deren Brust- oder Prostatagewebe einen voll entwickelten, bösartigen Tumoren ausbilden? In diesen Fällen scheint weniger die Anzahl der Vorläuferstadien ausschlaggebend zu sein, vielmehr muss ein anderer Mechanismus die Wahrscheinlichkeit der malignen Entartung erhöhen. Schicksal? Gifte? Oder beides? Um die natürliche Entstehungsweise und die ursächlichen Mechanismen von Krebs zu verstehen, sind alle diese Beobachtungen und Fragestellungen von großer Bedeutung. Krebs ist nicht das einfache Alles-oder-nichts-Phänomen, als das wir es vielleicht am Beginn betrachtet haben.

Das weit verbreitete Auftreten winziger Tumoren bei gesunden, symptomfreien Menschen ist vergleichbar mit anderen chronischen Krankheiten, die hauptsächlich in den entwickelten Gesellschaften anzutreffen sind und erst im höheren Lebensalter vollständig ausbrechen. So zeigte sich bei jungen Erwachsenen, die im Alter zwischen 20 und 30 Jahren gestorben waren, dass zwei Drittel von ihnen bereits deutlich durch arteriesklerotische Plaques verkalkte Koronararterien aufwiesen. Eine verstärkte Gefäßverengung ist bei Erwachsenen (zwischen 25-64 Jahren) häufig auf Zigarettenkonsum zurückzuführen. Wir unternehmen gefährliche Spielchen und können im Grunde froh sein, dass unsere Körper derartig robust sind.

Der evolutionäre Prozess der Krebsentstehung ist nicht nur ineffizient und unsicher, sondern auch ein sehr langwieriger Prozess mit einer ausgedehnten symptomfreien Phase, die häufig als Latenzzeit bezeichnet wird. Ist eine Krebserkrankung allerdings erst einmal diagnostiziert, nimmt sie häufig einen sehr schnell fortschreitenden Verlauf, besonders dann, wenn die gewählten Therapien sich als erfolglos erweisen. Während der anfänglichen Ruhephasen mögen einige Krebszellen tatsächlich im wahrsten Sinne des Wortes schlafen. Sie sind aus dem Vermehrungszyklus herausgenommen und in eine Art metabolischen Schlummer verfallen. Allerdings haben neuere Studien zur Eigendynamik des Tumorwachstums ergeben, dass die scheinbare Ruhe, zum Beispiel einer Mikrometastase, auf einem ausgewogenen Verhältnis von Zellteilung und Zelltod beruht. Diese sensible Balance wird normalerweise schnell, sobald die Angiogenese erfolgreich in Gang gebracht werden konnte, zugunsten der Vermehrung durchbrochen.

Ein einfaches, zeitlich geordnetes, lineares Entwicklungsschema verkennt die enorm variable Dynamik der Krebsentstehung. Das Voranschreiten eines Tumors bis zur Bösartigkeit verläuft sicherlich nicht mit gleichförmiger Geschwindigkeit. Vielmehr ist es ein chaotisches, immer wieder abrupt verlaufendes und unvorhersagbares Spiel durchsetzt mit Hürden, temporären Zellverlusten, langen Perioden der Ruhe und des Stillstandes, bei dem es hin und wieder einzelnen Zellen gelingt, auszureißen. Es erinnert in der Tat sehr an die Evolution der Artenvielfalt. Daher entwickeln sich die meisten Krebserkrankungen wahrscheinlich mit einer nichtlinearen und stark wechselnden Dynamik, die auch ungewöhnliche Schritte oder Sprünge (kurzfristige, plötzliche Schübe klonaler Selektion und Expansion) enthält, die über Zeiträume zwischen ein paar Tagen bis hin zu Jahrzehnten verteilt liegen können. Ist dieser Prozess erst einmal in Gang gesetzt, so ist er ohne geeignete Intervention nicht mehr zu stoppen – wie auch die Evolution der Artenvielfalt oder die Adaptationsprozesse von Parasiten nicht aufzuhalten sind.

Bei den meisten im Erwachsenenalter auftretenden Krebsformen nimmt die Progression eines gutartigen Tumors bis hin zu einem metastasierenden und bösartigen Subklon, bzw. das Intervall zwischen dem Auftreten der ersten Krebsvorläuferzelle bis hin zur Krebsdiagnose, eine Zeitraum von mehreren Jahren oder Jahrzehnten ein. Dabei verläuft der längste Teil dieses Prozesses unbemerkt, klinisch unauffällig und in gewisser Weise gutartig ab. Aber wann ist diese Uhr abgelaufen? In einigen wenigen, sehr aufschlussreichen Fällen kann die Krebsinitiation zeitlich und ursächlich festgestellt werden, wie etwa nach dem Atombombenabwurf 1945 über Japan, wo Art und Zeitpunkt der Aufnahme der krebserregenden Substanz bekannt sind oder bei Patienten, die im Anschluss an eine Behandlung mit karzinogenen Stoffen oder an eine Bestrahlungstherapie an Krebs erkranken. Die Untersuchung dieser speziellen Fälle ergab, dass zwischen Exposition mit der krebsauslösenden Substanz und Krebsdiagnose (in diesem Fall

Leukämie) mindestens 18 Monate vergingen. Allerdings dauert die Entwicklung der meisten Leukämien und insbesondere der meisten soliden Krebsarten, wie Brustkrebs, eher 5-30 Jahre. Dieser Zeitraum hängt deutlich auch vom Alter des Betroffenen zum Zeitpunkt des krebsauslösenden Ereignisses und von der Höhe der Dosis des Karzinogens ab.

Da jedoch die meisten Krebserkrankungen nicht auf ein bestimmtes krebsinitiierendes Ereignis zurückführbar sind, sondern eher durch chronischen oder länger andauernden Kontakt mit Karzinogenen mitverursacht werden, ist es nicht möglich, eine sichere Vorhersage über die wirkliche Dauer einer Tumorentwicklung zu treffen. Allerdings können wir mit Sicherheit sagen, dass es sich in jedem Falle um einen sehr langwierigen Prozess handelt. Die vorsorgende Beobachtung von Patienten mit zunächst gutartigen Tumoren, zum Beispiel Brusttumoren, Darmpolypen oder Hautwarzen, die sich schließlich zu bösartigen Krebserkrankungen weiterentwickelt haben, lassen vermuten, dass man in Zeiträumen von 10 bis 20 Jahren rechnen muss. Bei Krebserkrankungen, die mit industriellen Karzinogenen, wie Kohlenstaub, Öldämpfen oder Asbest, assoziiert werden können, scheint die Zeitspanne zwischen erstem Kontakt und Ausbruch der Krankheit jedoch mehr als 25 Jahre in Anspruch zu nehmen und meistens zwischen 40 und 50 Jahren zu liegen. Ähnliches gilt auch für den Zigarettenrauch. Natürlich haben wir keine Möglichkeit, tatsächlich den Zeitpunkt der ersten, initialen Mutation genau zu bestimmen. Wir besitzen aber epidemiologische Hinweise darauf, dass Melanome und Brustkrebs, die im Alter von etwa 45-55 Jahren auftreten, ihren Anfang wahrscheinlich bereits im Teenageralter genommen haben. Und schließlich haben Tierversuche ergeben, dass ein chemisch induzierter Tumor, der in seiner Entwicklung festgefahren ist, dennoch fast ein Leben lang und mit der potentiellen Fähigkeit der malignen Entartung in einem Tier fortbestehen kann.

Die Krebsentwicklung beschleunigt sich normalerweise, sobald der Tumor erfolgreich Metastasen ausgestreut hat und die therapeutischen Interventionen dagegen nicht mehr ankommen. In einigen Fällen, in denen die Krankheit zunächst unter Kontrolle gebracht werden konnte, kommt es manchmal noch nach 10 bis 25 Jahren zu Rückfällen, bei denen der ursprüngliche Krebsklon (oder ein mutierter Subklon) erneut expandieren konnte. Diese starken zeitlichen Verschiebungen und die absolute Unvorhersagbarkeit von Rückfällen erschwert sowohl die Krebsforschung als auch die wirkungsvolle Krebstherapie. Da sich viele Tumoren unbemerkt entwickeln und im Körper verbreiten, bevor sie endlich klinisch diagnostizierbare Symptome hervorbringen, kommen therapeutische Maßnahmen häufig zu spät. Die Krebssterblichkeit bleibt weiterhin hoch. Insbesondere Krebsarten wie Eierstockkrebs, Prostatakrebs und Lungenkrebs werden häufig erst in einem sehr späten Stadium entdeckt. Diese fatale Verzögerung zwischen Krebsbeginn und Diagnose führt zu einer verzerrten Wahrnehmung der tatsächlichen Krebsursachen und deren Bedeutung und Gewichtung. Durch Erfahrungen beim Sport, bei Lotterien und bei vielfältigen anderen Aktivitäten haben wir verinnerlicht, dass ein eingegangenes Risiko relativ zeitnah mit Erfolg belohnt oder Misserfolg bestraft wird. Ist es nicht merkwürdig, dass ausgerechnet uns Menschen, der einzigen Art, die zukunftsorientiert denken und planen kann, die langfristigen Zusammenhänge der Krebsentstehung so wenig eingängig sind?

Auf der anderen Seite kann man beobachten, dass bereits sehr weit fortgeschrittene Tumoren sich plötzlich wieder zurückbilden oder sogar völlig verschwinden. Dies geschieht bei bestimmten Krebsarten häufiger als bei anderen, so zum Beispiel bei Nierenkrebs oder Melanomen. In diesen Fällen spielen wahrscheinlich immunologische Reaktionen eine Rolle. Allerdings kehren die meisten Tumoren nach einer Weile unbarmherzig und kraftvoll zurück. Manchmal jedoch scheinen sie sich endgültig zurückzuziehen. Von einem solchen bemerkenswerten Akt der Begnadigung berichtet eine Geschichte aus dem 13. Jahrhundert. Ein junger Priester litt an einem bösartigen Tumor im Bein (ein Osteosarkom?). Daher sollte ihm am folgenden Tag das Bein amputiert werden. Wunderbarerweise konnten ihn jedoch seine inbrünstigen Gebete auf dramatische Weise über Nacht heilen. Der glückliche Patient, der übrigens einige Jahrhunderte später unter dem Namen Peregrinus (Laziosi) heilig gesprochen wurde, war sich nun sicher, dass er mit göttlicher Hilfe sicherlich 80 Jahre alt werden würde. Diese Geschichte ist zweifellos eine Legende. Dennoch gibt es in der Tat Fälle, in denen sich ein Tumor so weit zurückbildet, dass wir ihn nicht mehr erkennen können. Die Patienten legen sich verständlicherweise ihre eigenen Erklärungen zurecht. Wissenschaftler sind diesem Phänomen allerdings noch nicht auf die Spur gekommen. Es scheint allerdings lediglich noch eine Frage der Zeit zu sein, bis wir näheren Aufschluss über dieses Phänomen erhalten. Für diejenigen, die eine eher mystische Lösung suchen, sei gesagt, dass der Heilige Peregrinus der Patron der Krebspatienten geworden ist. Ein ihm geweihter Altar steht in der Grotte an der Old Mission San Juan Capistrano in Kalifornien. Es sind dort auch Zeugnisse von Menschen zu finden, die das Gebet zu dem Heiligen von ihrer Krebskrankheit befreit hat.

Kapitel 10 Mutationen: Die wahren Missetäter

Bis hierher habe ich zunächst etwas oberflächlich über mutierte Gene in Krebszellen berichtet, gerade so, als wäre die Identifizierung von krebsrelevanten Genen
und deren Funktion ein einfaches, stringentes Unterfangen. Tatsächlich aber war
dazu nichts geringeres als eine kleine technologische Revolution sowie eine intellektuelle *tour de force* der biomedizinischen Forschergemeinde notwendig. Einige
daran beteiligte Wissenschaftler haben anschauliche Chroniken dieses Fortschrittes veröffentlicht.

Die Identifizierung mutierter Gene ist nicht nur für das Verständnis des evolutionären Prozesses der Krebsentstehung von großer Bedeutung, sondern auch für die
sensitive Erstellung differenzierter Diagnosen und Prognosen, für die Nachsorge
und natürlich die Behandlung. Es ist überflüssig, hier eine Liste Hunderter bisher
identifizierter Gene aufzuführen. Ein kleiner Einblick in die Beschaffenheit dieser
Mutationen mag jedoch helfen, die evolutionäre Dimension der Krebsentwicklung
hervorzuheben und den Leser davon zu überzeugen, dass alle Moleküle, die bisher
der Mittäterschaft an Krebs verdächtigt wurden, umfangreich untersucht wurden.

Noch bis vor kurzem konnten die meisten DNA-Veränderungen in Krebszellen
nicht aufgespürt werden, da sie submikroskopisch klein sind. Eine Ausnahme bildeten Mutationen, die zu umfangreichen Veränderungen der Chromosomen-
Struktur oder -Anzahl führten. Abbildung 10.1 zeigt ein leicht erkennbares Beispiel (eine Leukämiezelle, die ein zusätzliches Chromosom enthält). Veränderungen der Chromosomenzahl werden bereits seit etwa hundert Jahren beschrieben,
und schon Theodor Boveri hatte in ihnen eine ursächliche Bedeutung für die
Krebsentstehung gesehen. Erst in neuerer Zeit ist es allerdings möglich geworden,
einzelne Chromosomen zu identifizieren und strukturelle Chromosomenveränderungen sichtbar zu machen. Erstmals wurden in den 1960er Jahren solche Veränderungen bei Leukämiezellen beschrieben. Als immer mehr dieser Aberrationen
bekannt wurden, begriffen Janet Rowley in Chicago und ein paar weitere Pioniere
ihrer Zunft, dass die regelhafte Assoziation bestimmter Chromosomenveränderungen mit einzelnen Krebsarten die Möglichkeit eröffnete, in den betroffenen chromosomalen Regionen gezielt nach den beteiligten Genen zu suchen. Fortschritte
bei der Klonierung und Kartierung von Genen führten schließlich zur Aufdeckung
der molekularen Anatomie der DNA-Veränderungen – eine der herausragenden
Entdeckungen der Biomedizin des 20. Jahrhunderts.

Unter den Mutationen, die zu Krebs führen können, unterscheidet man verschiedene Formen. Der Austausch eines Basenpaares bildet die einfachste Form
und führt zum Austausch einer Aminosäure in dem resultierenden Protein, wodurch wiederum dessen molekulare Struktur und Bindungsfähigkeit mit anderen

Molekülen verändert wird. Das betroffene Protein könnte so zum Beispiel immun gegen restriktive Signale werden und dadurch länger als vorgesehen weiterexistieren. Zu den größeren Mutationen gehören der mehr oder weniger umfangreiche Verlust von DNA (Deletion), die Vervielfältigung von Genen (Amplifikation) oder Zugewinne bzw. Verluste ganzer Chromosomen.

Durch den Verlust von genetischer Information verschafft sich die Zelle auf relativ „einfachem" Wege einen Selektionsvorteil, indem sie Gene, die eine kontrollierende, hemmende Funktion besitzen, ausschaltet oder herauswirft. Allerdings müssen beide elterlichen Kopien eines solchermaßen negativ wirkenden Gens inaktiviert werden.

Alternativ kann die zweite noch intakte Genkopie durch Interaktion mit der mutierten Kopie außer Gefecht gesetzt werden. Das Resultat ist das gleiche: Verlust einer wichtigen Kontrollfunktion. Die Amplifikation von Genen oder ganzen Chromosomen gibt uns mehr Rätsel auf. Es erscheint jedoch plausibel, dass die dadurch im Überschuss produzierten Proteine als eine Art Köder innerhalb der Signalkaskade fungieren und einströmende Signale abwehren oder ableiten. Eine andere Möglichkeit besteht darin, dass überschüssige Proteine selber intrinsische Signalfähigkeiten erwerben, indem sie miteinander Bindungen eingehen. In beiden Fällen greifen sie massiv in das Signalgefüge der Zelle ein.

Andere Mutationen erweisen sich als umfangreiche chromosomale Rearrangements. Sie werden durch Chromosomenbrüche und Wiederverschmelzung der Bruchstücke hervorgerufen und führen zu einer Fusion von Genen oder machen Gene zu Nachbarn, die normalerweise auf völlig verschiedenen Chromosomen lokalisiert sind. Die Gene werden so neu gemischt. Für die Zelle bedeutet dies, dass sie veränderte Signale von den fusionierten Genen erhält. Das Gen A könnte etwa seinem abwärts von ihm liegenden Partner den Befehl zu konstitutiver Expression bzw. „an" (das Signal zur Zellproliferation) geben, obwohl dieses Gen normalerweise streng nach Bedarf an- oder ausgeschaltet wird. Alternativ kann auch ein fusioniertes Hybridgen entstehen, welches ein chimäres Protein mit veränderter Funktion kodiert. Viele Hybridgene bringen Proteine hervor, die an die DNA binden und eine entscheidende Rolle bei der Regulation vieler verschiedener Gene spielen. Sie haben sozusagen eine „Masterfunktion" innerhalb des Signalnetzwerkes des Zellkerns. Daher verwundert es nicht, dass eine Veränderung ihrer Aktivität mit weitreichenden Konsequenzen für die Zelle verbunden ist.

Hybridgene sind besonders bei Leukämien und in Sarkomen anzutreffen, wo sie vermutlich die Differenzierung und Reifung der Zellen blockieren. Diese irreguläre Vereinigung von Genen in einzelnen Zellen ist im Grunde vergleichbar mit der genetischen Rekombination, die durch sexuelle Reproduktion und das Durchmischen der elterlichen Genome entsteht und offensichtlich evolutionäre Vorteile erbracht hat. Die genetische Vielfalt wird rapide erhöht und bietet damit den Ansatzpunkt für erhöhte Überlebenswahrscheinlichkeit und reproduktive Fitness.

Es ist vielleicht überraschend, dass genetische Verschiebungen überhaupt existieren. Allerdings haben wir es mit einem eigentlich schon sehr alten Prinzip zu tun, das bereits einige Bakterien, Viren, Pflanzen (Mais) und auch die Taufliege *Drosophila* beherrschen. *Drosophila* besitzt mobile genetische Elemente, die üblicherweise als Transposons oder auch springende Gene bezeichnet werden. Auch unser Immunsystem wäre ohne genetische Rekombination nicht denkbar. So ist der biochemische Mechanismus, der bei Krebszellen zu einer Durchmischung des Genoms führt, keine neue Erfindung dieser Zellen, sondern vielmehr Teil der normalen oder physiologischen Kontrolle über DNA-Brüche, korrekter Wiederverschmelzung, Reparatur und Rekombination; mit dem einzigen Unterschied, dass diese Funktionen in der Krebszelle fehlgeleitet sind. Die hier genannten DNA-Veränderungen sind durchaus nicht nur in Tumoren zu beobachten, sie geschehen ebenso in anderen genetisch bedingten, vererbbaren Krankheiten und sind die treibende Kraft für das Entstehen genetischer Diversität – die Grundlage aller evolutionären Selektionsprozesse.

Die Beweise der Anklage

Warum sind wir uns eigentlich so sicher, dass die in Krebszellen entdeckten Mutationen ursächlich mit der Krebsentstehung in Zusammenhang stehen? Eine ähnliche Frage könnten wir auch an die Evolutionsbiologie stellen: Woher wissen wir, dass ein bestimmtes Merkmal oder ein bestimmter Phänotyp (mit seinem zugrundeliegenden Genotyp) einen adaptiven Wert besitzt, der Selektionsvorteil und reproduktiven Erfolg verspricht? Stephen Jay Gould vertritt die These des „Teufels Advokaten". Er postuliert, dass nicht die offenbar adaptiven Merkmale an sich selektiert werden, sondern dass sie vielmehr ein Nebenprodukt eines anderen Merkmals sind oder schlicht das Resultat eines evolutionären Zufalls darstellen. Niles Eldredge favorisiert eine ähnliche, die sogenannte „naturalistische" Theorie, welche die Evolution lediglich als „Geschichte" und die natürliche Selektion schlicht als einen passiven Filter betrachtet. Einige Merkmale von Krebszellen, sogar einige der Mutationen würden tatsächlich in ein solches Muster passen. Die Tatsache, dass bestimmte Mutationen regelmäßig in Krebszellen vorkommen sowie die phänotypischen Auswirkungen dieser Mutationen lassen sich mit Hilfe solcher Theorien allerdings nicht mehr erklären. Sie ragen heraus aus den Tausenden von Mutationen, die dazu beitragen, dass die entstehende Krebszelle jenen entscheidenden selektiven Vorteil erhält. Wie können wir aber die Mittäterschaft einzelner Mutationen konkret beweisen? Und mit welchem Recht können wir einzelne Gene für die Krebsentstehung verantwortlich machen, wenn wir doch wissen, dass es einer ganzen Reihe von Mutationen zur Ausbildung von Krebs bedarf?

Die Regelmäßigkeit, mit der einzelne Mutationen mit bestimmten Krebsarten assoziiert sind, ist sicherlich verdächtig, besonders wenn sie sowohl als spontane, somatische wie auch als ererbte Mutationen bei Patienten mit familiärer Disposition für eine bestimmte Krebsart auftreten. Es kann also ein einzelnes Gen durchaus verdächtig machen, wenn es sich zum Zeitpunkt des Verbrechens am Tatort aufhält und zudem (durch Mutation) auffällig verhält. Dieses Verdachtsmoment reicht zunächst für eine Anklage aus, nicht jedoch für einen wasserdichten Indizienprozess.

Betrachtet man Genmutationen einmal genauer – auf der Ebene der Nukleotid-sequenz der DNA – so findet man einen weiteren Hinweis auf deren potentiellen selektiven Wert beziehungsweise, um im Bild zu bleiben, auf deren kriminelles Potential. Krebsassoziierte Mutationen verändern die Expression oder Aktivität der durch die betroffenen Gene kodierten Proteine. Es handelt sich also nicht um sogenannte neutrale Mutationen ohne funktionelle Auswirkungen. Natürlich existieren prinzipiell auch neutrale Mutationen, ansonsten liefe unser Verständnis der Mutationsmechanismen vollkommen fehl, allerdings trifft man sie nicht in Krebs-zellen an, da sie offensichtlich keinen Selektionsvorteil erbringen können.

Ob ein Merkmal einen adaptiven Wert besitzt, kann laut Dan Dennett durch eine Art rückwärts gewandte oder reflexive Untersuchung bestimmt werden: Man betrachte sehr sorgfältig die Konstruktion und Beschaffenheit eines Merkmals und untersuche, ob es eine funktionelle Logik im Gesamtzusammenhang besitzt (in diesem Falle also eine funktionelle Logik für die Krebszelle). Schließlich verände-re man das Merkmal und studiere, ob die Veränderung das erwartete Resultat her-vorbringt. So betrachtet stellen die biochemischen Funktionen mutierter putativer Krebsgene einen erdrückenden Beweis ihrer „Schuld" dar.

Sind krebsassoziierte Gene erst einmal identifiziert und mit Hilfe von Bakterien kloniert (also vervielfältigt), kann man relativ zielstrebig die biochemischen Funktionen sowohl des normalen als auch des durch Mutation veränderten Gens vorhersagen und bestimmen. Durch Translation einer Gensequenz in die entspre-chende Aminosäuresequenz des kodierten Proteins können häufig Domänen iden-tifiziert werden, deren Funktionen bereits von anderen Proteinen bekannt sind. Betrifft eine Mutation zum Beispiel einen Domänenbereich, von dem durch rönt-genkristallographische Analysen bekannt ist, dass er entscheidend an molekularen Interaktionen beteiligt ist, die bestimmte enzymatische Reaktionen überwachen, so wird klar, welche selektive Bedeutung diese Mutation für den weiteren Selekti-onsprozess hat. Daran anschließend müssten weitere Untersuchungen folgen, die sich damit beschäftigen, auf welche Weise die Mutation einen Reproduktionsvor-teil erbringt (zum Beispiel, indem Teile der Signalwege zerstört werden, wodurch etwa inhibierende oder Zelltod auslösende Signale nicht mehr korrekt übermittelt werden). Der Beweis für die Schuld des angeklagten Gens erscheint somit plausi-bel, noch kann der Fall allerdings nicht abgeschlossen werden.

Der endgültige Beweis ist erst erbracht, wenn nachgewiesen werden kann, dass ein mutiertes Gen Krebs auslöst oder an seiner Entstehung beteiligt ist. Molekula-re Klonierungstechniken, gentechnische Verfahren und Gentransfermethoden ha-ben die Untersuchungsmöglichkeiten revolutioniert – positiv oder negativ – und eröffnen neue Möglichkeiten, Gene auf ihre Funktion hin zu untersuchen. Das erste derartige „Experiment" mit Krebsgenen geschah allerdings völlig zufällig, da das erste Krebsgen – wie so häufig in der Wissenschaft – eher beiläufig und als Nebenprodukt der Forschung entdeckt wurde: Das Rous-Sarkom-Virus verursacht Krebs bei Hühnern. Innerhalb des Virus-Genoms befindet sich ein spezielles Gen, das für das maligne Potential des Virus verantwortlich ist und als *v-src* bezeichnet wird. Die mit dem Nobelpreis gewürdigte und überraschende Entdeckung ergab, dass das *v-src* ein normales Gen des Hühnergenoms war und vom Virus quasi „gestohlen" worden war.

Im Anschluss an diese Beobachtung wurden auch bei anderen Labortieren Viren entdeckt, die normale zelluläre Gene entführt hatten, welche wie das *SRC*-Gen wichtige regulatorische Funktionen besitzen. Werden solche Gene in das Virus-Genom übernommen, entsteht so etwas wie ein Trojanisches Pferd. Ein so ausgestattetes Virus spielt nun seinen Reproduktionsvorteil in infizierten dadurch aus, dass es die gleichen zellulären Kontrollen außer Kraft setzt, die auch durch eine Mutation des betroffenen Gens ausgeschaltet worden wären. Der Umstand, dass diese Laborviren Krebs verursachen können, ist im Grunde das fatale Nebenprodukt einer cleveren, adaptiven Strategie, mit der die Viren ihre eigene Vermehrung in proliferierenden Wirtszellen steigern. Gleichzeitig wird deutlich, welche zentrale Rolle bestimmte Gene und Mutationen bei der Krebsentstehung spielen.

Das erste mutierte menschliche Krebsgen (das *RAS*-Gen, das wir schon von König Ferrante I kennen) wurde identifiziert, da es nach Transfer in Gewebekultur-Zellen in diesen ein krebsähnliches Wachstum auslöste. Das gleiche Gen wurde sodann auch in Leukämie-Viren von Labormäusen entdeckt. Wie zu erwarten, funktioniert das Gentransfer-Experiment nur mit Zellen, die bereits leichte Veränderungen erfahren haben.

Als überzeugender erweisen allerdings sich Experimente, bei denen ein putatives Krebsgen in eine Keimzelle (eine befruchtete Eizelle) oder einen sehr frühen Embryo (von Nagern, nicht Menschen) eingeschleust werden und so auch an nachfolgende Generationen vererbt werden kann, oder bei denen Gene gezielt aus der Keimbahn ausgeschaltet werden. Normalerweise erkrankt bei solchen Experimenten eine relativ hohe Anzahl von Nachkommen an Krebs und/oder reagiert extrem anfällig auf krebsinduzierende Substanzen. Die Rate der Krebserkrankungen ist abhängig vom eingeschleusten oder ausgeschalteten Gen und davon, ob nur eines (heterozygot) oder beide (homozygot) Genkopien betroffen sind. Die simultane Veränderung zweier Gene kann den Effekt zusätzlich verstärken.

Man kann an diesen Experimenten kritisieren, dass sie nicht die üblichen Verhältnisse der Krebsentstehung abbilden, da bei ihnen jede Körperzelle die Mutation enthält. Allerdings werden wir noch sehen, dass einige Krebspatienten ihr Leben mit genau der gleichen genetischen Bürde und dem damit verbundenen erhöhten Krebsrisiko beginnen.

Das ideale Experiment ist extrem schwierig durchzuführen, da es die schrittweise Akkumulation von Mutationen nachbilden muss, die eine normale Zelle in einen metastasierenden Tumor verwandelt. Dies ist Bob Weinberg und seinen Kollegen vom M.I.T. (Boston) 1999 tatsächlich gelungen.[12] Das virtuose Experiment verwendete drei genetische Tricks, die gemeinsam vier zelluläre Signalwege blockierten. Ihre Konstruktion beinhaltete (1) das Einbringen eines Enzyms, das die Chromosomenenden vor dem Abbau schützt und die Zellen so potentiell unsterblich macht, (2) den Einbau eines viralen Onkogens, das sowohl *p53* als auch einen weiteren wichtigen Zellzyklus-Inhibitor (das *Rb*-Gen) inaktivieren kann und (3) die Insertion des mutierten *RAS*-Gens. Normale, menschliche Epithelzellen,

---

[12] Siehe Hahn WC, Counter CM, Lundberg AS, Beijersbergen RL, Brooks MW, Weinberg RA (1999) Creation of human tumour cells with defined genetic elements. Nature 400:464-8.

die solchermaßen gentechnisch verändert werden, verhalten sich wie invasive Krebszellen (in immundefizienten Mäusen). Das entspricht zwar nicht dem genetischen Werdegang einer humanen Krebserkrankung, beweist jedoch eindrucksvoll, wie wenige Komponenten zur Krebsentstehung eigentlich notwendig sind und welche dramatischen Auswirkungen die Inaktivierung von sich ergänzenden Signalwegen haben kann. Zudem zeigt es, welche Rolle einzelne Gene bei der Entwicklung eines bösartigen Krebses spielen können.

Betrachten wir also die gesamte Beweislage, so schlage ich vor, das Urteil möge lauten: Schuldig im Sinne der Anklage. Ein paar Biologen halten zwar weiterhin an der Unschuld der Angeklagten fest, aber, liebe Geschworene, ich halte die Verteidigung für zu unglaubwürdig, als dass sie hier Erwähnung finden sollte. Natürlich gibt es mildernde Umstände. Mutierte Gene sind nicht *die* Ursache für Krebs, genauso wenig wie sie *die* Ursache der Evolution sind. Mutationen oder der Verlust von Genen sind zufällige Ereignisse, die durch schädliche Einflüsse begünstigt werden können. Die genetischen Veränderungen entfalten ihren selektiven Wert nur in einem ganz bestimmten Kontext, der innerhalb des inter- und intrazellulären Dialogs zu suchen ist und auf die Zellen, Gewebe und den gesamten Körper zurückstrahlt. Daher gestehe ich eine verminderte Schuld zu.

Wer wird Sieger?

Die Regeln oder Voraussetzungen zum Sieg sind im Grunde sehr klar definiert: ein „Full House", also ein sich ergänzender Satz mutierter Gene, die Expansion ermöglichen, plus die Bewältigung diverser Flaschenhälse plus genügend Zeit – die Dauer eines Lebens. Woraus besteht aber nun genau ein erfolgreicher Genotyp (Gensatz) und sein Phänotyp (Merkmale)? Obwohl die zugrunde liegenden Mechanismen stark konserviert sind und allgemeingültige Regeln eine Rolle spielen, gibt es keinen einzig möglichen, festgelegten Krebs-Genotyp. Viel hängt von Kontext und Zufall ab und variiert abhängig vom betroffenen Zelltyp, den befallenen Geweben oder Organen (Ökosystem), von Alter, Geschlecht und Physiologie des Patienten und natürlich von der Therapiewahl des Arztes. Man könnte zum Beispiel vermuten, dass eine ambitionierte Zelle von Beginn an möglichst schnell proliferieren und sich an die Spitze des Feldes setzen sollte – nicht unbedingt die cleverste Strategie, wie wir schon aus Äsops Fabel vom Hasen und der Schildkröte lernen können. Die Zelle, die in diesem evolutionären Wettrennen als erste aus den Startblöcken kommt, erreicht nicht unbedingt auch als erste das Ziel. Betrachtet man die Statistik, sollte man zwar auf einen solchen frühen Zellklon wetten, dennoch könnte er von einem zunächst kleineren oder später gestarteten Klon überflügelt werden, sollte dieser glücklichere Lose bei Mutationslotterie ziehen.

Während des Wettlaufes kann es zu Störungen kommen. Zellen, die zunächst einen Selektionsvorteil erhalten haben, mögen sich kurzfristig sehr schnell vermehren, könnten aber schnell gefährdet sein und sterben, wenn sie in ihrer Umgebung keine Nährstoffquellen erschließen können. Krebszellen, die erfolgreich in andere Körperteile metastasieren wollen, benötigen zusätzliche Eigenschaften, die über die reine Fähigkeit zu schneller Vermehrung hinausgehen – die Fähigkeit, physische Grenzen in Geweben zu durchbrechen und die Robustheit, sauerstoffarme Bedingungen, Turbulenzen oder den durch die neue Umgebung vermittelten Stress zu überstehen.

Schließlich ist die Krebstherapie ein Mittel gegen die schnell vorpreschenden Zellen – vergleichbar, in evolutionären Dimensionen, mit einer schweren oder globalen ökologischen Katastrophe, wie dem postulierten Asteroideneinschlag, der vor 65 Millionen Jahren zum Aussterben der Dinosaurier geführt haben soll. Welche Zellen innerhalb eines Tumors sind die Überlebenden? Nicht die Sprinter, die viel anfälliger auf Bestrahlung oder Chemotherapie reagieren als ihre schwerfälligeren Geschwister.Hier zählt einzig und allein das schlichte Überleben. Daher überleben diejenigen Zellen am ehesten therapeutische Interventionen, die sich gerade eine Vermehrungspause gönnen oder wirkungsvoll Zelltod-induzierende Signalwege blockieren können oder die ein Gewebe infiltriert haben, das sie vor Therapiemaßnahmen schützt (das Zentralnervensystem oder die Hoden zum Beispiel).

Abb. 10.2 „Bist Du sicher, was Du tust, Stan? Ich kann es kaum glauben, dass es dieser spitze Hinterkopf und der lange Schnabel sein soll, mit denen sie fliegen."

Hinzu kommt schlicht und einfach Glück. Insgesamt scheint es sich auszuzahlen, etwas langsamer, dafür kontinuierlich zu wachsen, solange die Zellproduktion Verluste überwiegt. Wenn es die engsten evolutionären Flaschenhälse zu überwinden gilt, sind es nicht unbedingt die schnellsten oder zuvor dominanten Klone, die hindurchgelangen. Es wirkt daher nur auf den ersten Blick paradox und ist in Wahrheit nicht weiter überraschend, dass ausgerechnet einige der am langsamsten wachsenden Lymphome und Karzinome (zum Beispiel Prostatakrebs und einige Brustkrebsformen) gleichzeitig zu den bösartigsten und klinisch robustesten Krebsarten gehören.

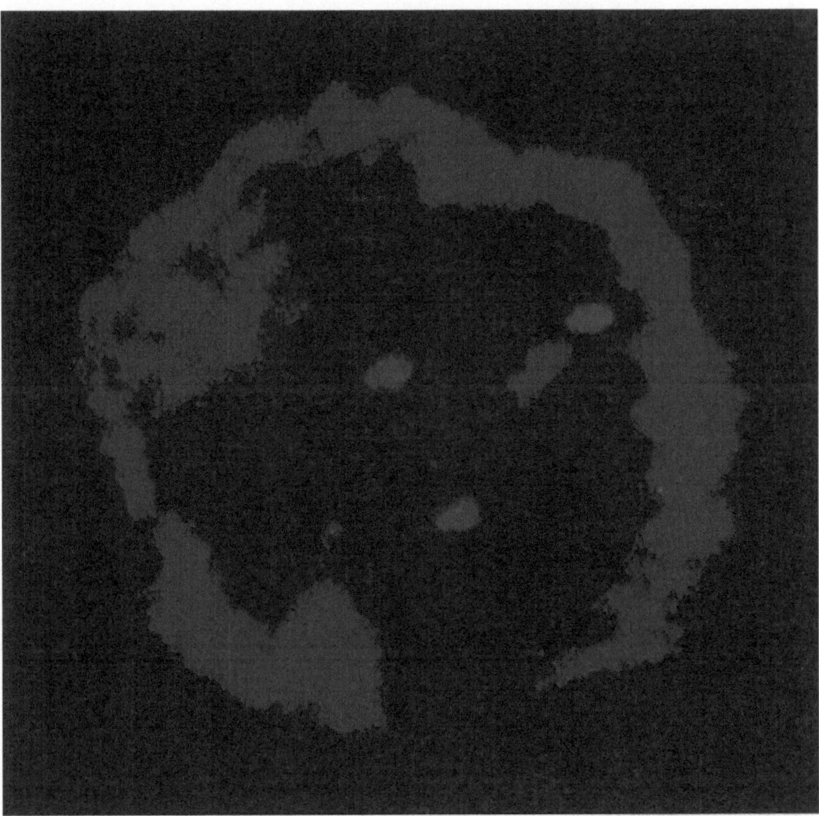

Abb. 10.1: Diese Fluoreszenzphotografie einer leukämischen Zelle wurde mit einem Konfokalen Lasermikroskop aufgenommen. Die drei grünen Punkte zeigen die Bindung einer DNA-Sonde an das Chromosom 8 an. In einer gesunden Zelle wären nur zwei Bindungsstellen vorhanden (eine auf dem väterlichen, eine auf dem mütterlichen Chromosom) In dieser Krebszelle lassen sich jedoch drei Bindungsstellen nachweisen, weil eine der beiden Genkopien dupliziert wurde. ZusätzlicheKopien eines Chromosoms (als Triploidie bezeichnet) oder mehrerer Chromosomen (Hyperdiploidie) ist eine der häufigsten und einfacheren genetischen Veränderungen in Krebszellen. Die Folgen dieserDefekte sind jedoch noch nicht in genau verstanden. Das Zytoplasma ist mitttels eines Antikörper rot angefärbt, um die Bestimmung des genauen Blutzelltyps zu erlauben. Das von diesem umschlossene schwarze Areal ist der Zelllkern oder Nucleus.

Kapitel 11: Der beschwerliche Start

Ein Mutationsträger? Wer? Ich?

In den meisten Fällen treten Genmutationen in jeweils einzelnen Zellen spezialisierter Gewebe auf. Bei familiären Krebsformen wird dagegen ein mutiertes Gen von den Eltern auf die Nachkommen vererbt. Dazu muss einer der Vorfahren der Familie eine Keimbahnmutation (also eine Mutation in einer Vorläuferzelle von Spermien oder Eizellen) erworben haben, die nun von Generation zu Generation weitervererbt wird. Die männlichen Keimzellen sind dabei einem höheren Risiko ausgesetzt als die weiblichen, da sie sich vor der Verschmelzung mit der Eizelle weit öfter geteilt haben. Es ist zwar unmöglich, die Entstehungsweise einer solchen Mutation nachträglich nachzuweisen, sehr wahrscheinlich kommen sie aber durch zufällige Ereignisse während der DNA-Replikation, durch Verfahrensfehler bei der Zellteilung oder durch fehlerhafte Reparatur in der Keimzelle zustande. Solche Ereignisse erscheinen uns gänzlich unerwünscht und unnatürlich, ein erschreckendes Versäumnis der genetisch kodierten Kontrollinstanzen. In Wahrheit sind sie aber Bestandteil der Natur.

Die Keimbahn ist der einzige und entscheidende Speicher der von Generation zu Generation weitergegebenen genetischen Informationen. Der genetische Code ist angreifbar und kann nicht vollkommen vor Mutationen geschützt werden. Wäre die Mutationsrate sehr hoch, dann könnten Arten, die lediglich eine mäßige Anzahl an Nachkommen hervorbringen (wie etwa auch der Mensch), wohl kaum überleben. Eine geringe Mutationsrate ist dagegen aufgrund der DNA-Struktur und ihres Replikationsmodus unvermeidlich und zudem die Grundlage für evolutionäre Anpassungsprozesse. Die tatsächliche Mutationsrate ist durch evolutionäre Selektionskräfte entstanden und bildet einen Kompromisswert zwischen potentiell positiven und negativen Auswirkungen. Wir sind alle Mutationsträger. Schätzungen zufolge kommen zu den Mutationen, die sich bereits seit Generationen angesammelt haben, rund hundert weitere hinzu, die in den Keimzellen unserer Eltern neu entstanden sind. Sie alle sind ein Teil unserer elterlichen Erbschaft.

Unser Erbe umfasst 30 000 bis 40 000 Gene, die auf insgesamt 23 Chromosomenpaaren deponiert sind. Wo innerhalb dieser 46-bändigen Bibliothek ist die Wahrscheinlichkeit von Kopierfehlern am höchsten? Vermutlich geschehen sie tatsächlich nicht rein zufällig, lokal unterschiedliche Beschaffenheiten der DNA mögen eine Rolle spielen, große und sehr aktive Gene sind scheinbar anfälliger. Die Funktion eines Gens spielt dagegen für die Mutationswahrscheinlichkeit keine

Rolle. Mutationen geschehen völlig ohne Beachtung oder Berechnung der Konsequenzen. Die meisten neuen Mutationen sind in der nicht-kodierenden DNA zu finden. Sie umgibt die Gene und stellt den allergrößten Anteil des Genoms. Mutationen in der codierenden DNA wiederum haben häufig neutrale Effekte auf die betroffenen Gene. Nur einige wenige bergen tatsächlich Konsequenzen für unsere Gesundheit. Hin und wieder treten so Mutationen auf, die schließlich zu einer Krebserkrankung der Nachkommen führen. Man könnte eigentlich erwarten, dass solche unwillkommenen und gefährlichen Gene automatisch durch natürliche Selektion verschwinden, und sehr wahrscheinlich sind in der Tat bereits viele Gene ausgesondert worden. Dazu muss allerdings der Mutationsträger sterben, ohne sich vorher reproduziert zu haben. Nun manifestiert sich eine Genveränderung nicht zwangsläufig auch als Krankheit, bzw. die damit verbundene Krankheit bricht unter Umständen erst aus, nachdem bereits Nachkommen auf die Welt gekommen sind – nachdem der Schwarze Peter also bereits weitergereicht wurde. Darüber hinaus entstehen in jeder Generation neue potentiell zerstörerische Mutationen.

Es gibt Mutationen, die sich in Bezug auf ihre Auswirkung rezessiv verhalten. Das bedeutet, ist nur eine der beiden elterlichen Genkopien mutiert, so reicht die zweite, intakte Kopie aus, um den Verlust zu kompensieren und die angestammte Funktion des Gens auszuüben. Auf diese Weise können potentiell nachteilige oder schädliche Gene unbemerkt von Generation zu Generation weitergegeben werden. Sie haben für den Nachwuchs nur dann eine negative Auswirkung, wenn er von beiden Elternteilen eine defekte Genkopie erhält. So wird zum Beispiel die für Zystische Fibrose verantwortliche Mutation bereits seit schätzungsweise 55000 Jahren größtenteils unbemerkt von Generation zu Generation weitergetragen.

Solche schädlichen Mutationen sind ein Bestandteil unserer Vergangenheit und der Natur. Einige davon sind uralt, andere wiederum erst in jüngerer Zeit entstanden. Das gilt für Krebsgene wie auch für rund 5000 andere vererbbare genetische Krankheiten, darunter zum Beispiel Thalassämie und Zystische Fibrose. Wir könnten gut darauf verzichten.

Familiär gehäufte Krebsfälle können also auf Genveränderungen beruhen, die bereits weit in die Vergangenheit zurückreichen. Bereits seit einigen hundert Jahren kennt man das Phänomen familiär bedingter Krebsarten, und seit über hundert Jahren gibt es gut dokumentierte Stammbäume von betroffenen Familien, die eine eindeutig nicht-zufällige Häufung von Krebserkrankungen belegen. Abbildung 11.1 zeigt den Stammbaum von Frau Z und ihren Nachkommen, von denen ein großer Teil an Brustkrebs sowie weiteren Krebsformen erkrankte. Diese wirklich bemerkenswerte, vier Generationen erfassende Ahnentafel ist der erste bekannte Stammbaum einer Krebsfamilie und wurde 1852 von dem Chirurgen Dr. Paul Borca in Frankreich erstellt. Einige Forscher glauben, es sei die Ahnentafel seiner Frau.

Die Franzosen haben immer vermutet, heimtückische Engländer hätten Napoleon Bonaparte vergiftet. Der Kaiser selber klagte darüber, das schlechte Wetter auf der einsam gelegenen Insel Sankt Helena sowie die „englische Oligarchie und ihre gedungenen Mörder" würden ihn sicher demnächst in den Tod treiben.

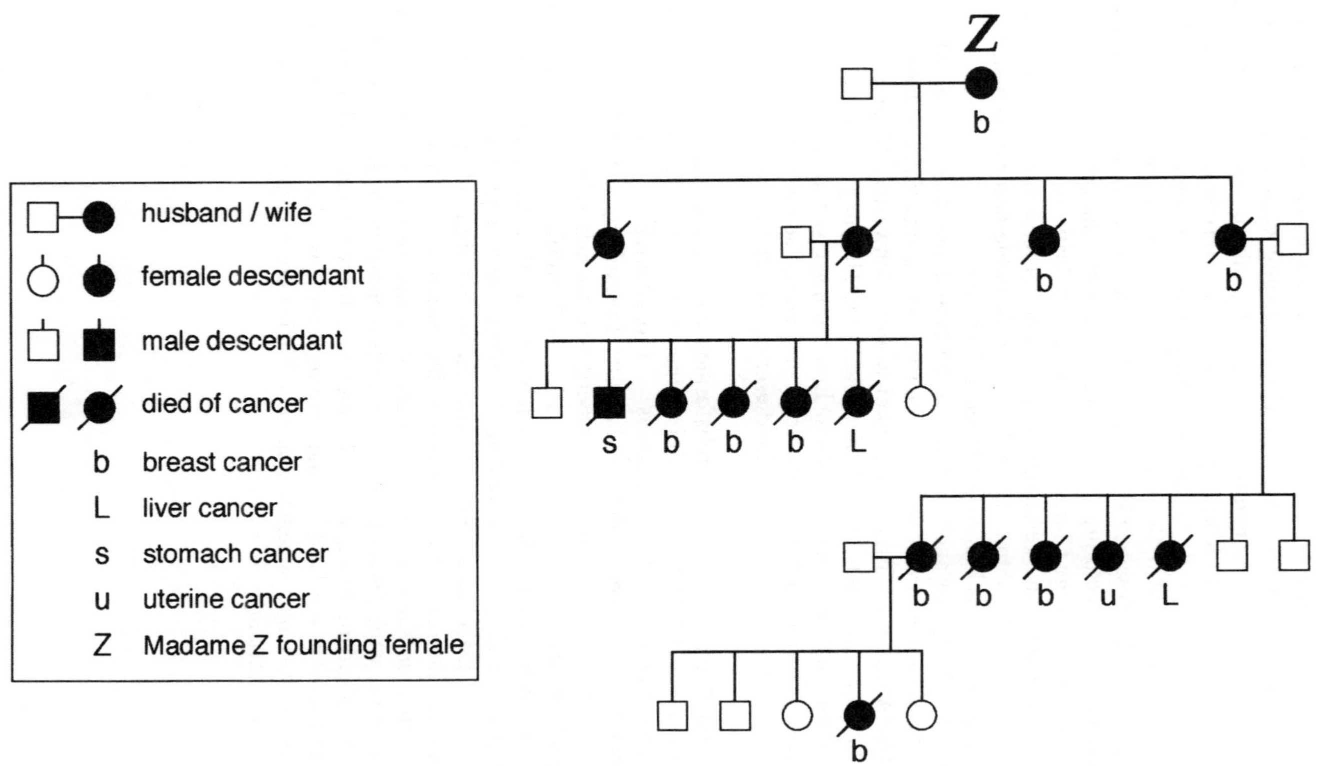

Abb. 11.1 Der Stammbaum der „Madame Z".

Aber Napoleon wusste auch, dass Krebs vererbt werden kann. Während der letzten Monate, in denen sich seine Magenkrebserkrankung verschlimmerte, war er überzeugt davon, dass er wie schon sein Vater an Magenkrebs würde sterben müssen. Er bestimmte, dass sein Körper gleich nach seinem Tode autopsiert werden solle, um diese Vermutung zu bestätigen. Damit wollte er seinem Sohn helfen, diese Krankheit zu vermeiden. Schließlich wurde die Autopsie tatsächlich auf Napoleons Billardtisch durch seinen korsischen Arzt Antommarchi, unterstützt durch den schottischen Marinechirurgen Archibald Arnott, ausgeführt. Außerdem wohnten der Prozedur einige Chirurgen und Ärzte des britischen Militärs bei, denen Napoleon allerdings ins Testament geschrieben hatte, keine englische Hand solle seinen Leichnam berühren. Ihre publizierten Berichte beschäftigen sich ausdrücklich mit in Napoleons Magen gefundenen Tumoren.

Es gilt als gesichert, dass auch eine Schwester Napoleons, Caroline, an Magenkrebs erkrankte. Darüber hinaus wird nicht nur für Napoleons Vater, sondern auch für seinen Großvater, einen Bruder und zwei weitere Schwestern Magenkrebs als Todesursache vermutet (Abb. 11.2).[13] Diese familiäre Häufung ist sicherlich kein Zufall und kann auch nicht mit ähnlichen Ernährungsgewohnheiten der Familie erklärt werden. Vermutlich hatten Napoleon und einige seiner Geschwister eine Genmutation von ihrem Vater geerbt, die dieser bereits von seinem Vater erhalten hatte und so fort.

Wahrscheinlich gibt es bei allen Krebsformen eine kleine Anzahl von Fällen, die auf ererbten Gendefekten beruht. Bei einigen verbreiteten Krebsarten (Brustkrebs, Dickdarmkrebs, Eierstockkrebs, Prostatakrebs, Melanom und Schilddrüsenkrebs) sind vermutlich 5-10% aller Erkrankungen familiär bedingt. Stammbäume von Familien mit einer außergewöhnlichen Häufung bestimmter Krebsarten bilden eine wertvolle Grundlage für die Identifizierung beteiligter Gene. Auf zwei solcher Gene, die zur Entstehung von Brustkrebs beitragen, soll später noch genauer eingegangen werden. Allerdings sind längst nicht alle Krebserkrankungen, an denen eine ererbte Genmutation beteiligt ist, gleichzeitig mit einer erkennbaren familiären Häufung verbunden. Solange ein mutiertes Gen nicht mit einer bestimmten Krebsart oder einem mehrere Krebsarten umfassenden Syndrom assoziiert ist, wird dessen Beitrag zur Krebsdisposition nicht erkannt. Da in der Keimbahn außerdem ständig neue Mutationen auftreten (wenn auch mit relativ geringer Rate) und an die Nachkommen weitervererbt werden, entstehen einige ererbte Krebserkrankungen scheinbar aus dem Nichts ohne vorherige Familiengeschichte oder Vorwarnung.

---

[13] Weitere Informationen hierzu finden sich bei Andrews E (1895) The diseases, death and autopsy of Napoleon I. J Am Med Assoc 1081-5; Sokoloff B (1938) Predisposition to cancer in the Bonarparte family. Am J Surgery 40:673-8; Cronig V (1994) Napoleon. Harper Collins, London.

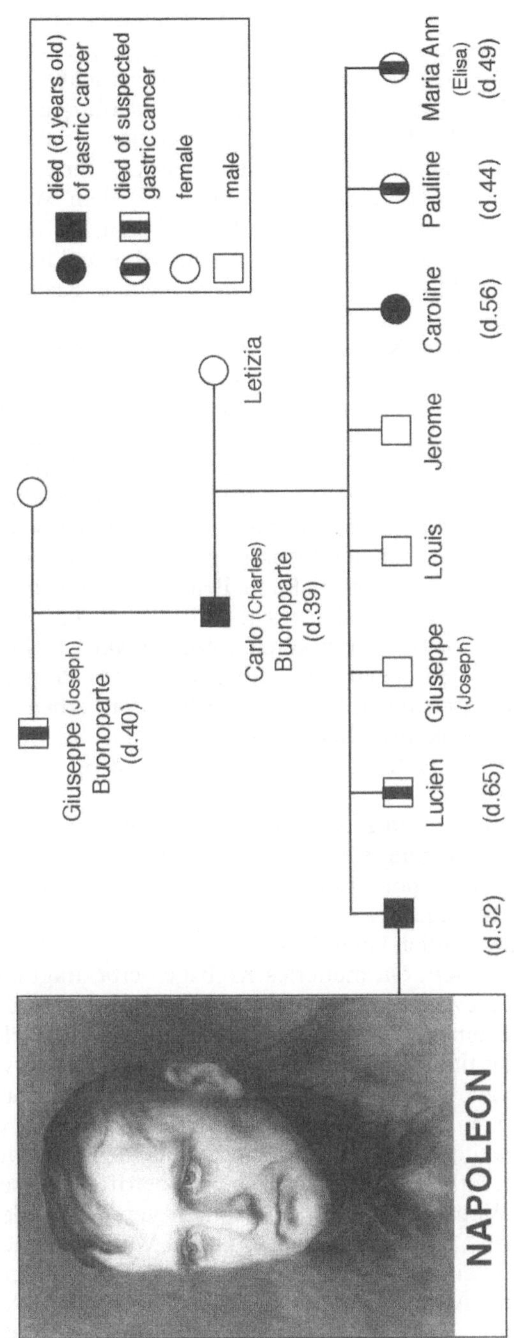

Abb. 11.2 Magenkrebs in der Familie Bonarparte.

Es ist heute technisch sehr einfach, nachzuweisen, ob eine Genmutation ererbt ist oder nicht. Im Falle der Vererbung sollte sie in jeder einzelnen Körperzelle zu finden und also nicht nur auf den Tumor begrenzt sein. Unter den bisher analysierten ererbten Genen ist nur etwa die Hälfte auch mit familiärer Krebshäufung assoziiert. Ungefähr die Hälfte aller durch ererbte Genmutationen initiierten Krebserkrankungen scheint demnach auf neue Mutationen zurückzuführen sein. Mit der Entwicklung molekulargenetischer Analyseverfahren und dem Wissen über die Bedeutung familiärer Hintergründe ist es inzwischen möglich, die Träger von krebsassoziierten Genmutationen frühzeitig vor Ausbruch der Krankheit zu identifizieren. Damit sind neue Perspektiven für genetisches Screening, Risikoabschätzung, Vorsorge und frühzeitige Interventionen entstanden.

Einige der an der Entstehung familiärer Krebsformen beteiligten Gene sind für die Regulation der DNA-Reparatur-Maschinerie oder das Aufspüren von DNA-Schäden verantwortlich. Die Inaktivierung solcher Gene führt folglich zu genetischer Instabilität in den betroffenen Zellen und damit zu einem stark erhöhten Risiko, bereits in relativ jungen Jahren an Krebs zu erkranken. Diese Patienten entwickeln häufig verschiedene Tumoren, in ungünstigen Fällen sogar gleichzeitig. Das ist alarmierend, aber nicht weiter verwunderlich, da die evolutionären Prozesse durch eine solche Mutation drastisch beschleunigt werden. Das mit einer Mutation verbundene Krebsrisiko hängt von den funktionellen Auswirkungen der Mutation ab. Darüber hinaus spielt es natürlich eine wichtige Rolle, ob die zweite Genkopie, die den Defekt eventuell kompensieren könnte, noch intakt ist. So ist zum Beispiel eine Mutation im *p53*-Gen generell mit einer schlechten Prognose verbunden. Die Patienten mit dem sogenannten Li-Fraumeni-Syndrom erben von einem ihrer Elternteile eine defekte Genkopie, was mit einem erhöhten, allerdings nicht unausweichlichen Krebsrisiko, besonders für Osteosarkome und Brustkrebs, verbunden ist.

Eine entscheidende Entdeckung in diesem Zusammenhang war die Erkenntnis, dass die *gleiche* Genmutation zur Entstehung sowohl familiärer (wobei jede Körperzelle die Mutation enthält) also auch sporadischer (wobei nur die Krebszellen die Mutation enthalten) Tumoren beitragen kann. Der Unterschied besteht darin, dass das Krebsrisiko im ersten Falle deutlich höher liegt.

Ein Individuum, das von seinen Eltern ein mutiertes Krebsgen erbt, trägt eine starke Veranlagung für Krebs. Die evolutionären Prozesse der Krebsentstehung finden in diesem Fall nicht in nur einer Zelle, sondern potentiell in sehr vielen Kandidatenzellen statt. Bei einer bestimmten familiären Dickdarmkrebsart entwickeln die Patienten eine solche Überfülle (einige tausend) voneinander unabhängiger, primärer Tumoren bzw. Polypen, dass praktisch unausweichlich einer von diesen die notwendigen weiteren Mutationen zur Ausbildung eines voll entwickelten, bösartigen Tumors erwirbt. Die vererbte Mutation betrifft in diesem Falle das sogenannte *APC*-Gen. Wird die *APC*-Mutation nicht vererbt, sondern geschieht spontan in einer einzelnen Darmepithelzelle, so ist die Wahrscheinlichkeit, dass sich daraus tatsächlich ein bösartiger Tumor entwickelt, ungleich geringer. Zu jeder Regel gibt es eine Ausnahme. Das scheint insbesondere auf die Krebsbiologie zuzutreffen. Zum großen Verdruss aller mit Brustkrebs befassten Forscher stellte sich heraus, dass die beiden inzwischen berühmt gewordenen Gene *BRCA-1* und *BRCA-2* zwar bei einigen familiären Brustkrebsformen eine Rolle spielen, jedoch nicht zur Entstehung von sporadischem, nicht-ererbtem Brustkrebs beitragen.

Die bisher identifizierten vererbbaren Genmutationen gehen mit einem stark erhöhten Krebsrisiko für den Betroffen einher, sind allerdings nur für einen kleinen Teil aller familiären Erkrankungen verantwortlich. Es steht daher zu vermuten, dass bisher nur ein Teil aller tatsächlich vorhandenen, mutierten Gene entdeckt ist. Einige von ihnen bergen sicherlich ein geringeres Krebsrisiko und werden von Genetikern daher als „weniger penetrant" bezeichnet. Aus technischen Gründen ist es weit schwieriger, solche Gene anhand von Familienstammbäumen herauszufiltern, weshalb es bisher keine verlässlichen Schätzungen über ihre Anzahl gibt. Ob nun mehr oder weniger penetrant, solche Gene haben als Mutanten jedenfalls einen direkten Einfluss auf die klonale Evolution von Krebszellen. Eine merkwürdige und interessante Ausnahme existiert allerdings, bei der ein mutiertes Gen das Gewebe so verändert, dass es die Entstehung von Krebszellen befördert.[14]

Eine weitere Gruppe ererbter Gene ist auf eine indirektere Art und Weise mit der Krebsentstehung verknüpft. Diese Gene werden üblicherweise nicht als mutiert oder verändert betrachtet. Sie modifizieren das Krebsrisiko und spielen aufgrund ihrer außerordentlichen Verbreitung innerhalb der Population eine wichtige Rolle. Von ihnen existieren alternative Formen mit verschiedenen DNA-Sequenzen und entsprechend unterschiedlichen Funktionen. Als Konsequenz der elterlichen Genlotterie erben wir einen bestimmten Gensatz, der einige Risiken erhöht, andere wiederum verringert.

Die genetische Fracht

Die tatsächliche Auswirkung karzinogener Einflüsse scheint besonders durch zwei verschiedene Gruppen unter den oben beschriebenen „Modifikator"-Genen beeinflusst zu werden. Sie sind in der Lage, die wirksame Dosis schädlicher Einflüsse zu reduzieren oder die DNA vor diesen zu schützen. Außerdem scheinen sie evolutionär gesehen bereits sehr alt zu sein. Die Hintergründe ihrer Funktionsweise und ihr adaptiver Wert sind inzwischen weitgehend aufgeklärt. Bei der ersten

---

[14] In all diesen Beispielen einer genetischen Prädisposition trägt das mutierte Gen zum Phäntoyp des entarteten Klons bei: entweder indirekt - indem es die genetische Instabilität und damit das Risiko weiterer Mutationen erhöht - oder direkt, durch die Ausschaltung eines intrazellulären Signalweges. Es gibt aber auch seltene andere genetische Veränderungen, die das Krebsrisiko auf Umwegen erhöhen. Als Beispiel sei das sogenannte Juvenile Polyposissyndrom genannt. Neben einer entzündlichen Colitis tritt mit einer 10-20prozentigen Wahrscheinlichkeit auch Dickdarmkrebs auf. Die vererbte Mutation in dem verantwortlichen Gen bewirkt gravierende Veränderungen in der extrazellulären Umgebung derjenigen Darmepithelzellen, die mit besonders hoher Wahrscheinlichkeit entarten. Dieses Phänomen wurde treffend als „genetische Landschaftsveränderung" beschrieben (siehe Kinzler KW, Vogelstein B (1998) Landscaping the cancer terrain. Science 280: 1036-1037)

Gruppe handelt es sich um die *HLA*-Gene, die Histokompatibilitätsgene, die sich in einem gemeinsamen Cluster auf Chromosom 6 befinden. Sie bilden eine sehr komplexe Gen-Familie und kodieren vielfältige Zelloberflächenproteine, die im Zusammenhang mit Gewebe- und Organtransplantation entdeckt wurden. Jedes einzelne *HLA*-Gen und das von ihm kodierte Genprodukt existiert in vielen verschiedenen Ausprägungen, die als Polymorphismen oder Allele bezeichnet werden. Der Grund für diese außergewöhnliche Sequenzvielfalt besteht in ihrer spezifischen Funktion innerhalb des physiologischen Abwehrsystems. Die Zelloberflächenproteine erkennen fremde Eindringlinge, zum Beispiel Mikroben, und präsentieren diese anschließend den Zellen des Immunsystems, welches sodann eine adäquate Immunantwort in Gang setzt. Die extreme Variabilität der HLA-Proteine trägt also entscheidend zu der Vielseitigkeit und Spezifität der Immunantworten bei. Jeder Mensch, mit Ausnahme identischer Zwillinge, besitzt eine ganz individuelle Ausstattung von *HLA*-Genen. Bei Geschwistern besteht allerdings eine Wahrscheinlichkeit von 25% für das Ererben des gleichen *HLA*-Gensatzes. Dieser Umstand ist von großer Bedeutung, da verschiedene Krebsformen durch persistierende Virusinfektionen hervorgerufen werden können. Es ist daher sehr wahrscheinlich, dass einige Individuen aufgrund ihrer besonderen Gen-Ausstattung besser oder auch schlechter gegen diesen viralen Angriff gewappnet sind.

Die zweite, ebenfalls sehr polymorphe Gen-Gruppe beeinflusst das Ausmaß, mit dem chemische Karzinogene die DNA angreifen können. Der Mensch hat sich in einer Biosphäre entwickelt, die reich an natürlichen chemischen Toxinen ist. Viele von ihnen werden von Pflanzen zur Warnung oder Abwehr von potentiellen Feinden produziert. Daher haben tierische Zellen schon sehr früh in der Evolution biochemische Mechanismen entwickelt, die solche Substanzen aus der Nahrung neutralisieren oder ungiftig machen können. Die Tatsache, dass beim Menschen insgesamt ein paar hundert Gene zu diesen biochemischen Schutzmechanismen beitragen, unterstreicht deren eminente Wichtigkeit. Der Prozess läuft als Kaskade enzymatischer Reaktionen ab. Die bekanntesten Komponenten der Kaskade sind die sogenannten p450-Cytochrome. Sie zerstören oder neutralisieren die unerwünschten Moleküle, wobei paradoxerweise einige von ihnen zu Beginn der Reaktionskaskade zunächst sogar ein höheres karzinogenes Potential erwerben. Auch die an diesem biochemischen Schutzmechanismus beteiligten Gene und Enzyme existieren in sehr vielfältigen Ausprägungen. Daher können auch hier verschiedene Individuen – abhängig vom elterlichen Erbe – besser oder schlechter mit den Konsequenzen DNA-schädigender Chemikalien umgehen – mit den damit verbundenen Auswirkungen auf Gesundheit und Krebsrisiko. So besitzen wahrscheinlich Individuen, deren zelluläre, chemische Maschinerie als „langsamer Acetylierer" bezeichnet werden kann, ein höheres Blasenkrebsrisiko, wenn sie mit bestimmten karzinogenen Chemikalien in Kontakt geraten. Individuen, bei denen der Abbau von Pilz-Aflatoxinen weniger effizient stattfindet, entwickeln ein entsprechend erhöhtes Leberkrebsrisiko, wenn ihre Leber zusätzlich durch eine Hepatitis B-Infektion geschädigt ist. Das Krebsrisiko wird hier also sowohl durch eine genetische als auch durch eine extern beeinflusste Komponente beeinflusst.

Andere Gene beeinflussen das Krebsrisiko eher indirekt, darunter zum Beispiel diejenigen Gene, deren Produkte die DNA-Reparatur kontrollieren oder in hormonelle Signalwege zur Regulation von Zellvermehrung und Überleben involviert sind. Was die Festlegung des individuellen Krebsrisikos angeht, ist der Mensch daher zum Zeitpunkt seiner Zeugung einer zweifachen genetischen Lotterie ausgesetzt: Die erste bestimmt die Vererbung von mutierten Krebsgenen, die zweite legt die Ausstattung mit risikomodifizierenden Genen fest. Wir stark sollten wir aber überhaupt diese genetischen Voraussetzungen bewerten? Bedeutet es wirklich, dass wir von Geburt an ein festgelegtes – ob geringes oder hohes – Krebsrisiko besitzen? Mit Sicherheit sind die genetischen Voraussetzungen ungleich verteilt, so wie im übrigen wahrscheinlich alle an unsere Art gestellten Herausforderungen. Einige Genetiker fördern, ob gewollt oder nicht, den Eindruck, Gene seien allmächtig und man benötige lediglich die vollständige DNA-Sequenz eines Individuums, um vorauszusagen, ob und wenn ja, an welcher Krebsart ein Mensch erkranken wird. Das ist schlicht und einfach genetischer Determinismus, mit dem sozusagen alles vom Krebs über die Veranlagungen zu Untreue oder Fettleibigkeit bis hin zu der Gabe zum Lösen von Kreuzworträtseln erklärt werden soll und damit ein doch sehr vereinfachtes Bild vom Menschen zeichnet. Ich weiß nicht, ob irgendjemand, der etwas von Genetik und Biologie versteht, dies tatsächlich glaubt. Ererbte mutierte Gene erlauben sicherlich gewisse Prognosen, jedoch keine genau quantifizierbaren. Es wäre zweifellos wünschenswert und nützlich, alle krebsrelevanten Gene zu kennen, da Krebs in engem Zusammenhang mit individueller genetischer Ausstattung betrachtet werden muss. Die dem Krebs zugrundeliegende Genetik ist jedoch komplex und von vielen Faktoren abhängig – und gibt sicherlich nicht den einzigen Ausschlag.

Das Krebsrisiko ist eine Kombination oder ein Mosaik aus genetischer Ausstattung, externen Einflüssen, anderen modifizierenden Parametern (Ernährungsgewohnheiten zum Beispiel) und, unumgänglich, Zufall. Wir sind momentan noch nicht in der Lage, für diese Komplexität einen Algorithmus zu erstellen, der individuelles Krebsrisiko akkurat berechnen könnte. Um die Ursache für Krebs aufzuklären, müssen wir dessen gesamte Entstehungsumstände berücksichtigen und das Netz von einzelnen Faktoren und ihren Verknüpfungen nachbilden. Am Ende werden wir dann vielleicht wissen, an welchen Punkten man am besten angreift, um diese Krankheit in den Griff zu bekommen. Angesichts des Ausmaßes der genetischen Zerstörungen in Krebszellen, mögen Sie mir vielleicht zustimmen, wenn ich die Behauptung wage, dass die praktische Krebstherapie in der Zukunft nicht auf dem Austausch oder der Reparatur defekter Gene beruhen wird.

Kapitel 12: Zum Aussterben verurteilt?

Wie die meisten evolutionären Anpassungen, die zwar den Eindruck umsichtiger Planung oder cleverer, egoistischer Strategien erwecken, verfolgen auch die Krebszellen und ihre Mutationen in Wirklichkeit keine festen, gezielten Absichten. Sie operieren nach dem Zufallsprinzip; die natürliche Selektion pickt diejenigen Merkmale heraus, die einen kurzfristigen Vorteil versprechen. Der Prozess sieht ganz nach einer heimlichen Kollaboration zwischen mutierten Genen aus, in Wirklichkeit aber herrscht Chaos, keine Konspiration.

Die Mehrheit aller Mutationen, die sich in Krebsvorläuferzellen oder Krebszellen ereignen, gehen schnell wieder verloren, da die meisten Krebszellen wieder absterben. Ist aber eine ausreichende Anzahl von Zellen vorhanden und kommt vielleicht auch noch eine unterstützende genetische Instabilität hinzu, gelingt es jedoch unter Umständen einzelnen Zellen, sich innerhalb der physiologischen Schranken einen Vorteil zu verschaffen. Die Physiologie kann dabei sowohl durch den Stoffwechsel des Körpers als auch durch etwaige krebstherapeutische Maßnahmen beeinflusst werden. Haben Krebszellen sich schließlich erfolgreich ausgebreitet und therapeutischen Interventionen widerstanden, so zerstören sie am Ende ihren eigenen Lebensraum – den Patienten. Dumme Parasiten also? Durchaus nicht. Krebszellen verhalten sich wie clevere Parasiten, die sowohl Unsterblichkeit erlangen als auch die Fähigkeit besitzen, neue Wirte zu befallen. Krebszellen machen sich einige der ältesten evolutionären Anpassungen zunutze.

Das ewige Leben

Viele Labors, die sich in der Krebsforschung engagieren, arbeiten mit einer unter den Kollegen berühmt gewordenen Zellinie, der sogenannten HeLa-Linie. Sie stammt ursprünglich von einer Patientin, Henriette Lacks, die vor über 40 Jahren an Gebärmutterhalskrebs gestorben ist und die inzwischen durch rege Bemühungen ihrer Familie eine Art *cause célèbre* unter den schwarzen Amerikanern geworden ist. Ihre Zellen vermehren sich noch immer heftig – zu heftig. Sie leisten nämlich inzwischen nicht nur wertvolle Forschungsdienste, sondern haben sich zur regelrechten Plage entwickelt, da sie es fertig bringen, in andere Zellkulturen überzutreten. Verantwortlich dafür ist weniger eine spontane Wanderbewegung als vielmehr unsaubere Labortechniken und ein unglaubliches Vermehrungspotential der Zellen.

Die HeLa-Linie ist jedoch durchaus keine Ausnahme. Es ist heute möglich, Patienten, die an einem metastasierenden oder wiedergekehrten Tumor erkrankt sind,

Zellen zu entnehmen und diese in dauerhafte Zellkultur zu nehmen. Von Mäusen oder Ratten stammende Krebszellinien konnten bereits über Zeitspannen kultiviert werden, die einem zehnfachen der normalen Lebensdauer entsprechen. Krebszellen sind also offensichtlich tatsächlich unsterblich. Dazu muss über das bloße Ausschalten von Zelltod-Mechanismen hinaus ein weiterer wichtiger Trick im Spiel sein. Dieser Schritt auf dem Weg in die Unsterblichkeit wird momentan heftig diskutiert. Einzellige Organismen und Parasiten können sich unendlich teilen und sind als klonale Zellinie im Grunde unsterblich. Aber sie müssen einen Kniff anwenden, um dies zu erreichen. Der kritische Punkt sind die Chromosomenenden. Da es sehr schwierig ist, die DNA der Chromosomenenden zu replizieren, geht bei jeder Zellteilung ein kleiner Bereich der Chromosomenenden, der sogenannten Telomere, verloren. Dieser fortschreitende Verlust dient als zelluläre Uhr, die die Anzahl der Zellteilungen und die verbleibenden Lebenszeit messen kann. Sind die Chromosomenenden „abgelaufen", wird der Zelltod eingeleitet. Offensichtlich haben wir es hier mit einem ernsten und sehr alten Problem zu tun, der durch die Entwicklung linearer, in Chromosomen verpackter DNA entstand. Die allerersten Lebewesen besaßen, wie die heutigen Bakterien auch, zirkuläre DNA und entgingen damit diesem Problem.

Allerdings wurde bereits sehr früh in der Stammesgeschichte eine Lösung dieses Problems gefunden, und zwar in Form eines Gens, das die sogenannte Telomerase kodiert. Es handelt sich hierbei um ein Enzym, das die Chromosomenenden bei jeder Replikationsrunde erneuern kann und verstärkt in zwei bestimmten Zelltypen zu finden ist: in Keimzellen und Krebszellen. Für eine normale Körperzelle ist es sehr sinnvoll, dass sie mit einer internen Lebenszeit-Uhr ausgestattet ist: fünfzig Zellteilungen, danach ist deine Zeit abgelaufen! Dies ist ein wichtiger Mechanismus, um erstens übermäßiges Wachstum einzelner Zellen zu verhindern und zweitens den natürlichen Alterungsprozess zu steuern. Wie ich bereits zuvor erwähnt habe, besteht mit fortschreitender Entwicklung eines Tumors ein starker Selektionsdruck zur Aktivierung des in jeder Zelle vorhandenen, aber ruhenden Telomerase-Gens. So scheint es jedenfalls. Allerdings habe ich ein Problem damit. Warum haben wir ein so altes Gen für zelluläre Unsterblichkeit beibehalten? Normalerweise erhält man auf diese Frage folgende Antwort: Weil wir es für unsere Keimzellen (die Stammzellen, die Eizellen und Spermien hervorbringen) benötigen. Unser bei Geburt angelegter Keimzellvorrat muss für das ganze Leben ausreichen, oder besser gesagt für das ganze fortpflanzungsaktive Leben. Die Chromosomenenden sollten dabei in ihrer ursprünglichen Form und Länge erhalten bleiben. So weit, so gut. Dann sollte das gleiche aber auch für alle anderen Gewebe-Stammzellen gelten. Auch ihre Anzahl ist zum Zeitpunkt der Geburt festgelegt und muss ein Leben lang reichen. Blutstammzellen von Mäusen können über fünf Generationen hinweg immer wieder transferiert werden. Sie scheinen extrem langlebig, wenn nicht gar unsterblich zu sein. Das würde bedeuten, dass die Zellen, die sich am häufigsten zu Krebszellen entwickeln, nämlich eben jene Stammzellen, bereits das Rüstzeug zur Unsterblichkeit besäßen. Es muss lediglich noch aktiviert werden. Krebszellen entwickeln also einen weiteren, essentiellen Trick – sie erlangen Unsterblichkeit mit Hilfe der Telomerase und vielleicht mit Hilfe zusätzlicher Mutationen, die die Seneszenz der Zelle verhindern. Sie können sich unendlich vermehren, wenn sie die Gelegenheit dazu erhalten.

Über den Rubikon

Besitzen Krebszellen auch die zweite unentbehrliche Fähigkeit einzelliger Parasiten – die Fähigkeit, neue Wirte zu kolonisieren? Es ist natürlich abwegig anzunehmen, Krebs sei ansteckend. Tatsächlich ergab eine neuere Studie aber, dass 20 Prozent der erwachsenen Amerikaner glauben, sie könnten sich durch Kontakt mit Patienten mit Krebs infizieren.

Viren, die zur Entstehung einiger Krebsarten ursächlich beitragen, sind natürlich ansteckend. Eine ganz andere Frage aber ist, ob eine Krebszelle Parasitengleich von einem Individuum zum nächsten übergehen und es kolonisieren kann. In der Vergangenheit wurde die Ansicht, Krebs sei ansteckend, durch anekdotische Hinweise genährt. Nicolaes Tulp, ein niederländischer Arzt des siebzehnten Jahrhunderts, den Rembrandt in seinem Bild „Anatomiestunde" verewigt hat, berichtet über eine Brustkrebserkrankung, die sich von der Patientin auf ihr Dienstmädchen übertragen haben soll. Die Franzosen prägten eine treffende Bezeichnung, *cancer-à-deux*, für die Fälle von simultan auftretenden Penis- und Gebärmutterhalskrebserkrankungen bei Paaren. Auch hier nahm man eine Zeitlang an, es handle sich um eine Ansteckung. Die gleichzeitige Erkrankung ist allerdings nicht auf einen Austausch von Krebszellen, sondern höchstwahrscheinlich auf während des Geschlechtsverkehrs übertragene Papillom-Viren zurückzuführen, die an der Entstehung beider Krebsarten beteiligt sind (siehe Kapitel 17).

Aus zwei ebenso überzeugenden wie offensichtlichen Gründen ist eine Ansteckung mit Krebszellen unwahrscheinlich. Erstens erkennt das Immunsystem sehr zuverlässig fremde Eindringlinge und zweitens gibt es keinen sicheren Weg, auf dem eine Krebszelle zwischen Individuen übertragen werden könnte. Die Fälle, in denen diese Hindernisse durchbrochen wurden, sind gleichermaßen erhellend und außergewöhnlich.

1773 führte der französische Wissenschaftler Bernard Peyrilhe den ersten bekannt gewordenen Versuch einer Krebstransplantation durch. Er extrahierte Flüssigkeit und Zellen aus einem Brusttumor und injizierte sie einem Hund. Es wird berichtet, dass die Haushälterin Mitleid mit dem jämmerlich heulenden Hund hatte und ihn ertränkte. Peyrilhes Experiment wäre allerdings ohnehin erfolglos geblieben, da Krebszellen nicht von einer Art auf eine andere übertragen werden können. Sie werden als fremd erkannt und vernichtet. Bereits vor einem Jahrhundert wusste man, dass Krebszellen reproduzierbar zwischen durch Inzucht entstandenen Individuen ausgetauscht werden können. Krebszellen von Nagern können unbegrenzt innerhalb eines Inzucht-Stammes transplantiert werden und menschliche Krebszellen können langfristig Mäuse besiedeln, deren Immunsystem unterdrückt wird.

Menschliche Krebszellen würden sich mit an Sicherheit grenzender Wahrscheinlichkeit parasitisch verhalten, wäre der Mensch genetisch nicht mit einem so vielseitigen und effizienten Immunsystem ausgestattet. Das Immunsystem ist vermutlich nicht zur Bekämpfung von Krebszellen entwickelt worden, auch wenn diese Ansicht in der Vergangenheit von einigen sehr bekannten Biologen vertreten wurde. Sein adaptiver Wert lag wohl eher in der Bekämpfung von Infektionen. Jede einfallende Krebszelle würde vom Immunsystem als körperfremd und potentieller Angreifer, also unerwünschter Eindringling erkannt. Sollten daher tatsächlich Krebszellen über Körperflüssigkeit ausgetauscht werden können, so würden sie immunologisch unschädlich gemacht. Andernfalls müsste die Geschichte des Menschen sicherlich umgeschrieben werden.

Anfang des 19. Jahrhunderts injizierten sich Ärzte und Studenten des Hôpital St. Louis in Paris die Ausflüsse von schwärenden Tumoren – ohne dramatische Konsequenzen. Mit Hilfe von Experimenten, die heute als unethisch bezeichnet werden müssen, zeigte der amerikanische Forscher Chester Southam in den 1960er Jahren, dass Krebszellen, die er gesunden, freiwilligen Probanden injiziert hatte, tatsächlich abgestoßen oder unschädlich gemacht wurden. Ich zitiere:

„... für diese Erkenntnisse sind wir den Insassen des Ohio State Gefängnisses, die sich freiwillig, unentgeltlich und ohne sonstige Gegenleistungen zur Verfügung gestellt haben, zu großem Dank verpflichtet.“

Allerdings konnte Southam zeigen, dass auf Krebspatienten transplantierte, fremde Krebszellen zumindest zu kleinen Knötchen heranwuchsen. Die betroffenen Patienten befanden sich bereits in einem fortgeschrittenen Krankheitsstadium, ihr Immunsystem war vermutlich bereits stark geschwächt.

Ein ähnlich rücksichtsloses Experiment der frühen 1960er Jahre resultierte tatsächlich in der Vermehrung von transplantierten Krebszellen. Um die immunologischen Hintergründe von Krebs zu untersuchen, transplantierte man Melanomzellen einer im finalen Stadium erkrankten 50-jährigen Patientin in die Gesäßmuskulatur ihrer 80-jährigen Mutter. Diese war zuvor davon informiert worden, dass die Tumorzellen ihrer Tochter möglicherweise in ihrem eigenen Körper wachsen und metastasieren könnten. Allerdings hielten die Wissenschaftler dieses Risiko für sehr gering. Über das Urteilsvermögen der alten Dame können wir heute nur spekulieren. Nach 24 Tagen wurde das Melanom-Implantat operativ entfernt, konnte jedoch nicht mehr an seiner Ausbreitung gehindert werden. Die Mutter starb 15 Monate später an dem metastasierten Melanom. Melanome zeichnen sich durch eine besondere Fähigkeit zur Metastasierung aus. Obwohl die Autoren dieser außergewöhnlichen Fallstudie zunächst davon überzeugt gewesen waren, dass es nicht zum Anwachsen des Tumors kommen würde, stellten sie schließlich keine weiteren Überlegungen über den Grund für die Ausbreitung des Melanoms an. Mutter und Tochter besaßen sehr ähnliche Blutgruppen, so dass vermutlich nur minimale genetische Unterschiede bestanden haben. Zudem kann das Immunsystem einer 80 Jahre alten Frau vermutlich Fremdkörper nicht mehr so wirkungsvoll bekämpfen. Welche Faktoren auch immer eine Rolle gespielt haben mögen, dieser tragische Fall der Mutter, die am Krebs ihrer Tochter starb, illustriert, dass Krebszellen eine bemerkenswerte Fähigkeit zur Kolonisierung weiterer Individuen entwickeln können, vorausgesetzt, sie werden künstlich übertragen.

In ähnlichen, allerdings ethisch nicht vergleichbaren Fällen, entwickelten Patienten nach einer Organtransplantation Tumoren. Das Immunsystem dieser Patienten war zuvor unterdrückt worden, um die Abstoßung des Organs zu verhindern. Die Tumoren stammten offensichtlich von Zellen des Transplantats ab. Das Cincinnati Transplant Tumor Register berichtet von rund 72 Patienten, die bis 1991 infolge einer Organtransplantation, zumeist Nierentransplantation, an einem lokalen oder metastasierenden Tumor erkrankten. Erfasst werden Patienten, bei denen die Krebserkrankung bis drei Jahre nach Transplantation auftritt. Dabei wird von einer Reihe verschiedener Krebsarten berichtet, die auf diese Weise unbeabsichtigt zusammen mit dem Transplantat übertragen wurden, darunter Lungenkrebs, Nierenkrebs, Melanome und Brustkrebs. In allen Fällen wurde der Krebs passiv gemeinsam mit dem Organ und Blut des Spenders in einen fremden Körper übertragen. Dessen Immunsystem war zum Gelingen der Transplantation zuvor bewusst geschwächt worden, so dass es das Transplantat nicht abstoßen und damit auch die Krebszellen nicht erkennen konnte. Allerdings wurde nur bei einem sehr kleinen Teil aller Transplantationen eine nachfolgende Krebserkrankung festgestellt. Diese traten zudem fast ausnahmslos in einer Zeit von vor über 30 Jahren auf, in der man sich des Risikos noch nicht bewusst war, das mit der Transplantation eines intakten Organs eines zuvor an Krebs verstorbenen Patienten einherging. In einigen Fällen mag auch die Todesursache des Organspenders schlicht falsch diagnostiziert worden sein.

Obwohl das Immunsystem normalerweise einen hervorragenden Schutz gegen Krebszellen bietet, kann es unter bestimmten Umständen also dennoch unterlaufen werden. Im Grunde ist es eher erstaunlich, dass dies nicht sogar häufiger geschieht. Krebszellen sind in hohem Maße genetischer Diversifikation und Selektionsdruck ausgesetzt. Warum entwickeln sie also nicht weitere parasitische Eigenschaften? Parasiten können ihre eigentliche Identität verschleiern, indem sie bestimmte Moleküle, die sie als köperfremd enttarnen würden, ausschalten oder verdecken. Dieses Phänomen kann man tatsächlich auch bei Krebs beobachten. 1880 wurde erstmals ein Krebs erfolgreich transplantiert, der auch durch Geschlechtskontakt übertragen werden kann. Es handelt sich um Tumoren der äußeren Geschlechtsorgane bei Hunden, von denen man bereits seit über hundert Jahren weiß, dass sie übertragbar sind. Wie die Übertragung genau erfolgt, ist allerdings noch immer nicht endgültig geklärt, da sie nicht nur zwischen verschiedenen Hunderassen stattfindet, sondern im Tierexperiment auch von Hund auf Fuchs möglich ist. Die Sarkomzellen haben den größten Teil ihrer Oberflächenmoleküle eingebüßt. Dies spielt bei der Übertragung der Krebszellen vermutlich eine entscheidende Rolle, da sie so nicht als Fremdkörper erkannt werden können. Zumindest bei dieser Krebsart wenden die Krebszellen also den evolutionär alten Trick der Parasiten an und tarnen erfolgreich ihre intrinsische bzw. genetische   Identität.

Im Falle der humanen Zellen sind die Histokompatibilitätsproteine (HLA-Proteine) für die charakteristische, individuell verschiedene Ausbildung der Zelloberfläche verantwortlich. Um eine parasitische Taktik zu adaptieren, müssten sie demnach von den Krebszellen zur Unkenntlichkeit verändern werden. Interessanterweise verringern Krebszellen unter bestimmten Umständen tatsächlich die Expression dieser zellulären Erkennungsmerkmale. Wird das Immunsystem des

Patienten gestärkt, so erhöht sich gleichzeitig der Selektionsdruck zur Herunterregulierung der *HLA*-Gene, so dass folglich nur die Krebszellen überleben, die erfolgreich dem Immunsystem entgehen können. Allerdings gibt es keine Hinweise dafür, dass sich solche Zellen ansteckend verhalten.

Vielleicht ist Krebs aber auch in erster Linie deshalb nicht ansteckend, weil es keinen natürlichen, gangbaren Übertragungsweg für Krebszellen gibt. Parasiten haben erfolgreiche Ansteckungsstrategien entwickelt, indem sie sich zum Beispiel blutsaugende Insekten zunutze machen oder extrem robuste Übergangsstadien entwickeln, die auch in modrigem Wasser oder ähnlichem überdauern können. Vermutlich hat die Entwicklung solcher Strategien ein paar Millionen Jahre in Anspruch genommen. Es verlangt einer Krebszelle also selbst bei beschleunigter Mutations-Maschinerie viel ab, ähnliches zu adaptieren.

Trotz dieser scheinbar unüberwindlichen Hürde gibt es einige bemerkenswerte Beispiele für natürliche Übertragungen von Krebszellen beim Menschen. Die dergestalt ausgelösten Krebsarten betreffen allesamt ein für Säugetiere charakteristisches Organ: die Plazenta. Weibliche Choriokarzinome treten sehr selten auf und stellen im Grunde fehlgeleitete Schwangerschaften dar. Sie entstehen aus Zellen des befruchteten Eis, die normalerweise den fetalen Trophoblasten formen sollten, der innerhalb der Plazenta den Kontakt zwischen Embryo und Gebärmutter herstellt. Durch die abweichende Entwicklung bildet sich jedoch entweder eine kleine hydatiforme Warze oder ein Choriokarzinom, das schließlich häufig in die Lunge metastasiert. Die Krebszellen sind wie im Grunde auch der Fetus genetisch gesehen Fremdkörper in der Gebärmutter. Kurioserweise enthalten viele hydatiforme Warzen und Choriokarzinome ausschließlich väterliche Chromosomen. Wie aber können sie die fremde, mütterliche Umgebung infiltrieren und sogar metastasieren? Dafür gibt es zwei Gründe, die mit den spezifischen evolutionären Anpassungen der Säugetiere in Zusammenhang stehen. Erstens müssen normale embryonale Trophoblastenzellen zu invasivem Wachstum in der Lage sein, um die Einnistung des Embryos in die Gebärmutterschleimhaut zu gewährleisten. Wahrscheinlich verwenden sie dazu die gleichen biochemischen Mechanismen, die sich etwa auch eine Brustkrebszelle zunutze macht. Tatsächlich gelingt es Trophoblastenzellen hin und wieder, in die Blutbahn der Mutter einzudringen. Allerdings wird dies weitgehend durch die Plazenta verhindert. Zweitens bildet das Trophoblastengewebe, obwohl es eigentlich selber körperfremdes Gewebe darstellt, einen wichtigen immunologischen Filter zwischen Mutter und Ungeborenem. Ohne diesen Filter würde der Fetus vom mütterlichen Immunsystem als Fremdkörper oder Pseudo-Infektion wahrgenommen und abgestoßen. Die Trophoblasten besitzen spezifische Zelloberflächeneigenschaften, die sie für das Immunsystem unsichtbar machen. Neuere Studien deuten zudem darauf hin, dass Trophoblastenzellen ein Enzym sezernieren, das immunologische Fähigkeiten der mütterlichen Lymphozyten besitzt. Der adaptive Wert dieser Fähigkeit ist offensichtlich. Allerdings hat die einerseits notwendige Unsichtbarkeit der Trophoblasten unter Umständen sehr nachteilige Konsequenzen, sobald eine der Zellen in das mütterliche Blut gelangt und schließlich die für Expansion und Kolonisierung neuer Gewebe (etwa der Lunge) notwendigen genetischen Veränderungen erwirbt. Glücklicherweise sind Choriokarzinome selten und entstehen nur bei einer von etwa 30 000 Schwangerschaften. Aus bislang ungeklärter Ursache treten sie häufiger in Entwicklungsländern auf.

Vor ein paar Jahren wurde das bestürzende Beispiel der parasitenähnlichen Übertragung eines Choriokarzinoms bekannt. Nachdem eine 27-jährige Belgierin an einer Gehirnblutung verstorben war, wurden ihr Herz und ihre Lunge sowie Leber und rechte Niere in drei verschiedene Patienten transplantiert. Alle drei Organempfänger entwickelten daraufhin metastasierende Choriokarzinome. Da es sich bei zwei der Patienten um Männer handelte, besteht kein Zweifel daran, dass der Krebs über die transplantierten Organe übertragen wurde. Man hatte ursprünglich angenommen, dass die junge Belgierin durch ein geplatztes Blutgefäß im Gehirn gestorben war. Aufgrund der Krebsfälle der Organempfänger scheint es jedoch wahrscheinlicher, dass die Hirnblutung durch infiltrierende Krebszellen ausgelöst wurde. Das Cincinnati Transplant Tumor-Register berichtet über weitere, ähnliche Übertragungen von Choriokarzinomen. Sie stellen einen bemerkenswert bizarren, sehr unwahrscheinlichen und unglückseligen Übertragungsweg von Krebszellen dar: ausgehend von fetalem Gewebe über die Mutter auf fremde, nicht verwandte Personen. Positiv ist einzig zu vermerken, dass Choriokarzinome   außergewöhnlich gut auf Chemotherapien ansprechen und daher in den meisten Fällen geheilt werden können. In der Tat war das Choriokarzinom sogar überhaupt die erste metastasierende Tumorart, die geheilt werden konnte. Der Grund dafür liegt in ihren besonderen biologischen Eigenschaften, wie ich später noch näher erläutern werde.

Unser zweites Beispiel parasitierender Krebszellen ist ähnlich bemerkenswert, in zweifacher Hinsicht tragisch und betrifft wiederum Fehlentwicklungen während der Schwangerschaft. Gemeint ist das Auftreten von Leukämie bei eineiigen Zwillingen. Franics Galton, Begründer der Eugenik und Cousin von Charles Darwin, äußerte 1876 als erster die Vermutung, der Vergleich von eineiigen und zweieiigen Zwillingen könne dazu beitragen, den Einfluss von ererbten Anlagen einerseits und Erziehung andererseits auf die Entwicklung des Individuums zu ermessen. Inzwischen wissen wir, dass eineiige Zwillinge in einem höheren Ausmaß gleiche Eigenschaften teilen als zweieiige Zwillinge. Dazu gehören viele verschiedene psychologische Merkmale, kognitive Fähigkeiten, Neigung zur Fettleibigkeit und Krankheiten wie insulinabhängiges Diabetes oder Multiple Sklerose. Auch besteht für einen eineiigen Zwilling ein höheres Risiko, an Prostatakrebs, Brustkrebs, Dickdarmkrebs oder Gebärmutterhalskrebs zu erkranken, wenn bei seinem Geschwister bereits eine solche Erkrankung aufgetreten ist. Auch diese Assoziation ist bei eineiigen Zwillingen größer als bei zweieiigen Zwillingen. Der Einfluss der Gene ist also enorm, es sollte aber betont werden, dass die identische Genausstattung eineiiger Zwillinge dennoch nicht identische Krankheiten und Todesursachen bedeuten muss.

Man mag nun annehmen, dass das Auftreten von Leukämie bei eineiigen Zwillingen auf ein gemeinsam ererbtes Krebsgen zurückzuführen ist. Dies ist jedoch nicht der Fall. Vielmehr geschieht etwas sehr außergewöhnliches: Die Leukämie wird während der Schwangerschaft von einem Zwilling auf den anderen übertragen. In meinem eigenen Labor haben wir mit Hilfe molekulargenetischer Analysen bei verschiedenen Leukämie-kranken Zwillingspärchen nachgewiesen, dass bei jedem dieser Zwillingspaare jeweils der gleiche Zellklon für die Leukämie verantwortlich war. Jedes Geschwisterpaar besaß also eine bestimmte, einzigartige, krebsauslösende Mutation, die nicht ererbt war. Der Zellklon musste demnach während der Schwangerschaft in einem der beiden Feten entstanden sein. Die davon abstammenden Leukämie-Zellen wurden sodann –ebenfalls noch während der Schwangerschaft – auf den zweiten Zwilling übertragen. Dies wiederum ist möglich, da die meisten eineiigen Zwillingspaare eine gemeinsame Plazenta mit verbindenden Blutgefäßen, die einen Austausch von Blutzellen erlauben, besitzen. Es gibt zwischen ihnen also keine Barriere innerhalb des Gefäßsystems, wie etwa zwischen Fetus und Mutter und wie auch zwischen zweieiigen Zwillingen, die sich innerhalb zweier getrennter Plazenta entwickeln. Der auf das Geschwister übertragene parasitische Zellklon wird zudem von diesem nicht als körperfremd erkannt, da er ja eine identische Genausstattung und damit Oberflächenbeschaffenheit besitzt. Wie schon bei den Choriokarzinomen sind also auch hier beide ansonsten natürlicherweise bestehenden Barrieren durchbrochen. Glücklicherweise ist diese Form von doppelter Leukämie extrem selten.

Diese beiden mit der Schwangerschaft assoziierten Krebsformen führen uns zu einer weiteren Frage: Warum eigentlich wird die plazentale Barriere nicht viel öfter durchbrochen? Wenn etwa eine krebskranke Frau schwanger wird, warum ist nicht gleichzeitig auch ihr Baby betroffen? Im Falle einer mütterlichen Leukämie würden wir dies am ehesten erwarten, dennoch sind gerade einmal zwei solcher Beispiele bisher bekannt geworden. Es ist recht unwahrscheinlich, dass das Immunsystem hier eine Rolle spielt, da der Fetus lediglich über ein noch sehr unreifes Immunsystem verfügt, welches wahrscheinlich kaum die mütterlichen Krebszellen abwehren könnte. Vermutlich bewahrt die plazentale Barriere den Fetus vor dem Eindringen mütterlicher Zellen. So hat also die aus einer evolutionären Notwendigkeit heraus entstandene Zell-Barriere, die ja eine Abstoßung des Fetus verhindern soll, gleichzeitig einen sehr positiven Nebeneffekt. Allerdings muss man gelegentlich auftretende spontane Aborte wahrscheinlich auf mütterliche, immunologische Rektionen zurückgeführen, so dass sich vermutlich hin und wieder auch Krebszellen durch die Plazenta in den Fetus hineinschmuggeln können. Dies geschieht tatsächlich, jedoch extrem selten, und zwar hauptsächlich durch Krebszellen, die sich generell als sehr ausbreitungsfreudig erweisen: Melanomzellen. Mindestens vier Fälle sind bisher bekannt geworden, bei denen sich Melanomzellen der Mutter auf ihr Baby übertragen haben. Einer dieser Fälle wurde vor rund 60 Jahren publiziert: Während der Schwangerschaft erkrankte die Mutter an einem stark metastasierenden Melanom, an dem sie einige Monate nach der Geburt ihres Sohnes starb. Ihr Kind wurde durch Kaiserschnitt geboren. Die Ärzte stellten fest, dass die Plazenta stark vergrößert, schwarz und mit Melanomzellen durchzogen war. Zehn Monate nach seiner Geburt verstarb auch der Junge. Die Melanomzellen hatten hauptsächlich seine Leber, aber auch andere Organe befallen. Da Melanome bei Kindern äußerst selten sind, ist es höchst wahrscheinlich, dass es sich bei den vier Beispielen tatsächlich um eine Übertragung von der Mutter auf ihr Kind handelt.

Zusammenfassend lässt sich also feststellen, dass Krebszellen unsterblich, parasitisch und unter bestimmten Umständen sogar übertragbar sind. Dennoch besteht kein Anlass zur Beunruhigung. Bisher hat sich noch kein Krebsforscher etwa mit HeLa-Zellen infiziert. Auch eine Übertragung von Krebs zwischen Ehepartnern oder zwischen Patienten und Krankenpflegern ist bis heute nicht bekannt geworden. Krebszellen entwickeln sich zwar relativ schnell – aber so rasch, dass sie einen neuen Körper erobern könnten, jedoch auch wieder nicht.

Zurück in die Zukunft

Der Entstehungsweg einer Krebszelle gleicht einem Marathon-Hindernisrennen, bei dem viele hoffnungsvolle Kandidaten an den Start gehen und nur einer schließlich gewinnt – so überhaupt einer das Ziel erreicht. Jedes Hindernis entspricht einem Flaschenhals, durch den nur diejenigen Zellen gelangen können, die entsprechende, vorteilhafte Mutationen erworben haben. Die meisten werden jedoch frühzeitig ins Straucheln geraten und das Rennen aufgeben müssen. Die Gewinner dagegen überwinden Hürde für Hürde, wobei ihnen unter Umständen natürlicherweise ablaufende Zellprozesse, wie Geweberegeneration und -neubildung, zu Hilfe kommen. Wie bei allen evolutionären Prozessen handelt auch ein Krebsklon in keiner Weise vorausschauend oder berechnend. Er verfolgt also im übertragenen Sinne gesprochen keine bewusst bösen Absichten. Am Ende des Weges angekommen, entspricht eine Krebszelle dem Produkt ihrer durchlaufenen Lebensgeschichte und äußeren Umgebungen. Dabei verwandelt und gestaltet eine Krebszelle seine Umgebung, sein Ökosystem, zu seinen eigenen Gunsten. Bei jedem Schritt des langen Weges wird Fortschritt durch Mutation erreicht. Die Mutationen führen zu einer fortschreitenden Zerstörung der normalen Signalwege innerhalb der betroffenen Zelle und der Kommunikation zwischen benachbarten Zellen. Der reproduktive Imperativ wird zunehmend von den üblicherweise geltenden Regeln und Beschränkungen losgekoppelt und isoliert. Ab dem Zeitpunkt, an dem es keine Rückkehr mehr gibt (mit der Entstehung eines invasiv wachsenden Tumors also), haben wir es mit einem dominanten, rebellischen Krebsklon zu tun, der sich taub gegenüber jeglichem sozialen Dialog und losgelöst von funktionellen Zusammenhängen verhält. Sein „genetischer Vertrag" ist ausgelöscht. Er ist unsterblich und reisefreudig und unternimmt nichts anderes als die eigene Vermehrung. Diese Verhaltensweise ist im Grunde ein déjà-vu: Wir befinden uns damit wieder dort, wo unsere Entwicklungsgeschichte begonnen hat. Das Hindernisrennen führt in die evolutionäre Vergangenheit und bedeutet eine Wiederauferstehung des eigentlich bereits lange überwundenen Egoismus der Einzeller.

Weiterführende Literatur zu Teil 2

Historisches über Krebs

Boveri T (1914) Zur Frage der Entstehung maligner Tumoren. Gustav Fischer, Jena. Eine kritische Auseinandersetzung bietet Wolf U (1974) Theodor Boveri and his book „On the origin of malignant tumors". In German J, Hrsg. Chromosomes and Cancer. J Wiley, New York

Lawley PD (1994) Historical origins of current concepts of carcinogenesis. Adv Cancer Res 65:17-111

Long ER (1965) A history of pathology. Dover Publishers Inc, New York

Raven RW (1990) The theory and practice of oncology. Historical evolution and present principles. The Parthenon Publishing Group, New Jersey

Natürliches Klonen

Benditt EP, Benditt JM (1973) Evidence for a monoclonal origin of human artheriosclerotic plaques. Proc Natl Acad Sci USA 70:1753-6

Cleary PP, Kaplan EL, Handley JP, Wlazlo A, Kim MH, Hauser AR et al. (1992) Clonal basis for resurgency of serious *Streptococcus pyogenes* disease in the 1980s. Lancet 339:518-21

Da Silva W (1997) On the trail of the lonesome pine. New Scientist 2111:36-9

Edelman G (1994) Bright air, brilliant fire. Penguin Books, London

Evolution und Entwicklung des Körper-Bauplans

Buss LW (1987) The evolution of individuality. Princeton University Press, New Jersey

Coffey DS (1998) Self-organization, complexity and chaos: the new biology for medicine. Nature Med 4:882-5

Gerhart J, Kirschner M (1997) Cells, embryos and evolution. Blackwell Science, Malden, Massachusetts

Kauffman SA (1993) The origin of order. Self-organization and selection in evolution. Oxford University Press, New York

Evolutionsbiologie

Dawkins R (1995) River out of Eden. Harper Collins, New York

Dennett DC (1995) Darwin's dangerous idea. Evolution and the meanings of life, Penguin Press, Allen Lane

Maynard Smith J (1988) Did Darwin get it right? Essays on games, sex and evolution. Penguin Books, London

Williams G (1966) Adaptation and natural selection. A critique of some current evolutionary thoughts. Princeton University Press, New Jersey

Williams G (1996) Plan and purpose in nature. Harper Collins, New York

Programmierter Zelltod

Evan G, Littlewood T (1998) A matter of life and cell death. Science 281:1317-22 (sowie auch weitere Reviews in dieser Science-Ausgabe)

Vaux DL, Haecker G, Strasser A (1994) An evolutionary perspective on apoptosis. Cell 76:777-9

Mutationen in der Natur und als treibende Kraft bei Krebs

Cairns J (1975) Mutation selection and the natural history of cancer. Nature 255:197-200

Eigen M (1992) Steps towards life. A perspective on evolution. Oxford University Press, Oxford

Jonason AS, Kunala S, Price GJ, Restifo RJ, Spinelli HM, Persing JA et al (1996) Frequent clones of p53-mutated keratinocytes in normal human skin. Proc Natl Acad Sci USA 93:14025-9

Sniegowski P (1997) Evolution: setting the mutation rate. Curr Biol 7:487-8

Vogelstein B, Kinzler KW (1998) The genetic basis of human cancer. McGraw-Hill, New York

Stammzellen und die Ursprünge der Krebsentwicklung

Knudson AG (1992) Stem cell regulation, tissue ontogeny, and oncogenic events. Sem Cancer Biol 3:99-106

Pierce GB, Shikes R, Fink LM (1978) Cancer. A problem of development biology. Prentice-Hall, New Jersey

Stem cells and regeneration: series of five scholary reviews. Science (1997) pp 60-87

Klonale Evolution von Krebszellen

Bodmer M (1996) The somatic evolution of cancer. The Harveian Oration of 1996. J Royal College Phys London 31:82-9

Burnett M (1974) The biology of cancer. In: German J, Hrsg. Chromosomes and Cancer. J Wiley, New York, pp 21-38

Farber E (1973) Carcinogenesis – cellular evolution as a unifying thread: presidential address. Cancer Res 33:2537-50

Hopkin K (1996) Tumor evolution: survival of the fittest cells. J NIH Res 8:37-41

Nowell PC (1976) The clonal evolution of tumor cell population. Science 194:23-8

Woodruff M, Hrsg. (1990) Cellular variation and adaptation in cancer. Oxford University Press, Oxford

Chromosomale und molekulare Genetik der Krebszellen

Bishop JM (1991) Molecular themes in oncogenesis. Cell 64:235-48

Breivik J (2001) Don't stop for repairs in a war zone: Darwinian evolution unites genes and environment in cancer development. Proc Natl Acad Sci USA 98:5379-81

Cavenee WK, White RL (1995) The genetic basis of cancer. Scientific American, March:50-7

Hanahan D, Weinberg RA (2000) The hallmarks of cancer. Cell 100:57-70

Nowell PC (1993) Chromosomes and cancer: the evolution of an idea. Adv Cancer Res 62:1-17

Sidransky D (1997) Nucleic acid-based methods for the detection of cancer. Science 278:1054-8

Varmus H, Weinberg RA (1993) Genes and the biology of cancer. Scientific American Library

Angiogenese und Metastasierung

Kerbel RS (1990) Growth dominance of the metastatic cancer cell: cellular and molecular aspects. Adv Cancer Res 55:87-132

Hanahan D, Folkman J (1996) Patterns and emerging mechanisms of the angiogenic switch during tumorigenesis. Cell 86:353-64

Liotta LA, Steeg PS, Stetler-Stephenson WG (1991) Cancer metastasis and angiogenesis: an imbalance of positive and negative regulation. Cell 64:327-36

Weiss L (1985) Principles of metastasis. Academic Press Inc, New York

Signalmechanismen der Zellen

Alberts B (1998) The cell as a collection of protein machines: preparing the next generation of molecular biologists. Cell 92:291-4

Huang S, Ingber DE (1999) The structural and mechanical complexity of cell growth control. Nature Cell Biology 1:131-8

Tjian R (1995) Molecular machines that control genes. Scientific American, February:38-45

Familiäre Veranlagungen für Krebs

Crow JF (1999) The odds of losing at genetic roulette. Nature 397:293-4

Eeles RA, Ponder BAJ, Easton DF, Horwich A, Hrsg. (1996) Genetic predisposition to cancer. Chapman Hall Medical Publishers, London

Lindor NM, Greene MH, Mayo Familial Cancer Programme (1998) The concise handbook of family cancer syndromes. J Natl Cancer Inst 90:1039

Tumorregression und ausgedehnte Latenzzeit

Papac RJ (1996) Spontaneous regression of cancer. Cancer Treatment Rev 22:395-423

Wheelock EF, Weinhold KJ, Levich J (1981) The tumor dormant state. Adv Cancer Res 43:107-40

Übertragung von Krebszellen zwischen Individuen

Ford AM, Ridge SA, Cabrera ME, Mahmoud H, Steel CM, Chan LC et al. (1993) In utero rearrangements in the trithorax-related oncogene in infant leukaemias. Nature 363:358-60

Hancock BW, Newlands ES, Berkowitz RS, Hrsg. (1997) Gestational trophoblastic disease. Chapman & Hall Medical Publishers, London

Holland E (1949) A case of transplacental metastasis of malignant melanoma from mother to foetus. J Obstet Gynaecol 56:529-36

Penn I (1991) Donor transmitted disease: cancer. Transpl Proc 23:2629-31

Scanlon EF, Hawkins RA, Fox WW, Smith WS (1965) Fatal homotransplanted melanoma. Cancer 18:782-9

Entzündungen und Krebs

Balkwill F, Mantovani A (2001) Inflammation and cancer: back to Virchow? Lancet 357:539-45

Teil 3

Paradoxer Fortschritt:
Verhängnisvolle Risiken

Doctor Thomas sat over his dinner,
Though his wife was waiting to ring,
Rolling his bread into pellets;
Said, "Cancer's a funny thing.

Nobody knows what the cause is,
Though some pretend they do;
It's like some hidden assassin
Waiting to strike at you.

Childless women get it,
And men when they retire;
It's as if there had to be some outlet
For their foiled creative fire."

(Aus dem Gedicht "Miss Gee" von W. H. Auden, 1937)

Kapitel 13: Ist Krebs unvermeidbar?

Bis hierher habe ich zu erläutern versucht, welche evolutionären und biologischen Mechanismen zur Entwicklung eines malignen Krebsklons beitragen. Es handelte sich bisher also alleine um die Frage: „Was ist Krebs?" Ich will mich nun den weit schwierigeren und komplexeren Fragestellungen des „Warum?" und des „Wie?" zuwenden. Man könnte sich diesen Fragen beispielsweise durch die Erweiterung des mechanistischen Ansatzes nähern. In diesem Falle würde man Krebs als eine Konsequenz von immanenten Konstruktionsfehlern einer ansonsten sehr ausgefeilten Maschine betrachten. Sogar ein Rolls-Royce kann gelegentlich, auch ohne Zutun des Fahrers, eine Panne haben. Wie ich bereits am Anfang dieses Buches ausgeführt habe, gibt es dafür evolutionär begründete Ursachen, denen wir nun ein wenig näher auf den Grund gehen wollen. Krebs kann als unvermeidliche Konsequenz oder intrinsische evolutionäre Sanktion zweier essentieller Charakteristika komplexer Organismen betrachtet werden: Diese betreffen erstens die Notwendigkeit anhaltender proliferativer und regenerativer Aktivität sowie die Überlebensstrategien und – bei langlebigen Organismen – die Mobilität von Stammzellen, verbunden mit der Ausbildung des Lymph- und Blutsystems. Zweitens bedeuten genetische Rekombination und Mechanismen zur Genvermischung einen evolutionären Vorteil. Gleichzeitig werden aber DNA-Replikation und DNA-Reparatur nicht hundertprozentig fehlerfrei ausgeführt. Durch natürliche Selektion sind bereits viele verschiedene physiologische Kontrollmechanismen entwickelt worden, um das Risiko lebensbedrohlicher Fehler zu verringern. Diese können jedoch versagen – und tun das auch unter bestimmten Umständen, und zwar verstärkt während zwei besonders kritischen Lebensphasen, die ich im folgenden näher betrachten möchte.

Am Anfang des Lebens

Die ersten Wochen und Monate nach der Befruchtung stellen eine ganze Reihe von Herausforderungen für das beginnende Leben bereit. Während dieser ersten Phase formen Schwärme von migrierenden Stammzellen Nervensystem, Muskeln, Nieren und andere Organe. Auch ohne die Einwirkung mutagener Substanzen ist in dieser Zeit die Wahrscheinlichkeit von DNA-Schädigungen alleine aufgrund der enormen Teilungsaktivität und des regen oxidativen Zellstoffwechsels erhöht. Solche molekularen Schädigungen leiten sodann womöglich einen *de novo*-Prozess der Krebsentstehung ein, indem sie von ihrer normalenembryonalen oder fetalen Entwicklung abweichen. Es verwundert nicht, dass solche Fehlentwicklungen hin und wieder geschehen. Glücklicherweise sind sie dennoch selten. Die Natur ist zwar nicht perfekt, aber auch nicht so stümperhaft.

Die meisten kindlichen Krebserkrankungen nehmen ihren Anfang vermutlich bereits während dieser ersten kritischen pränatalen Periode. Fragt man zehn Epidemiologen nach den Ursachen für Krebs bei Kindern, so erhält man zehn verschiedene Antworten – oder stößt auf völlige Ratlosigkeit. Die klügeren unter ihnen werden zugeben, dass es momentan einfach niemand weiß. Und das ist zutreffend. Nach vorherrschender Meinung werden kindliche Tumoren durch „etwas" verursacht, was „von außen" einwirkt, sich unserer Erkenntnis bisher entzieht und nicht fassbar zu machen scheint. Fairerweise muss man natürlich sagen, dass es außerordentlich schwierig ist, geeignete Studien zu den kausalen Zusammenhängen der sehr seltenen und dabei sehr unterschiedlichen Kinder-Krebsformen durchzuführen. Trifft es aber überhaupt zu, dass äußere Einflüsse für die Entstehung kindlicher Tumoren verantwortlich sind? Ich vermute, und es ist tatsächlich lediglich eine Vermutung, dass zumindest bei einem Teil dieser Krebserkrankungen keine äußeren Faktoren und krebsauslösenden Agenzien eine Rolle spielen. Die seltenen kindlichen Tumoren könnten alleine durch Mutationen während der verstärkten proliferativen Aktivität und dem damit einhergehenden oxidativen Stress in Verbindung mit DNA-Reparatur-Fehlern ausgelöst werden. Anders gesagt könnte es sich um seltene Defekte der Natur handeln, unserer biologischen Konstitution, die uralte Regeln, Kontrollen und eben auch Fehler enthält. Damit in Zusammenhang stehen weitere ererbte Anomalien, die bei etwa einem Prozent aller Neugeborenen auftreten. Auch sie werden durch Abweichungen der normalen embryonalen Entwicklung ausgelöst.

Sollte diese Vermutung zutreffen, so müsste die Häufigkeit pädiatrischer Krebserkrankungen relativ konstant sein und zwar sowohl zeitlich als auch Populations-übergreifend. Allerdings gibt es in der Tat einige Unterschiede, die sich aber größtenteils nur um den Faktor zwei bis drei belaufen und mit unterschiedlich guter Diagnostik zusammenhängen könnten. Wie wir später noch sehen werden, variieren im Erwachsenenalter auftretende Krebsarten in weitaus höherem Maße zwischen verschiedenen Populationen. Bei den kindlichen Tumoren stoßen wir jedoch auf eine große Ausnahme: die akute lymphatische Leukämie. Auch dafür gibt es meiner Ansicht nach eine wiederum paradoxe Erklärung, die sich sehr gut in das Thema dieses Buches einfügt. Darauf werde ich am Ende noch einmal genauer eingehen.

Man sollte eigentlich annehmen, dass das Krebsrisiko des Menschen bis zum fortpflanzungsfähigen Alter durch evolutionäre Anpassungen minimiert wurde. Sicherlich ist es nahezu unmöglich, durch endogene Mechanismen ausgelöste Mutationen und Krebs völlig zu verhindern, aber es sollte doch irgendeine alte, erfolgreiche Strategie geben, um deren bedrohliche Auswirkungen zu verringern. Die gibt es tatsächlich. Im Falle pränataler, genetischer Veränderungen sterben die betroffenen Zellen üblicherweise schnell ab, was bei besonders schwerwiegenden genetischen Schäden zu spontanen Aborten führt. So geht in der Tat ein beachtlicher Anteil von Embryonen frühzeitig und häufig unbemerkt zugrunde. Da auf der einen Seite alles in der Evolution auf den Fortbestand der eigenen Gene gerichtet zu sein scheint, mag es vielleicht merkwürdig anmuten, dass es auf der anderen Seite einen solchen eingebauten Abstoßungsmechanismus gibt. Insgesamt kann es aber durchaus klüger sein, die Abstoßung von Feten zu ermöglichen als das Risiko einzugehen, genetisch geschädigte Nachkommen zu haben, die womöglich sehr jung sterben oder sich nicht fortpflanzen können. Unter bestimmten Umständen ist es daher besser, sich möglichst schnell auf einen neuen Versuch zu konzentrieren. Dies trifft natürlich ganz besonders auf so eine Spezies wie den Menschen zu, der besonders viel Energie auf das ungeborene und auch das neugeborene Leben verwendet.

Die neuere Forschung gibt uns Hinweise darauf, wie vorzeitige, natürliche Schwangerschaftsabbrüche ausgelöst werden könnten. Erneut spielt hierbei das uns bereits bekannte p53 eine entscheidende Rolle. Es wird infolge von DNA-Schädigungen in der Zelle aktiviert und hält dieser sodann verschiedene Optionen offen: Entweder der DNA-Schaden kann innerhalb einer bestimmten Zeit, während der die weitere Zellteilung unterbrochen wird, behoben werden, oder die Zelle wird in eine Ruhephase versetzt, oder aber es wird der programmierte Zelltod ausgelöst. (Im Kasten auf Seite 64-65 finden sich nähere Einzelheiten über das *p53*.) Molekulargenetische Technologien erlauben es uns heute, eine weitere Frage zu stellen: Was geschieht mit Säugetier-Feten, bei denen das *p53*-Gen inaktiviert wurde (wie bei sogenannten „knock-out"-Mäusen)? Die Biologen waren von der Antwort darauf zunächst gleichzeitig überrascht und auch enttäuscht, da im Grunde keine Auswirkungen der *p53*-Inaktivierung zu beobachten waren. Die sodann anschließende Schlüsselfrage lautete daher: Was passiert mit *p53*-knock-out-Mäusen, die noch vor der Geburt DNA-schädigender Strahlung ausgesetzt wurden? Bei normalen Mäusen, die ein intaktes p53-Protein besitzen, führt eine solche Bestrahlung zu einer hohen Abort-Rate. Die wenigen überlebenden Feten erblicken schließlich mit angeborenen Anomalien das Licht der Welt. Dagegen beobachtete man bei den *p53*-defizienten Mäusen genau das Gegenteil. Der Großteil dieser Mäuse wurde nach der Bestrahlung nicht abgestoßen, sondern kam mit unterschiedlichen Entwicklungsdefekten zur Welt. Viele von ihnen erkrankten zudem in den folgenden Wochen an verschiedenen Krebsarten (hauptsächlich an Leukämie). Die biologische und evolutionäre Erklärung hierfür ist sehr einleuchtend. Erkennt p53 als Wächter des Genoms DNA-Schäden, die ein so hohes Ausmaß erreicht haben, dass eine zuverlässige Reparatur nicht mehr durchführbar erscheint, so führt es die betroffene Zelle in den Tod. Bis zu einem gewissen Level können Zellverluste durch den Embryo ausgeglichen werden. Gehen aber zu viele Zellen auf diese Weise zugrunde, so stirbt der gesamte Embryo ab. Dies erscheint vielleicht brutal, macht jedoch aus evolutionärer Sicht viel Sinn. Ohne das Wirken von p53 und ohne das Absterben defekter Zellen würden vermutlich sehr viel mehr missgebildete Kinder geboren – und wahrscheinlich gäbe es mehr Krebserkrankungen.

Wie wir wissen, erkranken dennoch einige Kinder an Krebs, so wie auch angeborene Missbildungen hin und wieder auftreten. Es ist nicht erstaunlich, dass sich einige Zellen durch die p53-Kontrolle mogeln können. Krebsauslösende Mutationen, die aufgrund von Replikationsfehlern entstehen, werden offensichtlich nicht immer von p53 erkannt. Wenn sie zudem erst spät während der embryonalen oder fetalen Entwicklung erscheinen, haben sie unter Umständen nicht mehr allzu gravierende Auswirkungen auf die weitere Entwicklung. Daher haben wir es mit einer insgesamt sehr niedrigen Krebsrate bei Kindern zu tun. Das Risiko eines

Neugeborenen, bis zum Alter von 15 Jahren an Krebs zu erkranken, liegt bei 1 zu 800. So tragisch jeder Einzelfall auch ist, die natürlichen Selektionskräfte ignorieren oder tolerieren diese geringe Rate biologischer Fehler. Würde man alle Mutationen stoppen (wenn man es überhaupt könnte), wäre damit augenblicklich auch jegliche weitere Evolution beendet. Würde man jegliche klonale Expansion verhindern, gäbe es keine Grundlage mehr für Anpassungsfähigkeit und damit auch für Reproduktionserfolg.

Am Ende des Lebens

Das Erreichen eines hohen Lebensalters gilt als große menschliche Errungenschaft. Es sieht so aus, als sei Krebs der Preis, den wir dafür zu zahlen haben. Bereits vor über 60 Jahren zeigte A.R. Rich im Rahmen einer Autopsie-Studie, dass 25 Prozent aller Männer über 70 Jahren einen zuvor nicht diagnostizierten Prostatakrebs aufwiesen. In der Gruppe der Männer über 90 Jahren ist dieser Anteil noch deutlich höher. Das durchschnittliche Risiko eines 25 Jahre alten Mannes, innerhalb der nächsten 5 Jahre an Krebs zu sterben, ist 50fach niedriger als das eines 65-jährigen. Krebs steht ganz klar mit dem Älterwerden in Verbindung. Am ehesten kann man dem Krebs entgehen, wenn man jung stirbt. Aber abgesehen vom statistischen Krebsrisiko, was bedeutet es eigentlich, wenn wir sagen, Krebs sei vornehmlich eine Krankheit des Alters? Man kann Krebs als ein dem Alterungsprozess innewohnendes Merkmal betrachten. Für eine solche Sichtweise finden wir durchaus biologische Erklärungen. Insgesamt treten 80 Prozent aller Krebserkrankungen in einem Alter auf, in dem Frauen sich bereits nicht mehr fortpflanzen können und auch Männer dies in einem ursprünglicheren Lebensumfeld wohl nicht mehr täten. Daraus kann man einen möglichen Mechanismus des erhöhten Krebsrisikos ableiten. Die Zellteilungsaktivität der sich ständig erneuernden Gewebe besteht beim Menschen auch nach seinem fortpflanzungsfähigen Lebensabschnitt relativ unvermindert fort. Der damit verbundene oxidative Stress innerhalb der Zellen fordert seinen Tribut, wodurch sich die Wahrscheinlichkeit spontaner Mutationen erhöhen sollte. So weisen Blut- und Epithelzellen älterer Menschen eine im Vergleich zu entsprechenden Zellen jüngerer Menschen zehn- bis zwanzigfach erhöhte Missbildungsrate auf. Allerdings können wir nicht sicher feststellen, ob diese Missbildungen spontan auftreten oder auf externe Einflüsse zurückzuführen sind. Gleichzeitig steht zu vermuten, dass die Zuverlässigkeit und Funktion der Zell-Kontrollmechanismen im Alter abnimmt. So wird etwa bei älteren Ratten eine fortschreitende Abnahme der DNA-Reparatur-Fähigkeit beobachtet. Beim Menschen wird die Produktion neuer Blutzellen mit höherem Alter von immer weniger, sozusagen monopolisierenden Stammzellen ausgeführt. Angesichts dieser altersabhängigen biologischen Veränderungen erscheint es berechtigt, das erhöhte Krebsrisiko als eine natürliche Folge des Alterungsprozesses zu betrachten.

Unsere körperliche Konstitution als Primaten ist noch nicht auf die Anforderungen, die ein über das reproduktive Stadium hinausreichendes Leben mit sich bringt, eingerichtet. Es gibt noch keinen Notfallplan, mit dem einer Abweichung von der biologischen Norm begegnet werden könnte. Das ist eigentlich auch nicht weiter verwunderlich. Wie die beiden bedeutenden britischen Biologen J.B.S. Haldane und Peter Medawar bereits vor vielen Jahren erläuterten, liegt der Alterungsprozess des Menschen jenseits des Einflusses der natürlichen Selektion.[1] Unser genetisches Erbe beinhaltet die Anweisungen für eine strikte Handhabung und Überwachung der Integrität der DNA sowie der Tendenzen zu klonaler Expansion am Anfang des Lebens. Diese Kontrollprozesse sollten über einen langen Zeitraum funktionieren, vielleicht sogar über die Phase der eigentlichen Notwendigkeit hinaus. Sie scheinen sich allerdings zum Ende des Lebens hin zu verändern.

Vertreter dieser Ansicht vermuten, dass für das mit dem Alter steigende Krebsrisiko eine grundlegende Substanz verantwortlich ist, die mit fortschreitender Lebenszeit an Einfluss und Wirkung verliert. MacFarlane Burnett, der bedeutende, australische Erforscher des Immunsystems, macht die langsam voranschreitende Altersschwäche des Immunsystems für die im Alter erhöhte Krebsrate verantwortlich. Gemeinsam mit anderen Immunologen, darunter der bekannte amerikanische Mediziner und Autor Lewis Thomas, postuliert er, die Hauptaufgabe des Immunsystems sei die Krebskontrolle, womit er gleichzeitig dessen evolutionäre Entstehung begründet. Soweit ich es überblicke, gibt es allerdings bisher keine schlüssigen Beweise für diese Ansicht. Eine andere Betrachtung des Alterns aus dem Blickwinkel der Evolution beinhaltet eine bestechende und plausible Idee, die allerdings mit einem eher sperrigen Begriff umschrieben wird: negative Pleiotropie. Im Wesentlichen besagt diese Theorie, dass die vor und während der reproduktiven Lebensphase für die Optimierung essenzieller Funktionen aufgewendeten   Energien und Anstrengungen zum Ende des Lebens hin ihren Tribut fordern. Tatsächlich würde ein solches Szenario, bei dem negative Konsequenzen erst im Anschluss an die fortpflanzungsaktive Periode offenbar werden, von der natürlichen Selektion indirekt unterstützt. Natürlich ist dies eine eher düstere Lebensperspektive, die allerdings in Einklang mit der neodarwinistischen Sichtweise steht, nach der im Grunde alles ausschließlich auf die Weitergabe der eigenen Gene ausgerichtet ist. Schlechte Aussichten für das Alter also?

Was geschieht, wenn der Alterungsprozess, ob bewusst oder zufällig, beschleunigt oder verlangsamt wird? Würde die Krebsrate entsprechend steigen oder sinken? Ein Blick auf das Werner-Syndrom, auch Progeria genannt, ist für diese Fragestellung sehr hilfreich. Es ist eine äußerst seltene, genetisch bedingte Krankheit, bei der die Betroffenen körperlich extrem schnell altern. Physische Ermüdungsprozesse, die man üblicherweise mit dem Alter verbindet, treten bereits vor dem 35. Lebensjahr auf: darunter ergrautes Haar bzw. Haarausfall, grauer Star, Osteoporose, Hautalterung und Herzerkrankungen. Im Vergleich zu Gleichaltrigen besitzen Progeria-Patienten zudem ein erhöhtes Krebsrisiko. Es handelt sich dabei allerdings hauptsächlich um Sarkome, die größtenteils nicht bösartig sind. Karzinome, die üblicherweise gehäuft im Alter auftreten, sind dagegen bei diesen Patienten ebenso selten, wie bei gleichaltrigen Kontrollgruppen. Es steht natürlich

---

[1] Diese Ansicht ist allerdings durchaus nicht unumstritten. Einige Wissenschaftler vertreten im Gegenteil die Idee der „Großmutter"-Selektion. Im Kern dieser Theorie steht die These, dass das fürsorgliche und unterstützende Verhalten der Großmütter gegenüber ihren Enkeln die Fixierung von „Langlebigkeitsgenen" befördert haben.

nicht fest, ob das Werner-Syndrom tatsächlich ein geeignetes Modell für den Alterungsprozess ist. Jedenfalls bietet es aber keine oder zumindest nur schwache Hinweise für einen Zusammenhang zwischen Alterung und Krebs. Darüber hinaus gibt es weitere Ungereimtheiten. So lassen sich zwar bei den meisten Tierarten und bei alternden, in Gefangenschaft lebenden Tieren Tumoren und Krebs nachweisen, aber nur sehr wenige greise Schildkröten und Elefanten sterben an Krebs – so weit wir heute wissen jedenfalls. Zwar konnte man gelegentlich eine reduzierte Wirksamkeit des Immunsystems oder der DNA-Reparatur-Mechanismen in gealterten Zellen und Geweben nachweisen, allerdings waren die Einschränkungen nicht so gravierend, dass man aus ihnen das im Vergleich zu jungen Leuten stark erhöhte Krebsrisiko hätte ableiten können.

Es gibt triftige Gründe für die Annahme, dass die wahrscheinlich moderaten Krebsraten vergangener Jahrhunderte und die heute in vielen Gesellschaften beobachtete gestiegene Häufigkeit bestimmter Krebsarten nicht alleine mit natürlicher Fehleranfälligkeit und einer ablaufenden inneren Uhr erklärt werden können. Nehmen wir uns zunächst das hohe Alter vor. Die durchschnittliche Lebenserwartung ist in den letzten 10 000 Jahren und besonders innerhalb der letzten 200 Jahre dramatisch angestiegen. Während der letzten beiden Jahrhunderte hat sich die durchschnittliche Lebensspanne des Menschen in den industrialisierten Gesellschaften etwa verdoppelt. Aber auch in den vorangegangenen Jahrhunderten gab es Männer und Frauen, die das hohe Alter von 80 oder sogar 90 Jahren erreichten. Woran diese letztendlich starben, konnte natürlich lange Zeit medizinisch nicht festgestellt werden. Wir wissen also nicht, wie häufig Krebs vor Jahrhunderten tatsächlich war. Vom 18. bis ins frühe 20. Jahrhundert waren jedoch medizinische Diagnosen möglich und der Krebs inzwischen bekannt. Die in dieser Zeit dokumentierte, relativ geringe Krebsrate kann also nicht alleine auf unzureichende Diagnosemöglichkeiten und -tätigkeiten zurückgeführt werden. Tatsächlich verstarben diejenigen, die ein extrem hohes Alter erreicht hatten, schließlich nicht infolge einer Krebserkrankung. Australische Aborigines oder Mitglieder anderer „ursprünglicher" Volksstämme werden 70, 80 oder sogar 90 Jahre alt. Dennoch ist die altersabhängige Krebssterblichkeit bei diesen Völkern relativ gering und liegt unter 10 Prozent.

Auch andere Beobachtungen deuten stark darauf hin, dass nicht alleine hohes Alter und ererbte oder spontane DNA-Veränderungen für Krebs verantwortlich sind. Warum verzeichnen wir also in verschiedenen Teilen der Erde so große Unterschiede der altersabhängigen Krebsrate? Wir werden später noch einige geographische Gebiete mit besonders auffälligem Krebsvorkommen näher betrachten. Warum weisen einige Krebsarten einen deutlichen sozioökonomischen Zusammenhang sowohl zwischen verschiedenen Bevölkerungen als auch innerhalb einzelner Länder auf? So sind zum Beispiel Leber-, Magen-, Lungen- und Speiseröhrenkrebs in ärmeren Gegenden besonders häufig, während Prostata-, Brust- und Dickdarmkrebs sowie Melanome und Kinder-Leukämien eher in wohlhabenden Gebieten anzutreffen sind. Warum erwerben zugezogene Einwanderer das gleiche Krebsrisiko, wie die Einwohner ihres Gastlandes? Warum entwickeln Schwarzafrikaner, die sich an städtisches Leben anpassen, typische „westliche" Tumorarten (und im übrigen noch dazu andere „moderne" Krankheiten)? Und warum hat sich innerhalb des vergangenen Jahrhunderts die Krebsrate verändert? Melanome,

Brustkrebs, Non-Hodgkin-Lymphome, Speiseröhrenkrebs, Bauchspeicheldrüsenkrebs treten inzwischen deutlich häufiger auf, während Magenkrebs seltener geworden ist. Warum erkranken Mormonen und Siebenten-Tags-Adventisten deutlich seltener an bestimmten Krebsarten als andere nordamerikanische Männer? Hier ist sicherlich keine göttliche Kraft im Spiel. Zweifellos liegt die Ursache für sozioökonomische Unterschiede von Krebserkrankungen in kulturellen Besonderheiten.

Der Prozess des Alterns *korreliert* also mit vielen Krebsarten, *verursacht* sie jedoch nicht. Die Korrelation zwischen Alter und Krebsrate können wir biologisch erklären: Ein langes Leben erhöht erstens die Wahrscheinlichkeit von nicht oder nur unzureichend reparierten DNA-Schäden und deren Akkumulation und bietet zweitens den erforderlichen, ausgedehnten Zeitraum für die Entstehung einer dominanten Krebszelle. Die Beobachtung der mit dem Alter exponentiell ansteigenden Krebsrate führte Armitage und Doll 1954 (also lange vor der Entdeckung der heute bekannten genetischen Zusammenhänge) zur Berechnung eines mathematischen Modells. Sie stellten fest, das Krebsrisiko steige mit fortschreitendem Alter an, weil damit die Wahrscheinlichkeit erhöht würde, dass die notwendigen Mutationen (nach ihrer Rechnung sechs oder sieben) geschehen könnten. Diese Theorie war weit vorausschauend und im Wesentlichen korrekt. Allerdings berücksichtigte ihr Modell weder sukzessive auftretende Wellen klonaler Expansion noch Selektion. Zelluläre Kontrollen mögen mit dem Alter nachlassen und damit für die Krebsentstehung mit verantwortlich sein, sie sind jedoch nicht die Hauptverursacher.

Als Schlussfolgerung aller dieser Überlegungen müssen wir feststellen, dass jeder von uns winzige klonale Zellaggregate oder auch kleine Geschwulste entwickelt. Bösartige Tumoren sind in gewisser Weise sicherlich ein unvermeidbares und allgegenwärtiges Produkt unserer evolutionären Entstehungsgeschichte. Man lege mich nicht auf genaue Ziffern fest, aber ich würde vermuten, dass es ein Lebenszeitrisiko (bei einer Lebensspanne von rund 80 Jahren) für Krebs von etwa 5 Prozent gibt. Die Mehrheit der Krebserkrankungen, also ca. 90 Prozent, ist demnach im Grunde vermeidbar. Für deren Ausbruch bedarf es eines gewissen zusätzlichen Anstoßes.

Der gesellschaftliche Fluch

Lebensgewohnheiten und Veränderungen von Gesellschaftsstrukturen und -aktivitäten haben einen kaum zu unterschätzenden Einfluss auf das Krebsrisiko. Diese These wird von vielen epidemiologischen Studien gestützt, die zu dem Ergebnis kommen, dass etwa 90 Prozent aller Krebserkrankungen definierbare Ursachen besitzen und daher im Prinzip vermeidbar wären. Die Ursachen werden als „umweltbedingt" bezeichnet, womit viele Menschen sogleich Pestizide und schadstoffhaltige Nebenprodukte der petrochemischen und nuklearen Industrie assoziieren. Demgegenüber steht die eher unbequeme These von Wissenschaftlern wie Peto, Doll, Cairns und anderen, die die Hauptursachen für Krebs vielmehr in persönlichen Lebensgewohnheiten sehen. Den Vertretern dieser Ansicht wird häufig

– und mit großem Nachdruck – entgegengehalten, sie wiesen damit den betroffenen Opfern die Schuld für ihr eigenes Leid zu. Diese beiden unterschiedlichen Sichtweisen führen zwangsläufig zu einem grundlegenden Konflikt: Ist die Gesellschaft oder doch das Individuum selber für die Risikosteuerung verantwortlich? Dieser Konflikt enthält selbstverständlich eine starke politische Komponente und hat daher verständlicherweise bereits zu hitzigen und engagierten Auseinandersetzungen geführt.

Ich möchte hier meine persönliche Ansicht dazu darlegen: Bei rund 90 Prozent der Krebserkrankungen stehen die Hauptrisikofaktoren, abgesehen von genetischen Prädispositionen, in Zusammenhang mit gesellschaftlichen und technischen Veränderungen, die wir zum Teil zufällig und zum Teil durch bewusstes Verhalten beeinflussen. Aufgrund von Fehleinschätzungen oder Versäumnissen werden wir unter Umständen wiederholt oder gar dauerhaft toxischen Einflüssen ausgesetzt oder müssen unsere Gewebe mit fortgesetztem physiologischen Stress zurechtkommen. Im Ergebnis kann dies zu einer erhöhten Mutationsrate führen, und zwar entweder, weil die beteiligten Substanzen direkt mutagen wirken, oder weil die physiologische Beanspruchung einen proliferativen und oxidativen Stress für Zellen und Gewebe bedeutet. Die DNA wird damit schließlich nicht mehr fertig. Der Prozess chronischer Beanspruchung und Schädigung wird allerdings durch wichtige weitere Faktoren moduliert– und zwar durch unsere ererbte genetische Ausstattung, unsere Essgewohnheiten und unseren Energiehaushalt. Hier haben wir es erneut mit einer Art Glücksspiel zu tun, das wir kaum beeinflussen können. Die beiden letztgenannten Faktoren sind gesellschaftlich und kulturell bestimmt. Unsere rasante kulturelle Evolution und unsere exotischen Verhaltensweisen weichen fatal von unserer genetischen Ausstattung, die noch der nackter Affen entspricht, ab. Wir leben nicht bloß länger, obwohl wir längst gestorben oder gefressen sein sollten, sondern haben darüber hinaus auch noch unsere Gewohnheiten dergestalt geändert, dass wir einem erhöhtem Krebsrisiko ausgesetzt sind. Im Endergebnis steigt dadurch die Wahrscheinlichkeit klonaler Expansion über Jahre und Jahrzehnte proportional an. Was können wir also anderes erwarten, als eine – besonders im Alter – erhöhte Krebsrate? Das ist der gesellschaftlich bedingte Beitrag zum Krebsrisiko. Allerdings kann er nur wirken, da die biologische Grundlage von sich aus fehler- und krebsanfällig ist (aus guten evolutionsbiologischen Gründen, wie wir gesehen haben). Alles in allem haben wir es mit einem fatal gegenläufig wirkenden Zusammenspiel von Erbe und Gewohnheit zu tun.

Natürlich gibt es in der Natur ganz andere bizarr anmutende Lebensweisen und -umstände zu bestaunen, die uns auf den ersten Blick lebensfeindlich erscheinen: Extremophile (Bakterien, die bei Temperaturen von nahezu 100°C oder unter extrem alkalischen oder sauren Bedingungen leben), kotfressende Käfer und giftdurchtränkte Frösche und Schlangen. In ihnen müssen wir allerdings die Nachkommen des ersten mutationstragenden Überlebenden sehen, der mit diesem neu erworbenen Trick einen Überlebensvorteil erwarb. Sie besaßen, im übertragenen Sinne, die richtigen Stempel in ihren genetischen Pässen. Mit uns, den Menschen, verhält es sich dagegen anders. Wir bewegen uns auf der Überholspur, ohne dazu mit den notwendigen genetischen Papieren ausgestattet zu sein. Das soll nicht bedeuten, dass die natürliche Selektion – einmal vorausgesetzt, sie hätte genügend Zeit – uns einen genetischen Pass für eine krebsfreie Gesellschaft ausstellen könnte. Dafür liegt ein zu großer Anteil der Krebslast in der postreproduktiven Lebensphase, auf die die natürliche Selektion keinen Zugriff mehr hat.

Die Literaturlage über den Zusammenhang zwischen menschlichen Aktivitäten und Krebs ist durchaus eindrucksvoll und informativ, wenn auch gleichzeitig sehr komplex. Wir haben dies epidemiologischen Spürnasen zu verdanken, die einen gewaltigen Katalog von wahrscheinlichen Krebsursachen zusammengestellt haben – allerdings mangelt es darin durchaus nicht an falschen Fährten. Die weniger umstrittenen Bestandteile dieses Wissens haben inzwischen die Öffentlichkeit erreicht und beginnen, erzieherische, gesellschaftliche und kommerzielle Aktivitäten entweder aus Überzeugung oder durch Gesetze zu beeinflussen. Es ist nicht das Anliegen dieses Buches, diese Errungenschaften hier aufzuzählen. Vielmehr will ich versuchen, jene Beispiele herauszustellen, die am besten dazu geeignet sind, die Vielfältigkeit der Pfade zur Krebsentstehung zu illustrieren und den dazu notwendigen Zeitrahmen deutlich zu machen. Außerdem möchte ich darlegen, inwiefern typische menschliche und gesellschaftliche Attribute sich verändern oder sich zu echten Herausforderungen für unsere genetische Vergangenheit und unser evolutionäres Erbe entwickeln. Was dadurch entsteht, ist ein Spiegel der westlichen Gesellschaft des 20. Jahrhunderts und deren Lebensgewohnheiten. Der gesellschaftliche Fluch des Krebsrisikos ist allerdings deutlich älter, weiter verbreitet und auch vielfältiger. Und wahrscheinlich können wir nur unter Berücksichtigung des umfassenden Zusammenhanges zu einem befriedigenden Verständnis gelangen. Wenn wir wirklich ernsthaft in das Todesgeläut des Krebses eingreifen wollen, dann müssen wir der Frage nach dem „Warum?" mindestens den gleichen Stellenwert einräumen wie der Frage nach dem „Wie?".

Abb. 13.1 „Ich habe ja versucht, aufrecht zu stehen, aber ich stoße mir immer den Kopf."

Kapitel 14: Rauchopfer

Ta-bak?
Was soll das sein, Tabak?
Blätter?
Und Du hast 80 Tonnen davon gekauft?
Nur dass ich Dich richtig verstanden habe: Du hast 80 Tonnen Blätter gekauft?

Das, also wie soll ich sagen, das mag Dich vielleicht überraschen Walt, aber, also im Herbst haben wir hier in England ...

Nicht diese Art Blätter?

Was genau dann? Ein besonderes Lebensmittel, Walt?
Nicht direkt ein Lebensmittel? Und man kann es auf viele verschiedene Arten verwenden?
Wie denn?
Hast Du Schnupfen gesagt?
Wie meinst Du das, Schnupftabak?
Du nimmst eine Prise Tabak –
Und ziehst ihn in die Nase hinein?
Und dann musst Du niesen, ja?
Das wundert mich nicht, Walt.
Nun, die Goldraute ist doch aber auch gar nicht so schlecht.
Man kann es auch anders verwenden?
Kauen?
Oder in einer Pfeife rauchen?
Oder man zerkleinert die Blätter und rollt sie in Papier,
erzähl mir keinen Unsinn, Walt –
– Du steckst die Röllchen dann in die Ohren, richtig Walt?
Zwischen die Lippen?
Und was dann?

Was? Du zündest es an, Walter?

(imaginäres Telephonat zwischen Sir Walter Raleigh und dem Chef der West Indies Company in England)

(aus: „Introducing tobacco to civilisation" von Bob Newhart)

Worin besteht die bedeutendste Entdeckung des Menschen, unsere raffinierteste Erfindung: Getreideanbau? Flugzeuge? Bier? Oder nicht doch die Zähmung des Feuers? Darwin jedenfalls bezeichnete die Fähigkeit, Feuer entzünden zu können, als die zweitwichtigste Errungenschaft des Menschen nach der Ausbildung der

Sprache. Die Zähmung und der Gebrauch des Feuers ist bisher alleine dem Menschen gelungen. Natürlich ist Feuer ein Bestandteil der Natur und existiert auf dem Planeten Erde bereits seit es brennbare, organische Materialien gibt – und vulkanologisch betrachtet sogar noch länger. Viele Legenden ranken sich darum, wie der Mensch Herr über ein so magisches und furchteinflößendes Element wurde. Prometheus, der „Überbringer des Feuers", stahl nach der antiken, griechischen Mythologie Zeus das Feuer, um es den Menschen zu bringen. Zur Strafe wurde er an einen Felsen geschmiedet, wo ihm ein Adler täglich die Leber zerfleischte, die sich sodann über Nacht immer wieder erneuerte. Sigmund Freud wandte seine lebendige Vorstellungskraft ebenfalls der Beherrschung des Feuers zu. Er meinte, die primitiven, ursprünglichen Menschen hätten das Feuer als Symbol der Libido betrachtet. Die vom Feuer abgestrahlte Wärme rufe die gleichen physiologischen Sensationen hervor wie es auch die sexuelle Erregung vermag. Form und Bewegung der Flammen glichen einem Phallus in Aktion. Dann allerdings, so könnten Freuds Gedanken weiter gegangen sein, habe es ein Problem gegeben. Die primitiven Menschen hätten ein unwiderstehliches, sexuell bedingtes Bedürfnis gehabt, auf Feuer zu urinieren. Indem sie aber diesen Instinkt überwinden konnten, hatten sie einen entscheidenden Schritt zur Beherrschung des Feuer vollbracht. So etwa hätte Freud es sich vermutlich gedacht, oder nicht?

Unter Anthropologen ist eine lebhafte Debatte darüber im Gange, wann genau sich unsere Vorfahren das Feuer nutzbar gemacht haben. Einige meinen, der erste Beweis für bewussten, kontrollierten Gebrauch des Feuers durch *Australopithecus* oder *Homo erectus* in Ostafrika datiere über 1 Millionen Jahre zurück. Holzkohle, verbrannte Knochen, Asche und Reste von Feuerstellen deuten auf feurige Aktivitäten von *Homo erectus* vor etwa einer halben Million Jahre in Choukoutien (ca. 40 km südwestlich von Peking) und in Terra Amata nahe Nizza in Südfrankreich hin. Die Beweislage ist allerdings nicht sehr überzeugend und die daraus gezogenen Schlussfolgerungen sind durchaus umstritten. Mit Sicherheit haben seit dem späten Mittleren Pleistozän (vor 150 000 bis 200 000 Jahren) Neanderthaler und der „moderne" *Homo sapiens* Feuerstellen errichtet und sich das Feuer zunutze gemacht. Wie alt diese Fähigkeit tatsächlich ist, wissen wir schlicht und ergreifend nicht. Da auch einige Vögel und Säugetiere natürliche Feuer indirekt zu nutzen wissen, indem sie flüchtende Beutetiere fangen oder angebrannte Nahrung fressen, können wir mit Recht annehmen, dass die zunächst opportunistische Verwendung des Feuers (indem es bewahrt und genährt wurde) schließlich zur Entwicklung bestimmter Fertigkeiten, wie dem Entzünden und Pflegen eines Feuers, sowie schließlich zu dessen häuslichem Gebrauch geführt hat. Wir können nur darüber spekulieren, wie es gelang, das Feuer zu bändigen. Legenden von fast allen Eingeborenen- und Ureinwohner-Stämmen bieten eine Fülle von teils göttlichen, teils phantastischen, teils aber auch plausiblen Erklärungsmöglichkeiten. Als erst einmal der Funke übergesprungen war, wurde die Beherrschung des Feuers, wie auch Darwin annahm, vermutlich nur noch durch Nachahmung tradiert. Die pyrotechnische Fähigkeit wurde entweder weitervermittelt oder, wahrscheinlicher noch, von verschiedenen *Homo sapiens*-Gruppen unabhängig voneinander entwickelt. Wie auch immer, der Mensch ist jedenfalls die einzige Spezies, die ein Feuer zu entfachen weiß.

Nun, das stimmt nicht ganz. Es gibt Berichte darüber, die allerdings anekdotischer Natur sind, dass ein paar unserer nächsten Verwandten, die *Pongidae*, mit etwas Nachhilfe einige dieser Fähigkeiten erwerben können. Bongo, ein biertrinkender Schimpanse im Zoo von Johannisburg, lernte von einem seiner Betreuer, sich eine Zigarette anzuzünden. Er wurde daraufhin nicht nur nikotinsüchtig, sondern zum regelrechten Kettenraucher, indem er sich schließlich selber beibrachte, wie er eine neue Zigarette mit Hilfe des verglühenden Restes der vorherigen entzünden konnte. Ein weiterer Schimpanse, der im benachbarten Käfig lebte, erwarb alleine durch Nachahmung eben dieselbe bemerkenswerte Fähigkeit. Die körperlichen Voraussetzungen und die notwendige Geschicklichkeit besaß er also bereits. Es bedurfte nur noch der anreizenden, sozialen Interaktion, um diese Fähigkeit auch auszuprägen.

Wer auch immer tatsächlich das erste Feuer selbst entfacht hat und wann auch immer das gelungen sein mag, Darwin lag sicherlich richtig mit seiner Einschätzung, dass dies ein entscheidendes Ereignis der menschlichen Evolution darstellte. Es war eine unserer besten Erfindungen. Das Feuer wärmte ab jetzt bei Kälte, erleichterte damit das Überleben und erlaubte die Auswanderung aus tropischen Gebieten. Der Mensch konnte nun dunkle Höhlen bewohnen und begann nach einer Weile, deren Wände zu bemalen. Er wurde zu einem kulinarischen Zauberkünstler, indem er ansonsten wenig schmackhafte, unverdauliche, mit Keimen versetzte oder giftige Nahrung vor dem Verzehr kochte.[2] Außerdem war er damit in der Lage, Raubtiere abzuschrecken. Man kann sich gut vorstellen, dass das Versammeln um ein Feuer die soziale Bindung verstärkte und die Entwicklung der Sprache beförderte. Der Rauch des Feuers war damit das erste absichtliche oder auch unabsichtliche, weithin sichtbare Signal menschlicher Präsenz. Sogar sehr isoliert lebende Stämme, von denen einige nie das Rad erfanden, kannten den Gebrauch des Feuers. Allerdings scheinen, laut Jared Diamond, die Ureinwohner Tasmaniens das Entfachen des Feuers zwischendurch für eine Weile verlernt zu haben. Die Jarawa-Ureinwohner der Adaman-Inseln in der Bengalischen Bucht sind vielleicht

---

[2] Neuere Vermutungen einiger Anthropologen lauten dahingehend, dass die „Erfindung" des Kochens von Pflanzenwurzeln (Yamswurzeln und andere Kartoffel-ähnliche und stärkehaltige Knollen) vor etwa 1,8 Millionen Jahren einen Meilenstein der Hominiden-Entwicklung darstellte. Dadurch wurde erstens sehr energiereiche Nahrungsquellen erschlossen und zweitens die Selektion wichtiger Verhaltensmerkmale in Gang gebracht. Diese Idee muss jedoch vielleicht noch als eher „halbgar" bezeichnet werden. Dazu siehe Pennici E (1999), Science 283:2004-5. Andere Wissenschaftler nehmen wiederum an, dass die Zähmung des Feuers einen wesentlichen Einfluss auf die menschliche Evolution gehabt habe. Da es zunächst einmal ein eigentlich gefährliches oder sogar tödliches Unterfangen war, könnte es laut Claire Russell den Selektionsdruck für die Ausprägung von größeren, intelligenteren Gehirnen und gegen vollständige Körperbehaarung vermittelt haben. Russells verblüffende Argumentation fährt fort, Schimpansen seien auf diesen Zug nicht aufgesprungen und hätten also weder das Beherrschen des Feuers erlernt, noch sprachliche Fertigkeiten entwickelt, da sie schlicht und einfach nicht über die entscheidenden anatomischen Voraussetzungen des Kehlkopfes verfügten, um richtig ausblasen zu können. Siehe Russell (1978) Bio Hum Affairs 43:14-20.

die einzigen lebenden Menschen, die die Technik des Feuermachen bis heute noch nicht entwickelt haben.

Aber Feuer und Rauch haben auch ihre Schattenseiten. Erstens können sie uns die Haut verbrennen, unser Haus niederfackeln oder zum Erstickungstod führen. Zweitens erzeugen die natürlichen oder kohlehaltigen Materialen nicht nur Wärme, sondern auch unsichtbare, giftige Verbrennungsprodukte. So betrachtet stellt das Feuermachen, in welcher Form auch immer es geschieht, das am längsten während, unkontrollierte Experiment des Menschen in der Chemie dar. Natürliche Brennstoffe – Kohle, Ton, Öl, lebende (oder tote) Organismen – besitzen eine außerordentlich komplexe chemische Zusammensetzung. Werden diese Substanzen verfeuert, so werden deren Atome durcheinandergeworfen, die Chemie der ursprünglichen Substanz verändert sich. Durch Pyrolyse entstehen so neue Moleküle, die sich als Produkte unvollständiger Verbrennung in den Teerrückständen und in geringerem Umfange auch im Rauch ansammeln. Der Teer des Tabaks ist beispielsweise ein Cocktail von geradezu barockem Ausmaß: Er besteht aus über 5000 Substanzen, von denen mindestens 40 potentiell karzinogen sind. Man mag sich leicht vorstellen, dass die Evolution Haut, Mund, Atemwege, Verdauungstrakt und deren Zellen und Gene nicht gegen eine dauerhafte Belastung mit diesen Rückständen gewappnet hat. Allerdings sind unsere Zellen recht gut mit Entgiftungsmechanismen ausgestattet, die fast alle potentiellen, in Teer, Rauch und Öl enthaltenen Karzinogene neutralisieren können. Die meisten dieser Substanzen existieren in geringen Konzentrationen auch in der Natur, wo sie entweder von Pflanzen produziert werden, als Ergebnis natürlicher Brände entstehen oder im Torf vorkommen. Diese Entgiftungsmechanismen können jedoch durch exzessive oder chronische Belastung übersättigt oder außer Kraft gesetzt werden und aktivieren paradoxerweise schließlich DNA-schädigende oder karzinogene Chemikalien als vorübergehende Zwischenstadien des Entgiftungsprozesses. Krebs ist in diesem Fall eine Konsequenz chronischer oder übermäßiger Belastung mit im Rauch enthaltenen Verbrennungsprodukten – abhängig von der Art der Belastung und Aufnahme der Substanzen in den Körper haben wir es schließlich mit verschiedene Krebsarten in unterschiedlichen Geweben zu tun.

Das begehrte Kraut

Hun-Hunahpú and Vucab-Hunahpú betraten das Haus der Finsternis. Dort erhielten sie einen Kienspan, einen brennenden Reisig...zusammen mit einer bereits angezündeten Zigarre, die die Herren für jeden von ihnen geschickt hatten.

(Aus „Popol Vuh", dem heiligen Buch der antiken Quiché Maya)

Unter allen Krebsarten verdeutlichen besonders die mit Tabakkonsum assoziierten Tumoren des Mundraums sowie Lungenkrebs den unzweifelhaften Konflikt zwischen der biologischen Evolution und der gesellschaftlichen Zwickmühle aus Genuss und Kommerz. Der Zusammenhang zwischen Zigarettenrauch und Lungenkrebs ist zumindest in den meisten entwickelten Ländern inzwischen allgemein bekannt und akzeptiert, so dass ich hier nicht noch einmal ausführlich darauf eingehen muss. Dennoch ist der historische und kulturelle Kontext, in dem sich Lungenkrebs im 20. Jahrhundert ausbreitete, in der Tat faszinierend und bildet in vielerlei Hinsicht ein Spiegelbild der menschlichen, und zwar besonders der europäischen oder westlichen Kultur ab. Diese Perspektive kann uns dabei helfen, den Zusammenhang und die Bedeutung des Begriffes „Ursache" in Verbindung mit Krebs zu verstehen – und ebenso, wie unsere Biologie Opfer sozialer und kommerzieller Zwänge werden kann. Wir können heute die Beziehung zwischen Zigarettenkonsum beziehungsweise der chemischen Zusammensetzung des Teers und der biologischen Evolution von Krebszellen besser nachvollziehen.

Christopher Kolumbus und seine Reisegefährten wurden 1492 als erste Europäer Zeugen einer für sie bis dahin unbekannten Rauchgewohnheit der Indianer: Die Indianer inhalierten den Rauch von zusammengerollten Blättern, die sie Tabak nannten. Dieses Verhalten war absolut neu für Kolumbus. Dagegen stellte das Rauchen für die eingeborenen amerikanischen Indianer einen integralen Bestandteil ihrer Kultur dar, was man im übrigen bis weit in die Vergangenheit, wahrscheinlich sogar bis etwa 2500 v. Chr., zurückverfolgen kann.

Das Wissen um die genussvermittelnden, narkotischen und medizinischen Eigenschaften von inhaliertem Rauch existiert schon sehr lange und hat die meisten menschlichen Kulturen erreicht. Man muss nur ein paar süßliche oder aromatische Kräuter ins Feuer werfen, um sich von der Wirkung zu überzeugen. Es ist ein uralter Brauch von Priestern und Schamanen vom alten Ägypten und Mesopotamien bis hin zu den Mayas Zentralamerikas, den Göttern Weihrauch oder unterschiedlich aromatisierten Rauch zu opfern. Sowohl Griechen als auch Römer vertrauten der heilenden Wirkung des Rauches verbrannter Pflanzen (von Lorbeer oder Huflattich beispielsweise). Plini empfahl zur Linderung von hartnäckigem Husten, Rauch durch einen Strohhalm einzuatmen. Und auch Tempel-Reliefs auf der Yucatan-Halbinsel zeigen Maya-Priester, die Rauch durch ein Röhrchen inhalieren. Vielleicht waren sie die ersten, die sich Rauchgewohnheiten aneigneten ähnlich denen, die wir heute kennen: Sie füllten zerdrückte Tabakblätter in zusammengerollte Palmblätter oder Stroh- beziehungsweise Bambushalme. Bei seiner Krönung soll der Azteken-König Montezuma eine schmale Kürbisflasche um den Hals getragen haben, in der er Tabak aufbewahrte – „der Ausdauer auf dem Weg gibt". Mayas, Azteken und andere eingeborene Indianer-Stämme Zentralamerikas, Mexikos und der Antillen hatten zunächst alleinigen Zugang zu der wild wuchernden Tabakpflanze.

Viele verschiedene Pflanzen und Kräuter wurden zum Rauchen oder für das Erzeugen wohlriechenden Rauches verwendet, aber eine bestimmte, weit verbreitete Pflanze wurde aufgrund ihrer speziellen narkotisierenden Eigenschaften besonders bevorzugt. Mit dem lateinischen Namen, *Nicotiana tabacum*, ehrte man Jean Nicot, dem französischen Abgesandten in Lissabon des 15. Jahrhunderts. Er befürwortete dessen Gebrauch unter den Wohlhabenden und Mächtigen Frankreichs und Westeuropas. Nachdem die spanischen Kämpfer und Entdecker in der Karibik auf den Tabak gestoßen waren, wurde das Tabakrauchen im gesamten Zentralamerika sowie in Brasilien und Venezuela zur lieben Gewohnheit, ebenso in den östlichen Gebieten Nordamerikas und in Kanada, wo fein gearbeitete Rauchgerätschaften, die traditionelle Friedenspfeife aus rotem Ton und komplizierte Rauchrituale bald zu einem wichtigen Bestandteil des sozialen Lebens wur-

den. Spanische Seeleute übernahmen diese Rauchgewohnheiten. Gemeinsam mit
Seefahrern aus Portugal, England und Holland trugen sie zu einer Verbreitung der
Tabakpflanze und der damit verbundenen Gewohnheiten auf der ganzen Welt bei.
Im Dreißigjährigen Krieg des 17. Jahrhunderts, den Feldzügen Napoleons, dem
Krim-Krieg (1865) und besonders auch im Ersten Weltkrieg förderten die Kom-
mandeure das Rauchen ihrer Soldaten – vermutlich aus gutem Grunde. Die narko-
tisierenden Eigenschaften des Tabaks unterdrücken sowohl Angst als auch Hun-
ger. Das Ergebnis? Schlachtfelder voller Toter oder Süchtiger.

Gesundheit und Wohlergehen?

Das Rauchen wurde aber nicht einfach nur aus Gründen des Genusses zur Gewohnheit. Es gibt vielfältige Gründe für die erfolgreiche Ausbreitung des Tabakkonsums in Europa. So sprach man dem Tabak zunächst unter anderem eine medizinische Wirkung zu. Zudem hatte das Rauchen zweifellos positive
Auswirkungen auf die Staatseinnahmen. Tabak wurde sozusagen als Allheilmittel
betrachtet, das therapeutische Fähigkeiten bei einer ganzen Reihe von Unpässlich-
keiten besaß, darunter Zahnschmerzen, Infektionen, Hautprobleme, Wunden,
Verbrennungen, Wassersucht, Hämorrhoiden, Gicht, Kopfschmerzen, Taubheit
und, man mag es kaum glauben, auch Krebs. Lesen Sie einmal sorgsam die folgenden Aufzeichnungen:

> Die getrockneten Blätter werden in eine Pfeife gefüllt, angezündet und so in den Ma-
> gen gesogen, und gelangen weiterhin durch die Nase in Teile des Kopfes.

(J. Gerard, 1597)

Und der gleiche Verfasser fährt fort:

> Einige trinken es (damit ist das Inhalieren des Rauches gemeint) aus Genuss oder
> doch eher aus Gewohnheit, und können nicht davon ablassen, nein, nicht einmal wäh-
> rend des Essens, was ungesund und gefährlich ist.

Genauer gesagt wurde dem Tabakrauch nachgesagt, er wirke desinfizierend
und könne gegen Seuchen schützen. Die Ärzte hatten wenig zu bieten gegen die
ansteckenden Seuchen und die Pest, die im 17. und 18. Jahrhundert das gesamte
Europa heimsuchten. Flüchtige Beobachtungen und anekdotische Berichte deuteten darauf hin, dass Tabakraucher geschützt sein könnten, und Ärzte verbreiteten
die Idee, Rauchen wirke prophylaktisch. Ein unwiderstehlicher Rat, oder etwa
nicht? Sogar die Jungen an Englands bester Privatschule (Eton) wurden dazu an-
gehalten, den Tag mit einer Zigarette zu beginnen, als desinfizierende Maßnahme
wohlgemerkt. Schutz gegen Ansteckung war zu dieser Zeit ein Gottesgeschenk.
Dr. Johannes Neader aus Bremen avancierte zu einem der stärksten Befürworter
des Tabaks. Seine medizinische Abhandlung aus dem Jahre 1622, in der er die
Vorzüge des großartigen Krautes rühmte, wurde an Ärzte in ganz Europa ver-
sandt. Sie enthielt unter anderem die These, das Rauchen von Tabak bewahre vor

der Syphilis. Syphilis war, zusammen mit dem Tabak und auch der Kartoffel, eines der bedeutendsten „Geschenke" der eroberten Neuen Welt an die Alte Welt. Schließlich stellte Dr. Wilhelm van der Meer fest, Tabak möge gut bei Erkältungen helfen, seine Wirksamkeit gegen Syphilis sei dagegen bestenfalls fraglich und ein Mann daher besser beraten, keine Bordelle zu besuchen. Dr. van der Meer hatte sich eine ausgewogene Meinung des Problems gebildet. Auf der anderen Seite kritisierte er scharf die Kirche für ihre Ansicht, Tabak sei böse aufgrund seines barbarischen Ursprunges. Lege man solche Kriterien an, argumentierte er, so müsste man Tausende von Pflanzen, einschließlich des segensreichen Rhabarbers, ablehnen.

Innerhalb von 50 Jahren nach Einfuhr des Tabaks in Europa hatten die meisten europäischen Regierungen Zölle oder Steuern auf dessen Import und Verkauf erhoben. Konkurrenz zwischen nationalen Rivalen, die Tabak aus der Neuen Welt exportierten, lösten Handelskriege und Hochseepiraterie aus. New York verdankt seinen heute englischen Namen (vormals besaß es eine holländische Bezeichnung) vermutlich Auseinandersetzungen zwischen Virginia-Engländern und den holländischen Neu-Amsterdamern über Tabak-Handel und -Schmuggel. Schließlich sahen sich die europäischen Regierungen zu einer systematischeren Einfuhr-Kontrolle gezwungen. Monopole wurden errichtet und beruhten entweder auf privaten Konzessionen, die von wohlhabenden Kaufleute erworben wurden (so erstmalig in Venedig eingerichtet), oder unterlagen zentraler, staatlicher Kontrolle.

Tabak wurde zur Trumpf-Karte des internationalen Handels und spielte bald auch bei politischen Verhandlungen eine Rolle. Über William Penn wird berichtet, er habe mit eingeborenen Indianern über den Kauf eines großen Gebietes, dem heutigen Staat Pennsylvania, verhandelt. Er konnte es endlich, nach tabakqualmerfüllten Verhandlungen, erwerben und zahlte den Indianern dafür 300 Pfeifen, 100 Körbe Tabak, 20 Schnupftabakdosen und 100 jüdische Harfen. Benjamin Franklin finanzierte den Unabhängigkeitskrieg gegen die Briten zu einem beachtlichen Teil mit Virginia-Tabak (für einen Gegenwert von 2 Mio. französischen Louis) für die französischen „fermiers généraux". Die unersättliche Habgier der Regierungen und Unternehmen des 20. Jahrhunderts nach reichen Einnahmen aus dem Tabakgeschäft war also durchaus nicht neu, die Ausmaße, die sie schließlich annahmen, allerdings schon.

Advokaten und Kritiker

In Europa mit seinen Raucherschenken (in England „tabagies" genannt) gab es im Laufe der Zeit wechselnde Rauchvorlieben. Die holländischen Tonpfeifen des Volkes, der Schnupftabak der feineren Gesellschaft und schließlich im 17. Jahrhundert die Zigarren aus Kuba und Zigaretten aus Brasilien ließen den Tabakkonsum steigen und zwischendurch auch wieder sinken. Vom 16. bis 19. Jahrhundert gab es immer wieder sowohl prominente und wortgewaltige Gegner und Befürworter des Tabaks. Kaiser, Könige, Päpste, Philosophen und Dichter wetterten gegen die Angewohnheit, aber ihre Ausführungen oder Erlasse wurden entweder ignoriert oder wieder rückgängig gemacht. Peter der Große (Zar von Russland im

17. Jahrhundert) dagegen war ein großer Anhänger des Rauchens (wie auch anderer lustvoller Genüsse übrigens). Goethe und Napoleon hassten das Rauchen ebenso sehr wie Königin Viktoria von England. Türkische Dichter dagegen betrachteten den Tabak als eines der vier „Polsterkissen" ihres „Diwans des Vergnügens", zusammen mit Opium, Kaffee und Wein. Der berüchtigte Ottomane Sultan Murad der Schreckliche betrachtete den Tabakgenuss als üble Sünde, die mit dem Tode zu bestrafen sei. Der letzte Kaiser der Ming-Dynastie, Tsung Cheng, verfügte 1641 einen Erlass gegen das Rauchen, aber die Manchu, die Peking nach der Revolution 1644 eroberten, waren begeisterte Raucher. Sie führten China an die Weltspitze des Tabakkonsums, wo es heute noch immer steht: Atemwege als lebende Schlote kann man sagen.

Sir Walter Raleigh brachte als erster die Tabakpflanze nach England (was durch Bob Newharts übermütige Satire „And then you set fire to it Walt?" inzwischen weithin bekannt ist). Sir Walter wurde bekanntlich enthauptet – einige behaupten, er habe dabei seine letzte Zigarette geraucht. Araleigh wurde auf Befehl von König James I hingerichtet, der für Tabak ebensowenig übrig hatte wie für Sir Walter. Ein Jahr nach seiner Inthronisation publizierte der König anonym seine Hetzschrift „A counter-blaste to tobacco" (1604). Er nahm wahrlich kein Blatt vor den Mund:

> Vom Tabak, einer weit verbreiteten Pflanze, die (wenn auch unter verschiedenen Namen) fast überall wächst, behaupten einige der barbarischen Indianer, er sei ein Vorbeugungsmittel oder Gegengift gegen Syphilis. Dies ist eine scheußliche Krankheit, an der (wie jeder weiß) besonders barbarische Menschen leiden, und zwar aufgrund ihres unreinen, dreckigen Körpers und des übermäßig heißen Klimas: Wie sie also zunächst die hassenswerte Krankheit in die christliche Welt hereinschafften, so brachten sie auch erstmals diesen Tabak zu uns, ein stinkendes und widerwärtiges Gegengift, so verderbt und abscheulich wie eine Krankheit, diese stinkende Rauchware, die sie nun gegen die Syphilis anwenden, um die Krankheit mit einem anderen *canker* (Krebs) oder Gift zu besiegen.

Und weiter:

> Eine Angewohnheit, ekelerregend für die Augen, hassenswert für die Nase, schädlich für das Gehirn, gefährlich für die Lunge. Der schwarze, stinkende Qualm erinnert an den teuflischen Rauch der Hölle.

Immer wieder wurde das Rauchen vorübergehend verboten – in Köln, auf den Straßen Berlins, im Petersdom in Rom. Die Verbote wurden üblicherweise aus Feuerschutzgründen ausgesprochen. In neuerer Zeit haben 12 Bundesstaaten der USA das Rauchen untersagt. Hitler und die Nationalsozialisten verhängten ebenfalls ein Tabakverbot in Deutschland. Allerdings sind solche Maßnahmen, wie auch andere Beispiele zeigen, selten wirkungsvoll, wenn Sucht, Genuss und finanzielle Interessen im Spiel sind.

Abb. 14.1 Titelseite und Umschlag der Satire von John Blade über den Tabakmissbrauch: Die truckene Trunkenheit" („Die trockene Trunkenheit"), 1658; und ein Zitat des Jesuiten: „Welcher Unterschied besteht schon zwischen einem Raucher und einem Selbstmörder, außer, dass ersterer länger braucht, um zu sterben?"

Der karzinogene Kick

Ein Zusammenhang zwischen Tabakkonsum und Krebs wurde bald erkannt. 1761 publizierte John Hill – Arzt, Botaniker, Dramatiker und Mathematiker – ein Pamphlet, in dem er vor dem übermäßigen Gebrauch von Schnupftabak warnte. Er beschrieb einige Fälle von Nasenpolypen und Nasenkarzinomen bei Männern, die über einen langen Zeitraum regelmäßig größere Mengen Tabak geschnupft hatten und schlug vor: „Niemand sollte das Risiko des Schnupftabakgebrauches eingehen, solange er sich nicht sicher ist, dass er keine Veranlagung zu Krebs besitzt: und niemand kann sich darüber sicher sein." Wir haben es hier mit einem der ersten epidemiologischen Hinweise für Krebs zu tun. Kurz darauf, 1795, stellte auch Samuel Thomas von Soemmering einen Zusammenhang zwischen dem Pfeiferauchen und Lippentumoren her. Während der folgenden hundert Jahre wurde eine immer deutlichere Assoziation zwischen Pfeife und oralen Krebsarten (besonders Tumoren der Unterlippe und der Zunge) erkannt. Als der Yankee-General und vormalige Präsident Ulysses S. Grant 1885 an einem Rachentumor verstarb, schlussfolgerten seine Ärzte, dass vermutlich seine langjährige Vorliebe für Zigarren dafür verantwortlich war.

In dem Maße, in dem sich die Moden des Tabakkonsums wandelten, änderten sich auch die Risiken für verschiedene Krebsarten. Ausschlaggebend sind dabei die Dosis und Darreichungsform des Tabaks und die Inhalationsweise. Zusammengenommen bestimmen sie, welche Gewebe am meisten den ständigen karzinogenen Einflüssen ausgesetzt sind. Beim Schnupftabak ist in erster Linie die Nase betroffen. Das Pfeiferauchen und Tabakkauen belastet besonders den Mundraum (Lippen, Zunge und Rachenraum). Dies tun ebenfalls bestimmte Zigaretten, darunter viele französische Marken, da sie aufgrund ihrer besonderen alkalischen Natur eine bessere und wirksamere Absorption des Rauches durch die Mundschleimhaut gewährleisten. Dadurch wird der erwünschte Nikotin-Kick auch bei weniger intensiver Inhalation des Rauches ermöglicht. Am Beginn des 20. Jahrhunderts konnte der amerikanische Arzt Dr. R. Abbe zeigen, dass orale Krebsarten mit Tabakkonsum assoziiert sind. Bis auf eine Ausnahmen waren alle seine 90 Patienten begierige Konsumenten des begehrten Krautes. Seine Belege waren teilweise zwar anekdotischer Natur, aber dennoch aufschlussreich. Eine Patientin kam mit einem äußerst bösartigen Zungentumor zu ihm. Als er sie genauer befragte, erklärte sie ihm: „Ich habe mein ganzes Leben lang eine kleine Zahnbürste in meiner rechten Hand mit mir geführt, um mir damit Schnupftabak auf die Zunge zu reiben."

Der Mundraum ist auch im Zusammenhang mit anderen, exotischer anmutenden Rauchgewohnheiten aus Indien und anderen Teilen Südostasiens von Krebserkrankungen betroffen. Darunter befinden sich die sogenannten Bidi und Chutta. Die Bidi werden aus getrockneten Temburni-Blättern hergestellt, die mit Tabak gestopft werden. Sie enthalten zwar weniger Tabak und produzieren daher auch weniger Rauch als normale Zigaretten, allerdings nehmen die Millionen von Asiaten, die sie rauchen, damit mehr Teer, also mehr Karzinogene und mehr Nikotin zu sich. Chutta besteht aus gerollten Tabakblättern und wird in einigen Teilen Indiens von den Frauen auf eine besonders bizarre Art und Weise geraucht, an der Bob Newhart im übrigen sicher größten Gefallen finden würde (verkehrt herum, mit dem brennenden Ende im Mund, wie in Abb. 14.2 zu sehen ist). Das spezielle Rauchvergnügen dieser feuerschluckenden Frauen führt zu einer Häufung von Gaumenkrebs. In Südostasien wird Tabak bereits seit Jahrhunderten auch noch auf eine weitere Form, nämlich rauchfrei, konsumiert: Schätzungsweise 200 Millionen Menschen kauen heute Betel-Priem (allgemein bekannt als Kautabak). Dies ist eine Mischung aus Betel-Blättern, Betel-Nüssen, Löschkalk und normalerweise auch Tabak. Der Tabak wird entweder zu einer weichen Masse zerdrückt und mit Kräutern und Gewürzen vermengt (was als Kivam bezeichnet wird) oder lediglich etwas zerrupft und mit Gewürzen vermischt (Zardu genannt). Diejenigen, die ihrem Priem eines dieser Tabakgemische zugeben, besitzen ein höheres Krebsrisiko, besonders, wenn sie den Kautabak für mehrere Stunden im Mund behalten. Die alkalischen Bedingungen führen in diesem Fall zu einer erleichterten Freisetzung der Tabak-Karzinogene auch ohne die Mithilfe von Feuer. Die Epithelzellen der Mundschleimhaut von gesunden Kautabak-Konsumenten weisen Chromosomenveränderungen auf, deren Anzahl mit der Dauer und Frequenz des Tabakkauens

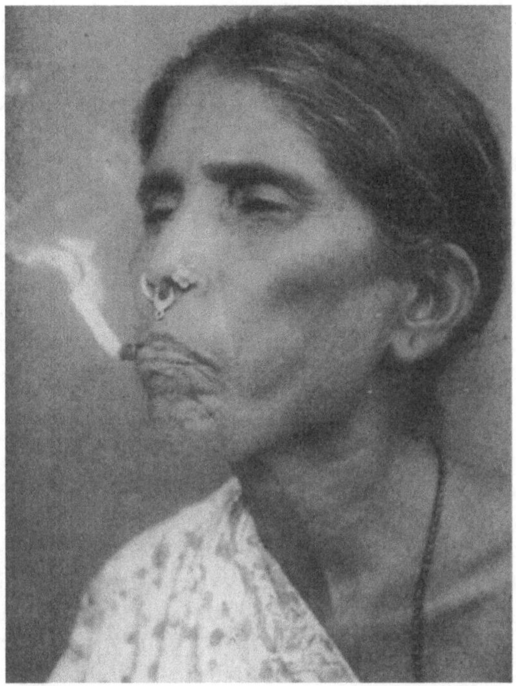

Abb. 14.2 Indische Frauen in Andhra Pradesh haben es sich angewöhnt, Chutta-Zigarren mit dem brennenden Ende im Mund zu rauchen.

korreliert – eine leise tickende Zeitbombe. Tödliche Erkrankungen der Mundhöhle werden in indischen, medizinischen Texten schon etwa 600 v. Chr. erwähnt. Da es den Kautabak zu dieser Zeit und sogar schon vorher gegeben hat, ist es sehr wahrscheinlich, dass auch die damit verbundenen oralen Krebsarten in der Tat schon sehr alt sind.

Bei Pfeifenrauchern scheint die Unterlippe stärker in Mitleidenschaft gezogen zu sein als die Oberlippe. Vielleicht potenziert die durch die Hitze verursachte Beanspruchung der Unterlippe die Wirkung der Tabak-Karzinogene. Die traditionelle, stark teerhaltige Zigarette belastet besonders die Atemwege, was natürlich noch verstärkt der Fall ist, wenn der Rauch in die Lunge inhaliert wird. Das Risiko für Bronchialkarzinome wird dadurch erhöht.

In der ersten Hälfte des 20. Jahrhunderts stieg die Anzahl der Lungenkrebs-Diagnosen deutlich an. Bis dahin wurde Lungenkrebs als eine eher seltene Krebsart betrachtet, und viele Ärzte und Wissenschaftler aus den USA und Europa, hier besonders aus dem nationalsozialistischen Deutschland, äußerten die Vermutung, das Zigarettenrauchen könne die Ursache für den Anstieg der Krankheitsfälle sein. Erst 1950 konnten die Epidemiologen Doll und Hill in Großbritannien und Wynder und Graham in den USA überzeugende, epidemiologische Belege für einen starken Zusammenhang zwischen Tabakrauch und Lungenkrebs vorlegen. Zu diesem Zeitpunkt, nach zwei Weltkriegen, war das Rauchen von industriell in Mas-

senproduktion gefertigten und relativ billigen Zigaretten zur weit verbreiteten Angewohnheit geworden und die Lungenkrebs-Epidemie des 20. Jahrhundert damit
besiegelt.

Aber sogar nach diesen bahnbrechenden epidemiologischen Studien gab es
weiterhin skeptische Stimmen, und zwar nicht nur von Tabak-Lobbyisten mit
nachvollziehbaren wirtschaftlichen Interessen, sondern auch von Akademikern.
Doll und Hill räumten ein, eine Korrelation bedeute oder beweise nicht notwendigerweise auch eine Kausalität. Tierexperimente waren wenig hilfreich. Es ist offensichtlich schwierig, eine Laborratte zum Zigarettenrauchen zu animieren. Daher versuchte man es mit verschiedenen Rauchdüsen, jedoch wenig erfolgreich. Es
gibt verschiedene Gründe dafür, warum diese Experimente keine genauen Ergebnisse zeitigten: nicht zuletzt deshalb, weil die Ratten, die evolutionär an ein Leben
nahe dem Erdboden angepasst sind, nasale Trabekeln besitzen, die für die Lunge
potentiell schädliche Stoffe aus der Atemluft herausfiltern. Bei uns aufrechten
Gestalten dagegen haben solche Substanzen freien Zutritt.

Gibt es aber andere, nicht-kausale Erklärungen für den Zusammenhang zwischen Rauchen und Krebs? Einige haben dies vermutet. Der bekannte britische
Statistiker und Genetiker Sir Ronald Fisher unternahm eine Art Mini-Feldzug ge-
gen das medizinische Establishment, das seiner Meinung nach den Erklärungen
eine unkritische Akzeptanz entgegenbrachte und so ein „mildes und linderndes
Kraut" auf nicht nachvollziehbare Art und Weise verdammte. Wäre es nicht ebenso wahrscheinlich, wenn nicht gar wahrscheinlicher, argumentierte er, dass die
Vorliebe für das Tabakrauchen und das Entwickeln von Lungenkrebs getrennte
Merkmale einer gemeinsamen ererbten, genetischen Grundlage sein könnten? Zur
Unterstützung seiner These zitierte er einige Zwillingsstudien, die nahe legten,
dass die Vorliebe für das Rauchen genetische Ursachen haben könnte. Dabei ver-
schloss er sich offensichtlich völlig der Tatsache, dass die Lungenkrebsrate in der
ersten Hälfte des Jahrhunderts stark angestiegen war und dass das Krebsrisiko
proportional mit der Anzahl der konsumierten Zigaretten stieg. Einigen Wissenschaftlern erschienen die Argumente Fishers dennoch attraktiv, und zwar besonders jenen, die glaubten, jegliches menschliche Verhalten könne auf die unantast-
bare Genetik reduziert werden. Niemand war ein größerer Verfechter dieser
Ansicht, als der in London ansässige Psychologe Hans Eysenck. Er publizierte
Artikel und Bücher, in denen er Fishers irrige Annahmen zu unterstützen suchte,
indem er darlegte, dass Zigarettenraucher ein ganz spezielle genetische Brut seien:
stämmige, heißblütige Extrovertierte. Damit sind wir wieder bei Galen angelangt,
der das Mysterium der Krebspersönlichkeit in die Welt setzte. Dass dieser ver-
rückten Korrelation genauso ernsthafte Beachtung zuteil wurde wie Theorien der
chemischen Karzinogene, ist, zumal in den 1960er Jahren, ein eindrucksvoller
Beleg dafür, wie naiv intelligente Menschen sein können.

Man muss es als verhängnisvoll bezeichnen, dass es so lange dauerte, die kausalen Beziehungen zwischen Tabakrauchen und Tod zu erkennen und dass sogar
noch mehr Zeit verstrich, bis wirkungsvolle Gegenmaßnahmen ergriffen wurden.
Die unglückselige Verzögerung ist auf den Mangel an epidemiologischer Experti-
se vor 1940 zurückzuführen. Zweifellos waren der kausale Zusammenhang und
das tatsächliche Risiko nicht leicht und unmittelbar erkennbar, da zwischen
Verbreitung der Rauchgewohnheiten und der daraus resultierenden Erkrankungen

ein langer Zeitraum von 20 bis 50 Jahren lag und zudem nicht jeder Raucher auch an Lungenkrebs stirbt (siehe dazu Kasten auf Seite 140-143). Inzwischen verstehen wir die Biologie der Krebsentstehung besser und wissen daher, warum es eine so lange Latenzzeit gibt.

Nicht allen Raucher bleibt genug Zeit, tatsächlich Lungenkrebs zu entwickeln. Sie sterben schon vorher, aus anderen Gründen. Die notwendige schrittweise Akkumulation von Mutationen in einem sich entwickelnden Tumor erklärt auch, dass sogar bei langjährigen Rauchern das Krebsrisiko wieder sinkt, wenn sie das Rauchen aufgeben. Die ständige und über einen langen Zeitraum andauernde Belastung durch DNA-schädigende Chemikalien im Teer und Rauch von Tabak erhöht die Wahrscheinlichkeit, dass die Evolution von Krebs voranschreitet, und die pharmakologische Nikotinsucht ist dabei das Öl, das die Maschinerie kräftig schmiert. Aber die genauen Mechanismen nicht zu kennen, ist auch keine Entschuldigung, oder?

Die Gier des Dealers nach Profit

Das Ausmaß dieser mit dem Rauchen in Verbindung stehenden Epidemie des 20. Jahrhunderts ist erschreckend. Die „International Agency for Research on Cancer", bedeutende Epidemiologen wie Richard Peto, das „USA Surgeon General's Office" und andere haben die Zahl der weltweit auf das Rauchen zurückzuführenden Todesfälle berechnet und Vermutungen darüber angestellt, was in Zukunft in dieser Beziehung noch auf uns zukommen wird. Momentan sterben jährlich zwei bis vier Millionen Erwachsene an tabakassoziierten Krankheiten, beziehungsweise werden, wie Richard Peto es unverblümt ausdrückt, vom Tabak getötet. Etwa 40 Prozent von ihnen sterben an Lungenkrebs. Unter den weiteren Todesursachen sind Tumoren in Mund und Rachenraum, Kehlkopfkrebs, Herz-Kreislauf-Erkrankungen, Aneurysmen der Aorta und verschiedene Lungenleiden. Tatsächlich ist diese Liste sogar noch länger, da mindestens 30 lebensbedrohliche Krankheiten, chronische oder zur Entkräftung führende, direkt auf Tabakgenuss zurückgeführt werden können oder durch das Rauchen zumindest verstärkt werden. Zigarettenkonsum erhöht außerdem das Risiko für Pankreaskrebs, Nierenkrebs und Blasenkrebs – wahrscheinlich durch Karzinogene, die ins Blut gelangen.

Der Zigarettengenuss sinkt inzwischen in einigen westlichen Ländern, die Erfolge in Bezug auf ebenfalls sinkenden Lungenkrebsraten sind allerdings nicht so groß, wie man angenommen hatte. Ein weiteres Problem ist entstanden. Unter den Rauchern werden Bronchialkarzinome zwar seltener, dafür steigt die Anzahl der zuvor raren Adenokarzinome der Lunge. Besonders Frauen scheinen dafür anfälliger zu sein. Diese Tumoren entstehen in den tiefer gelegenen Verästelungen des Lungensystems (den Alveolen). Eine plausible Erklärung betrifft das veränderte Rauchverhalten und die Vermarktung von „milderen" Zigarettensorten: Viele Raucher dieser nikotin- und kondensatreduzierten Zigaretten haben es sich angewöhnt, den Rauch tiefer in die Lunge zu inhalieren, um so den maximale Nikotin-Kick zu erreichen. Zigaretten sind nun einmal nie harmlos.

Zigaretten, Lügen und Videos

Dr. Wakeman: Sie werden mich nicht dazu bringen, zu sagen, Rauchen sei schädlich. Apfelsirup ist schädlich, wenn man zuviel davon verzehrt.

Interviewer: Ich denke nicht, dass besonders viele Menschen an Apfelsirup sterben.

Dr. Wakeman: Weil sie nicht genug davon essen. Wenn unser Unternehmen annehmen würde, Zigaretten wären wirklich schädlich, hätten wir schon längst die Produktion aufgegeben. Wir sind ein sehr moralisches Unternehmen.

(Dr. Wakeman, Vizepräsident von Phillip Morris in der Sendung „Death in the West", Thames TV, 1976)

Nach Jahren der Vertuschungen und Ausflüchte zeigen Firmen in den USA, die in den größten Gesundheitsskandal des 20. Jahrhunderts involviert sind, nun Zeichen des Einlenkens und räumen die Risiken ihres Produktes ein – freiwillig oder widerstrebend. Die Konsequenzen werden ohne Zweifel erheblich sein. Wahrscheinlich wird der Umlauf von Nikotin strenger reguliert und kontrolliert werden, nachdem es nun als süchtig machende Droge anerkannt ist, und sicher wird auch die Frage der Kostenübernahme im Gesundheitssystem neu bewertet werden. Die lange Latenzzeit des durch das Rauchen verursachten Lungenkrebses trug dazu bei, dass der tödliche Zusammenhang zwischen beiden während der ersten Hälfte des 20. Jahrhunderts nicht erkannt wurde. So konnten sich die Profiteure ihre vermeintlich reine Weste lange Zeit bewahren. Es ist allerdings kaum zu fassen, dass noch 1994 die Vorsitzenden von sieben der größten Zigarettenhersteller vor dem Gesundheits- und Umwelt-Ausschuss des USA-Parlaments unter Eid aussagen konnten, sie glaubten nicht, dass Nikotin süchtig mache und Zigarettenrauchen Lungenkrebs verursache. Ob diese Ansicht nun das aufrichtige Produkt einer bizarren, gemeinsam entwickelten Logik, ergreifende Ignoranz oder eine offene Lüge war, werden wir nur erfahren, wenn einer dieser Vorsitzenden sich einmal in seinen, zweifellos lukrativen, Memoiren verplaudern sollte. Wir ahnen jedoch die Antwort. Die aus einem der führenden Zigarettenhersteller durchgesickerten und im Internet nachlesbaren Dokumente von Brown und Williams bieten anschauliche Hinweise dafür, dass die Tabakindustrie bereits seit vielen Jahren wusste, dass ihr Produkt ein süchtigmachender Killer ist.

In China, Indien, Osteuropa und Afrika sind die Verhältnisse anders. Die gefährlichen Trends bewegen sich in die genau entgegengesetzte Richtung, da die Tabakriesen neue Absatzgebiete innerhalb der globalen Märkte aufgespürt haben. Man könnte amüsiert darüber lächeln, wenn es nicht so mörderisch tragisch wäre, dass es in Afrika eine Zigarettenmarke mit dem Namen „Life" gibt und eine weitere, weit angemessener mit „Death" bezeichnet. Ein Drittel aller Raucher auf dieser Welt sind Chinesen. Die Mehrheit der chinesischen Männer raucht, darunter viele Ärzte. Zwar gibt es ermutigende Anzeichen, dass die Regierung auf die drohende Epidemie, die über sie hereinzubrechen droht, reagiert, allerdings sind ihr ökonomisch die Hände gebunden: Tabak ist ihre wichtigste industrielle Quelle für Steuereinnahmen (alleine 1996 waren es umgerechnet einige zehn Milliarden US Dollar). Auf der Grundlage aktueller Schätzungen und neuerer Studien aus China berechneten der in Oxford lehrende Peto und seine Kollegen, dass ein Drittel der heute rauchenden, jungen chinesischen Männer während der ersten Hälfte des 21. Jahrhunderts an einer dadurch verursachten Krankheit sterben werden. Danach müsste man mit etwa 100 Millionen Todesfällen rechnen. Basierend auf heutigen Trends wird im Jahre 2030 laut Peto die jährliche Todesrate auf 10 Millionen angestiegen sein. Die Hälfte der Betroffenen werden zwischen 35 und 70 Jahre alt sein. Das ist ein absolutes Desaster, eine gewaltige Herausforderung.

Wir wissen heute eindeutig, dass DNA-schädigende, chemische Karzinogene in den Verbrennungsprodukten des inhalierten Teers oder Rauches die Hauptursache für Lungenkrebs sind. Auf das Inhalieren, wie auch der frühere US-Präsident Clinton in allerdings anderem Zusammenhang einräumte, kommt es an. Zigarettenrauch und besonders die Teerrückstände beinhalten ein außergewöhnliches, chemisches Gemisch aus einigen Tausend Substanzen, von denen über 40 die DNA schädigen können und nachgewiesenermaßen Tumoren auf der Haut von Ratten auslösen. Die wirkungsvollsten sind Benzypyren (ein pentazyklischer Kohlenwasserstoff) und Nitrosamine. Diese tödlichen Moleküle hinterlassen ihre chemischen Fußabdrücke an der DNA von Lungenzellen. Bei starken Rauchern findet man entsprechend mehr solcher Moleküle. Experimentell konnte gezeigt werden, dass Produkte von metabolisiertem Benzypyren, einem der potentesten Karzinogene im Tabakteer, an bestimmte Regionen des *p53*-Gens binden. Diese Regionen des *p53* sind sehr häufig bei Lungenkrebspatienten mutiert. Diese Form der genetischen Zielstrebigkeit durch ein Karzinogen ist überraschend: Bisher betrachtete man solche Moleküle als eher wahllose Zerstörer. Auf das Benzypyren trifft dies jedoch sicher nicht zu. Bei Rauchern, die (noch) keinen Lungenkrebs haben, kann man weitere für Lungenkrebszellen charakteristische chromosomale oder molekulare Veränderungen nach Bronchiallavage entdecken. Das Ausmaß der genetischen Anomalien ist dabei abhängig von der Intensität des Rauchens. Weitere Beweise gefällig?

Molekularbiologie und Epidemiologie gemeinsam bieten unstrittige Hinweise für einen Zusammenhang zwischen Tabakgenuss und Lungenkrebs, dennoch kann natürlich nicht bei jedem einzelnen Tabakopfer mit letzter Sicherheit festgestellt werden, ob tatsächlich das Rauchen für den Tod verantwortlich zu machen ist. Der Fall zweier Ärzte bildet eine – nicht ganz ernst gemeinte – Ausnahme, wie Sir Richard Doll in seiner bemerkenswerten Studie feststellte. Er hatte über 40 Jahre lang Todesursachen und Rauchgewohnheiten britischer Ärzte dokumentiert. Die beiden betroffenen Ärzte starben, nachdem sie mit einer brennenden Zigarette ihr Bett in Brand gesetzt hatten. Das gleiche Schicksal hätte beinahe auch General de Gaulle ereilt, der wie viele seiner französischen Landleute ein starker Raucher war. Er gewöhnte sich das Rauchen nach diesem Erlebnis jedoch ab.

Es gibt noch eine etwas andere Sichtweise auf die Kausalitäten der Krebsentstehung. Richard Lewontin, Biologe in Harward, und Robert Proctor, Wissenschaftshistoriker an der Pennsylvania State University argumentieren überzeugend, dass der Begriff „Ursache" etwas weiter gefasst werden sollte. Er umfasse nicht nur unmittelbare Ereignisse oder Wirkstoffe, wie etwa die im Zigarettenteer enthaltenen Karzinogene, die zum Ausbruch von Krankheiten beitragen, sondern auch gesellschaftliche, kommerzielle und politische Faktoren, die ebenfalls greifbare Einflüsse besitzen. In gewisser Weise ist die gesamte gesellschaftliche und kommerzielle Geschichte des Tabakgebrauches außerhalb seines einheimischen, indianischen Kontextes insgesamt ein Risikofaktor auf dem Weg zur Entartung. Betrachtet man die Tabak-Problematik aus diesem Blickwinkel, so wurde die Lungenkrebsepidemie des 21. Jahrhunderts auch gefördert durch die Erfindung von Maschinen zum Rollen von Zigaretten (1880), die kostenlose Versorgung von Hunderttausenden von Soldaten mit Zigaretten während zweier Weltkriege (so entstanden Heere nikotinsüchtige Männer) sowie die Kommerzialisierung von Produktion und Verkauf. Vieles geschah aus gleichgütiger Missachtung der bereits bekannten, tödlichen Konsequenzen. Nicht zuletzt tragen auch die Politiker Verantwortung, die aufgrund ihres unstillbaren Verlangens nach Steuereinnahmen, Spenden oder Wählerstimmen sich mit der Tabaklobby ins gleiche Boot gesetzt haben. Es ist eine unrühmliche, tragische aber sehr menschliche Geschichte von Ignoranz, Fahrlässigkeit und Gier. Feuer war und ist nach wie vor eine großartige Entdeckung. Das Rauchen des Tabakkrautes hat zweifellos auch positive Aspekte. Wären wohl Johann Sebastian Bach, Mark Twain, Evelyn Waugh und andere nikotinsüchtige Künstler auch ohne Tabak so kreativ und produktiv gewesen? Wer weiß.

(Un)Lucky Strike?

Wir stehen hier vor einem Rätsel, – ich glaube, auch Professor Doll wird es nicht lösen können – dem Rätsel der Tausenden von Rauchern, die gequalmt haben wie ein Schlot und dennoch nicht zu Schaden gekommen sind.

(Der Journalist Bernard Levin, 1997)

Die Teerrückstände des Tabaks mögen sich beim Zigarettenrauchen zwar immer nur tröpfchenweise auf den Bronchien ablagern, der sich auf Dauer dort ansammelnde toxische Film ist jedoch bemerkenswert. Die Lungen eines Mannes, der 40 Jahre lang ordentlich gequalmt hat, mussten während dieser Zeit mit insgesamt 7 bis 8 Kilo Teer fertig werden. Aber selbst unter solchen Umständen erkranken nicht alle älteren und langjährigen Raucher an klinisch diagnostiziertem Lungenkrebs. Etwa einer von zehn Rauchern, die täglich 15 bis 25 Zigaretten rauchen, hat im Alter von 75 Jahren Lungenkrebs. Stärkere Raucher (mehr als 25 Zigaretten pro Tag) besitzen ein noch höheres Risiko. Einige können sich dem Lungenkrebs entziehen, allerdings aus Gründen, die keinen Anlass zum Feiern bieten – sie sterben an anderen, mit Tabakkonsum in Verbindung stehenden Krankheiten. Jeder zwanzigste Lungenkrebspatient in den USA oder Europa ist kein Raucher. Dass Lungenkrebs auch andere Ursachen haben und andere Entstehungswege gehen kann, ändert nichts an der Tatsache, dass das Rauchen die Hauptursache dieser Krankheit ist: Es steht nicht zu vermuten, dass ein einzelner Faktor zur Krebsentstehung führt. Exklusivität ist also kein notwendiges Kriterium bei der Suche nach Krebsursachen.

Dass allerdings selbst unter den langjährigen Rauchern nur eine Minderheit an Lungenkrebs erkrankt, wirft eine naheliegende Frage auf: Angenommen alle Raucher einer Untersuchungsgruppe weisen die gleiche Rauchervergangenheit bezüglich Einstiegsalter, Anzahl der Jahre, in der sie geraucht haben und Teerkonzentration der bevorzugten Zigarettenmarke auf, was unterscheidet den einen, der an Lungenkrebs erkrankt von den anderen verschonten neun Rauchern? Natürlich ist er schon per Definition ein besonderes, einzigartiges Individuum mit eigener genetischer Ausstattung und spezifischer Anfälligkeit für Veränderungen – und das mag den Spieß gegen ihn gerichtet haben. Im Gegensatz zu Brustkrebs, Darmkrebs und Prostatakrebs sind beim Lungenkrebs bisher allerdings noch keine vererbbaren Genmutationen entdeckt worden, die das Krebsrisiko erhöhen. Dennoch könnten andere Gene für die Entstehung des Lungenkrebses verantwortlich sein. Zellen entgiften potentiell karzinogene Substanzen, wobei sie diese paradoxerweise im Laufe des Prozesses zunächst aktivieren. Diese Aktivierung wird von Enzymen gesteuert, die wiederum von Mensch zu Mensch verschieden leistungsstark sind. Die unterschiedliche Enzymausstattung beruht auf natürlichen Sequenzunterschieden der enzymkodierenden Gene, auf einer individuell unterschiedlichen Allelausstattung also. Das elterliche Glücksspiel bestimmt demnach, ob Individuen, die stark rauchen, aufgrund ihrer spezifischen Enzymausstattung wahrscheinlich Lungenkrebs entwickeln oder nicht, ob sie also über einen Genotyp verfügen, der die karzinogene Aktivität von Benzopyren, Nitrosaminen und anderen DNA-schädigenden Substanzen des Tabakteers und -rauches erhöhen. Raucher, die Lungenkrebs entwickeln, besitzen mit höherer Wahrscheinlichkeit diesen Genotyp als Raucher, die nicht an Krebs erkranken. Das relative Risiko ist damit etwa doppelt so hoch. Die bisher älteste Europäerin (Madame Jeanne Calment), die im Alter von 122 Jahren – nicht an Krebs übrigens – gestorben ist, hat es daher wahrscheinlich ihren Eltern zu verdanken, dass sie trotz lebenslangen Rauchens nicht an Krebs erkrankte. Und es gibt weitere Beispiele: „Wäre ich dem Rat meines Arztes gefolgt, das Rauchen aufzugeben, so hätte ich nicht an seiner Beerdigung teilnehmen können." (George Burns im Alter von 98 Jahren, in dem er noch immer 10 Zigarren am Tag rauchte.)

Allerdings reicht der Bonus bzw. das Handicap durch die elterliche Mitgift allein nicht aus, um den einen von zehn Lungenkrebsfällen wirklich erklären zu können. Man hat daher Studien mit eineiigen und zweieiigen Zwillingen, die jeweils das gleiche Rauchverhalten aufwiesen, durchgeführt. Die Ergebnisse dieser Studien ergaben, dass eineiige Zwillinge keine größere Übereinstimmung des Krebsrisikos aufwiesen als zweieiige Zwillinge. Obwohl also die eineiigen Zwillingspärchen sowohl eine identische genetische Ausstattung besaßen, als auch nahezu gleiche Rauchgewohnheiten aufwiesen, entwickelten nicht unbedingt auch beide Lungenkrebs (beziehungsweise blieben beide davon verschont). In den meisten aller Fälle erkrankte nur einer der beiden Zwillinge an Lungenkrebs. Vermutlich hätten bei diesen Zwillingspaaren beide keinen Krebs bekommen, wenn sie gar nicht geraucht hätten. Und wahrscheinlich haben am Ende Zufall und Glück den Ausschlag für die Erkrankung des einen beziehungsweise das Gesunderhalten des anderen gegeben. Mit Zufall und Glück ist die Genlotterie gemeint, die über die Anzahl von Genveränderungen in einer Zelle bestimmt. Mit anderen Worten handelt sich also vielmehr um unglückselige Treffer, die verschiedene Menschen in unterschiedlichem Umfange im Laufe von beispielsweise 50 Jahre währenden Raucherkarrieren ansammeln.

Nehmen wir einmal an, wir könnten das Leben von 100 älteren Männern zurückspulen, die alle während ihres gesamten Erwachsenenlebens 15 bis 25 Zigaretten am Tag geraucht haben, darunter 10, die an Lungenkrebs erkrankt sind. Und zusätzlich würden wir das Leben von 100 Nichtrauchern zurückspulen, damit alle noch ein zweites Leben mit den gleichen Gewohnheiten leben können. Wie sähe wohl das Ergebnis aus? Würden wieder die gleichen 10 Männer an Lungenkrebs erkranken, müssten wir wohl noch einmal über die Rolle ererbter Genmutationen bei der Entstehung von Lungenkrebs nachdenken oder uns näher mit besonderen Gewohnheiten der Betroffenen auseinandersetzen, mit ihrer Ernährung beispielsweise. Dass die richtige Ernährung das Krebsrisiko leicht senken kann, gilt als gesichert. Meine Vermutung ist allerdings, dass bei der Wiederholung zwar wieder 10 Lungenkrebsfälle auftreten würden und diese wiederum in der Raucherfraktion zu finden wären, dass es allerdings dieses Mal 10 andere Raucher treffen würde. Die Bronchialepithelien aller Raucher würden genetische Schädigungen zeigen, und bei einigen von ihnen ließen sich mit Hilfe neuer, „smarter" Methoden Minitumoren nachweisen. Aber wie bei den eineiigen Zwillingen gäbe auch bei ihnen Zufall, Glück oder Pech den Ausschlag. – Sie bestimmen, ob der „point of no return" der Krebsklonentwicklung überschritten wird oder nicht.

Wenn wir nun unseren imaginären Versuch weiterführen würden, das Leben der Probanden verlängern und andere Todesursachen (inklusive derer, die irgendwie mit Tabakkonsum in Verbindung zu bringen sind) abwehren könnten, was geschähe? Es ist sehr wahrscheinlich, dass deutlich mehr als 10 Prozent der nun weiterhin rauchenden Probanden in der Folge an Lungenkrebs erkrankten. Vorausgesetzt, es stünde genügend Zeit zur Verfügung, würden sicherlich alle Raucher schließlich an Lungenkrebs sterben. Überlebende hätten unglaubliches Glück gehabt – und wären im übrigen wissenschaftlich betrachtet von großem Interesse.

Natürlich weiß ich nicht, ob dieses Gedankenexperiment die Wahrheit trifft. Es beruht lediglich auf einer gewissen Vorstellung, der man immer nachgehen kann, wenn es darum geht, das Ergebnis gehäufter, evolutiver Zufälle zu antizipieren. Stephen Jay Gould hat die These verfochten, dass, könnten wir das gesamte Erdenleben 500 Millionen Jahre zurückspulen, die Wiederholung völlig andere Ergebnisse in Bezug auf Artenvielfalt, Gewinner und Verlierer hervorbrächte. Und wahrscheinlich wäre der Mensch am Ende des Experimentes gar nicht vorhanden, um diese Vorhersage verifizieren zu können.

Um es klar zu sagen: Das Zigarettenrauchen ist mit einigem Abstand der Hauptrisikofaktor für Lungenkrebs. Das Risiko steigt mit Umfang und Dauer des Tabakkonsums. Um aber das ganze Bild zeichnen zu können, müssen wir mit weiter ausladenden Pinselschwüngen malen. Es ist vergleichbar mit einer komplizierten Tapisserie: Tritt man zu nah heran, so verschwimmt das Muster.

Dicke Luft

Unsere Lungen können neben Zigarettenrauch auch anderen inhalierten Schadstoffen aus qualmenden Feuerquellen ausgesetzt sein, die potentiell Mutationen und Krebs verursachen. Ein eindrucksvolles Beispiel ist aus China bekannt. Während der 1970er Jahre wies die südchinesische Provinz Xuan Wei eine der höchsten Lungenkrebsraten Chinas auf. Besonders merkwürdig war dabei, dass die Sterblichkeit der Frauen und Männer gleich war, obwohl nur 0,1 Prozent der Frauen, aber fast 50 Prozent der Männer Zigaretten rauchten. Man verglich daraufhin die innerhalb dieser Provinz lokal sehr unterschiedlichen Lungenkrebsraten. Es stellte sich heraus, dass die besonders hohen Krebsraten mit an Sicherheit grenzender Wahrscheinlichkeit auf die Verwendung von qualmender Kohle zum winterlichen Heizen der Häuser zurückzuführen waren. In Gebieten mit niedrigerer Lungenkrebsrate wurde dagegen mit rauchfreier Kohle oder Holz geheizt. Das Inhalieren der komplexen organischen Verbrennungsprodukte von Kohlefeuern führte also offensichtlich zu dem erhöhten Lungenkrebsrisiko. Eine ähnliche Erklärung gibt es wahrscheinlich auch für die zehnfach erhöhte Lungenkrebsrate von Nichtrauchern in verschiedenen chinesischen Städten.

Üblicherweise ist bei Männern ein höheres Lungenkrebsrisiko als bei Frauen beobachtbar. Es gibt aber über das gerade beschriebene, chinesische Beispiel hinaus noch ein paar weitere Ausnahmen. So sind von den Maori-Frauen schon seit langem hohe Lungenkrebsraten bekannt, was allerdings nicht weiter verwundert, da die kulturellen Sitten der Maoris es auch den Frauen leicht machte, die Tabakgewohnheiten aufzugreifen, nachdem die Europäer sie eingeführt hatten. Chinesische Frauen in Shanghai, Hong Kong, Singapur und den USA weisen ein bemerkenswert hohes Risiko für eine Krebsart auf, die bisher nicht mit dem Rauchen in Verbindung gebracht worden war: Adenokarzinome der Lunge. Zwar gibt es inzwischen Hinweise auf einen Zusammenhang zwischen dem tiefen Inhalieren von leichten Zigaretten mit geringem Teer- und Nikotingehalt und dieser Krebsform, aber die Mehrzahl der betroffenen chinesischen Frauen raucht überhaupt nicht. Epidemiologische Untersuchungen legen bei ihnen eine Verbindung zum fortgesetzten Einatmen von Küchendämpfen nahe, die durch das sehr starke Erhitzen von Speiseöl, speziell von Sesamöl, Erdnussöl, Rapsöl und anderen verdampfbaren Ölen, beim Braten entstehen.

Auch Frauen anderer traditionell lebender Gesellschaften mögen ein ähnliches Schicksal haben. So betrafen die wenigen vor 1960 bei den Inuit der kanadischen Arktis diagnostizierten Lungenkrebsfälle ausschließlich Frauen. Das Zigarettenrauchen war bis zu diesem Zeitpunkt noch nicht zu den Inuit vorgedrungen. Die weiblichen Lungenkrebserkrankungen führte man daher darauf zurück, dass den Inuit-Frauen die Pflege der Öllampen oblag, die mit Robbenöl befeuert wurden. Diese Lampen geben einen sehr rußigen Rauch ab, dem die Frauen in den engen Behausungen ständig ausgesetzt waren. Es steht zu vermuten, dass diese Belastung und deren Konsequenzen eine lange Geschichte seit der Besiedlung der arktischen Wildnis vor 15 000 bis 25 000 Jahren besitzt. Darüber geben uns die Qilakitsoq-Mumien einigen Aufschluss. 1972 entdeckte man in einer Grabanlage im Westen Grönlands die sehr gut erhaltenen Körper eines Kleinkindes, eines Kindes sowie sechs erwachsener Frauen. Ihr Tod wurde auf das Jahr 1475, plus/minus 50 Jahre, datiert. Ihre Körper, ihre Kleidung und der Inhalt ihres Verdauungstraktes erzählte einiges über ihre Lebensweise. Für unser Thema hier ist es interessant, dass die Lunge einer der Frauen stark mit Ruß überzogen war. Bei einer weiteren Frau fand man zudem einen großen nasalen Tumor, der in die umgebenden Gewebe gestreut hatte, so dass sie wahrscheinlich auf einem Auge blind und darüber hinaus taub geworden war. Diese Funde sind ein weiteres Beispiel für die Wirkung organischer Verbrennungsprodukte auf die Atemwege des Menschen. Unsere Atemwege wurden nicht für derartige Belastungen entwickelt. Gibt es noch mehr verzögert eintretende Sanktionen gegen die Wohltaten des Zündelns mit dem Feuer?

Ich könnte noch weitere eindrucksvolle Beispiele für Assoziationen zwischen Krebserkrankungen und der Verbrennung von kohlenstoffhaltigen Brennstoffen geben. Allerdings sind sie in einem anderen Kontext treffender zu behandeln. Daher wollen wir uns im Anschluss an dieses feurige Kapitel nun zunächst wieder etwas abkühlen.

Kapitel 15: Frauenleiden

Man wird kaum einen Nonnenkonvent finden, der nicht diese verfluchte Pest, den Krebs, unter seinem Dach birgt.

(Bernardino Ramazzini, 1700, über Brustkrebs)

Sex wurde nicht erst, wie der Dichter Philip Larkin nachdenklich bemerkte, 1963 erfunden, sondern lange Zeit zuvor. Die erste eheliche Verbindung zwischen zwei verschiedenen Mitgliedern einer Einzellerart war eine zufällige Paarung vor etwa 3000 Millionen Jahren. Sie verschmolzen, teilten und tauschten ihre Gene miteinander aus – und die Welt veränderte sich. Als ich Anfang der 1960er Jahre die Eingangsprüfung in Zoologie für die Aufnahme ans University College in London abzulegen hatte, lautete eine Frage von John Maynard Smith, einem der führenden Evolutionsbiologen Großbritanniens: „Ist Sex notwendig?" Mir war bis zu diesem Zeitpunkt noch nie in den Sinn gekommen, dass man dies überhaupt infrage stellen könnte. Die Antwort zielt darauf ab, dass sexuelle Fortpflanzung in erster Linie mit dem Austausch der elterlichen Gene zu tun hat. Diese genetische Vermischung dient erstens dazu, die genetische Vielfalt des Nachwuchses zu vergrößern, und zweitens werden so nicht zwangsläufig allen Nachkommen etwaige schädliche Mutationen vererbt. Der Vorteil dieser genetischen „Beweglichkeit" besteht in besseren Überlebenschancen (zumindest für einen Teil des Nachwuchses). Einige Biologen glauben, sexuelle Reproduktion wurde im wesentlichen entwickelt, um das Überleben in einer sich ständig ändernden, feindlichen, von Parasiten geplagten Welt zu ermöglichen. Ihre Argumentation ist insgesamt allerdings umfassender und komplexer.

Welcher evolutionsbiologische Sinn auch immer dahinter steckt, wir können davon ausgehen, dass in der guten alten Zeit Sex mit Reproduktion gleichzusetzen war. Blütenpflanzen reproduzieren sich sexuell, Würmer bilden Zwitterpaarungen, und auch große Meeressäuger bringen es erstaunlicherweise fertig, sich sexuell fortzupflanzen. Nun werde ich mich nicht zu der Bemerkung versteigen, der Mensch sei die einzige Art, bei der zusätzlich Vergnügen und Genuss im Spiel ist. Höchstwahrscheinlich trifft das auch gar nicht zu. Allerdings scheinen alleine die höheren Primaten und besonders der *Homo sapiens* eine deutliche Trennung zwischen Sex und Reproduktion sowie eine soziale Manipulation beider Aktivitäten vollzogen zu haben. Neben dem Menschen nutzen nur Bonobos und Zwergschimpansen Sex eher dazu, Entspannung und Vergnügen zu verschaffen, als tatsächlich Nachwuchs zu zeugen. So selbstverständlich uns diese Trennung heute auch er-

Abb. 15.1 Darstellung einer Brustuntersuchung durch den Chirurgen Teodorico Borgogno-
ni (1275).

scheint, so eng verknüpft sind Sex und Fortpflanzung jedoch auf genetischer Ebene. Wir haben beides wie noch keine Spezies zuvor voneinander entkoppelt. Diese
Entkopplung ging so rasant vonstatten, dass sie den Darwinschen Filter beziehungsweise den genetischen Fitness-Test weitestgehend umgangen hat. Krebs
könnte eine schwerwiegende Konsequenz daraus sein.

La femme est une malade

Frauen sind besonders von Krebs betroffen und das bereits seit langer Zeit, wie
uns historische Berichte und aktuelle Statistiken zeigen. Diese weisen hohe Raten
für Krebsarten der weiblichen Fortpflanzungsorgane (Eierstock, Gebärmutter und
Gebärmutterhals) und besonders der Brust aus – eine schwere Bürde nicht nur bezüglich des Krebsrisikos, sondern besonders auch bezüglich der Krebstherapie.
Der Verlust einer Brust, des Symbols für Weiblichkeit schlechthin, ist schlimm
genug, aber die schiere Grausamkeit und Demütigung durch angebliche Heilmittel
in früheren Zeiten sind schlicht als grässlich zu bezeichnen. Blutsaugende Frösche

und Blutegel konkurrieren in frühen medizinischen Lexika mit Arzneitrunken, die, unverständlich, hauptsächlich aus Exkrementen von Ratten, Ziegen oder Menschen bestanden. Und dann gab es da auch noch die Chirurgie.

Es ist schwierig, wenn nicht gar unmöglich, sich heute vorzustellen, wie Amputationen oder Verödungen abgelaufen sein müssen, als es noch keine Anästhesie, Hygiene, Antibiotika und geeignete Operationsverfahren gab. Alte Operationsbücher bieten anschauliche Illustrationen der verwendeten Instrumente und Methoden und einen makaberen Hinweis auf die Vorgehensweisen. Das beste Bild einer historischen Brustoperation vermittelt der Bericht einer Frau, die gleichzeitig eine begabte Schriftstellerin und Patientin war – Fanny Burney. Die lebhafte Schilderung, die sie 1811 an ihre Schwester schrieb, verdeutlicht ihren anerkennens- und bemerkenswerten Stoizismus und ist zugleich ein bedrückendes Zeugnis widerfahrener Demütigungen und Schmerzen. Man mag es zwar kaum für möglich halten, aber Fanny Burney überlebte diese Operation um 30 Jahre. Zweitausend Jahre lang wurde Brustkrebs hauptsächlich durch Entfernen der betroffenen Brust behandelt. Die Tatsache, dass sich die Operationsmethoden heute deutlich verbessert haben, täuscht kaum darüber hinweg, dass die Brustamputation noch immer eine rohe und nur teilweise wirkungsvolle Heilungsmethode ist; eigentlich ein Zeugnis unseres Versagens. Inzwischen wird sie auch prophylaktisch durchgeführt. Berichten zufolge verhindert die radikale Entfernung beider Brüste bei gesunden Frauen mit familiärer Brustkrebshäufung 90 Prozent der vorhergesagten Brustkrebsfälle. Das lässt mich unbeeindruckt. Der Preis ist überaus hoch und nicht jede Frau in einer solchen Familie ist auch tatsächlich gefährdet.

Brustkrebs war über Jahrhunderte eine der vorherrschenden Krebsarten, wenigstens in Europa. Seine Häufigkeit nahm während des 20. Jahrhunderts in den westlichen Ländern kontinuierlich zu, lange bevor vom Menschen produziertes DDT, Strahlung oder die petrochemische Industrie die Szene dominierten. Momentan besteht für amerikanische und europäische Frauen eine Wahrscheinlichkeit von 10 Prozent, mit einer Brustkrebsdiagnose konfrontiert zu werden. Allerdings muss dabei bemerkt werden, dass diese alarmierende Zahl unter anderem durch Vorsorge-Studien zustande kommt, bei denen auch Tumoren entdeckt werden, die sich vielleicht nie zu Krebs weiterentwickeln würden. Außerdem stellt diese Ziffer kein durchschnittliches Risiko dar, sondern bezeichnet das kumulative Lebenszeitrisiko von Frauen, die ein Alter von 85 Jahren erreichen. Das Risiko für Herzkreislauferkrankungen ist noch immer größer.

Zwar ist eine signifikante Zahl der Brustkrebspatientinnen relativ jung und befindet sich noch nicht in der Menopause, der allergrößte Teil der betroffenen Frauen aber ist älter. Das Risiko einer 30-Jährigen, innerhalb der nächsten 10 Jahre an Brustkrebs zu erkranken, liegt lediglich bei 1 zu 250. Operative Behandlung, begleitende Chemotherapie, Vorsorge und frühe Diagnose sowie die gesamte Patientenbetreuung haben sich stark verbessert, so dass viele Patientinnen heute lange rückfallfrei leben oder vollständig geheilt werden können.

Aber irgendetwas läuft hier ganz offensichtlich gehörig schief. Eine furchtbare Anzahl von Frauen in relativ jungem bis mittlerem Alter erkrankt an Brustkrebs und noch mehr von ihnen besitzen ruhende und beginnende Tumoren, die sich allerdings nie zu Krebs weiterentwickeln. Warum sind die Brustdrüsen zu solch einem Minenfeld genetischer Veränderungen geworden?

Kunstwerke, die man in den Überresten griechischer Tempel entdeckt hat, lassen vermuten, dass die Griechen vor Hippokrates Tonmodelle von Brusttumoren als Opfergabe in die Tempel legten, in der vergeblichen Hoffnung, die aus vermeintlich übernatürlichen Ursachen entstandene Krankheit möge nun durch gleichermaßen übernatürliche Intervention geheilt werden (Abb. 15.2).

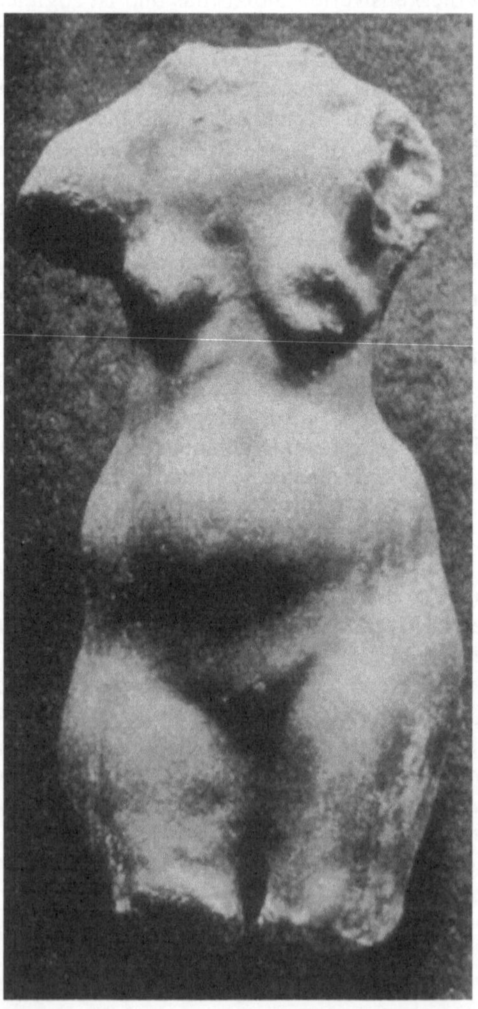

Abb. 15.2 Diese Skulptur aus der Griechischen Antike stellt eine schwärende Brust-Geschwulst dar.

Hippokrates und seine Chirurgen- und Ärzte-Schule auf Kos sowie später Galen betrachteten Brustkrebs als eine Nebenerscheinung einer melancholischen Gemütsverfassung. Diese quasi-wissenschaftliche oder doch besser pseudo-wissenschaftliche Ansicht stellte sich als außerordentlich hartnäckig heraus und prägte die Mediziner noch bis fast in unsere Zeit. Herbert Snow zum Beispiel, bekannter Chirurg am Cancer Hospital in London, wo ich heute arbeite, verwendete den markigen, französischen Aphorismus „La femme est une malade" (geprägt hatte er ihn allerdings nicht), mit dem ich dieses Unterkapitel überschrieben habe. Er publizierte einige Aufsätze gegen Ende des 19. Jahrhunderts, in denen er den viktorianischen Gentleman zugleich als höflich, wichtigtuerisch und gönnerhaft charakterisierte. Snow bemerkte, dass Krebs eine typische Erscheinung zivilisierter Gesellschaften sei, denen das fehle, was er „Immunität der wilden Rassen, Wahnsinnigen und Idioten" nannte. In einem dieser Aufsätze, beginnend mit „Gentlemen ...", erklärt er, die Neigung der Frauen zu Krebs, und zwar besonders zu Brust- und Gebärmutterkrebs, habe ihre Gründe in der debilen Lebensweise und den Neurosen der Frauen zivilisierter Gesellschaften. Diese zeigten sich in der weiblichen Anfälligkeit für Verstopfungen und dem Missbrauch von Neurotika (sic!), zum Beispiel Tee. In Bezug auf die Krebsverursachung sei besonders „die bei Frauen in Europa und den USA weit verbreitete Gewohnheit, bereits in jungen Jahren körpereinschnürende Korsetts zu tragen" verantwortlich zu machen. Auch Clot Bey stellte einen Zusammenhang zwischen Unterwäsche und Krebs her. Er stellte fest, die geringe Gebärmutterkrebsrate bei ägyptischen Frauen sei darauf zurückzuführen, dass die Ägypterinnen Unterhosen trügen, welche die Genitalegion vor kühler Luft schützten.

Snow und seine Chirurgen-Kollegen aus England, Frankreich und den USA des 18. und 19. Jahrhunderts verbreiteten eine bereits Jahrhunderte alte Lehre, nach der die Krebsanfälligkeit der Frauen in der weiblichen Psyche begründet war und eventuell durch (physische) Irritationen verstärkt wurde. Nebenbei war auch die Ansicht, Brustkrebs entwickle sich als Folge tiefer Trauer, fest in den damals geltenden medizinischen Lehren verwurzelt. Die Beweislage dafür muss, um es vorsichtig auszudrücken, als bestenfalls dünn bezeichnet werden. Ich zitiere hier zwei Fälle, die zur Untermauerung der Thesen herangezogen wurden:

Fall 1: Die Frau eines Schiffsmaats (der vor einiger Zeit von den Franzosen in Gefangenschaft genommen worden war) war davon derartig betroffen, dass ihre Brust begann anzuschwellen und sich bald darauf ein bösartiger Krebs entwickelte, der, als sie mich aufsuchte, bereits so weit fortgeschritten war, dass ich ihr nicht mehr helfen konnte. Sie hatte zuvor noch nie Beschwerden in der Brust gehabt.
(Richard Guy, 1759)

Fall 2: Emma B., 49 Jahre alt, unverheiratet; keine familiäre Krebsbelastung, keine Prellung oder Verletzung; Lehrerin; hatte über Jahre hinweg einige Schwierigkeiten; hatte vor drei Jahren einen Karbunkel auf der Schulter und sich davon bis heute nicht recht erholt; stark überarbeitet an der Schule; erzählte, vergangenen Juni sei sie fast wahnsinnig geworden und habe sich aus dem Fenster in den Tod stürzen wollen; ihr Vater war vergangenes Jahr sechs Monate lang krank, sie war sehr besorgt um ihn; hatte Anfang 1883 über einige Monate hinweg finanzielle Schwierigkeiten; Tumor erschien vergangene Weihnachten.
(Herbert Snow, 1883)

Es ist alarmierend, dass anerkannte Chirurgen einen solchen Unsinn vertraten. Aber die Grundidee hat sich für einige bis heute einen merkwürdigen Reiz der Ganzheitlichkeit bewahrt, ungeachtet dessen, dass es keinerlei glaubwürdige Beweise oder plausible biologische Mechanismen dafür gibt. Systematische Studien in den 1960er bis 1980er Jahren konnten keine schlüssige und signifikante Assoziation zwischen Brustkrebs und vorhergehenden Stressbelastungen feststellen. Ebenso wenig gibt es Beweise, die einen überzeugenden Zusammenhang zwischen Krebs und Persönlichkeitsstruktur belegen könnten. Selbst wenn es solche Belege gäbe, wie einige Studien es nahe legen, die langjährige Verhaltensbesonderheiten von Brustkrebspatientinnen mit denen gesunder Kontrollpersonen verglichen, so bedeuten diese nicht sogleich auch kausale Zusammenhänge. Es ist sehr unwahrscheinlich, dass eine psychosomatische Schwächung des Immunsystems zur Krebsentstehung beiträgt. Frauen, deren Immunabwehr durch medizinische Behandlung stark beeinträchtigt wurde (beispielsweise im Rahmen einer Organtransplantation), besitzen kein erhöhtes Krebsrisiko.

Andere Mediziner des 18. und 19. Jahrhunderts, darunter auch die bekannten britischen Chirurgen John Hunter und James Paget, glaubten, Brustkrebs entstehe unmittelbar aufgrund physischer Verletzungen oder Traumata bei Frauen, die ohnehin eine Prädisposition besäßen. Dieses Argument, das die körperliche Verfassung der Patientinnen in den Blick nimmt, wurde offenbar genährt durch klinische Eindrücke von krebsanfälligen Familien, besonders aber durch die Beobachtung, dass nach Operation des Primärtumors häufig weitere Tumoren in anderen Teilen des Körpers auftraten. Natürlich hatte man noch keine Vorstellung von der Latenzzeit eines sich entwickelnden Tumors. Erstaunlicher ist es aber, dass sich offensichtlich auch noch keine Theorie über Ausbreitung beziehungsweise Metastasierung von Krebs gebildet hatte. Die Franzosen, das muss hier erwähnt werden, waren da besser informiert!

Die häufig zitierte Bemerkung von Bernardino Ramazzini, die ich an den Beginn dieses Kapitels gestellt habe, führt uns etwas näher an die Realität heran. Es lohnt sich, sie noch einmal im Zusammenhang zu lesen:

> Wo man aber keine Plazenta in Betracht ziehen kann, wie im Falle von Jungfrauen, die manchmal sogar Milch in ihrer Brust produzieren, müssen wir dennoch die besondere Beziehung zwischen Brust und Gebärmutter anerkennen; die Erfahrung lehrt uns nämlich, dass infolge von Störungen in der Gebärmutter häufig Tumoren in der Brust entstehen, und Tumoren dieser Art findet man bei Nonnen weit häufiger als bei anderen Frauen. Nun werden sie nicht durch Unterdrückung der Menstruation, sondern meiner Meinung nach vielmehr durch ihr zölibatäres Leben verursacht. Ich kenne einige Fälle von Nonnen, deren Leben ein beklagenswertes Ende genommen haben, nachdem sie an dem furchtbarem Brustkrebs erkrankt waren. Diese Frauen hatten ansonsten eine gesunde Hautfarbe und regelmäßige Menstruation, hatten aber eine Vergangenheit als Prostituierte. In jeder italienischen Stadt gibt es verschiedene Nonnen-Gemeinschaften, und man wird kaum einen Nonnenkonvent finden, der nicht diese verfluchte Pest, den Krebs, unter seinem Dach birgt. Warum aber nimmt die Brust Schaden aufgrund von Veränderungen im Unterleib, während andere Körperteile nicht oder doch wenigstens nicht so häufig von solchen Folgen betroffen sind? Mit Sicherheit beruht dies auf ihrer besonderen, geheimnisvollen Beziehung, die sich bisher aller Untersuchung entzogen hat. Aber vielleicht wird sie mit der Zeit aufge-

deckt werden können, da immerhin auch der ganze Bereich der Wahrheit noch nicht abschließend erörtert ist.

Niederlage durch Eigentor?

Es gibt keinen alleinigen oder universellen Grund für Brustkrebs. Und auch bei Betrachtung der einzelnen Fälle bleiben die jeweiligen Ursachen schwer fassbar oder zumindest jenseits letzter Sicherheit. Der einzige, bisher bekannte Kausalzusammenhang besteht mit ionisierender Strahlung. Diese ist allerdings nur für eine sehr kleine Minderheit aller Fälle verantwortlich zu machen. Vielleicht lassen sich Brust-, Eierstock- und Gebärmutterkrebs am besten erklären, indem sie als weibliches „Eigentor", als eine die Frauen betreffende hormonelle Sanktion betrachtet. Ein unbeabsichtigtes Eigentor, das jedoch sehr wirkungsvoll durch Veränderungen von Ernährungs- und Lebensgewohnheiten hervorgerufen wird. Zwar stimmen mir einige andere Epidemiologen hierbei zu, allerdings vertreten bei weitem nicht alle, die sich direkt mit diesem Problem beschäftigt haben, dieser Ansicht. Ich werde nun nicht das ganze Spektrum der Einsprüche, die typischerweise gegen epidemiologischen Studien erhoben werden, aufrollen. Die oben angebotene Erklärung macht im evolutionären Zusammenhang betrachtet sehr viel Sinn und könnte zu wirksamen, vorbeugenden Maßnahmen führen. Vielleicht trifft der Entstehungsmechanismus, sollte er überhaupt den tatsächlichen Gegebenheiten entsprechen, nur auf einige und nicht alle Brustkrebsfälle zu und vielleicht ist es daher klug, nur von einer Theorie zu sprechen und diese gleichzeitig mit einem Fragezeichen zu versehen. Das Ausmaß und die Dringlichkeit des Brustkrebsproblems machen es jedoch notwendig, hier ein paar scharfsinnige Annahmen zu wagen:

Die nicht zu leugnende Wahrheit ist, dass Frauen die Bürde eines 5 Millionen Jahre alten, genetischen Programms zu tragen haben, das sie anatomisch und physiologisch zu regelmäßiger Schwangerschaft und Milchproduktion bestimmt. Unsere rasante gesellschaftliche Entwicklung hat eine Spaltung zwischen unserem tatsächlichen Fortpflanzungsverhalten und unserem evolutionären Erbe hervorgerufen – Natur und Erziehung stehen in Konflikt miteinander. Epidemiologen argumentieren mit Wirkungsgrad und Evidenz von Risikofaktoren für Brustkrebs. Aber die seit langem bekannten Beobachtungen über eine erhöhte Brustkrebsrate bei Nonnen (von Ramazzini und anderen in Italien und Frankreich) boten eine erste Spur. Rigoni-Stern stellte in seiner bahnbrechenden Untersuchung über Krebssterblichkeit in Verona von 1760 bis 1839 fest, dass Nonnen fünfmal häufiger an Krebs starben als verheiratete Frauen. Zudem wiesen Nonnen außergewöhnlich häufig Brustkrebs auf, während sie seltener an Gebärmutterkrebs (meinte er vielleicht Gebärmutterhalskrebs?) erkrankten. Seine Originalarbeit birgt eine weitere außerordentliche, jedoch häufig vernachlässigte Beobachtung. Er beschreibt vier Fälle von männlichem Brustkrebs, die allesamt bei Priestern aufgetreten waren. Auch der erste jemals dokumentierte Fall von männlichem Brustkrebs, den der Britische Arzt John of Arderne im 14. Jahrhundert beschrieb, betraf einen Priester. Rigoni-Stern versuchte keine Erklärung für diese bizarre Beobachtung, hatte allerdings auch keine rechte Idee über die Gründe für die relativ häufigen Brustkrebserkrankungen der Nonnen. Er reflektierte über die zeitgenössische Idee eines Zusammenhanges zwischen mechanischer Beanspruchung und Krebs und fragte sich daher, ob vielleicht das Tragen enger Schwesterntrachten oder gar „das lange, anhaltende Verharren in kauernder Körperstellung während des Gebetes, bei dem die Unterarme auf den Knien abgestützt werden und auf die Brüste drücken," für die erhöhte Brustkrebsrate verantwortlich zu machen sei. Rigoni-Stern wusste aber auch, dass unverheiratete, alte Jungfern ebenfalls ein erhöhtes Brustkrebsrisiko besaßen. Es verwundert daher, dass er keinerlei Überlegungen anstellte, was diese wohl mit den Nonnen gemeinsam hatten. Ich nehme an, er würde auch heute, wenn er wüsste, dass die Frauen von Ureinwohnerstämmen und generell Frauen, die viele Kinder zur Welt bringen, sowie Athletinnen und Balletttänzerinnen ein geringeres Brustkrebsrisiko besitzen, den Kern der Sache nicht treffen.

Der weibliche Ovulationszyklus (auch der unserer nächsten Verwandten Gorilla, Schimpanse, Orang-Utan) ist für rund 35 Jahre andauernde, konstante, nicht Saison-gebundene Aktivität programmiert. Vor der Menopause finden Unterbrechungen nur während Schwangerschaften und Stillzeiten statt. Die ovarialen Hormone – Östradiol (das wichtigste Östrogen) und Progesteron – werden zu bestimmten Zeiten während des Ovulationszyklus ins Blut abgegeben und wirken auf das Brustgewebe. Das Drüsenepithel der Brust wird dadurch Monat für Monat zur Proliferation angeregt – in Erwartung einer Schwangerschaft und anschließender Stillzeit. Die Epithelien von Eierstock und Gebärmutter führen in ähnlicher Weise monatlich nach jedem Eisprung regenerative Proliferationsprozesse durch.

Da die meisten anderen Primaten über das konventionellere Reproduktionssystem mit saisonalen Fruchtbarkeitsphasen verfügen, steht zu vermuten, dass regelmäßige Ovulation und Wachstum der Brustdrüse relativ junge, evolutionäre Adaptierungen darstellen und wahrscheinlich rund 15 Millionen Jahre alt sind. (Im Primatenstammbaum müssen sie an der Basis jenes Großaffenastes aufgetreten sein, dessen einer Zweig schließlich den Menschen hervorbrachte). Man könnte nun plausible, aber eben nicht beweisbare Erklärungen für den adaptiven Wert dieser Merkmale hervorzaubern. Zum Beispiel legen die meisten Säugetiere den Zeitpunkt des Eisprungs anhand der Tageszeitenlängen doch saisonal fest, um zu gewährleisten, dass der Nachwuchs über genügend Nahrung, Wasser und Wärme verfügt. Wildlebende Rhesusaffen weisen einen solchen saisonalen Ovulationszyklus auf. Werden sie aber in Zoos gehalten, wo es kaum Schwankungen von Lichtimpuls, Nahrungsangebot und Temperatur gibt, so kommt es nach einer Weile regelmäßig und über das ganze Jahr hinweg zum Eisprung. Man kann sich vorstellen, dass, als unsere Hominiden-Vorfahren Afrika verließen und Gegenden jenseits der Tropen erkundeten, sie dort klimatische Bedingungen vorfanden, die eine saisonale Einschränkung der Fortpflanzung sinnvoll machten. (Die oben zitierten Rhesusaffen wandern sozusagen in die andere Richtung, aus einer wechselhaften Umgebung in das gleichförmige „Klima" des Zoos.) Anschließend aber muss es einen gegenläufigen Selektionsdruck gegeben haben. Sobald der Mensch, beziehungsweise ein Hominiden-Vorfahre, effiziente Strategien für die Bevorratung von Nahrung, Wasser und Wärme (hier kommt das Feuer wieder ins Spiel) und Schutz bietende Behausungen entwickelt hatte, besaßen diejenigen Frauen einen potentiellen reproduktiven Vorteil, die das ganz Jahr über Nachwuchs zeugen konnten. Vermutlich wurde also wieder auf den Ovulationszyklus der Großaffen zurückgegriffen. Genetische Veränderungen, die mit einer direkten Erhöhung der reproduktiven Fitness einhergehen, haben in der Evolution immer einen hohen adaptiven Wert.

Vergleiche zwischen der Reproduktionsbiologie moderner Frauen, beispielsweise aus den USA oder Skandinavien, und Frauen heutiger Ureinwohnergemeinschaften erlauben einige Vermutungen über die Auswirkungen des Lebensstiles auf Östrogenproduktion und potentielles Krebsrisiko. Die in Abbildung 15.3 veranschaulichten weiblichen Lebensläufe sollen zum Verständnis der nun folgenden Argumentation dienen. Die Darstellung illustriert die großen Unterschiede bei der Fortpflanzung und der damit einhergehenden Östrogenproduktion, die unmittelbar mit unseren gesellschaftlichen Fortschritten in Zusammenhang stehen. Die ursprüngliche Eva besaß einen nicht saisonal gebundenen, also konstanten Ovulationszyklus, die Menstruationen setzten mit etwa 17 Jahren ein und endeten im Alter von rund 45 Jahren. Wahrscheinlich wurden während dieser Zeitspanne insgesamt mehr als 200 Menstruationszyklen durch regelmäßige Schwangerschaften, durchschnittlich sechs Geburten mit anschließendem Stillen (für jeweils rund drei Jahre), unterdrückt. Auf diese Weise wurden die etwa 400 potentiellen Zyklen auf gut 150 reduziert, was gleichzeitig eine Einschränkung des proliferativen Stresses und der damit verbundenen Risiken für Eierstock- und Brustgewebe bedeutete. Und genau das ist der wunde Punkt. Bei den Frauen hat sich diese biologische Konstitution seit Urzeiten erhalten.

Historisch betrachtet sind die Veränderungen langsam und akkumulativ vonstatten gegangen. Zunächst verringerte sich die Anzahl der Schwangerschaften. Als die Frauen begannen, ihre Wahlmöglichkeiten zu nutzen und gleichzeitig die Männer ebenfalls in gewissem Maße zurückhaltender und wählerischer wurden, gab es plötzlich Gruppen von Frauen, die gar nicht mehr, beziehungsweise sehr viel seltener schwanger wurden. Das bedeutet, dass das erhöhte Brustkrebs- und Eierstockkrebsrisiko in erster Linie mit bestimmten Lebensstilen assoziiert ist, mit zölibatärem Leben, aber auch mit Wohlstand und den Lebensgewohnheiten der höheren sozialen Schichten. Dagegen besitzen Frauen in den entwickelten Ländern, die aus ärmeren sozialen Gruppen kommen und viele Kinder zur Welt bringen ein geringeres Krebsrisiko. In unseren modernen Gesellschaften spielt der Trend zu immer späteren Schwangerschaften zusätzlich eine Rolle für das Krebsrisiko. Indirekter sind auch die Ernährungsgewohnheiten von Bedeutung, da die insgesamt höhere Kalorienaufnahme verbunden mit weniger körperlicher Bewegung (also geringerem Kalorienverbrauch) zu einem früheren Eintritt in die Pubertät und außerdem zu höheren Östrogenkonzentrationen geführt hat. Auf den letzteren Punkt werde ich gleich noch einmal zurückkommen. Betrachtet man alle diese Veränderungen zusammengefasst, so bleibt festzustellen, dass sich bei den modernen Frauen erstens die Anzahl der tatsächlich durchlaufenen Ovulationszyklen erhöht hat, was zweitens mit einem gestiegenen proliferativen Stress für das Brustgewebe sowie auch für Eierstock und Gebärmutter verbunden ist.

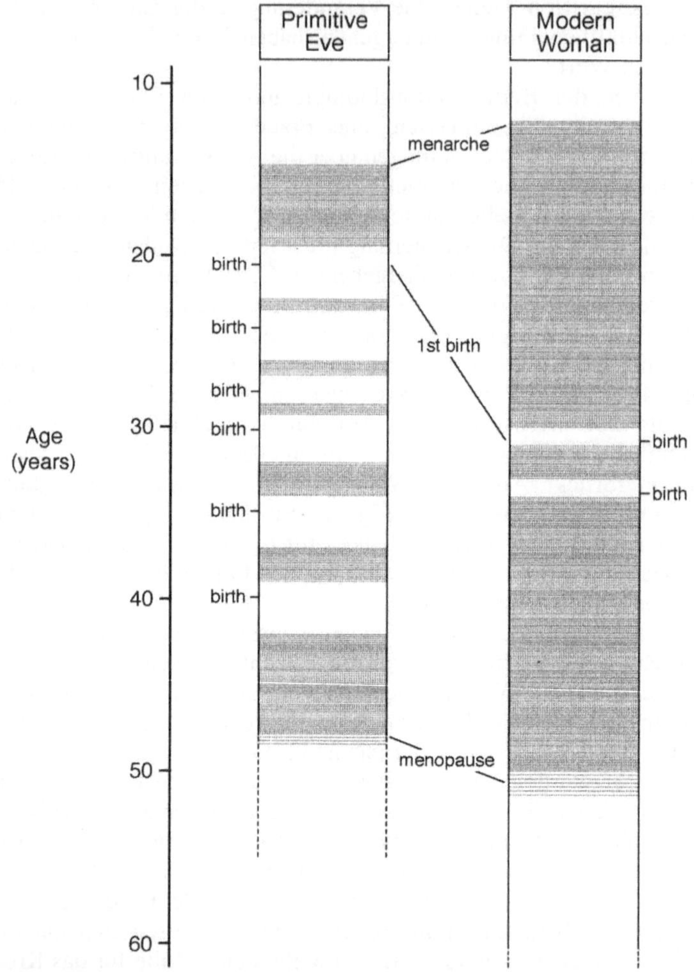

	Primitive Eve	Modern Woman
Age at menarche	16	12.5
Age at first pregnancy	19.5	30
Cycles before first pregnancy	39	180
Parity	6	2
Length of breast feeding (mths/birth)	27	3
Total potential cycles	405	490
Actual cycles	145	440
Average life span	47	75

Abb. 15.3 Vergleich des Fortpflanzungsverhaltens und der Anzahl der durchschnittlichen Ovulationszyklen (und damit Östrogen-/Progesteron-Stimuli für das Brustepithel) zwischen „Eva" und der modernen Frau. Das Fortpflanzungsverhalten der frühen Frauen wurde aufgrund von Beobachtungen an ursprünglich lebenden Volksstämmen ermittelt (eines von sechs Kindern starb vermutlich kurz nach der Geburt). Jede horizontal gezogene Linie repräsentiert einen Menstruationszyklus. Die gepunkteten Linien zeigen gestörte Zyklen und damit geringere Östrogen-Level an.

Inzwischen bekommen viele Frauen in den USA und in Europa ihr erstes Kind erst mit rund 30 Jahren, und eine steigende Anzahl von Frauen hat gar keine Kinder mehr. Die Verlegung der ersten Schwangerschaft in ein späteres Lebensalter verbunden mit einem früheren Eintritt in die Pubertät und Menarche – mit durchschnittlich 12,5 Jahren in den USA verglichen mit etwa 16 Jahren bei ursprünglichen Volkstämmen – bedeutet, dass viele Frauen bereits rund 200 Menstruationszyklen durchlaufen haben, bevor sie ihr erstes Kind bekommen.
Dagegen ist bei Frauen aus weniger entwickelten Gesellschaften die Zeitspanne zwischen Pubertät bzw. erster Menstruation und erster Schwangerschaft mit durchschnittlich 2,5 Jahren (was etwa 30 Ovulationszyklen entspricht) relativ kurz. Das gleiche gilt vermutlich auch für die frühen Menschen sowie für *Pan*, *Pongo* und andere höhere Primaten. Dieser Rhythmus entspricht der biologischen Norm, das heißt unserem genetischen Programm, das sich im Rahmen der evolutionären Adaption an die ursprünglichen gesellschaftlichen Verhältnisse entwickelt hat.

Das Problem der hormonellen Belastung für den weiblichen Körper wird zusätzlich durch verändertes Stillverhalten verstärkt. Im alten Ägypten, in Indien, Griechenland und Rom war es für die Frauen üblich, ihre Säuglinge insgesamt zwei bis drei Jahre lang zu stillen. Bestärkt wurden sie unter anderem durch Texte des Talmund und des Koran und durch Traditionen. In der Evolution der höheren Primaten hatte sich das ausgedehnte Stillen entwickelt, und die frühen Hominiden behielten dieses Verhalten vermutlich bei. In ländlichen, afrikanischen Gegenden mit sehr niedrigen Brustkrebsraten geben die Mütter ihren Kindern etwa 18 Monate lang die Brust. Der Umgang mit dem Stillen hat sich wahrscheinlich während der Entwicklung der Menschen immer wieder geändert und war sicherlich immer auch abhängig von der Verfügbarkeit alternativer Nahrung, von sozialen Strukturen und weiteren Faktoren. Der „natürliche" Zeitpunkt des „Abstillens" ist zwar schwierig zu ermitteln, liegt aber wohl irgendwo zwischen zwei und vier Jahren.

Die Vorteile des Stillens und der Muttermilch für das Kind sind bereits lange bekannt. In den Zeiten, in denen es für wohlhabende Frauen üblich war, nicht zu stillen (im antiken Griechenland oder auch gegen Ende des 18. Jahrhunderts), wurde dies daher von Ammen übernommen. Für das Kind entsteht durch das Stillen zum einen eine ganz spezielle Bindung und zum anderen bietet ihm die Muttermilch die notwendigen Nährstoffe und Unterstützung des Immunsystems während der ersten sensiblen Lebensmonate. Und was bedeutet das Stillen für die Mutter? Während des Stillens wird durch das Saugen des Kindes die Produktion des Hormons Prolaktin angeregt, welches den Eisprung unterdrückt. Der adaptive Vorteil dieses Mechanismus lag für Eva und die ersten Frauen wahrscheinlich darin, dass sie sich so voll und ganz um das noch hilflose Kind kümmern konnten, ohne bereits durch eine erneute Schwangerschaft oder ein weiteres Kind abgelenkt und beeinträchtigt zu sein. Außerdem wurde auf diese Weise natürlich auch verhindert, dass die Frauen permanent schwanger waren. Zwar ist es nicht mit letzter Sicherheit zu beweisen, dass dies eine frühe Adaptation von Homo sapiens darstellt, Beobachtungen des !Kung-Stammes liefern jedoch einen zumindest indirekten Beleg dafür. Anthropologen halten die Lebensgewohnheiten und sozialen Strukturen dieses in Namibia und Botswana lebenden Volksstammes für sehr ursprünglich. Wahrscheinlich reflektieren sie noch den Lebensstil unserer Steinzeit-Vorfahren aus dem Pleistozän. Das durchschnittliche Intervall zwischen zwei Geburten beträgt bei den !Kung durchschnittlich 44 Monate. Diese Beobachtung löste zunächst Verwunderung aus und man rätselte, wie diese relativ lange Spanne zustande kommt, da sie weder auf Enthaltsamkeit noch auf irgendeine Form der Verhütung zurückzuführen ist. Nahrungsknappheit wurde als Erklärung in Erwägung gezogen, trifft aber wahrscheinlich nicht den Grund. Man stellte schließlich fest, dass die Periode der Unfruchtbarkeit mit der sehr ausgedehnten Stillphase korreliert, während der im Blutserum nur geringe Mengen von Östradiol und Progesteron, die den Eisprung stimulieren, zu finden sind.

Die gleiche Theorie trifft auch auf andere Ureinwohner-Völker zu. So hat man unter anderem das Reproduktionsverhalten der Gainj, ein in den Bergen von Papua-Neuguinea lebender Stamm, untersucht. Bei ihnen sind die lange ausgedehnten Stillphasen ebenfalls mit entsprechenden Intervallen zwischen den Geburten und einer Reduzierung der Ovulationszyklen verbunden. Das Fortpflanzungsverhalten von Ureinwohnern ähnelt also sehr dem von Orang-Utans, Gorillas und Schimpansen. Es entspricht vermutlich dem Reproduktionsmodus des frühen *Homo sapiens* und ist wahrscheinlich eine Adaptation, die bereits die Großaffen entwickelt hatten. Wir haben uns zwar innerhalb der vergangenen fünf Millionen Jahre ziemlich unterschiedlich entwickelt, aber genetisch sind wir noch immer sehr ähnlich.

Das Stillverhalten änderte sich besonders im 20. Jahrhundert dramatisch. Einhergehend mit gesellschaftlichem Fortschritt, Berufstätigkeit und Verhütungsmöglichkeiten reduzierte die Mehrheit der Frauen das Stillen auf ein Minimum. In den USA und Europa stillen die meisten Mütter heute, je nach Mode und Trend, ihre Kinder entweder nur extrem kurz beziehungsweise für maximal drei bis sechs Monate. Unter diesen Umständen setzen Ovulationszyklus, Fruchtbarkeit und der monatliche hormonelle Stress für das Brustgewebe sehr bald wieder ein.

Das Stillen reduziert mit Sicherheit den durch die Ausschüttung von Östradiol und Progesteron ausgelösten physiologischen Stress. Wahrscheinlich ist mit dem Stillen aber auch noch ein weiterer, lokaler Schutz gegen Brustkrebs verbunden. Chinesische Tanka oder sogenannte „boat-people" in Südchina und Hong Kong geben ihren Säuglingen traditionell immer nur die rechte Brust. Diese Frauen entwickeln (wenn überhaupt) nach der Menopause Tumoren signifikant häufiger in der linken Brust als in der rechten. Eine ähnliche Beobachtung bei kanadischen Inuit-Frauen lässt ebenfalls vermuten, dass die Brust, mit der nicht gestillt wird, ein höheres Krebsrisiko trägt. Zwar müssen diese Thesen noch bestätigt werden, sie erinnern und gemahnen uns aber daran, dass wir noch immer viel über unsere Physiologie zu lernen haben.

Warum zum Beispiel eine frühe Schwangerschaft, unabhängig von der gesamten Anzahl von Schwangerschaften, einen Schutz gegenüber Brustkrebs darstellen sollte, ist noch nicht vollständig klar. Von Studien mit Frauen, die ionisierender Strahlung ausgesetzt wurden – ob „versehentlich" (z.B. durch die Atombombe in Japan) oder therapeutisch (z.B. bei der Behandlung von Ringelflechte der Kopfhaut oder der Brust bei der Hodgkin-Krankheit) – und in der Folge Brustkrebs entwickelten, wissen wir, dass besonders sehr junge Mädchen zwischen 5 und 15 Jahren ein hohes Risiko tragen. Zwar wird Brustkrebs nicht üblicherweise durch ionisierende Strahlung verursacht, diese Beobachtungen zeigen uns aber immerhin, dass die kritischen Stammzellen der Brust offenbar besonders während der frühen Pubertät aktiv sind (wofür es im übrigen auch experimentelle Hinweise gibt). Daraus kann man eine mögliche Erklärung für die protektive Wirkung einer frühen Schwangerschaft ableiten. Durch die Schwangerschaft wird das zeitliche Programm der Stammzellen verändert, da sie zum Beispiel zu Differenzierung angeregt werden. Das würde bedeuten, dass in der Folge weniger risikobehaftete Stammzellen übrig bleiben, da sich ein Teil von ihnen bereits differenziert hat.

Das Risiko, nach einer Bestrahlungstherapie an Brustkrebs zu erkranken, sinkt, je älter die Patientin zum Zeitpunkt der Bestrahlung ist, und hängt mit physiologischen Veränderungen des Brustgewebes zusammen. In diesem Licht betrachtet verwundert es nicht, dass die gesellschaftlich bedingte Verschiebung des Zeitraumes zwischen Menarche und erster Schwangerschaft (siehe Abb. 15.3) einen signifikanten Einfluss auf das Krebsrisiko hat. Paradoxerweise scheinen allerdings Frauen, die erst spät ihr erstes Kind bekommen, wiederum ein höheres Krebsrisiko zu besitzen als Frauen, die gar keine Kinder haben. Während einer Schwangerschaft wird das Drüsengewebe der Brust zu heftigem Wachstum angeregt (zur Vorbereitung der späteren Muttermilchproduktion). Es könnte daher sein, dass dieser Stimulus, geschieht er erst mit höherem Lebensalter, die Entwicklung von Krebsvorläuferzellen induziert, die sich bereits zuvor infolge der wiederholten Zyklen mit hormonellem, proliferativen Stress gebildet hatten.

Betrachten wir nun noch einmal die Abbildung 15.3. Die Auswirkungen der gesellschaftlichen Veränderungen bezogen auf das Fortpflanzungsverhalten, die sich innerhalb der letzten 5000 Jahre entwickelt haben und sich besonders im 20. Jahrhundert beschleunigt haben, sind besonders in zweierlei biologischer Hinsicht bedeutend: erstens hinsichtlich der ab der Pubertät über Jahre hinweg beständigen, ununterbrochenen zyklischen Hormonproduktion und zweitens hinsichtlich der gesamten Akkumulation von Zyklen und Hormonbelastung im Alter zwischen 15 und 50 Jahren. Mit etwas Phantasie und Freiheit könnten wir der Darstellung aus Abbildung 15.3 die Schemata weiterer Reproduktionszyklen zufügen, die einen gleitenden Übergang zwischen den beiden „Extremen" Eva und der modernen Frau andeuten würden und beispielsweise auf die durchschnittliche Frau der alten Griechen, einer Europäerin des 18. Jahrhunderts, einer heute lebenden Japanerin, einer Nonne oder auf Frauen verschiedener sozialer Klassen in den westlichen Gesellschaften in unterschiedlichen Zeiten zuträfen. Es war zunächst eine schleichende Veränderung, in den letzten hundert Jahren allerdings hat sich die Entwicklung enorm beschleunigt.

Aber da ist noch ein weitere Punkt, um den wir uns sorgen sollten: Die körpereigene Hormonproduktion wird noch ergänzt durch zusätzliche Gaben. Einige der hochdosierten Östrogenpillen, die viele Frauen seit Anfang der 1960er Jahre genommen haben, erhöhten die Brustkrebsanfälligkeit besonders derjenigen Frauen, die sie über einen langen Zeitraum hinweg einnahmen. Es sollte uns nicht allzu sehr überraschen, wenn die Forschung nun feststellt, dass die auf Östrogengaben basierende Hormonersatztherapie für Frauen nach der Menopause deren Krebsrisiko mäßig aber signifikant erhöht. In Kombination mit Progesteron mag sie allerdings das Gebärmutterkrebsrisiko senken. Die auf die Auswirkungen der Hormonersatztherapie bezogenen epidemiologischen Daten sind widersprüchlich und belegen auch einige klare Vorteile. Für Frauen wirft diese Therapie ein ganzes

Spektrum schwieriger Fragen auf: Nehmen sie ein um bis zu 50 Prozent erhöhtes Brustkrebsrisiko in kauf, um sich dafür aber besser zu fühlen, besser auszusehen, geistig leistungsfähiger zu sein und eine geringeres Risiko zu haben, an Gebärmutterkrebs oder Herzerkrankungen zu sterben oder an Osteoporose zu leiden?

Chemikalien der Umwelt, die eine dem Östrogen vergleichbare Wirkung besitzen, sind besonders in den USA ins Blickfeld geraten. Es gibt eine Fülle von Substanzen mit schwach östrogenen oder anti-östrogenen Eigenschaften. Besonders aber beargwöhnte man das Pestizid DDT und die industriell hergestellten Polychlorierten Biphenyle (PCBs). Die Bedenken wurden durch Geschichten um feminisierte Tiere und sinkende Spermienzahlen bei Männern angefacht. Diese Chemikalien werden bei Verzehr konzentriert und im Fettgewebe abgelagert. Sie können Östrogen-ähnliche Aktivität entwickeln und im Experiment Brustkrebszellen zum Wachstum stimulieren. Es ist allerdings noch vollkommen unsicher, ob diese Chemikalien durch normalen Verzehr im Körper tatsächlich Konzentrationen erreichen, die das Krebsrisiko erhöhen. Darüber hinaus konnten bisher auch epidemiologische Untersuchungen keinen überzeugenden Zusammenhang mit Brustkrebs belegen. Das Urteil ist in diesem Fall also noch nicht endgültig gefällt. Die Psychologie dieser Situation ist jedoch interessant. – Sie offenbart den Wunsch, ein schwaches Xeno-Östrogen und die dafür verantwortliche Industrie als Schuldige dingfest machen zu können, während die eigenen endogenen Hormone und ihr Status der „Natürlichkeit" unantastbar und unschuldig bleiben. Zeigt sich hier vielleicht einfach eine Form der „Xenophobie" als Reflex auf ein Problem, das zu nah mit dem Menschen selbst zusammenhängt?

Der indirekte epidemiologische Beweis für die Untermauerung der Hormonstress-Theorie, besonders auch bezogen auf die Fortpflanzungsgewohnheiten, ist zwar überzeugend, notwendigerweise aber unvollständig. Den ersten epidemiologischen Hinweis für einen Zusammenhang zwischen Brustkrebs und Fortpflanzung (bzw. unterlassener Fortpflanzung) erbrachte eine Studie, die Brustkrebspatientinnen mit einer gesunden Kontrollgruppe verglich. Sie wurde 1926 in England von Janet Lane-Claypon durchgeführt. Seitdem ist eine ungeheure Menge an Daten angehäuft worden, und dennoch bleibt es schwierig, experimentelle Belege hervorzubringen. Es ist bereits seit über hundert Jahren bekannt, dass die Entfernung der Östrogenquelle, also der Eierstöcke, das Brustkrebsrisiko drastisch verringert. Diese Erkenntnis schließt aber nicht aus, dass andere exogene Faktoren für Mutationen in den hormonabhängigen Zellen der proliferierenden Brust verantwortlich sein könnten. Sie ist also um nichts besser als die vage Aussage, Brustkrebs bei Männern sei äußerst selten. Vor mehr als 60 Jahren zeigten Wissenschaftler, dass die kontinuierliche Gabe von Östrogenen bei Mäusen Mammakarzinome auslöste. Diese Untersuchung hat ein tragisches aber erhellendes Pendant. Zwei Brustkrebsfälle sind bei transsexuellen Männern dokumentiert, nachdem sie fünf Jahre lang hohe Konzentrationen von Östrogenen eingenommen hatten.

Bei den meisten Brustkrebserkrankungen hängt die anhaltende Proliferation der bösartigen Zellen von Östrogenen ab. Daher hatte man sich bei der Therapie zunächst auf die Entfernung der Eierstöcke konzentriert. Moderne Therapien beinhalten inzwischen Anti-Östrogene. Ein fortgeschrittener und metastasierender Brusttumor wächst allerdings oft bereits unabhängig von Östrogen-Stimuli. Häufig geschieht das, weil die Anti-Östrogen-Therapie einen Selektionsdruck für das Entstehen eines mutierten Östrogen-unabhängigen Subklons geschaffen hat (der klassische Darwinsche Mechanismus der Medikamentenresistenz). Auch Beobachtungen an anderen Tieren sind aufschlussreich, und ich bin wirklich beeindruckt, was zum Beispiel mit Haushühnern geschieht, die während der Domestikation auf permanente Eierproduktion selektioniert worden sind. Es ist daher wohl kein Zufall, dass Eierstockkrebs bei ihnen die häufigste epitheliale Krebsart ist. Und interessanter noch: Werden sie durch zwölfstündiges, künstliches Licht zum verstärkten Eierlegen angeregt, so entwickelt einer Studie zufolge die Mehrheit von ihnen Eierstockkrebs. Man stelle sich nur vor, Hennen besäßen auch noch Brustdrüsen! Ihr Fall wäre sicherlich noch überzeugender.

Den Bogen (über-)spannen

Haben wir damit schon alles erfasst und bedacht: also zu viel Östrogen und Progesteron aus konstant produktiven Ovarien? Warum aber erfreuten sich Japanerinnen bis 1945 einer relativ niedrigen Brustkrebsrate, die sich jedoch seitdem verdoppelt hat? Und warum erreichen japanische Immigranten in den USA bereits nach einer Generation Krebsraten, die den westlichen Standards entsprechen? Die Übernahme westlicher Ernährungsgewohnheiten bietet eine plausible Erklärung. Besonders bei jungen Leuten hat die Ernährung Einfluss auf Menstruationszyklus und Hormonlevel. Im Vergleich zu japanischen Immigrantinnen tritt bei den meisten in Japan lebenden Landsleuten die Menarche erst später ein. Bei ihnen ist zudem die Östrogenkonzentration im Blut niedriger und die Ernährung weniger fett- und kalorienreich. Untersuchungen über einen Zusammenhang zwischen Ernährung, besonders deren Fettgehalt, und Krebs erbrachten bisher keine konsistenten Ergebnisse. Allerdings kann man einen Trend ausmachen, nachdem in den westlichen Kulturen von Hawaii bis Norwegen eine erhöhte Kalorienzufuhr, eventuell verbunden mit einer Antioxidantien-armen Ernährung, das Krebsrisiko erhöht. Einige der typischerweise in der orientalischen Küche verwendeten Lebensmittel (Soja beispielsweise) könnten die Östrogenkonzentration im Blut senken. Entsprechende epidemiologische Untersuchungen wiesen auf eine geringere Brustkrebsrate in Zusammenhang mit regelmäßigem Soja-Verzehr hin. Eine höhere Kalorienaufnahme führt also unter Umständen zu einer früher einsetzenden Menarche (wie bei den Töchtern japanischer Immigranten in den USA zu beobachten) und gleichzeitig auch zu erhöhter Östrogenkonzentration bei Erwachsenen.

Das Wechselspiel von Nahrungsaufnahme und körperlicher Bewegung, beziehungsweise dem relativen Mangel daran, und die daraus resultierende Energiebilanz spielen wahrscheinlich insgesamt eine wichtige Rolle. In diesem Zusammenhang ist es von Interesse, dass bei vielen Athletinnen und Balletttänzerinnen Amenorrhö (Ausbleiben der regelmäßigen Menstruationsblutung), eine spät einsetzende Menarche und ein geringeres Brustkrebsrisiko zu beobachten sind. Überflüssige, nicht verbrannte Kalorien versorgen den Körper mit Energie für zusätzliche Zellproliferation und bedeuten einen verstärkten oxidativen Stress für die

Zellen in der Brust und anderen Geweben. In letzter Zeit hat besonders ein Mitglied dieses physiologischen Systems die Aufmerksamkeit auf sich gezogen: Übermäßige Kalorienaufnahme und steigende Körpergröße und/oder Körpergewicht sind verbunden mit einer Erhöhung des Hormons Insulin-like growth factor 1 (IGF-1). IGF-1 ist einer unserer wichtigsten zellulären Regulatoren, der sowohl die Zellproliferation fördert als auch Zelltod unterdrückt – mit anderen Worten: ein wirksamer Antreiber der klonalen Expansion. Einige Wissenschaftler meinen daher, er besitze eine Schlüsselfunktion bei der Modifizierung des Krebsrisikos, und zwar bezogen nicht nur auf Brustkrebs, sondern auch auf Prostatakrebs und andere verbreitete Krebsarten, die durch die Ernährungs- und Lebensgewohnheiten beeinflusst werden.

Wir müssen nun noch ein weiteres Mal auf Abbildung 15.3 zurückkommen. Wenn wir die Kontinuität und Gesamtzahl der monatlichen Hormonausschüttungen an das Brustdrüsengewebe als regelmäßige Risikoimpulse auffassen, dann sollte man die Balken bei der „modernen Frau" zwei- bis dreimal so dick auftragen, um den vermuteten Einfluss von erhöhten Östradiol- und IGF-1-Konzentrationen abzubilden.

Zuviel Körperfett hat noch einen weiteren ungünstigen Effekt. Nach der Menopause, wenn die Eierstöcke keine Östrogene mehr produzieren, können bestimmte, im Fettgewebe enthaltene Enzyme aus anderen Gewebesubstraten Östrogene herstellen. Außerdem belegen experimentelle Untersuchungen, dass erhöhter Fettverzehr Stoffwechselwege ankurbelt, die Östradiol zu Hydroxyöstron umwandeln. Hydroxyöstron aber steht im Verdacht, genotoxisch zu sein und DNA-Schädigungen hervorzurufen. Neuere, alarmierende Forschungsergebnisse lassen vermuten, dass das Fettgewebe der Brust quasi als Schwamm oder absorbierendes Gewebe für einige mutagene Substanzen fungieren könnte.

Insgesamt gibt es allerdings nur sehr wenige überzeugende und konsistente Belege dafür, dass Brustkrebs durch bereits bekannte Karzinogene ausgelöst wird. Es existieren Hinweise darauf, dass bei einigen Frauen das Rauchen zur Erhöhung des Brustkrebsrisikos führt. Der Effekt ist allerdings sehr gering und andere Untersuchungen ergaben sogar im Gegenteil, dass das Rauchen aufgrund antiöstrogener Wirkungen einen gewissen Schutz bieten könnte. Obwohl die Verbrennungsprodukte des Tabaks eine erhebliche Toxizität aufweisen, scheinen sie keine großen Auswirkungen auf die Brustkrebsrate zu vermitteln. Dagegen kann Alkohol das Brustkrebsrisiko verdoppeln. Noch ist nicht klar, wie Alkohol diesen Einfluss erreicht, es ist aber wahrscheinlich, dass er über hormonelle Veränderungen wirkt und nicht direkt karzinogen ist.

Das empfangene Risiko

Das Krebsrisiko wird noch durch eine ganz andere Variable bestimmt – die genetische Lotterie zum Zeitpunkt der Zeugung. Im Genom des Menschen gibt es mindestens zwei Gene, die in mutierter Form eine starke Prädisposition für Brustkrebs oder auch für Brust- plus Eierstockkrebs vermitteln. Sie werden als *BRCA-1* und *BRCA-2* (*breast cancer associated gene 1* bzw. *2*) bezeichnet. Ihre Identifikation durch molekulare Klonierung erregte sehr viel Aufmerksamkeit, teilweise aufgrund des sehr wettbewerbsorientierten Umfeldes, in dem die Entdeckung gemacht wurde und teilweise aufgrund der nachfolgenden Streitigkeiten darüber, wem die Ehre der Erstentdeckung gebühre. Auch kommerzielle Interessen spielten eine Rolle. Auf der anderen Seite aber weckte die biologische Bedeutung und der mögliche Nutzen für die Vorsorge und Vorhersage des individuellen Risikos großes Interesse.

Rund 5 bis 10 Prozent aller Brust- und Eierstockkrebserkrankungen treten familiär gehäuft auf und sind vermutlich auf ererbte Genveränderungen zurückzuführen. Bei etwa der Hälfte dieser Fälle sind *BRCA-1* oder *BRCA-2* beteiligt. Es ist also anzunehmen, dass noch weitere Gene auf ihre Entdeckung warten. Etwa 60 Prozent der Frauen, die ein mutiertes *BRCA-1* oder *BRCA-2* tragen, bekommen Brustkrebs, 15 Prozent erkranken an Ovarialkarzinomen. Bei den betroffenen Frauen erhöht sich kurioserweise das Krebsrisiko noch weiter, wenn sie Kinder bekommen. Die Patientinnen entwickeln Krebs zudem in deutlich jüngerem Alter als nicht genetisch vorbelastete Frauen. Das bedeutet also, dass ein nennenswerter Anteil der Brustkrebserkrankungen von Frauen unter 35 Jahren auf konstitutiven oder ererbten Genveränderungen beruhen. Ein Teil dieser Mutationen ist in der Keimbahn neu entstanden, weshalb nicht alle erkrankten Frauen eine familiäre Vorgeschichte von Brustkrebserkrankungen aufweisen. Daher ist es wichtig, nach weiteren Genen zu suchen, die den Anstoß für die Entwicklung von Brusttumoren bei jungen Frauen geben.

Das Brustkrebsrisiko ist also besonders hoch für diejenigen Frauen, die zufällig ein defektes *BRCA*-Gen von Mutter oder Vater geerbt haben; hoch genug offenbar, dass einige Frauen sich davon überzeugen lassen, vorsorglich beide Brüste abnehmen zu lassen. Natürlich besteht eine erhöhte Gefahr, aber diese ist durchaus nicht zwangsläufig. Man kennt eineiige Zwillinge, die beide die gleiche *BRCA*-Genmutation tragen und von denen ein Zwilling an Brustkrebs erkrankt ist, während der zweite noch Jahre später trotz vergleichbarer „Familienplanung" gesund ist. Der Zufall mischt auch hier wieder kräftig die Karten. In diesem Fall bestimmt er die Wahrscheinlichkeit, mit der die noch fehlenden, zur Krebsentwicklung notwendigen Mutationen geschehen. Auch einige männliche Nachkommen mit ererbter *BRCA-2*-Mutation erkranken an Brustkrebs und besitzen außerdem ein höheres Prostatakrebs-Risiko.

Jeder von uns erbt ein normales, also sozusagen unauffälliges *BRCA-1*- und *BRCA-2*-Gen, aber bei durchschnittlich einem von 800 trägt eines der beiden Gene eine Mutation. In einigen Populationen ist diese Ziffer sogar höher, so zum Beispiel bei den Ashkenazi-Juden, bei denen einer von 50 von einem mutierten *BRCA*-Gen betroffen ist. Wie ist eine solche Häufigkeit von so gefährlichen Genmutationen zu erklären? Die Häufigkeit mutierter *BRCA*-Gene ist sicherlich zu groß, als dass sie mit normaler Mutationsrate erklärt werden könnte. Auch ist es schwer vorstellbar wie, historisch gesehen, Mutationsträger je einen reproduktiven Vorteil dadurch gehabt haben sollten. Man kennt solche auf den ersten Blick nachteiligen Veränderungen, die unter bestimmten Bedingungen jedoch einen Vorteil bieten, von Mutationen des *β-Haemoglobin*-Gens bei Schwarzafrikanern. Diese Mutationen verursachen zwar die sogenannte Sichelzellanämie, schützen ihre Träger aber gleichzeitig vor Malaria und bleiben deswegen in der Population erhalten. Von Genen, die einen selektiven Nachteil bedeuten, würde man, wenn überhaupt, das Gegenteil erwarten.

Über 140 verschiedene Mutationen der *BRCA-1* und *BRCA-2*-Gene sind bereits bekannt. Sie sind wahrscheinlich alle unabhängig voneinander entstanden. In jeder betroffenen Familie ist immer nur eine bestimmte Mutation anzutreffen. Im Gegensatz dazu sind bei den Aschkenasi-Juden insgesamt nur zwei oder drei Mutationen zu finden. Diese speziellen Mutationen kommen zudem nur bei den Aschkenasi vor und sind in der Population entsprechend weit verbreitet. In Island besitzen alle Familien mit extremer Häufung von Brust- und Eierstockkrebs immer eine bestimmte, einzigartige *BRCA-2*-Mutation. Dagegen weisen betroffene italienische Familien zahlreiche unterschiedliche *BRCA*-Mutationen auf.

Die vernünftigste Erklärung für das Vorherrschen und Überwiegen einzelner Mutationen in bestimmten Populationen hat der Evolutionsbiologe Ernst Mayr mit dem Begriff des „founder-effect" (Gründer-Effekt) umschrieben. Er bezeichnet eine Situation, die bei ganz verschiedenen Arten, egal ob Mikroorganismen, Pflanzen, Tiere oder dem Menschen, zu beobachten ist, wenn eine große Anzahl von Individuen historisch von nur einigen wenigen Vorfahren abstammt. Bleibt eine solche Gruppe relativ isoliert, so erreichen eigentlich ungewöhnliche Gene der Ausgangspopulation eine hohe Frequenz bei den Nachkommen. In einigen wenigen Fällen kann man bei geographisch isolierten Populationen eine Mutation und die dadurch ausgelöste Krankheit bis hin zu dem ersten Mutationsträger zurückverfolgen. So hat man etwa nachvollziehen können, dass die Engländerin Miss Cundick bei ihrer Auswanderung nach Tasmanien 1848 unwissentlich das Huntington-Gen dorthin einführte.

Das legt die Vermutung nahe, dass zumindest einige der heutigen Aschkenasi-Populationen von einigen wenigen, wahrscheinlich zentral- oder osteuropäischen Vorfahren abstammen, von denen einer zufällig eine vererbbare *BRCA-1*-Mutation erworben hatte.

Genmutationen, die eine relativ weite Verbreitung zeigen, sind vermutlich bereits viele Generationen zuvor entstanden. Die in Russland und Europa häufigste *BRCA-1*-Mutation ist wahrscheinlich vor rund 38 Generationen, das heißt im 11. Jahrhundert, irgendwo im Baltikum entstanden. Eine der beiden am weitesten verbreiteten *BRCA-1*-Mutationen der Aschkenasi ist auch bei Juden aus dem Iran und aus dem Irak zu finden. Da sich diese beiden Populationen vor etwa 2000 Jahren getrennt haben, nimmt man an, dass der erste Mutationsträger, der „Gründer" also, vor dieser Zeit gelebt haben muss.

Es erscheint widersinnig, dass ein Gen, das ein zwar variables aber doch generell hohes und tödliches Risiko birgt, über eine derartig lange Zeitspanne und so viele Generationen hinweg bestehen kann. Dies ist jedoch möglich, wenn die Mutationsträger Nachwuchs bekommen, bevor die Krankheit ausbricht oder zum Tode führt. Zudem bleiben einige der Betroffenen gänzlich verschont. Im Falle des Brustkrebses trifft dies besonders auf mutationstragende Väter zu. Alte sowie auch neue *BRCA*-Mutationen finden auf diese Weise Eingang in den Gen-Pool von Populationen.

BRCA-1 und *BRCA-2* kodieren Proteine, die wichtige Funktionen in den Stammzellen der Brust, der Eierstöcke und anderer Epithelien übernehmen. Welche Auswirkungen sie konkret haben, wird momentan sehr intensiv erforscht. Die

Benennung der Gene ist etwas irreführend, da *BRCA-2*-Mutationen nicht nur das Brust- und Eierstockkrebsrisiko erhöhen, sondern auch die Anfälligkeit für Prostata-, Magen- und Bauchspeicheldrüsenkrebs. Einige entscheidende und umfassende Zellregulationsmechanismen sind vermutlich beteiligt. Die von diesen Genen kodierten Proteine scheinen bei DNA-Reparatur und Zellwachstum eine Rolle zu spielen. Zu dem Zeitpunkt, zu dem Sie dieses Buch lesen, wissen wir vermutlich bereits, welche Funktionen sie besitzen.

Mit Sicherheit existieren noch weitere Gene, die eine Veranlagung für Brustkrebs vermitteln können. Dazu gehören das *p53* bei Familien mit Li-Fraumeni-Syndrom und das *PTEN* des Cowden-Syndroms. Insgesamt gehen etwa 5 bis 10 Prozent aller Brustkrebserkrankungen auf ererbte Genmutationen zurück. Dies betrifft noch immer eine große Anzahl von Patienten. Genetische Reihenuntersuchungen, Risikovoraussagen, medizinische Überwachung und Vorsorgemaßnahmen sind daher verständlicherweise wichtige und viel diskutierte Themen der derzeitigen Forschung und öffentlichen Debatte.

Eine andere Gruppe von Genen, die nicht mutiert vererbt werden, jedoch eine hohe Polymorphie (ein breites Spektrum an Erscheinungsformen) aufweisen, modifizieren unter Umständen indirekt das Brustkrebsrisiko. Die relativ hohe Übereinstimmung von Brustkrebserkrankungen bei eineiigen Zwillingen (rund 25 Prozent der monozygoten Träger) deutet darauf hin, dass eher ererbte als spontane Mutationen die entscheidende Rolle spielen. Es wäre also sehr überraschend, wenn die genetischen Signalwege, die den Östrogen-Hormonhaushalt regulieren, nicht von intrinsischen oder inhärenten Unterschieden betroffen wären. Die neuere Forschung ergab tatsächlich, dass Frauen, die bestimmte, nicht mutierte, den Östrogen-Haushalt regulierende Genvarianten erben, ein erhöhtes Brustkrebsrisiko tragen. Alle fruchtbarkeitssteigernden Genveränderungen waren früher sicherlich mit einem evolutionären Vorteil verbunden. Erhöhtes Brustkrebsrisiko könnte die tragische Kehrseite dieser adaptiven Medaille sein. Allerdings sind die Nachteile dieser Anpassung vermutlich erst durch Verhaltensänderungen, die den Hormonhaushalt beeinflussen, offensichtlich und zu einem akuten Risiko geworden.

Eine Synopse der Brustkrebs-„Ursachen"

Zum Abschluss dieses Kapitel möchte ich noch auf zwei generelle und entscheidende biologische Überlegungen zum Thema Brustkrebs eingehen: erstens auf den Zeitraum, in dem ein Krebsklon entsteht und zweitens auf die eigentliche Ursache für Brustkrebs.

Insgesamt steigt das Brustkrebsrisiko für Frauen im Alter zwischen 20 und 70 Jahren stetig an. Die Rate des Anstiegs verlangsamt sich allerdings mit dem Eintritt in die Menopause, und das Durchschnittsalter bei Erkrankung liegt ein paar Jahre nach diesem Zeitpunkt. Schon bei den Griechen zu Hippokrates Zeiten mag das so gewesen sein, da auch er bereits einen Zusammenhang zwischen der Entstehung von Brustkrebs und dem Ende der Menstruation feststellte. Das heute ermittelte Durchschnittalter bei Brustkrebsdiagnose ist der Mittelwert aus einer großen Bandbreite von Erkrankungen und daher nicht sehr hilfreich für das Verständnis der Zeitspannen, in denen die entscheidenden biologischen Ereignisse vollzogen werden. Nach allem, was wir heute über die klonale Evolution von Krebs wissen, erwarten wir eine langwierige Krankheitsentwicklung. Bei Frauen, die aufgrund einer Strahlenbelastung an Brustkrebs erkranken, liegen zwischen DNA-schädigendem Ereignis und Diagnose etwa 20 Jahre. Zudem erhöht die Bestrahlung junger Mädchen deren Krebsrisiko über eine Zeitraum von 50 Jahren hinweg.

Einem bösartigen Brustkrebs gehen zunächst immer eine sogenannte atypische Hyperplasie oder ein beziehungsweise mehrere kleine, gutartige Tumoren voraus. Diese können sich zu lokalen „Carcinoma *in situ*" (CIS) weiterentwickeln, die wiederum unter Umständen fortschreiten zu invasiv wachsendem Brustkrebs werden (oder es – weit häufiger – unterlassen). Regelmäßige Biopsieentnahmen bei großen Stichproben von Frauen lassen vermuten, dass ein Brustkrebs etwa 10 bis 15 Jahre benötigt, um diese entscheidende Hürde zu klonalem Wachstum zu überwinden. Daher kann man zumindest eine grobe Schätzung über den Zeitpunkt wagen, an dem der erste mutierte, dominante Krebsvorläuferklon bei einer Frau, die im Alter von 50 Jahren an Krebs erkrankt, entstanden ist. Dies geschieht wahrscheinlich relativ früh im Leben. Wir haben leider keine Möglichkeit, den Entstehungsweg genau zurückzuverfolgen. Tatsächlich können wir nicht einmal die verschiedenen, erworbenen (nicht ererbten) genetischen Veränderungen in einer Brustkrebszelle zeitlich in der Reihenfolge ihres Auftretens ordnen. Vermutlich treten die ersten Mutationen in den ersten Jahren nach der Pubertät auf. Wie wir aber aus den schrecklichen Erfahrungen mit der auf Japan abgeworfenen Atombombe wissen, können diese Veränderungen aber auch schon im Alter von fünf Jahren einsetzen. Die Bruststammzellen werden während der fötalen Entwicklung gebildet. Daher wurde verschiedentlich angenommen, dass die ersten genetischen Anomalien schon zu diesem Zeitpunkt eintreten und später unter dem einsetzenden Östrogeneinfluss weiter fortgesetzt werden.

Wir wissen es nicht genau. Wahrscheinlich beginnt die Evolution eines zunehmend expandierenden Krebsklons sehr früh im Leben und benötigt mehrere Jahrzehnte zur endgültigen malignen Entartung. Bereits im Teenager-Alter wird also das individuelle Brustkrebsrisiko moduliert, es finden Weichenstellungen statt, jedoch keine unabänderlichen Festlegungen.

Worin besteht also nun in diesem Zusammenhang die „Ursache" für Brustkrebs? Es gibt in der Tat kein letztlich schlagendes Argument dafür, dass endogene Hormoneinwirkungen auf das Brustgewebe, die in erwähnenswertem Umfange durch Fortpflanzungsverhalten, Ernährung und körperliche Bewegung bestimmt würden, eine Schlüsselrolle bei der Krebsentstehung spielen. Kritiker argumentieren, dass epidemiologische Studien bei genauerer Betrachtung nur eine relativ moderate Erhöhung des Brustkrebsrisikos durch Hormone belegten. Insgesamt seien hormonelle Einflüsse für maximal 50 bis 60 Prozent des Krebsrisikos verantwortlich. Allerdings erhoffen wir uns in diesem Zusammenhang schlicht zu viele Erkenntnisse aus epidemiologischen Untersuchungen. Der kumulative Einfluss von Östradiol, Progesteron und IGF-1-Konzentrationen auf das Wachstum von Brustepithelzellen einzelner Frauen über Jahrzehnte hinweg lässt sich nicht durch einfache Berechnungen bestimmen. Es wäre naiv, zu meinen, man könne aufgrund retrospektiv gewonnener Daten über individuelle Lebensweisen, besonders in Bezug auf Ernährung und Bewegung, genaue Risikovorhersagen treffen. Auch durch Bestimmung von Reproduktionsverhalten, Menstruation, Ernährung und körperlicher Ertüchtigung können wir das Brustkrebsrisiko einer Frau nicht abschätzen.[3] Es scheint aber in jedem Falle wirklich groß zu sein, und selbst wenn es nur 50 Prozent betrüge: das wäre eigentlich schon eine sensationelle Nachricht, oder?

Einige Wissenschaftler vertreten die Auffassung, dass dauerhafter hormoneller Stress und Ernährungsgewohnheiten über einen Zeitraum von vielen Jahren hinweg zwar die Entstehung von Krebs fördern können, es jedoch eines weiteren exogenen chemischen Karzinogens bedürfe, um den Prozess überhaupt in Gang zu setzen und eventuell auch voranzutreiben. Wir können diese Vermutung weder bestätigen noch widerlegen, aber ich frage mich, ob uns die frühen Vorurteile gegen Umwelt-Karzinogene nicht noch immer zu stark in dieser Frage beeinflussen. Vielleicht führt auch die große Angst der Patienten vor der Krankheit zu einem verstärkten Bedürfnis nach der Suche anderer, externer Verursacher. Endogene hormonelle Stimulation der Bruststammzellen kann über drei unterschiedliche Mechanismen zu Mutationen führen: erstens durch versehentliche Fehler und unzureichende Reparatur als Konsequenz konstanter Proliferation und verringertem Absterben der Zellen; zweitens aufgrund direkter Schädigung durch endogene Nebenprodukte des oxidativen Stoffwechsels der dauerhaft aktiven Bruststammzellen; drittens direkt durch ein Stoffwechselprodukt des Östradiol (Hydroxyöstron ist genotoxisch). Es ist in der Tat schwierig, zu akzeptieren, dass ein im Grunde normaler, gesunder Prozess derartig schädliche Konsequenzen mit sich bringen kann. Was aber normal in dem einen Zusammenhang ist, kann sich als anormal in einem anderen Kontext erweisen.

Für Brustkrebs lässt sich keine „Ursache" im strengen Sinne festmachen. Es gibt keine strikt lineare Beziehung wie etwa bei einer bakteriellen Infektion. Es gibt auch kein mutiertes Gen als *die* allgemeine Ursache für Brustkrebs. Chronische hormonabhängige Stimulation, die eine konstante Teilung der Bruststammzellen induziert, scheint eine wesentliche Rolle zu spielen (ein Zyklus steuert einen zweiten Zyklus). Dies reflektiert in großem Umfange unsere kulturell und gesellschaftlich bedingte Loslösung von evolutionär entstandenen Anpassungen unseres Fortpflanzungssystems. Aber ein Risiko setzt sich zumeist aus mehreren Faktoren zusammen. Im Falle des Brustkrebses haben neuere, gesellschaftsspezifische Ernährungsgewohnheiten und der damit verbundene veränderte Energiehaushalt die Anfälligkeit eines ohnehin verletzlichen Gewebes erhöht. Veranlagung und die Launen des Zufalls ergeben zusammen schließlich ein plau-

---

[3] Im Moment gibt es noch keinen Algorithmus, mit dem das Brustkrebsrisiko einer Frau (oder auch jegliches andere Krebsrisiko) berechnet werden könnte. Richtwerte scheinen sich jedoch langsam herauszukristallisieren. Das National Cancer Institut (NCI, USA) hat dazu eine auf CD verfügbare Software entwickelt: „Breast Cancer Risk Assessment Tool". Sie richtet sich in erster Linie an Mitarbeiter im Gesundheitswesen und soll dazu dienen, das individuelle Brustkrebsrisiko einer Frau für die kommenden Jahre abzuschätzen. Unter den Parametern, die der Berechnung zugrunde gelegt werden, befinden sich Fortpflanzungsverhalten, Familiengeschichte, Rasse und Alter – nicht jedoch Ernährung und Ausmaß der körperlichen Bewegung.

sibles, kausales Erklärungsnetz, das durchzogen ist von grundlegenden Prinzipien der Evolution.

Aber selbst wenn sich dieses kausale Szenario beweisen ließe, – was schwierig, wenn nicht gar unmöglich sein dürfte – wären die daraus zu ziehenden Konsequenzen begrenzt. So schließt das Vorhandensein eines vorherrschenden Entstehungsweges andere Wege, die unter ganz speziellen Umständen eingeschlagen werden, nicht aus (beispielsweise bei Frauen, die aufgrund von Strahlenbelastungen Brustkrebs entwickeln). Außerdem wird es immer Patientinnen geben, deren persönliche, soziale und medizinische Vergangenheit sich nicht in die bevorzugten und festgeschriebenen Erklärungsmuster einfügen lässt. Für diese und für jede einzelne Brustkrebspatientin bleiben die genauen kausalen Zusammenhänge und Mechanismen ihrer Erkrankungsgeschichte unergründlich. Daher überrascht es nicht, dass sich Patienten, deren Familien und Interessenvereinigungen weiterhin ihre eigenen Urteile und Theorien bilden.

In einem Fernsehfilm mit dem Titel „Rachel's daughters: searching for the causes of breast cancer" (Rachels Töchter: Auf der Suche nach den Ursachen für Brustkrebs) berichtete eine Gruppe von betroffenen Frauen über ihre sehr bewegenden, persönlichen Erlebnisse. Sie äußerten die Überzeugung, dass Umwelteinflüsse für ihre Erkrankung verantwortlich seien. Ihre Vermutung untermauerten sie durch Interviews mit von ihnen ausgewählten Wissenschaftlern und Ärzten. Der Titel des Filmes bezieht sich auf Rachel Carson, die durch ihr 1962 veröffentlichtes Buch „Silent Spring" (in Deutschland erschienen unter dem Titel „Der stumme Frühling") bekannt wurde. In diesem viel gelobten Buch warnt sie die Welt vor mutwilliger Verschmutzung der Umwelt. Rachel Carson starb im Alter von 57 Jahren an Brustkrebs, und der Titel des Filmes impliziert, dass sie (wie viele andere auch) die Glaubwürdigkeit der im Film gegebenen Erklärungen ihrer „Töchter" anerkannt hätte. Sie liegen vielleicht richtig mit ihren Vermutungen. Nur ein unbesonnener, vorschneller Wissenschaftler würde behaupten, Chemikalien aus der Umwelt hätten keinen Einfluss auf Brustkrebs. Wir werden es niemals herausfinden, warum Rachel Carson an Brustkrebs erkrankte. Wenn ich jedoch zu wählen hätte zwischen einer Belastung durch Umweltchemikalien – ob synthetisch, industriell hergestellt, östrogen oder nicht – und dem chronischen hormonellen Stress einer Frau, die physisch über einige Millionen Jahre hinweg evolutionär an Schwangerschaften angepasst wurde, jedoch nie schwanger war, dann muss ich leider sagen, stünde für mich die Entscheidung außer Frage. Wie auch immer, Brustkrebs ist höchstwahrscheinlich vermeidbar, und es gibt momentan in der Krebsforschung keine größere Herausforderung, als dieses Problem tatsächlich zu lösen. Und die Lösung sollte jedenfalls intelligenter ausfallen als das Entfernen von Eierstöcken oder Brust!

Kapitel 16: Männerleiden

Während in der Vergangenheit Frauen in höherem Maße als Männer von Krebs betroffen waren, scheint sich das Blatt nun zu wenden. In den USA entwickelt sich der Prostatakrebs zu der am häufigsten diagnostizierten Krebsart und wird voraussichtlich den Lungenkrebs als Haupttodesursache bei Männern ablösen. Und er wird nicht länger tabuisiert; selbst Männer wie der Golfer Arnold Palmer und Golfkriegsgeneral „Stormin" Norman Schwarzkopf berichten im Fernsehen zur Hauptsendezeit über ihre Prostatakrebs-Diagnosen. Was noch bis vor kurzem in verlegenes Schweigen gehüllt war, ist inzwischen zum offenen Gesprächsthema auf Golfplätzen, in Sitzungsräumen und Kneipen geworden.

Die momentanen Behandlungsmöglichkeiten für Prostatakrebs sind im Grunde ähnlich brutal wie die zuvor bei Brustkrebs geschilderten – die chirurgische Entfernung der Prostata, dazu noch die chemische Kastration durch Anti-Androgene bei metastasierenden Prostatatumoren. Diese Therapie führt zu Feminisierung und ist dabei nicht einmal besonders wirkungsvoll.

In der Mitte der 1990er Jahre starben in den USA jährlich rund 40 000 Männer an Prostatakrebs, und etwa 250 000 wurden mit einer Prostatakrebsdiagnose konfrontiert. Im Vergleich zu den zwei vorangegangenen Jahrzehnten bedeuteten diese Zahlen einen enormen, sprunghaften Anstieg. Allerdings verzerren sie das tatsächliche Bild. Es ist bereits seit mehren Jahrzehnten bekannt, dass sich bei vielen älteren Männern, die nicht an Krebs gestorben sind, versteckte Tumoren der Prostata finden lassen. Die Zahlen hierzu sind in der Tat bemerkenswert: Etwa 30 Prozent der Männer über 50 Jahren besitzen einen klinisch symptomlosen Prostatakrebs. Diese Ziffer erhöht sich bei den über 80-jährigen Männern sogar auf über 50 Prozent. Man kann den Entstehungszeitraum der Tumoren in groben Zügen nachvollziehen, durch die Untersuchung von Prostatageschwulsten, die jungen, durch einen Unfall oder schwere Verletzung ums Leben gekommenen Männern entnommen wurden. Im Rahmen einer solchen Studie wurden erste Anzeichen für Prostatakrebs – neoplastische Veränderungen ersten Grades (vermutlich die klonalen Vorläufer für Krebs) – in 10 Prozent der untersuchten Männer zwischen 20 und 30 Jahren gefunden. Vermutlich setzt die klonale Evolution des Prostatakrebses also bereits sehr früh ein, eventuell gleichzeitig mit Beginn der sexuellen Aktivität nach der Pubertät. Die natürliche Entstehung dieser Krebsart scheint zudem extrem lange Zeit in Anspruch zu nehmen.

Das bedeutet im Grunde, dass die meisten Männer an Prostatakrebs erkranken würden, wenn sie nur lange genug lebten. Bei der Mehrheit der erkrankten Männer kommen den potentiell tödlichen Konsequenzen des Prostatakrebses andere Todesursachen zuvor. Ein großer Teil des scheinbaren Anstiegs von Prostatakrebs in den USA ist auf die regelmäßigen Routineuntersuchungen – rektale Untersuchung und Bestimmung des PSA-Wertes (Prostata-spezifisches Antigen) im Serum – zurückzuführen, zu denen regelmäßig aufgerufen wird. Dabei wird eine große Anzahl von gutartigen und ansonsten nicht diagnostizierbaren Tumoren entdeckt. Allerdings belegt der Anstieg von Prostatakrebs in Gegenden ohne Vorsorgeuntersuchungen (etwa in verschiedenen Gebieten Englands zwischen 1970 und 1990), dass ein Teil der generell gestiegenen Prostatakrebsrate tatsächlich auf einer erhöhten Anzahl bösartiger Erkrankungen beruht. Auch die Sterblichkeitsstatistiken weisen darauf hin und haben umfangreiche, besorgte Überlegungen über die ökonomischen und gesundheitlichen Auswirkungen sowie über die Dringlichkeit der Ursachenforschung ausgelöst. Ein erheblicher Anteil des Prostatakrebsanstiegs betrifft Männer mittleren Alters (zwischen 45 und 65 Jahren). Damit sind also nicht mehr nur alte Männer betroffen, die ohnehin voraussichtlich an einer anderen Todesursache sterben. Männer mittleren Alters lassen dagegen den Wucherungen der Vorsteherdrüse noch genügend Zeit zur bösartigen Entartung.

Vor dem 20. Jahrhundert wurde Prostatakrebs von den damaligen Ärzten als sehr seltene Krankheit bezeichnet. Es gibt allerdings gute Gründe, diese Einschätzung anzuzweifeln. So wurde die Prostatadrüse überhaupt erst in der Mitte des 18. Jahrhunderts durch den italienischen Anatomen Giovanni Morgagni entdeckt. Er fertigte sehr sorgfältige Beschreibungen über Prostatavergrößerungen im Zusammenhang mit Problemen beim Urinieren an. Möglicherweise waren die Tumoren, die nicht nur Morgagni, sondern bereits Hippokrates im Zusammenhang mit Blase und Harnröhre dokumentierte, eigentlich solche der Prostata. Jedenfalls ist eines der hervorstechenden Symptome sowohl gutartiger als auch bösartiger Tumoren – Probleme beim Urinlassen – bereits seit über 2000 Jahren als ein weit verbreitetes Leiden älterer Männer bekannt. Prostatakrebs selber wurde allerdings formal erstmals 1817 von dem englischen Chirurgen George Langstaff beschrieben.

Worin besteht aber nun die Ursache für das Auftreten von Prostatakrebs bei älteren Männern? Eine mögliche Erklärung bieten die natürlichen und physiologischen Konsequenzen, die ein langes Leben mit sich bringt. Senilität der Prostata also? Sir Benjamin Brodie, ein herausragender Londoner Chirurg des 18. Jahrhunderts, beschäftigte sich mit diesem Problem. Er vertrat ebenfalls die Ansicht, Prostatakrebs sei eine seltene Erkrankung, war aber gleichzeitig auch der Auffassung, dass bestimmte, altersabhängige krankhafte Veränderungen des Körpers nun einmal die Tatsache reflektieren, „dass das Individuum den Weg eingeschlagen hat, der schließlich mit seinem Zerfall enden wird.":

Wenn das Haar grau und licht wird, wenn Flecken von erdhafter Beschaffenheit sich in den Wänden der Arterien einlagern und wenn sich ein weißer Bereich am Rande der Cornea gebildet hat, dann vergrößert sich üblicherweise, und ich bin geneigt zu behaupten immer, auch die Prostata.

Wäre Brodie bereits mit den entsprechenden Diagnosemöglichkeiten ausgestattet gewesen, so hätte er vermutlich Tumoren oder Krebs in solchermaßen vergrößerten Prostatadrüsen finden können.

Die Prostatakrebsrate variiert geographisch stark und kann in einigen Gebieten um das vierzigfache erhöht sein. Im Orient tritt Prostatakrebs extrem selten auf, während weiße US-Amerikaner sehr viel häufiger betroffen sind. Bei den schwarzen US-Amerikanern ist das Prostatakrebsrisiko schließlich sogar noch einmal um

50 Prozent höher. Allerdings müssen diese Daten wie erwähnt mit Vorsicht betrachtet werden, da sie teilweise auf umfangreiches Vorsorge-Screening zurückzuführen sind. Die mit Prostatakrebs verbundene Sterblichkeitsrate ist deutlich geringer und variiert lediglich um etwa das vierfache. Auch hierbei sind allerdings Korrelationen mit ethnischen Gruppierungen erkennbar, die entweder genetische oder umweltbedingte Hintergründe oder aber beides haben können. Interessanterweise ist die Anzahl klinisch unscheinbarer Prostatatumoren sowohl bei Japanern als auch bei weißen und schwarzen Amerikanern gleich. Die Unterschiede zwischen den Volksgruppen scheinen also lediglich die Entwicklung von bösartigen Tumoren und Metastasen zu betreffen. In den USA lebende Japaner erwerben ein höheres Krebsrisiko als ihre Landsleute in Japan, erreichen allerdings nicht die Prostatakrebsraten der einheimischen Amerikaner.

Eine in den USA weit verbreitete Haltung ist bestrebt, für alles einen „Schuldigen" dingfest machen zu wollen. Die üblichen Verdächtigen – umwelt- oder berufsbedingte Gifte – wurden zusammengetrieben, aber die Beweise für eine Beteiligung an der Entstehung von Prostatakrebs sind bestenfalls als schwach zu bezeichnen. Eine plausiblere, allerdings nur partielle Erklärung bietet wiederum der Wandel der Ernährungsgewohnheiten. Übermäßige Kalorienaufnahme und der dadurch unausgeglichene Energiehaushalt scheinen zu einem mindestens leichten Anstieg des Prostatakrebsrisikos zu führen. Der gleichzeitig reduzierte Verzehr von Anti-Oxidantien und Soja-Produkten könnte wenigstens teilweise den Anstieg der Prostatakrebserkrankungen bei amerikanischen Japanern im Vergleich zu ihren Landsleuten in der alten Heimat erklären. Hohe IGF-1-Konzentrationen stehen offenbar in deutlichem Zusammenhang mit Prostatakrebs. Sollte sich dies als korrekt erweisen, so würde sich ein schon bei der Brustkrebs-Ursachenforschung herauskristallisiertes Bild auch für Prostatakrebs ergeben: Die veränderten Ernährungsgepflogenheiten könnten zu einer erhöhten Zellteilungsrate, weniger Zelltod (= insgesamt mehr Zellen), damit zu mehr oxidativem Stress und folglich größerem Risiko für DNA-Schädigungen führen. Es ist sehr wahrscheinlich, dass die Ernährung einen Einfluss auf das Entstehen von Prostatakrebs besitzt, dennoch müssen noch weitere Faktoren mitbeteiligt sein.

Um welche Faktoren könnte es sich dabei handeln? Um es ganz offen vorwegzunehmen: Ich kenne die Antwort nicht. Niemand kennt sie bis heute. Aber ich will ihnen meine Sicht der Dinge darlegen. Sie beruht wiederum auf der Annahme, dass wahrscheinlich evolutionäre Prinzipien zugrunde liegen – und ein wenig auch auf dem wohl irrationalen Wunsch, Frauen und Männer mögen an der Bürde des Krebses gleichermaßen tragen. Es gibt in der Tat bemerkenswerte Parallelen zwischen Prostata- und Brustkrebs. Beide sind eng verflochten mit den Konsequenzen des evolutionären Imperativs für reproduktiven Erfolg.

Bei der zu Prostatakrebs führenden Ursachenkette spielt zunächst sicherlich das männliche Geschlechtshormon Testosteron eine große Rolle. Beim Brustkrebs hatten wir bereits den Einfluss des weiblichen Östrogens kennen gelernt. Prostatakrebszellen benötigen zum Wachsen und Überleben männliche Sexualhormone (Androgene, speziell Testosteron). Interessanterweise sind sie während ihrer klonalen Evolution sogar bis zu einem relativ späten Stadium von diesen abhängig. Daher wurden über Jahrzehnte in erster Linie Anti-Androgene zur Prostatakrebstherapie eingesetzt. Dies ist absolut vergleichbar mit dem Östrogenabhängigen Wachstum von Brustkrebszellen. Es kann daher nicht erstaunen, dass kastrierte Männer (Eunuchen) nicht an Prostatakrebs erkranken.

Die Schwierigkeiten mit dem Testosteron

Wir sollten zunächst einen Blick auf die biologische Funktion der Prostatadrüse werfen. So weit wir heute wissen, evolvierte sie bei Säugetieren einzig zur Produktion einer schleimigen Samenflüssigkeit, die den Spermienfluss und die Befruchtung erleichtert. Um diese Funktion störungsfrei ausüben zu können, benötigt sie die Stimulation durch männliche Hormone. Erwähnenswert erscheint mir eine besondere Kuriosität: Die Prostata junger Männer ist weit größer als die von Bullen. Genau genommen kann sich der Mensch der (nach den Hunden) zweitgrößten Prostatadrüse rühmen. Hunde wiederum sind tatsächlich die einzigen weiteren Säugetiere, von denen eine mit dem Alter zunehmende Prostatakrebsrate bekannt ist.

Warum aber benötigt der Mensch eine so große Prostata? In diesem Zusammenhang wird ein mögliches evolutionäres Argument relevant. Als es zu einem bestimmten Zeitpunkt der menschlichen Evolution bei den Frauen eine Selektion auf kontinuierliche Ovulation und verdeckten Östrus beziehungsweise Fruchtbarkeit gab, hat der Selektionsdruck gleichzeitig vermutlich diejenigen Männer bevorzugt, die zu konstanter Produktion von Samenflüssigkeit in der Lage waren: Im Rahmen der Fortpflanzungskonkurrenz verschaffte eine kontinuierlich tätige Prostata dem so ausgestatten Mann sicherlich einen Vorteil. Mit anderen Worten haben wir es hier vermutlich erneut mit einer evolutionären Anpassung zu tun, die gleichzeitig eine zeitverzögert auftretende Sanktion birgt. Und wiederum betrifft die Sanktion ausschließlich das erkrankte Individuum, das sich zuvor ohne Einschränkung fortpflanzen konnte. Für die Selektionskräfte der Evolution besteht daher keine Möglichkeit der Einflussnahme. Da die Testosteronproduktion im Gegensatz zum Östrogen nicht nach Beendigung der „normalen" Fortpflanzungsperiode abnimmt, können die Prostatakrebszellen bis ins hohe Alter hinein zum Wachstum angetrieben werden. Und auch hierbei können selektive Mechanismen nicht intervenieren. Was also einst ein evolutionärer Vorteil war, verschafft uns nun nachteilige Nebenwirkungen. Meiner Meinung nach erklärt dies sehr schlüssig, warum die Achtzigjährigen der meisten, wenn nicht aller ethnischen Gruppen Minitumoren der Prostata aufweisen.

Warum aber variiert die Prostatakrebshäufigkeit geographisch so stark und worauf beruht der innerhalb der letzten Jahrzehnte verzeichnete Anstieg maligner Prostatakrebserkrankungen? Hatte etwa der französische Präsident Mitterand schlicht und einfach Pech, dass er an Prostatakrebs starb? Oder war er vielleicht irgendeinem unbemerkten Umweltgift ausgesetzt, welches die Entwicklung eines Krebses beschleunigte, der ansonsten langsam gewachsen und gutartig geblieben wäre? Dazu hier ein paar Bemerkungen: Onkologen überwachen das Prostatakrebsrisiko und den Prostatakrebs durch regelmäßige Bestimmung des PSA-Wertes. Dabei wird die im Blut vorhandene Konzentration dieses von der Prostata sezernierten Proteins gemessen. Die PSA-Konzentration steigt an, wenn sich ein

Tumor oder Krebs entwickelt. Tatsächlich produzieren die Prostatakrebszellen selbst PSA, was Ansatzpunkte für mögliche therapeutische Strategien eröffnet. Es gibt physiologisch normale Schwankungen des PSA-Wertes. Besonders stark steigt er beispielsweise rund fünf Stunden im Anschluss an sexuelle Aktivität an. Dies macht Sinn, da nach dem Verbrauch der gesamten Samenflüssigkeit ein Stimulus die Neuproduktion und das Auffüllen der leeren Speicher induziert. Aber genau darin könnte gleichzeitig der zusätzliche proliferative und oxidative Stress für die Prostata bestehen, der das ohnehin vorhandene Krebsrisiko verschärft. Eher noch als eine kontinuierliche Produktion von Samenflüssigkeit führt also sexuelle Aktivität zu akuten Stimulationsschüben.

Betrachten wir nun den großen evolutionären Zusammenhang. Welches andere Säugetier-Männchen, inklusive unserer nächsten Affen-Verwandten, vergnügt sich sexuell auch dann noch, wenn es schon lange nicht mehr mit jüngeren, fitteren Männchen um die Gunst der Frauen konkurrieren kann? Keines natürlich. Der dominante Löwe, Hirsch oder Gorilla erlebt einen rauschenden Frühling, bis er von Konkurrenten abgelöst wird und daraufhin recht bald stirbt. Der Mensch dagegen, der sexuelle Aktivität inzwischen weitestgehend von der Fortpflanzung entkoppelt und gleichzeitig den Zeitpunkt des Todes immer weiter nach hinten verlegt hat, genießt – in unterschiedlichem Ausmaß – bis ins Alter die Früchte des Vergnügens. Ein Ventil für ein unterdrücktes kreatives Feuer? Und Präsident Mitterand? Seine junge Frau mag bei seiner Prostatakrebserkrankung keine Rolle gespielt haben. Aber ist dieser Gedanke insgesamt so verkehrt?

Wir sind hiermit einer Erklärung nahe gekommen, über die es sich nachzudenken lohnt: Während der langen Evolution des Menschen haben sich große, sehr aktive Prostatadrüsen der Männer als vorteilhaft erwiesen und herausgebildet. Die über mehrere Jahrzehnte andauernde Funktionstüchtigkeit dieses Organs, dessen Testosteron-Produktion auch im Alter nicht eingestellt wird, fördert die unausweichliche Entwicklung kleiner bzw. klinisch unauffälliger Prostatatumoren. Sexuelle Aktivität und eine unausgewogene Ernährung stellen gewissermaßen wiederum den gesellschaftlichen Fluch dar, der gemeinsam mit fortgesetzter Testosteron-Belastung zur Erhöhung des Risikos einer malignen Entartung der zunächst gutartigen Tumoren beiträgt. Das sind wahrlich deprimierende Nachrichten für die Herren der Schöpfung.

Die epidemiologischen Belege dafür, ob sexuelle Aktivität das Prostatakrebsrisiko beeinflusst, sind widersprüchlich, es gibt allerdings einige bedrückende Hinweise. Frühe Studien deuteten darauf hin, dass alleine der Umstand, verheiratet zu sein, ausreichte, um ein erhöhtes Prostatakrebsrisiko zu tragen. Interessanterweise haftet dem Verheiratetsein dieses Etikett inzwischen nicht mehr an. Verschiedene Untersuchungen, wenn auch nicht alle, zeigten eine Verbindung zwischen Prostatakrebs und vorangegangener sexueller Aktivität auf, also der Anzahl von Geschlechtspartnern, der Koitusfrequenz während der letzten zehn Jahre vor Diagnose und durchlittene Geschlechtskrankheiten. Eine Studie stellte zusätzlich einen Zusammenhang zu unerfüllten sexuellen Wünschen her. Aus diesen Ergebnissen schloss man zunächst, Prostatakrebs könne sexuell übertragen werden (beispielsweise über Viren). Allerdings gab und gibt es bis heute dafür keine Beweise. Eine alternative Erklärung besagte, starke sexuelle Aktivität und Prostatakrebs seien zwei voneinander unabhängige Auswirkungen einer dauerhaft hohen Testosteronkonzentration. Dass Sex selber zur Prostatakrebsentstehung beitragen könnte, wurde nicht erwogen.

Eine weitere Untersuchung beschäftigte sich mit einer Gruppe von Männern, die Marihuana rauchte, aber keine Zigaretten. Bei ihnen war das Risiko für eine bestimmte Krebsart erhöht: Prostatakrebs. Zudem erkrankten sie in relativ jungem Alter, nämlich vor Erreichen des 63. Lebensjahres. Zwar umfasste diese Studie lediglich eine relativ kleine Stichprobe, weshalb die Ergebnisse der Untersuchungen noch einmal bestätigt werden müssten, die Autoren stellten aber einen interessanten Zusammenhang her: Sie schlussfolgerten, dass die äußerst selektive Assoziation zwischen Marihuana und Prostatakrebs auf den allgemein bekannten Zusammenhang zwischen dem Gebrauch bewusstseinserweiternder Drogen und sexueller Aktivität zurückzuführen sein könnte. Bei den weiblichen Marihuana-Konsumenten erhöhte sich ebenfalls das Risiko für eine einzelne Krebsart: Gebärmutterhalskrebs. Andere Studien kamen zu dem Ergebnis, dass zölibatär lebende, katholische Priester weniger häufig an Prostatakrebs erkrankten als ihre nicht so keusch lebenden Kollege anderer Kirchenzugehörigkeit. Leider besaßen alle diese Studien eine zu kleine Stichprobengröße und keine stellte die entscheidenden Fragen (oder traute sich nicht dazu) nach dem tatsächlichen Einhalten des Zölibats und der Häufigkeit von wie auch immer herbeigeführten Orgasmen. Ohnehin wäre es vermutlich zu bezweifeln, dass die Antworten auf diese Fragen glaubhaft wären.

Selbst wenn sich diese spekulativen und exotisch anmutenden Erklärungen für das Entstehen von Prostatakrebs als wahr erweisen sollten, gibt es daneben sicherlich noch unmittelbarere Ursachen für Prostatakrebs, und zwar sowohl generell als auch bezogen auf spezielle Situationen, wie wir das bereits beim Brustkrebs gesehen haben. Bei eineiigen Zwillingen zeigt keine andere Krebsart ein so ausgeprägt simultanes Auftreten wie der Prostatakrebs. Das deutet stark darauf hin, dass Männer unterschiedliche genetische Veranlagungen für diese Krebsart tragen. Welches aber könnten diese genetischen Faktoren sein? Das Testosteron, dessen Produktion durch ein Zusammenspiel von genetischen Faktoren und Umweltparametern gesteuert wird, hat vermutlich einen sehr hohen Einfluss auf das Krebsrisiko. Aber auch weitere Moleküle, die eine Rolle bei der Signalvermittlung zwischen Hormonsynthese und dem Wirkungsort, der Prostatazelle, spielen, könnten zur Modulation des Risikos beitragen.

Unterschiede bei der im Blut messbaren Testosteronkonzentration scheinen lediglich ein schwacher Indikator für das tatsächliche Prostatakrebsrisiko zu sein. Weiße US-Amerikaner und Japaner zeigen ganz ähnliche Werte. Allerdings gibt es ein weiteres Enzym, welches das Testosteron in seine biologisch aktive Form, das Dihydrotestosteron, umwandelt. Und hierbei erwies sich, dass bei den Japanern eine durchschnittlich geringere Aktivität dieses Enzyms festzustellen war, was möglicherweise einen gewissen Schutz gegen Prostatakrebs bedeuten könnte. Gestützt wird diese Vermutung durch eine weitere Beobachtung. Häufiger als entsprechend gesunde, ethnische und gleichaltrige Kontrollgruppen besitzen Männer mit fortgeschrittenem oder malignem Prostatakrebs eine bestimmte ererbte Genvariante, die die biologische Aktivität des Testosterons und seines Stoffwechsels reguliert. An vorderster Front befindet sich außerdem ein Gen, das den Dihydrotestosteron-Rezeptor der Prostatazellen kodiert. Hierbei handelt es sich vermutlich um das Haupteinfalltor für proliferativen Stress und Krebs. Die Struktur des Rezeptors variiert von Individuum zu Individuum, und es gibt einige Hinweise darauf, dass eine bestimmte Genvariante zu dem oben erwähnten erhöhten Risiko von Schwarzamerikanern führt.

Abgesehen von individuellen Variationen des Testosteron-Metabolismus beeinflussen auch andere genetische Unterschiede das Prostatakrebsrisiko. Rund 10 Prozent der Prostatakrebserkrankungen treten familiär gehäuft auf, und wahrscheinlich wird man die daran beteiligten ererbten Gene in Kürze entschlüsselt haben. Das *BRCA-2*-Gen, das eine starke Veranlagung zu Brustkrebs vermittelt, erhöht gleichzeitig auch das Prostatakrebsrisiko der Männer in den betroffenen Familien. Zusammenfassend kann man sagen, dass vermutlich vielfältige, ererbte Faktoren gemeinsam eine Veranlagung für Prostata- und Brustkrebs beeinflussen. Und wie immer lauert der Zufall im Hintergrund. Am Ende aber läuft alles auf die Sexualhormone hinaus und auf unser in der Evolution tief verwurzeltes Sinnen und Trachten nach reproduktivem Erfolg.

Kapitel 17: Cancer à deux

Bereits vor über 150 Jahren prägten die Franzosen den Begriff „Cancer à deux", mit dem sie das parallele Auftreten von Gebärmutterhalskrebs und Peniskrebs bei Paaren bezeichneten, die verheiratet waren oder in wilder Ehe zusammenlebten. Wir können heute nicht mehr feststellen, wie häufig dies tatsächlich auftrat, aber die Beobachtung gab bereits damals Anlass zu der Annahme, Krebs sei ansteckend. Heute scheint es so, als wäre man damit der Wahrheit schon recht nahe gekommen.

Bereits seit der Antike kennt man Uteruskrebs. Das Ebers-Papyrus (1552 v. Chr.) beschreibt ein Heilmittel gegen Krebsgeschwulste des Bauchraums: ein Gemisch aus frischen Datteln vermischt mit zerstoßenem Kalkstein und Wasser wurde durch die Scheide eingeführt. Die Aufzeichnungen des Hippokrates (450 v. Chr.) berichten ebenfalls von Krebserkrankungen der Gebärmutter. Allerdings trifft er, wie auch spätere Forscher, noch keine klaren Unterscheidungen zwischen Tumoren der Gebärmutter und des Gebärmutterhalses, weshalb wir heute nicht abschätzen können, wie häufig diese beiden sehr verschiedenen Krebsarten damals auftraten. Auch hinduistische Texte aus dem 5. Jahrhundert v. Chr. beschreiben chirurgische Methoden zur Entfernung von Tumoren aus Gebärmutterhals und Vagina. Wir können also zu Recht davon ausgehen, dass Frauen bereits seit über 2000 Jahren an Gebärmutterhalskrebs erkranken. Detailliertere Berichte finden sich erst wieder mit der Wiedergeburt von Medizin, Chirurgie und Kunst während der europäischen Renaissance im 16. Jahrhundert. Im 19. Jahrhundert kannte man Gebärmutterkrebs als eine relativ weit verbreitete Erkrankung, wobei in den chirurgischen Aufzeichnungen noch immer häufig nicht richtig zwischen Uterus, Cervix und Corpus unterschieden wurde.

Eher oberflächliche Beobachtungen über Lebensgewohnheiten führten zu ersten Spekulationen über mögliche Ursachen. Rigoni-Stern beschäftigte sich in Verona mit Krebspatienten und stellte fest, dass Gebärmutterkrebs deutlich häufiger bei verheirateten Frauen als bei unverheirateten Frauen und katholischen Nonnen auftrat. Das veranlasste ihn zu der Annahme, dass entweder Stress oder die physischen Belastungen durch Geburten dafür verantwortlich waren. Aber auch andere mögliche Erklärungen reiften heran. Der deutsche Arzt Adam Elias von Siebold vermutete 1824, dass Gebärmutterkrebs auf eine skrofulöse Grundkonstitution, auf Fleischeslust und (man lasse es sich auf der Zunge zergehen) auf das Lesen von Liebesromanen zurückzuführen sei. 1861 bemerkte von Scazoni, Gebärmutterkrebs sei unter städtisch lebenden Frauen weiter verbreitet und hänge daher vermutlich mit deren Lebensgewohnheiten zusammen. Außerdem wagte er die Vermutung, dass Cervixkarzinome durch übermäßige sexuelle Aktivität hervorgerufen werden könnten, allerdings leider ohne dafür Belege anzuführen. Diese

Beobachtung führt uns geradewegs wieder zurück nach Frankreich, wo im 19. Jahrhundert deutliche Zusammenhänge zwischen Gebärmutterhalskrebs und Penistumoren bei Sexualpartnern festgestellt wurden. Auch in den vergangenen Jahrzehnten konnte eine derartige Assoziation belegt werden. Allerdings sind Tumoren am Penis heute relativ selten, und ihre Verbreitung ist in der letzten Zeit sicherlich zurückgegangen, so dass die Mehrheit der von Gebärmutterhalskrebs betroffenen Frauen keinen entsprechend erkrankten Partner hat. Dennoch war und ist der Zusammenhang noch immer aufschlussreich. Es gibt überzeugende epidemiologische Hinweise darauf, dass Gebärmutterhalskrebs mit sexueller Aktivität in Verbindung zu bringen ist. Betrachtet man alleine die Frauen, so steigt deren Krebsrisiko mit der Anzahl ihrer Geschlechtspartner. Während also Prostituierte besonders häufig an Gebärmutterhalskrebs erkranken, tendiert das Risiko bei katholischen Nonnen praktisch gegen null. Außerdem könnte sich das Krebsrisiko bei denjenigen Frauen erhöhen, die bereits in relativ jungem Alter erste sexuelle Kontakte hatten. Diese Vermutung lässt sich allerdings kaum verifizieren, da der Effekt durch die anschließende sexuelle Aktivität überlagert wird.

Gebärmutterhalskrebs ist geographisch nicht begrenzt, die Häufigkeit variiert jedoch regional. Heutzutage ist er besonders in Südostasien, Afrika und Zentral- sowie Südamerika verbreitet. Im Spanisch sprechenden Kolumbien kommt Gebärmutterhalskrebs beispielsweise zehnmal häufiger vor als in Spanien. Allerdings gibt, oder wohl besser gab, der Umstand Rätsel auf, dass in einigen Gesellschaften mit hohen Krebsraten die Frauen, und zwar auch die an Gebärmutterhalskrebs erkrankten, monogam lebten. In diesem Kontext rückte der sogenannte „männliche Faktor" ins Blickfeld der Wissenschaftler. In England, den USA, Lateinamerika, Thailand und auch anderswo durchgeführte Studien belegten nämlich eindeutig, dass sexuell untreue Ehemänner einen großen Anteil an der Verursachung von Gebärmutterhalskrebs haben. Es gibt bemerkenswerte Korrelationen zwischen der Gebärmutterhalskrebsrate monogamer Frauen und der sexuellen Aktivität ihrer Gemahle. Für Frauen, deren Ehemänner verschiedene außereheliche Affären haben oder regelmäßig Bordelle aufsuchen (und dabei auf den Gebrauch von Kondomen verzichten), kann das Gebärmutterhalskrebsrisiko auf etwa das Zehnfache ansteigen. Alle diese Beobachtungen sprechen deutlich dafür, dass es sich bei dieser Krebsart um eine ansteckende und mit geschlechtlicher Aktivität assoziierte Krankheit handelt.

In den vergangenen Jahren hat sich daher das Interesse der Krebsforscher auf eine ganz bestimmte Klasse von Mikroorganismen konzentriert: die Papillom-Viren. Inzwischen kennt man mehr als 100 verschiedene humane Papillom-Viren (HPV), von denen einige mit der Entwicklung von Tumoren und Krebs in Verbindung gebracht werden. HPV 1 und HPV 2 sind mit den bekannten Hautwarzen assoziiert. HPV 6, HPV 10 und HPV 11 können Warzen an den Geschlechtsorganen hervorrufen, und HPV 5 und HPV 8 stehen mit den Squamosen Zellkarzinomen der Haut in Verbindung. Bei der Entstehung von Gebärmutterhalskrebs scheinen HPV 16 und HPV 18 eine Rolle zuspielen. Sie sind ebenfalls an den etwas selteneren Tumoren der Vulva, der Vagina, der perianalen Region und auch des Penis beteiligt. Und damit schließt sich der Kreis.

Mit Hilfe besonders sensitiver molekularer Tests ließ sich nachweisen, dass über 95 Prozent der typischen Gebärmutterhalskarzinome (und wahrscheinlich sogar alle) mit HPV 16 oder HPV 18 infiziert waren. In einigen Teilen der Welt scheinen allerdings andere Papillom-Viren beteiligt zu sein. Die heute zu beobachtenden Tendenzen geben in der Tat Anlass zur Beunruhigung. Etwa 25 Prozent der jungen Frauen in den USA und Westeuropa sind mit HPV 16 oder HPV 18 infiziert. Wir haben Grund zu der Annahme, dass wir ohne die regelmäßige Durchführung von Abstrich-Untersuchungen (die sogenannten PAP-Tests) vor einer regelrechten Gebärmutterhalskrebs-Epidemie stünden. Zunehmend werden heute Vorläufertumoren bei Frauen entdeckt, die in den späten 1960er und frühen 1970er Jahren ihre ersten sexuellen Erfahrungen gemacht haben. Dieser Anstieg reflektiert vermutlich sowohl die damals einsetzenden Veränderungen der sexuellen Gewohnheiten der Mädchen und jungen Frauen als auch den Gebrauch neuer Verhütungsmethoden, da die Pille nun begann, das Kondom zu ersetzten.

Wenn man sich also vor Augen führt, welche Rolle das menschliche Verhalten bei der HPV-vermittelten Entstehung von Gebärmutterhalskrebs spielt, so verwundert es nicht weiter, dass es diese Krebsart schon sehr lange gibt. Promiskuität ist nicht gerade ein besonders neuer Trend. Entsprechende Exzesse im Römischen Reich unter Caesar sind legendär. Im Elizabethanischen London wimmelte es von Bordellen und sogenannten „Stews". Papillom-Viren schwirrten zu diesen Zeiten wahrscheinlich überall munter herum. Allerdings starben viele der dadurch potentiell krebsgefährdeten Frauen sicherlich bereits frühzeitig durch andere, akutere Todesursachen, bevor sich der Gebärmutterhalskrebs zu voller Malignität entwickeln konnte. Dennoch ist der Gebärmutterhalskrebs die wahrscheinlich älteste berufsbezogene Krebsart der Frauen, die dem ältesten Gewerbe der Welt nachgehen.

Es bleiben noch immer einige Fragen offen. Epidemiologische Untersuchungen belegen, dass zwischen der vermuteten Erstinfektion mit HPV und der Krebsdiagnose zehn bis vierzig, vielleicht sogar fünfzig Jahre liegen. Die sehr variable und lange Latenzzeit beruht wiederum auf den uns inzwischen bekannten Evolutions- und Wahrscheinlichkeitsprozessen, die die Voraussetzung dafür sind, daß sich ein dominanter Krebsklon entwickeln kann. Allerdings wissen wir nicht, ob das erste mutationsauslösende Ereignis durch die Infektion selber hervorgerufen wird oder ob es nicht doch vielmehr als Resultat fortgesetzter Infektionen auftritt. Außerdem muss noch geklärt werden, warum die Mehrheit der Frauen, die sich mit HPV 16 oder HPV 18 infiziert haben, nie an Gebärmutterhalskrebs erkrankt.

Wir wissen bereits, dass die meisten der jungen, infizierten Frauen, ihre Infektion erfolgreich zurückdrängen und dass viele der zunächst gutartigen, klonalen Tumoren sich wieder zurückbilden, beziehungsweise nie weiterentwickeln. Im Rahmen von Vorsorgeprogrammen werden identifizierte Tumoren entfernt, bevor sie bösartig werden. Aber es muss noch andere Gründe dafür geben, dass nur ein kleiner Teil der infizierten Frauen an malignem Gebärmutterhalskrebs erkrankt. Wirklich verwunderlich ist diese Tatsache eigentlich nicht. Die meisten von uns infizieren sich regelmäßig mit potentiell pathogenen Viren, Bakterien und Parasiten, ohne klinisch bedeutsame Konsequenzen davonzutragen. Unser Immunsystem sorgt also dafür, dass die Mehrheit der HPV-Infektionen folgenlos bleibt. Entsprechend besitzen Frauen, die eine immunsuppressive Therapie erhalten haben, ein etwa zehnfach erhöhtes Risiko, Krebsvorläuferklone im Gebärmutterhals zu entwickeln. Zudem führen genetische Faktoren zu individuellen Unterschieden des Immunsystems und seiner Leistungsfähigkeit und variieren somit ebenfalls das tatsächliche Krebsrisiko. Darauf werde ich noch einmal ausführlicher zurückkommen.

Folgen wir aber zunächst weiter dieser speziell weiblichen Leidensgeschichte. Ich vermute, die meisten der Leser wussten nicht, dass Gebärmutterhalskrebs durch Geschlechtsverkehr übertragen werden kann. Nun, ich lasse für diese Unwissenheit gerne mildernde Umstände gelten. Sogar mein „Oxford Medical Dictionary" versäumt es, diese Krebsart bei den sexuell übertragbaren Krankheiten aufzuführen. Zwar vermuten Wissenschaftler schon seit rund hundert Jahren, dass Gebärmutterhalskrebs auf irgendeine Weise ansteckend sein könnte, aber erst kürzlich ist es geglückt, den Überträger ausfindig zu machen und somit die voraussichtlichen kausalen Zusammenhänge weiter zu durchdringen. Und wie wir zuvor schon bei anderen Krebserkrankungen erkennen mussten, wurde auch beim Gebärmutterhalskrebs die Identifizierung der entscheidenden ursächlichen Zusammenhänge durch die Dynamik der Krebsklonevolution erschwert – sie blieben in diesem Falle erstens durch das Fehlen einer direkten Korrelation zwischen sexueller Aktivität und Krebserkrankung verborgen und zweitens durch den langen Zeitraum, der zwischen beiden liegt. Für die meisten anderen Ergebnisse sexueller Aktivität – ob erwünscht oder nicht – sind weder Mutationsereignisse noch langwierige klonale Evolution erforderlich, ihre Auswirkungen sind weit unmittelbarer.

Kapitel 18: Folgenreiche Infektionen

Die meisten von uns würden vermutlich annehmen, durch Viren übertragene Krebsarten bildeten eher die Ausnahme. Das ist jedoch nicht der Fall. Etwa 15 Prozent aller Krebserkrankungen weltweit können auf eine dauerhafte Infektion mit weit verbreiteten Viren oder anderen mikrobiellen Eindringlingen zurückgeführt werden. Diese Erreger werden direkt zwischen Menschen übertragen. Man findet diese Krebserkrankungen hauptsächlich in den weniger entwickelten Ländern, und es ist sehr wahrscheinlich, dass die Erreger schon lange um uns herum sind. Einige der bisher bekannten Zusammenhänge seien hier genannt: Leberkrebs (Hepatokarzinom) und Hepatitis B und C (HBV und HCV); Nasopharynxkarzinome (die in Südostafrika sehr häufig sind) sowie afrikanische Burkitt-Lymphome und das Epstein Barr-Virus (EBV); Kaposi-Sarkom und das neue humane Herpesvirus HHV8; eine in Südjapan und der Karibik verbreitete Erwachsenen-Leukämie und das RNA-Virus bzw. Retrovirus HTLV-1.

Diese Krebsarten sind besonders deshalb von ganz besonderem Interesse, da sie Möglichkeiten für vorbeugende Impfungen eröffnen. Vor allem geben sie uns aber Rätsel auf, weil sie durch weit verbreitete Viren ausgelöst werden, mit denen wir sicherlich bereits seit Tausenden von Jahren zusammenleben. Warum also ist unser gegenseitiges Verhältnis nun scheinbar aus dem Gleichgewicht geraten? Offensichtlich schadet diese Veränderung dem Menschen. Und welchen Nutzen stellt es auf der anderen Seite für das Virus dar, wenn sein Wirt über kurz oder lang stirbt?

Betrachten wir es tatsächlich einmal aus dem Blickwinkel der Viren. Ein Virus ist einzig und alleine daran interessiert, sich möglichst stark zu vermehren. Zu unserem Unglück nutzt es dazu die biochemischen Regelkreise unserer Zellen und unterdrückt dabei ausgerechnet diejenigen Proteine, die unsere Zellen zur restriktiven Kontrolle der Proliferation und zum Induzieren des Zelltods benötigen. Es betrifft also genau die gleichen Proteine, deren entsprechende Gene auch bei anderen Krebserkrankungen häufig mutiert oder deletiert sind und damit die entscheidenden Schritte zur Evolution dominanter Krebsklone darstellen. So kann es nicht verwundern, dass derartige virale Aktivitäten letztlich Krebs hervorrufen können. Dabei handelt es sich aus der Sicht des Virus lediglich um ein unbeabsichtigtes Nebenprodukt seiner reproduktiven Ambitionen.

Aber warum gestatten wir dem Virus überhaupt seine Machenschaften? Ist denn nicht genau für solche Fälle unser Immunsystem entwickelt worden? Sollte es uns nicht vor den schädlichen Auswirkungen mikrobieller oder parasitischer Infektionen schützen? Und wenn diese Viren im Grunde jeden infizieren können, was unterscheidet denn die wenigen Menschen (ein paar Prozent), die daraufhin Krebs entwickeln, von der Mehrheit, die ungeschoren davon kommt? Die Antwort liegt vermutlich in unserem Immunsystem, das unter bestimmten Umständen versagen kann.

Die meisten der oben erwähnten Krebsarten sind charakterisiert durch frühe und langandauernde Infektionen und eine ausgedehnte Latenzzeit, also einen sehr langen Zeitraum zwischen Infektion und Krebsdiagnose. Dies alles deutet auf ein Versagen des Immunsystems hin. In einigen Fällen ist der Mechanismus, der zum Kollaps dieses ansonsten so wirkungsvollen Schutzsystems führt, bekannt. So hat die gleichzeitige Infektion mit anderen Viren oder Parasiten eine deutliche Suppression des Immunsystems zur Folge. Malariaerkrankungen erleichtern beispielsweise die Entstehung von Burkitt-Lymphomen. Kaposi-Sarkome sind dagegen häufig mit AIDS assoziiert. Daher steigt das Krebsrisiko bei Patienten, die im Rahmen einer Transplantation immunsupprimierende Medikamente zur Vermeidung von Organabstoßungen erhalten, insbesondere für EBV-assoziierte Lymphome und durch HHV hervorgerufenen Hautkrebs.

Bei anderen Krebserkrankungen (darunter durch HBV ausgelöster Leberkrebs, EBV-induzierte Nasopharynxkarzinome und HTLV-1-assoziierte Leukämie) ist die erhöhte Krebsanfälligkeit wahrscheinlich auf eine sehr frühe, akute virale Infektion zurückzuführen, der einer lang anhaltenden chronischen Virusbelastung folgt. Chronisch HBV-infizierte Menschen etwa haben gegenüber unbehelligten Menschen ein um das 200fache erhöhtes Leberkrebsrisiko. Vermutlich führt die akute erste Infektion zu einer Toleranz des Immunsystems, die es den Viren erlaubt, sich der normalen, zellulären Gewebefunktionen ihres Wirtes zu bemächtigen und in der Folge Zellverluste, Entzündungen, Zirrhose und schließlich Leberkrebs zu verursachen.

Genetische Variation mag sowohl für das Virus als auch für den potentiellen Patienten eine Rolle spielen. Die neuere Forschung fand Hinweise darauf, dass weniger weit verbreitete Varianten des HPV 16 und HPV 18 oder mutierte Stämme häufiger bei Gebärmutterhalskrebs-Patienten nachweisbar sind. Wahrscheinlich gibt es also eine natürliche Selektion auf immunologisch unsichtbare Varianten. Zudem scheinen auch die von den Eltern vererbten *HLA*-Gene das Krebsrisiko zu modulieren. *HLA*-Gene regulieren die Wirksamkeit der Immunantwort und die Zerstörung viraler Eindringlinge. Daher kann die Ausprägung der *HLA*-Gene beispielsweise bei Infektionen mit HPV das Pendel entweder in Richtung effizienter Vernichtung der Viren oder aber in Richtung HPV-getriebener, maligner Zelltransformation ausschlagen lassen.

Die überzeugendste Interpretation des Zusammenhangs zwischen Viren und Krebsrisiko beruht daher auf Argumenten über die Co-Evolution von infektiösen Pathogenen und ihrer menschlichen Wirte. Paul Ewald bezeichnete diese Forschungsrichtung entsprechend als Evolutionäre Epidemiologie. Noch bevor Pasteur und Koch ihre experimentell untermauerten Erkenntnisse gewonnen hatten, erkannte bereits 1871 Charles Darwin in seiner Schrift „Descent of man", Infektionen seien wichtige Faktoren für die natürliche Selektion der „höheren" Tiere.

Während der über Millionen Jahre andauernden Konfrontation zwischen Mikroben und unserem Immunsystem wurden diejenigen Individuen ausgewählt, deren genetischer Hintergrund, inklusive der *HLA*-Gene, für das gegen bestimmte Viren wirksamste Immunsystem sorgte. Heute allerdings werden wir in doppelter

Hinsicht ausgetrickst. HPV sowie auch Influenza-Viren und HIV haben sich schon seit langem eine besondere Strategie angeeignet: Mit Hilfe einer erhöhten Mutationsfrequenz machen sie sich immer wieder für das Immunsystem unsichtbar. Aber auch ohne eine derart akrobatische DNA würde das HPV vermutlich nicht aussterben, da die Konsequenzen einer HPV-Infektion für Krebsrisiko oder reproduktiven Erfolg insgesamt betrachtet zu schwach sind und mit zu großer Zeitverzögerung auftreten, als dass die natürliche Selektion hier greifen könnte.

Eine schwache, chronische Virusinfektion alleine reicht allerdings noch nicht aus, um einen bösartigen Krebs hervorzubringen. Sie erhöht lediglich das Risiko zu maligner Entartung. Sogar bei einer erhöhten genetisch bedingten Anfälligkeit bedarf es mehr als nur der Virusinfektion. So simpel ist die Krebsentstehung glücklicherweise nicht. Was also ist zusätzlich notwendig? Zufall sicherlich, so wie wir es bereits bei dem Zusammenhang von Rauchen und Lungenkrebs gesehen haben. Wahrscheinlich spielen aber auch noch andere Co-Faktoren oder Risiko-modulierende Parameter eine Rolle. Betrachtet man die sozialen Umstände oder den kulturellen Kontext, in dem einige der häufigen Virus-assoziierten Krebsarten auftreten, dann erscheint es plausibel, dass – wie einige epidemiologische Untersuchungen annehmen – Unter- und Mangelernährung für einen Teil des Krebsrisikos verantwortlich sind. Im Falle des Hepatitis-assoziierten Leberkrebses verstärken offenbar mitwirkende Gifte, besonders das in verdorbener Nahrung enthaltene Schimmlepilzgift Aflatoxin, das Krebsrisiko.

Viren sind aber nicht die einzigen Krankheitserreger, die mit Krebs in Verbindung stehen. Auch bestimmte Parasiten und Bakterien können Krebserkrankungen mit hervorrufen. Eine sehr seltene, in China vorkommende Krebsart, die die Gallenkanälchen betrifft, ist mit Infektionen durch den Parasiten *Clonorchis simensis* assoziiert. Und ein in Ägypten und einigen Teilen Afrikas auftretender Blasenkrebs wird in Zusammenhang gebracht mit dauerhafter Belastung durch den Parasiten *Bilharzia*. Die Aufnahme erfolgt hier über kontaminiertes Trinkwasser. Zwar wissen wir noch nicht genau, wie die Blaseninfektion schließlich zu Krebs führt, wahrscheinlich spielen aber chronische Entzündung, dadurch ausgelöster oxidativer Stress und DNA-Schäden eine Rolle.

Dem weit verbreiteten Magen-Bakterium *Heliobacter pylori* wird die Verursachung von gastrischen Lymphomen zur Last gelegt. Vermutlich ist es auch an der Entstehung der häufiger auftretenden Magenkarzinome beteiligt. Chronische oder lange andauernde Stimulation des Immunsystems durch den Erreger fördert offensichtlich die Bildung von Lymphomen. Besonders interessant ist aber, dass sich die Lymphome wieder zurückbilden, wenn *Heliobacter* durch Antibiotika-Behandlung erfolgreich bekämpft werden kann. Diese Therapie erweist sich als wirkungsvoll, solange sich der Tumor noch nicht bis zu einem höchst malignen und unabhängigen Stadium entwickelt hat.

Wahrscheinlich spielen auch bei der Entstehung anderer Krebsarten, wie beispielsweise Kinder-Leukämien oder der Hodgkin-Krankheit, Infektionen eine Rolle. Paul Ewald geht sogar noch einen Schritt weiter. In seinem neuesten Buch „Plague Time" äußert er sich überzeugt davon, dass Infektionen an der Wurzel der Ursachen für die meisten Krebsarten, aber auch für Herzerkrankungen und Schizophrenie liegen. Diese Behauptung ist sicher gewagt, und einige Kritiker werden dem wohl entgegenhalten, daß es dieser These zu sehr an stichhaltigen Beweisen mangelt.

Wie groß auch immer der Umfang Infektions-assoziierter Krebserkrankungen tatsächlich ist, ihnen wird inzwischen allgemeine Beachtung geschenkt. Und im Gegensatz zu den durch das Rauchen verursachten Krebsarten könnten sie vermutlich um einiges leichter bekämpft werden – durch prophylaktische Impfungen.

Kapitel 19: Bedrohliche Sonnenstrahlen

Der menschlichen Körper ist umhüllt von einer natürlichen, einige Millimeter dicken Hautschicht. Sie wird ebenso sorgfältig (wenn auch nicht so spektakulär) wie bei Schlangen kontinuierlich abgestreift und erneuert und bildet eine nahezu undurchlässige Schicht von toten und gerade absterbenden Zellen, die den Körper von der Umwelt abgrenzt. Aber die Haut kann noch weit mehr als das schlichte Umhüllen und Zusammenhalten unserer Organe. Sie ist ein sehr komplexes Gewebe mit vielfältigen Funktionen und wurde aus einer ganzen Reihe von adaptiven Gründen entwickelt: als Barriere gegen chemische Giftstoffe, als sensorisches Organ, zur Regulierung des Wärmehaushaltes und zur Vermittlung von Signalen im Rahmen sozialer Interaktionen.

Die Haut schützt uns zudem vor einer allgegenwärtigen, DNA-schädigenden Gefahrenquelle – den Ultraviolett-Strahlen (UV) der Sonne. UV-Licht liegt im für unsere Augen unsichtbaren Bereich des elektromagnetischen Sonnenlichtspektrums. UVA, UVB und UVC-Strahlen besitzen innerhalb dieses Spektrums unterschiedliche Wellenlängen. Das UVC-Licht wird nahezu vollständig von der Ozonschicht der Erde herausgefiltert, bevor es auf die Erde auftreffen kann (jedenfalls dort, wo die Ozonschicht noch intakt ist). UVB-Strahlen werden von der Haut absorbiert und können sodann direkt mit der DNA interagieren und Mutationen auslösen (allerdings sind diese Strahlen im Vergleich zu UVC relativ schwach). UVA-Strahlung wird auf andere Art und Weise aufgenommen. Sie kann die DNA nicht direkt schädigen, wirkt aber indirekt durch die Herstellung freier Radikale auf sie ein. Die Menge der tatsächlich auf den Menschen einwirkenden UVC-Strahlung hängt erstens mit geographischen Gegebenheiten (je näher man sich dem Äquator zu bewegt, desto stärker wird die UVC-Strahlung) und zweitens mit lokalen klimatischen Verhältnissen zusammen. Außerdem beeinflussen natürlich die Dauer der Sonneneinstrahlung und die Art der Kleidung die tatsächlich auf die Haut auftreffende Strahlendosis.

Allerdings ist es nicht die Haut an sich, die uns vor den DNA-schädigenden Auswirkungen des UV-Lichtes schützt, sondern vielmehr ein ganz spezieller Bestandteil: die Melanin-Pigmentierung, die einen chemischen Filter bildet. Er absorbiert und zerstreut die UV-Strahlung. Melanin wird von einer kleinen Gruppe von Hautzellen, den sogenannten Melanozyten, produziert und sodann in kleinen Portionen, den Melanosomen, hauptsächlich auf die Keratinozyten (größte Gruppe der Hautzellen), aber auch auf die Haarfollikel und die Iris verteilt. Das Ergrauen der Haare ist also darauf zurückzuführen, dass die Melanocyten, die die Haarfollikel mit Melanin versorgen sollten, zur Ruhe gekommen sind. Die sogenannten Albinos dagegen besitzen eine ererbte Mutation innerhalb des komplexen zellulären und biochemischen Signalweges, der normalerweise zur Melanin-

Synthese führt. Eine dunkle Haut schließlich ist nicht etwa mit mehr Melanozyten ausgestattet, vielmehr wird pro Melanozyte weit mehr Melanin produziert. Genau gesagt stellen sie ein ganz spezielles braun-schwarzes Melanin her, das auch Eumelanin genannt wird und einen besonders guten, natürlichen UVB-Filter bildet. Der Schutz vor UV-Strahlung wird in schwarzer Haut schließlich dadurch weiter verbessert, dass die Melanosome diffus in den Keratinozyten verteilt werden. Die hellhäutigen, kaukasischen Völker besitzen dagegen deutlich weniger Melanin. Zudem werden die Melanosome in den Empfänger-Keratinozyten zusammengruppiert, was die Fähigkeit zur UV-Absorption senkt. In ganz besonders heller Haut ist der Anteil des sogenannten Pheomelanin am Gesamtmelanin erhöht. Dieses gelbe und/oder rote Pigment bietet einen nur sehr schwachen UVB-Filter. Bei Eintreffen von UV-Licht werden unter anderem DNA-schädigende freie Sauerstoffradikale gebildet.

Da die Haut und damit alle Zelltypen sowie das Melanin während des gesamten Lebens kontinuierlich neu gebildet werden, sind die unter der Hautoberfläche (Epidermis) gelegenen Stammzellen dauerhaft aktiv, so wie wir es schon von ihren Kollegen in Lunge, Verdauungstrakt und Blut kennengelernt haben. Daraus resultiert ein höheres Krebsrisiko für diese Zellen, das im Falle der Hautstammzellen noch durch die jahrzehntelange Belastung durch UV-Strahlen verstärkt wird. Melanin ist also offensichtlich eine adaptive Anpassung, die es uns nackten Affen erlaubte, dauerhaft in der tropischen Sonne zu leben und die schließlich zusätzlich einen Schutz gegen Hautkrebs bietet. So einfach ist es leider nicht.

Doch betrachten wir zunächst ein paar essentielle Details. Hautkrebs gibt es in drei verschiedenen Ausprägungen. Das Basalzellkarzinom ist mit Abstand die häufigste Krebsart, und glücklicherweise ist es gutartig und metastasiert selten. Üblicherweise findet man bei Basalzellkarzinomen eine Mutation im Gen *patched*. Dieses Gen verfügt über eine bemerkenswerte evolutionäre Ahnenreihe, wie es sich für ein Gen mit einer so wichtigen Funktion innerhalb der Zellentwicklung geziemt. Nur extrem selten kommen auf Nachkommen übertragbare Keimbahnmutationen von *patched* vor. In den wenigen Fällen jedoch rufen sie das sogenannte Basalzellnävoidsyndrom (auch als Gorlin-Syndrom bezeichnet) hervor. Wie bereits erwähnt, verfügen wir über ein paar sehr alte Skelett-Funde, die das enorme Alter dieser Erkrankung belegen. Das Gen *patched* existiert bereits seit vielen Millionen Jahren und übernimmt wichtige Funktionen während der Entwicklung, trägt aber gleichzeitig ein unterschwelliges Potential, um uns ernsthafte Schwierigkeiten zu bereiten.

Das Squamose Zellkarzinom entwickelt sich wie auch das Basalzellkarzinom aus Keratinozyten. Es ist weniger häufig, kann aber metastasieren. Die dritte und tödlichste Hautkrebsart ist das Melanom. Es entsteht aus Melanozyten, metastasiert äußerst wirkungsvoll und ist daher im Vergleich zu den anderen Hautkrebsformen für das dreifache der Todesfälle verantwortlich. Die ersten glaubwürdigen Daten über Melanomerkrankungen gibt es erst seit 1930. Seit dieser Zeit ist die Melanomrate stetig angestiegen, so dass wir heute zehnmal mehr Melanomfälle zu beklagen haben als noch vor 50 Jahren. Auch einige Tiere, wie beispielsweise grauhaarige Pferde oder Angoraziegen (in Südafrika), entwickeln im Alter Melanome. Bei den meisten Tierarten ist Hautkrebs jedoch selten – solange der Mensch nicht eingreift. Setzt man nachtaktive Beuteltiere gezielt chronischem UV-Licht aus, entwickeln auch sie Melanome.

Epidemiologische Studien konnten einige Risikofaktoren für Hautkrebs identifizieren. Zwar ist das Gesamtbild noch unvollständig, aber es wird bereits deutlich, dass genetische Faktoren und Umweltvariablen miteinander interagieren. Etwa 10 Prozent der Hautkrebserkrankungen treten familiär gehäuft und dann oft als multiple Tumoren in bereits jungem Lebensalter auf. Die meisten sporadischen oder nicht familiär bedingten Hautkrebserkrankungen entstehen erst ab einem Alter von 50 Jahren. Allerdings verzeichnet man seit einiger Zeit eine beunruhigende Tendenz, die das Melanom inzwischen zur häufigsten Krebsart junger Erwachsener hat werden lassen. Das höchste Risiko tragen Menschen mit sehr heller Haut, die bei Sonneneinstrahlung nur schwach bräunt. Kaukasische Menschen, besonders diejenigen keltischen oder skandinavischen Ursprungs, sind also in erster Linie betroffen. Eine erhöhte Anzahl von Leberflecken können die Vorboten für potentielle Schwierigkeiten durch Melanome sein. Zwillingsstudien ergaben, dass die Bildung von Leberflecken während der Säuglingszeit unter genetischer Kontrolle steht. Die meisten Leberflecken aber entwickeln sich erst später, und die verstärkte Bildung während der Kindheit wird mit Sonneneinstrahlung in Verbindung gebracht. Diese klonale Expansion kann zunächst als nützliche oder adaptive Schutzreaktion betrachtet werden, die Kehrseite aber besteht darin, dass die Melanozyten sich dazu verstärkt teilen müssen, um so ihr relativ geringes Vorkommen in heller Haut zu kompensieren. Dies wiederum macht sie anfällig für DNA-Schädigungen durch UV-Strahlung.

Dunkelhäutige Menschen besitzen ein wesentlich geringeres Hautkrebsrisiko. Die Tatsache, dass ostafrikanische Albinos weit häufiger als ihre schwarzhäutigen Landsleute an Hautkrebs erkranken, belegt unmissverständlich die schützende Funktion des Melanins. Dunkelhäutige Menschen wiederum bekommen Hautkrebs– wenn überhaupt – in erster Linie an Hautstellen, die relativ wenig Melanin enthalten, also an Handinnenflächen oder Fußsohlen. Menschen, die immer wieder der Sonne ausgesetzt sind und dabei gelegentlich auch Sonnenbrände erleiden, erwerben dadurch ein erhöhtes Risiko der Melanombildung. Dagegen scheint für das Entstehen des häufigeren Squamosen Zellkarzinoms eher die über Jahre angesammelte Gesamtbelastung durch Sonneneinstrahlung entscheidend zu sein. Das größte Hautkrebsrisiko tragen vermutlich die hellhäutigen Bewohner der Nordostküste Australiens (Queensland). Dagegen bleiben die dort einheimischen Aborigines weitgehend verschont.

Wahrscheinlich sind über die UV-Strahlenbelastung hinaus noch weitere Faktoren an der Entstehung von Hautkrebs beteiligt. Für eine Beteiligung des Tabakrauches oder anderer chemischer Karzinogene gibt es allerdings zur Zeit keine oder höchstens schwache Belege. Papillom-Viren könnten in einer Minderheit der Fälle eine Rolle spielen. Patienten, deren Immunsystem aufgrund einer Transplantation medikamentös unterdrückt wurde, entwickeln häufig in der Folge Hautwarzen. Bei ihnen wird zudem ein sehr stark erhöhtes Risiko für das Squamose Zellkarzinom festgestellt. Die Viren entgehen in diesen Fällen den Fängen des Immunsystems. Da allerdings Hautkrebs nur an sonnenexponierten Hautstellen auftritt und zudem häufiger bei hellhäutigen Individuen vorkommen, steht zu vermuten, dass Viren und UV-Strahlen in gemeinsamer Kooperation

Hautkrebs hervorrufen. Schließlich kennt man aus der Vergangenheit noch Hautkrebsfälle, die offensichtlich auf Kontakt mit Öl und Teer zurückzuführen sind. Auf diese speziellen Fälle will ich jedoch erst später zurückkommen.

Bei vielen Krebsarten können bestimmte, relativ früh im Leben aufgetretene Ereignisse grundlegende Auswirkungen auf das spätere Krebsrisiko haben. Bei der Untersuchung von nach Australien ausgewanderten Europäern stellte man beispielsweise fest, dass diejenigen, die bereits in sehr jungen Jahren nach Australien gekommen waren, ein höheres Hautkrebsrisiko besaßen, während bei Immigration nach dem 18. Lebensjahr offenbar schon ein gewisser Schutz bestanden hatte. Anders gesagt scheinen also bis zu diesem Alter erfahrene häufige, intensive Sonneneinstrahlung und Sonnenbrände das Krebsrisiko zu erhöhen. Der Hautkrebs tritt dabei unter Umständen erst Jahrzehnte später auf.

Bei vielen Hautkrebsfällen verfügen wir über unmissverständliche Belege dafür, dass UVB-Strahlung direkt zu Schädigungen geführt hat. UVB-Strahlen hinterlassen bei der DNA einen einzigartigen, unverkennbaren Fingerabdruck: Sie verursachen eine einfache aber folgenreiche Veränderung des DNA-Codes, indem sie das Nukleotid C (Cytosin) gegen ein T (Thymin) austauschen. Wahrscheinlich geschehen diese Basenaustausche im gesamten Genom der Hautzellen. Wie ich jedoch bereits erwähnte, haben DNA-Veränderungen nur eine adaptive Bedeutung oder einen Selektionswert für die entstehende Krebszelle, wenn sie bestimmte Kriterien erfüllen. Eine Mutation muss erstens ein Gen treffen, das eine entscheidende Zellfunktion ausübt, zweitens durch die spezifische Änderung (hier also Wechsel von C zu T) den Informationsgehalt des Gens so verändern, dass drittens das kodierte Protein eine neue Funktion erhält. Genau diese Verhältnisse trifft man bei einem großen Teil der Basalzellkarzinome und Squamosen Zellkarzinome an, die den verräterischen „C zu T"-Fingerabdruck des UVB in den funktionellen Domänen des *p53*-Gens tragen.

Es ist besonders bemerkenswert, dass jeder Mensch Miniklone mit *p53*-Mutationen besitzt. Diese Mutationen alleine können demnach noch keinen Krebs hervorrufen. Die Zellen mit *p53*-Mutationen könnten aber als Saat für eine weitere Entartung darstellen, die für das eigentlich seltene Ereignis einer krebsfördernden Mutation besonders empfänglich sind (womit das Krebsrisiko proportional zur Zahl der vorbelasteten Klone wäre). Wie bereits erwähnt, spielt das p53-Protein eine wichtige Rolle als „Notbremse", indem es als Antwort auf DNA-Schädigungen den Zelltod induzieren kann. Führt also eine Mutation zur Inaktivierung von p53, so können die betroffenen Zellen trotz weiterer UVB-Strahlung und damit verbundenen DNA-Mutationen dem Zelltod entgehen und immer mehr Mutationen ansammeln. Außerdem sterben etwa in verbrannter Haut die umgebenden normalen Zellen ab und bieten so freien Raum für territoriale Expansion der gegen Apoptose (programmierter Zelltod) resistenten *p53*-Mutanten. Dieses Szenario erscheint sehr einleuchtend und wirft nun die Frage auf, warum nicht alle hellhäutigen Menschen an Hautkrebs erkranken. Die Antwort liegt vermutlich nicht alleine in dem dazu erforderlichen Sonnengenuss (unregelmäßig und intensiv), sondern auch in der sehr geringen Wahrscheinlichkeit, mit der die notwendigen Genmutationen entstehen.

Bei Melanomen ist das *p53* nur selten mutiert. Bis heute ist unklar, welche Gene in den Melanozyten von funktionsverändernden Mutationen betroffen sind.

Auch wissen wir nicht, warum Melanozytenklone ein im Vergleich zu den Keratinozyten so großes Potential zur malignen Entartung und Metastasierung hat. Metastasierende Melanomzellen legen das imperialistischste und invasivste Verhalten aller Krebsarten an den Tag. Ich nehme an, die Antwort liegt zumindest teilweise in der Vergangenheit dieser Zellen, da sie die Nachfahren von stark migrierenden und invasiven Stammzellen sind. Vielleicht hat sich diese Eigenschaft in ihrem genetischen Gedächtnis erhalten, so dass relativ wenige Mutationen zur Aktivierung dieses Potentials notwendig sind. Bei *in situ* entwickelten Melanomen fallen besonders die dicht gedrängten Blutgefäße auf, die den Tumor durchziehen, ihn mit Nährstoffen versorgen und gleichzeitig einen möglichen Weg aus dem Tumor in neue Gewebebereiche bahnen. Wahrscheinlich können Melanomzellen besonders geschickt die Unterstützung der blutigen Infrastruktur gewinnen, was ihnen die Ansiedlung in fremden Regionen der Haut erleichtern dürfte.

Das evolutionäre Rätsel der Hautfarbe

Nach diesem kurzen Abriß der Hautkrebsentstehung wollen wir diese sehr weit verbreitete Krebsart nun aus dem evolutionsbiologischen Blickwinkel betrachten. Die Mehrheit der Hautkrebserkrankungen tritt erst im Anschluss an die reproduktive Lebensphase auf. Aus evolutionärer Sicht besteht kein Anlass zur Entwicklung oder Förderung von Schutzmechanismen, die auch noch über zwei oder mehr Jahrzehnte jenseits der fortpflanzungsaktiven Zeit eines Individuums hinaus wirksam sind.

Dass Schutzmechanismen generell existieren, scheint unstrittig zu sein. So besteht etwa eine der Hauptfunktionen des Melanins – wenn nicht sogar *die* Hauptfunktion – im Schutz gegen schädigende UV-Strahlung. Aber auch andere vom Körper entwickelte Gegenmaßnahmen haben protektive Funktionen. Da immungeschwächte Menschen ein weit höheres Risiko tragen, schon in relativ jungem Alter an Squamosen Zellkarzinomen oder Melanomen zu erkranken, liegt die Vermutung nahe, dass das Immunsystem eine wichtige Rolle spielt. Teilweise ist dies sicherlich auf die Beteiligung von Papillom-Viren bei der Entstehung von Squamosen Zellkarzinomen zurückzuführen. Papillom-Viren können bei immungeschwächten Menschen der Überwachung durch die Immunabwehr entgehen. Wahrscheinlich ist dies aber tatsächlich nur ein Teil der Wahrheit. Aber auch die UVB-Strahlung hat einen Einfluss auf die Mechanismen der Immunantwort. Sie besitzt die einzigartige Fähigkeit, durch die Induzierung von Mutationen neue Proteinsequenzen bzw. neue Antigene auf der Oberfläche von Hautzellen hervorzubringen, die vom Immunsystem sodann als körperfremd erkannt werden können. Dieser Umstand erklärt wahrscheinlich auch, warum sich etwa 25 Prozent der frühen Zellklone der Squamosen Zellkarzinome (aktinische Keratosen genannt) ohne jegliche therapeutische Intervention zurückbilden.

Eine weitere aufschlussreiche Beobachtung kann man bei Patienten machen, die das sogenannte Xeroderma pigmentosum geerbt haben. Diese Patienten besitzen ererbte Mutationen in Genen, die normalerweise für die Reparatur von UVinduzierten DNA-Schäden verantwortlich sind. Es ist daher ebenso wenig überraschend wie andererseits bedrückend, dass die Betroffenen bereits in jungen Jahren häufig an Hautkrebs erkranken. Schutzmechanismen zum Aufspüren und Reparieren von DNA-Schäden haben also eine immense Bedeutung und sind bereits früh in der Evolution entstanden.

Am bemerkenswertesten ist allerdings die Häufigkeit von Hautkrebs bei hellhäutigen, Melanin-defizienten Menschen. Es drängt sich die Frage auf, warum der Mensch gleichzeitig mit dem Verlassen Afrikas auch seine Hautpigmentierung verlor, während die Haut der dort verbliebenen Bewohner eher noch dunkler wurde. Indem der Selektionsdruck zur Verringerung des Haarkleides führte, erhielt vermutlich auch die Pigmentierung der Haut eine verstärkte Bedeutung. Weshalb der Mensch seine zottige Pracht verlor, ist bis heute nicht geklärt. Verschiedene gegensätzliche Erklärungen versuchen der Wahrheit nahe zu kommen. Sie reichen von der These, das Haarkleid sei zur Vermeidung von Selbst-Verbrennungen beim Umgang mit dem Feuer zurückgebildet worden, bis hin zu weniger glaubhaften Erklärungen, die Reduzierung diente der Verbesserung der Stromlinienförmigkeit in Anpassung an eine aquatische Existenz. Wir kennen die Antwort nicht. Ich würde fürs erste allerdings Desmond Morris das letzte Wort in dieser Frage zubilligen, da er es war, der diesen treffenden Spitznamen für unsere Spezies geprägt hat: der nackte Affe. Morris schlug vor, der Verlust des Fells könnte den Jägern die Wärmeabgabe bei ihrer schweißtreibenden Beutejagd erleichtert haben. Aber wie auch immer wir unser Haarkleid eingebüßt haben, die nackte Haut war nun der Sonne ausgesetzt, und der Mensch wurde zu einer sozusagen mehrfarbigen Art.

Die rätselhafte Frage, warum die Migration und Ansiedlung in den nördlicheren Breitengraden vor Zehntausenden von Jahren mit der Entwicklung heller Haut einherging, lädt erneut zu evolutionsbiologischen Erklärungen ein. Wie auch immer die richtige Antwort lauten wird, es handelt sich sicherlich nicht um irgendeinen genetischen Trick für eine ausschließlich aus Weißen bestehende *Homo sapiens*-Rasse. Nichts dergleichen existiert. Die Haut kaukasischer Menschen variiert erheblich in ihrem Melanin-Gehalt, von sehr hellen Typen (in Skandinavien) bis zu relativ dunklen Hauttypen (in Sri Lanka). Helle Haut kann sich zudem etwas den dunkleren Typen angleichen, indem sie infolge von UV-Bestrahlung mehr Melanin produziert und sich dadurch bräunt.

Es sind viele sich gegenseitig widersprechende Theorien über die Entstehung blasser Haut aufgestellt worden. Allen gemeinsam ist die grundlegende Annahme, dass die deutliche Verringerung der Melaninkonzentration mit dem Besiedeln nördlicher Gebiete einher ging. Aber ist es nicht ebenso erklärungsbedürftig, dass die einheimischen Afrikaner eine derart dunkle Haut besitzen? Schneidet man bei einem beliebigen Primaten oder Säugetier das Fell ab, so findet man darunter durchaus keine schwarze Haut. Vielleicht war der erste haarlose Affe gar nicht besonders dunkelhäutig (vielleicht viel eher hellbraun), und die anschließende Selektion auf Melaninproduktion erfolge zugleich in verschiedene Richtungen - in Abhängigkeit von der Sonneneinstrahlung, vom Breitengrad und von weiteren Selektionskräften. Es muss in bestimmten Abschnitten der Entwicklung einen Selektionsvorteil gehabt haben, die Melaninkonzentration in der Haut zu verändern.

Es gibt noch eine weitere und in gewisser Weise eher triviale Erklärung, die uns in das von Evolutionsbiologen als genetische Drift bezeichnete Themengebiet führt. Damit wird eine Situation umschrieben, bei der ein Merkmal mit eigentlich neutralem Selektionswert dennoch vorherrschend wird. Wurde eine bestimmte Gruppe von Individuen (egal ob Mensch oder eine andere Spezies) in der Vergangenheit von einer relativ kleinen Anzahl von Vorfahren begründet, oder musste sie einen evolutionären Flaschenhals überwinden, den nur wenige Individuen überlebten, so kann sich ein Merkmal mit eigentlich neutralem Selektionswert dennoch in einer solchen Gruppe durchsetzen. Ist also eines der reproduktiv erfolgreichen Individuen zufällig weiß oder schwarz, so kann dieses Merkmal völlig unabhängig davon, ob es irgendeinen adaptiven Wert besitzt oder nicht, zu einem verbreiteten Charakteristikum der nachfolgenden Population werden. Zieht man jedoch in Betracht, wie viele Gene die Pigmentierung der Haut kontrollieren, und führt man sich die geographische Verteilung der Hautfarben vor Augen, so ist ein auf genetischer Drift beruhender Erklärungsansatz für die momentanen geographischen und ethnischen Verhältnisse eher unwahrscheinlich.

So stellt sich nun also die Frage, ob eine hellere oder dunklere Hautfarbe überhaupt mit den geographischen Gegebenheiten in Beziehung steht. Warum aber sonst sollten Aboriginal-Gruppen immer dunkelhäutiger werden, wenn sie im tropischen Afrika bleiben bzw. den australisch-asiatischen Raum besiedeln, zumal schwärzere Haut schlechter Wärme abzugeben vermag. Oder warum sollte man braun bleiben oder, entscheidender noch, warum sollte die Haut beim Verlassen Afrikas erblassen?[4] Eine regelmäßig auf diese Frage entgegnete Antwort bezieht sich auf das Vitamin D.[5] Dieses Vitamin ist für die Kalziumaufnahme durch den Darm erforderlich. Kalzium wird für Aufbau und Erhaltung der Knochensubstanz benötigt. Vitamin D-Mangel führt zu schweren Knochendefekten, der sogenannten Rachitis. Im Gegensatz zu anderen essentiellen Vitaminen kann Vitamin D nicht mit der Nahrung aufgenommen werden, sondern entsteht mit Hilfe von in die Haut eindringendem UV-Licht, das körpereigenes 7-Dehydrocholesterol in Vitamin D umwandelt. Vermutlich reicht die tägliche Bestrahlung einer Hautfläche von der Größe unserer Wangen dafür aus. Aus diesem Synthesemechanismus ergibt sich eine mögliche, evolutionsbiologische Erklärung. Aufgrund der an den höheren Breitengraden besonders während der Wintermonate geringeren Sonneneinstrahlung war die Vitamin-D-Produktion der dunkel gefärbten Haut sehr gering. Daher verhinderte Rachitis den Reproduktionserfolg. Die Melaninproduktion wurde also durch Selektion der entsprechend immer hellhäutigeren Individuen heruntergefahren. Um es anders auszudrücken, besaßen in den nördlichen Gebieten die seltenen Individuen, die zufällig eine veränderte genetische Kontrolle der Melaninproduk-

---

[4] Zugrunde liegt hier die Annahme, dass der *Homo sapiens* vor 150 000 bis 250 000 in Ostafrika entstanden ist. Diese momentan vorherrschende sogenannte „Out-of-Africa"-Theorie wird allerdings nicht von allen Wissenschaftlern vertreten.

[5] Diese Idee wurde von W Farnsworth Loomis entwickelt (siehe Loomis WF (1967) Science 157:501-6). Andere Thesen zu möglichen evolutionären Bedeutungen der Hautfarbe finden sich bei Diamond J (1991) The rise and fall of the third chimpanzee. Radius Publishing, UK; Jones S (1996) In the blood. Harper Collins, London; Deol MS (1975) Ann Hum Genet Lond 38: 501-3.

tion erworben hatten, einen reproduktiven Vorteil. Die Veränderungen müssen auf Mutationen beruht haben. Wahrscheinlich trafen die Mutationen irgendeines der vielen für die Ausprägung der Hautfarbe verantwortlichen Gene. Bei Mäusen sind bislang mehr als hundert solcher Gene identifiziert worden, und beim Menschen vermutet man eine ähnlich umfangreiche Genausstattung.

Für die ersten Bleichgesichter müssen die Vorteile der hellen Haut eventuell damit einhergehende Nachteile überwogen haben. Wir können also davon ausgehen, dass bösartiger Hautkrebs zu dieser Zeit noch keine Rolle gespielt hat oder die erfolgreiche Fortpflanzung nicht beeinträchtigte. Es gibt bei dieser Argumentationslinie allerdings einige Ungereimtheiten. Erstens ist die Korrelation zwischen Hautfarbe und Breitengrad uneinheitlich, wobei ein Teil der Inkongruenz auf neuere Migrationen zurückzuführen sein könnte (zum Beispiel bei der Einwanderung aus dem Orient nach Amerika). Und Jared Diamond wies darauf hin, dass die Aborigines Tasmaniens extrem dunkel geblieben sind. Aber es gibt noch weitere Widersprüche. Warum haben einige waldbewohnende Völker in den Tropen keine hellere Haut entwickelt, um mehr Vitamin D synthetisieren zu können? Die extrem nördlich lebenden Eskimos haben eine sehr dunkle Haut. Allerdings ist es möglich, dass sie ihren Vitamin D-Bedarf durch reichlichen Fisch-Genuss decken. Fisch-Öle gehören zu den wenigen Vitamin D-haltigen Nahrungsbestandteilen.

Schon Charles Darwin rätselte über die verschiedenen Hautfarben: „Keine der äußerlichen Unterschiede zwischen den Rassen sind von direktem oder speziellem Nutzen für sie." Darwin begründete die Hautpigmentierungen mit sexuellen Präferenzen. Diamond stimmt dieser Argumentation zu. Er schlägt vor, verschiedene Teile der Erde seien durch jeweils kleine Gruppen von „Gründern" besiedelt worden. In Skandinavien seien dies beispielsweise zufällig eher hellhäutige Individuen gewesen, die sich wiederum ebenfalls von möglichst hellhäutigen Geschlechtspartnern angezogen fühlten, so dass dieses Merkmal schnell einen selektiven Wert erhielt. Es ist schwer verständlich, warum Darwin mit dieser Interpretation Schwierigkeiten hatte, obwohl die Argumentation – Variation führt zu Selektion durch Reproduktionserfolg – in reinster Weise seiner Theorie folgt.

Man kann das Problem aber noch von einer anderen Warte aus betrachten. Viele der für die Hautpigmentierung entscheidenden Gene haben noch weitere Funktionen innerhalb des Körpers und spielen zum Beispiel beim Fettstoffwechsel und bei der Produktion von Blutzellen eine Rolle. Deol argumentiert daher[6], dass die Färbung der Haut keine direkte Adaptation im evolutionsbiologischen Sinne sei. Vielmehr sei sie ein beiläufiger und größtenteils neutraler Nebeneffekt von Mutationen, die aufgrund eines anderen Vorteils mit wirklichem Selektionswert ausgewählt wurden.

Wir haben momentan keine Möglichkeit, über die Richtigkeit dieser unterschiedlichen Interpretationen zu urteilen. Und in gewisser Weise ist das auch gar nicht weiter schlimm. Die genetische Selektion auf blasse, melaninarme oder aber dunkle melaninreiche Haut ist sicherlich eine relativ junge evolutionäre Entwicklung, unabhängig davon, welche adaptive Bedeutung sie genau haben mag. Bösartigen Hautkrebs gibt es zwar vermutlich schon seit bis zu 2 Millionen Jah-

---

[6] Siehe Fußnote 5.

ren, und er könnte bereits so alt sein wie der Mensch selber, aber erst in neuerer Zeit wurde er unter den blasshäutigen kaukasischen Völkern deutlich häufiger. In der zweiten Hälfte des 20. Jahrhunderts stieg die Hautkrebsrate unter den nordeuropäischen und US-amerikanischen Männern um etwa das dreifache an. Was ist passiert? Sicherlich haben wiederum gesellschaftliche Veränderungen ihre Hände im Spiel.

Vor rund 200 Jahren traf die britische Regierung eine sehr pragmatische Entscheidung. Sie verbannte die kleineren und größeren Gangster des Landes weit weg an die sonnigen Küsten Australiens, wo wir es heute mit den höchsten Hautkrebsraten überhaupt zu tun haben. Betroffen ist die verwundbare, anfällige Haut der Nachfahren der „Pommies". Die Bezeichnung „Pommie" entstand aufgrund der Granatapfel-ähnlichen Gesichtsröte, die die britischen Besucher oder Einwanderer unweigerlich innerhalb kurzer Zeit aufgrund der tropischen Sonneneinstrahlung entwickelten. Das führt uns unmittelbar zu einer weiteren negativen Entwicklung, die ebenfalls Eingang in eine britische Redewendung gefunden hat: „Mad dogs and Englishmen go out in the mid-day sun." (Noel Coward prägte dieses Zitat, das übersetzt folgendermaßen lautet: Nur verrückte Hunde und Engländer halten sich in der Mittagssonne auf.) Unregelmäßige und intensive Sonnenbäder nähren die Entwicklung speziell des bösartigen Melanoms. Nur wenige menschliche Angewohnheiten stehen in einem so eklatanten Missverhältnis zu unserer Biologie wie unsere Vorliebe für das Sonnenbaden, bei dem die nackte, blasse Haut buchstäblich in der Sonne geröstet wird.

Es bedarf keiner besonderen Vorstellungsgabe, um die Verhaltensveränderungen zu identifizieren, die uns während der vergangenen Jahrzehnte diesen deutlichen Anstieg der Hautkrebserkrankungen beschert haben. Ich persönlich als Nordeuropäer mache das Aufkommen von Flugreisen und billigen Pauschalurlauben, die ein leichtes Entfliehen aus dem trüben, grauen Wetter ermöglichen, sowie außerdem den Anstieg der Freizeit und die vage Hoffnung, durch gebräunte Haut bessere Chancen beim anderen Geschlecht zu haben, verantwortlich. Wie auch immer man es betrachtet, der Grad unserer Sonnenbräune ist ein paradoxes Maß für Erfolg, den wir im Maschinenbau, der Wirtschaft und erst recht der Entwicklung unseres gesunden Menschenverstandes erlangt haben.

Wahrscheinlich hat der blassgesichtige Mensch aber nicht erst im 20. Jahrhundert die Kraft der Sonnenstrahlen unterschätzt. Was bei den momentanen Hautkrebserkrankungen besonders auffällt, ist das relativ junge Alter der Patienten. Das Durchschnittsalter bei Diagnose liegt bei rund 50 Jahren, aber viele Betroffene sind weit jünger. Das Melanom ist heute die häufigste Krebsart unter weißen Männern im Alter zwischen 25 und 40 Jahren. Was passiert mit hellhäutigen Menschen, die in die tropischen Regionen auswandern? Sollte man nicht erwarten müssen, dass die mongoloiden Völker bei der Besiedlung Amerikas und bei ihrer Wanderung in Richtung der Tropen vor etwa 15 000 Jahren mit ernsthaften Problemen durch die UV-Belastung zu kämpfen hatten? Ihre Haut besitzt zwar eine schützende, gelbliche Keratinschicht, die einen Teil des UV-Lichtes herausfiltern kann, allerdings dürfte das in Äquatornähe nicht mehr ausgereicht haben. Man hat inzwischen 2400 Jahre alte Schädel, Rückenskelette und Hautüberreste von mumifizierten Inkas aus Peru gefunden, die charakteristische

Merkmale metastasierender Melanome aufweisen[7] (siehe Abb. 19.1). Sollten diese Menschen tatsächlich an Melanomen gestorben sein, dann übertrifft wahrscheinlich die damalige Hautkrebsrate das heute beobachtbare Auftreten von Hautkrebs in dieser Region. Vielleicht litten die ersten Einwanderer im tropischen Zentral- und Südamerika, besonders in den hoch gelegenen Gebieten der Anden Perus und Boliviens, an einer hohen Hautkrebsrate. Und vermutlich erkrankten auch sie, wie die heutigen Urlaubssonnenanbeter mit Hautkrebs, bereits in relativ jungem, fortpflanzungsfähigem Alter. Dieses Szenario ist natürlich spekulativ, aber wenn es tatsächlich so war, dann folgt daraus, dass es eine natürliche Selektion für die Ausprägung dunklerer Haut und Melanomresistenz gegeben haben könnte. Peruaner, Bolivianer und Brasilianer haben - inzwischen - eine dunklere Haut (wenn auch nicht schwarz) als die Bewohner der nördlicheren Gebiete in den zentralen Ebenen der USA.

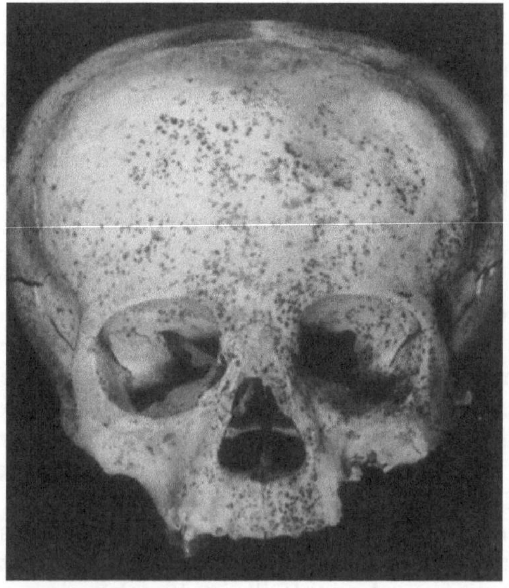

Abb. 19.1 Inka-Schädel aus der vor-kolumbianischen Zeit mit in den Schädelknochen metastasiertem Melanom.

---

[7] Siehe Urteaga OB, Pack GT (1966) Cancer 19:607-10. In ihrer sehr knappen Beschreibung erwähnen die Autoren sieben Mumien. Allerdings geht aus ihren Aufzeichnungen nicht eindeutig hervor, ob sie tatsächlich auch alle Melanome besaßen. Sie erwähnen, die noch auf den Mumien erhaltene Haut weise „rounded melanotic masses" auf. Leider fügen sie ihren Ausführungen aber keine Photographien bei. Die Überreste der Mumien stehen für weitere Untersuchungen nicht mehr zur Verfügung, so dass die endgültige Diagnose offen bleiben muss. Es ist sogar möglich, dass die Mumien nur 1000 Jahre und nicht wie behauptet 2400 Jahre alt waren (S. Guillan, persönliche Kommunikation).

Das führt uns nun wieder zurück zu der Entwicklung schwarzer Hautfarbe. Warum wurde der afrikanische *Homo sapiens* immer schwärzer und nahm damit schlechtere Wärmeabgabe in Kauf? Eine lange bevorzugte und glaubhafte Erklärung geht davon aus, dass die stärkere Pigmentierung einer *übermäßigen* Vitamin D-Bildung entgegenwirkte, die eine Verkalkung der Aorta, Nierenerkrankungen und vorzeitigen Tod zur Folge haben kann. Aber stellten auch Melanome eine selektive Kraft unter den negroiden Gruppen, die große Teile Afrikas besiedelten, und unter den Nachkommen der populationsgründenden Ureinwohner in Neu Guinea und Australien dar? Jared Diamond ist der Ansicht, dass das Hautkrebsrisiko im Selektionsprozess ein eher unbedeutender Faktor sei. Das trifft aber wohl nicht auf kleinere Populationen zu, bei denen erstens die Hautkrebsrate von Individuen im fortpflanzungsfähigen Alter sehr hoch ist und die zweitens von nur relativ wenigen „Gründern" abstammen. Hat der Mensch vielleicht schon immer mit den Auswirkungen der Sonneneinstrahlung gekämpft?

Kapitel 20: Leben im Überfluss

> Zunehmende Körperfülle und geringere Nahrungsqualität bringen einen sich langsam bewegenden, ja zu einer fast rein sitzenden Lebensweise neigenden, unsozialen Affen hervor.
>
> (Katherine Milton, 1993 – über die Ernährungsgewohnheiten der Hominiden (Affe und Mensch)

Im Zusammenhang mit bestimmten, einzelnen Krebsarten habe ich bereits den möglichen Einfluss von Ernährung auf das Krebsrisiko erwähnt. Nun ist es an der Zeit, diesen Zusammenhang ausführlich zu erläutern. Es gibt ein aus der Evolution nachvollziehbares Verhältnis zwischen Ernährungsweise und dem Auftreten, aber auch der Kontrolle von Krebserkrankungen.

Ernährung und spezifische kulinarische Feinheiten variieren erheblich zwischen einzelnen Gesellschaften und gehören ganz wesentlich zu deren jeweiliger Kultur. Wie und was wir essen, hat sich im Laufe unserer Geschichte ständig geändert, nicht erst in jüngerer Zeit, sondern bereits während der Auswanderung unserer Vorfahren aus Afrika. Mit unseren äffischen Verwandten teilen wir die Abstammung von pflanzenfressenden Vorfahren. Obwohl sich das Klima immer wieder verändert hat und Nahrungsquellen versiegen ließ, konnte der Mensch dennoch überleben. Über Millionen von Jahren hinweg änderte sich die Anatomie unserer Zähne und unseres Verdauungssystems in Anpassung an die natürlichen Gegebenheiten und Selektionskräfte. Wahrscheinlich haben wir, noch bevor wir uns als eigene Art mit aufrechter Lebensweise abspalteten, mit allen anderen Großaffen eine Vorliebe für Pflanzen mit energiereichen, reifen Früchten als „Haute Cuisine" geteilt. Während des Pleistozäns, mit seinen wechselhaften klimatischen Bedingungen, betrat der Mensch die Savanne vielleicht in erster Linie deshalb, um Nahrung zu suchen. Fleisch wurde zu einer sehr nützlichen und segensreichen Ergänzung seiner pflanzlichen Nahrung, ersetzte jedoch Früchte und Ballaststoffe nicht vollständig. Diese Ernährungsweise ist noch heute bei ursprünglichen, jagenden und sammelnden Volkstämmen erkennbar.

Unsere Fähigkeit, ein Feuer zu entfachen und Werkzeuge und Waffen herzustellen, hat unsere Lebensweise entscheidend verändert, und die schiere Notwendigkeit, essen zu müssen, um zu überleben, war vermutlich die stärkste Triebfeder für große Erfindungen. Mit diesen Fertigkeiten ausgestattet war es nun auch möglich, pflanzliche Nahrungsquellen zu erschließen, die ansonsten zu zellulosereich und unverdaulich oder gar giftig gewesen wären. Der Mensch war nun außerdem in der Lage, große, sich bewegende Beutetiere zu erlegen und deren zähes, ungenießbares Fleisch mit Hilfe des Feuers weich und schmackhaft zuzubereiten.

Dieses erweiterte Nahrungsrepertoire erschloss neue Nährstoffe und beinhaltete andere unvorhergesehene Vorteile. Pflanzliche Fasern passierten gekocht schneller den Verdauungstrakt. In Zeiten mit geringer Verfügbarkeit an hochwertiger Nahrung konnte daher dieser Mangel durch die vermehrte Aufnahme qualitativ minderwertiger Nahrung ausgeglichen werden. Eine kombinierte Ernährung mit stärkehaltigen Lebensmitteln und Fleisch versorgte den Menschen mit genügend Kalorien, auch wenn die meisten Individuen wahrscheinlich zumindest hin und wieder Schwierigkeiten hatten, genügend Kalorien aufzunehmen, um den hohen Energiebedarf ihrer nomadischen Lebensweise zu decken.

Pflanzliche Nahrung enthält Vitamine und Mineralstoffe, die für eine Vielzahl physiologischer Prozesse notwendig sind. Außerdem dienen einige dieser Stoffe als Co-Faktoren für DNA-Reparaturenzyme und können, wie auch andere pflanzliche Substanzen, z.B. Flavenoide, durch anti-oxidative Reaktionen gefährlichen DNA-Schäden und Mutationen entgegenwirken. Dies ist vielleicht nur ein positiver Nebeneffekt, der aber keineswegs gering zu schätzen ist.. Die Qualität, aber auch die Quantität unserer Nahrung hat schon immer unser Leben beeinflusst.

In der Vergangenheit mag es für den Menschen einmal sinnvoll gewesen sein, so viel zu essen wie möglich, um in dem Wissen, dass auf eine Zeit des Überflusses eine Zeit des Mangels folgen wird, Energie in Form von Fett zu speichern – im Prinzip ist dieses Verhalten vergleichbar mit dem von Tieren, die sich für den Winterschlaf oder die Reise in Überwinterungsgebiete ein Fettpolster zulegen. Es mag vielleicht sogar eine positive Selektion auf Individuen gegeben haben, die mit Genen zur erhöhten Fettspeicherung ausgestattet waren (den sogenannten „guten Futterverwertern"). Periodische Essorgien mögen also durchaus sinnvoll gewesen sein.

Unsere Physiologie ist über Millionen von Jahren adaptiver Evolution außerdem mit einem ausgetüftelten Geflecht an hormonellen Kontrollzyklen, die die Nahrungsaufnahme steuern, ausgestattet worden. Das Verhältnis von Zucker und Insulin etwa signalisiert uns über das Sättigungszentrum im Stammhirn, ob wir aufhören sollten zu essen oder ob wir weiter Energie zuführen sollten. Essen und die Kontrolle darüber waren seit jeher außerordentlich wichtig. Für die meisten von uns treffen die evolutionären und physiologischen Notwendigkeiten jedoch heute nicht mehr zu. Unser Essverhalten wird inzwischen mehr durch Genuss, kommerzielle Reize und Gewohnheiten bestimmt als durch das, was unser Körper tatsächlich benötigt. Die außerordentlich einfache Nahrungsverfügbarkeit, Essen als Zuflucht und Zeitvertreib, die revolutionären Veränderungen unserer Arbeitswelt und die gesunkenen körperlichen Herausforderungen haben die westlichen Bewohner des Zeitalters der Post-Industrialisierung im 20. Jahrhundert zu einer unentwegt essenden und naschenden, in erster Linie sitzend lebenden Varietät des *Homo sapiens* verwandelt. Und, auch wenn wir es nicht hören wollen, unsere Reaktionen auf Essbares sind denen des Pavlov'schen Hundes durchaus vergleichbar.

Wenn wir ursprünglich lebende Volksstämme heute betrachten, können wir einiges über den Nährstoffhaushalt unserer Vorfahren aus der Steinzeit erfahren. Auch wenn solche Analysen und Analogieschlüsse sicherlich mit Vorsicht zu genießen sind, so erscheinen die Unterschiede zwischen Nährstoff- und Energienutzung der Menschen von vor 15 000 Jahren und dem Energiehaushalt von uns heute als gravierend. Unsere Vorfahren haben wahrscheinlich zwei Drittel ihrer Kalorien in Form von wild wachsenden Früchten und Gemüse und ein Drittel in Form von magerer, wilder Jagdbeute, ergänzt durch Eier und Fisch, zu sich genommen. Im Gegensatz dazu nimmt der durchschnittliche Amerikaner über die Hälfte seiner täglichen Kalorienration in Form von Getreide- und Milchprodukten sowie minderwertiger Süßungsmittel und Fertigprodukte auf. Nur 17 Prozent der Nahrung besteht heute aus Obst und Gemüse. Dagegen nehmen wir 28 Prozent der Kalorien in Form von Fleisch aus Masthaltung auf, das mehrfach gesättigte Fettsäuren enthält. Vergleicht man diese Unterschiede schließlich mit dem Energieverbrauch durch körperliche Tätigkeiten, wird der doppelte Ernährungs-GAU offensichtlich: Unsere Energieaufnahme übertrifft heute deutlich unseren tatsächlichen Bedarf. Gleichzeitig nehmen wir zu wenig hochwertige Nährstoffe auf. Skelettüberreste unserer Vorfahren aus der Altsteinzeit deuten darauf hin, dass wir einmal hoch gewachsen, schlank, muskulös und robust gewesen sein müssen – ein Körperbau, der die damaligen Lebensumstände mit vielfältigen körperlichen Herausforderungen widerspiegelt. Auch heute lebende Völker mit ähnlicher Lebensweise sind vergleichbar schlank gebaut.

In den westlichen und wohlhabenden Gesellschaften ist seit einiger Zeit ein Trend hin zu – relativ betrachtet – großen, dicken und körperlich faulen Gestalten zu beobachten. Zusammengenommen resultieren also die veränderten Lebensgewohnheiten in übermäßigen Energie-Depots, die sich als Fett ablagern oder in vergrößerten Geweben niederschlagen. Mehr Zellen, mehr oxidativer Stress, mehr DNA-Schäden, größere Schwierigkeiten? Natürlich sind mit den oben aufgeführten Veränderungen unserer Ernährungsgewohnheiten viele Vorteile verbunden, aber auf längere Sicht bezahlen wir mit unserer Gesundheit, wenn wir uns ihnen zu sehr hingeben. Biologisch betrachtet, sind Gefräßigkeit und Trägheit lokal begrenzte Phänomene. Sie waren einmal das Vorrecht des Königs von Neapel und seinesgleichen, heute jedoch gönnen sich zumindest in der westlichen Welt die meisten von uns diesen Luxus und erliegen den vielfältigen Versuchungen. Nichts vergleichbares ist allerdings in der mit scheinbar geringerer Intelligenz ausgestatteten Tierwelt erkennbar – sehen wir mal von Haustieren ab, die zu einer domestizierten Mimikry unseres eigenen Verhaltens verführt werden.

Ein Drittel aller Amerikaner und fast ebenso viele Westeuropäer sind klinisch gesehen fettleibig. Hierbei handelt es sich keineswegs lediglich um die Menschen mittleren Alters und alte Menschen, deren Leben in erster Linie aus Nickerchen und Naschen besteht: etwa 25 Prozent aller jungen Amerikanerinnen zwischen 20 und 30 sind übergewichtig. Neuere Studien sagen, die Gene seien Schuld, und man könne einfach gar nichts dagegen machen. Für eine Minderheit mag das zutreffen, für den allergrößten Rest gilt das jedoch nicht. Die genetische Ausstattung ist sicherlich für gewisse Unterschiede verantwortlich (zum Beispiel wie schnell man Fett speichert oder verliert), und einige Menschen besitzen augenscheinlich einen entscheidenden Vorteil, wenn sie sich wie energieverschwendende Zappelphilippe gebärden. Einige von uns haben es in dieser Hinsicht einfach schwerer als andere. Und es ist sehr wichtig, diesen modulierenden Faktor, der das Risiko für einige Krebsarten beeinflusst (zum Beispiel Brustkrebs, Prostatakrebs, Dickdarmkrebs, ganz zu schweigen von Herz-Kreislauf-Erkrankungen und Altersdiabetes), zu erkennen, nicht zuletzt deshalb, weil wir dem eigentlich relativ einfach entgegenwirken können.

Es mag seltsam erscheinen, dass so etwas simples wie zu viele Kalorien oder zu viel Sauerstoff-getriebene Aktivität in unseren Zellen in solch hohem Maße zum Krebsrisiko beitragen können – biologisch gesehen ergibt es aber durchaus Sinn. Reduziert man bei Ratten mit künstlich erzeugtem, erhöhtem Krebsrisiko die Kalorienaufnahme, sinkt entsprechend deren Krebsrate. Wir unterscheiden uns gar nicht so sehr von ihnen. Natürlich ist das noch nicht die ganze Wahrheit. Unsere veränderten Ernährungsgewohnheiten sind nicht nur durch eine den eigentlichen Bedarf übersteigende Kalorienaufnahme gekennzeichnet, sondern auch durch den fortschreitenden Verzicht auf wertvolle und nützliche pflanzliche Bestandteile. Es ist schwierig, aussagekräftige epidemiologische Studien zum Einfluss der Ernährung auf das Krebsrisiko durchzuführen. Eine genauere Beleuchtung der Essgewohnheiten eines Krebspatienten kann keinen verlässlichen Aufschluss darüber geben, was in seinem Körper vor sich ging, als die Ursprungszellen des Tumors sich vielleicht bereits Jahrzehnte zuvor unbemerkt um mehr Platz drängelten. Dennoch gibt es zumindest ein überzeugendes Ergebnis solcher Studien – regelmäßiger Genuss von frischen Früchten und Gemüse reduziert signifikant das Risiko für die meisten Krebsarten. Dieser Zusammenhang ist biologisch nachvollziehbar, da dem Entstehen eines karzinogenen Klons oxidative Reaktionen und DNA-Schädigungen vorausgehen – diesen Prozessen kann man mit pflanzlichen Nahrungsmitteln, die reich an Antioxidantien sind, entgegenwirken.

Verdauungsschwierigkeiten

Noch weitere Probleme kommen durch veränderte Ernährungsgewohnheiten auf uns zu. Da wir weniger Obst und Gemüse essen, reduziert sich die Aufnahme von Ballaststoffen. Dickdarm und Enddarm rebellieren entschieden dagegen. Nachdem sie über Millionen von Jahren endlich gelernt haben, Ballaststoffe zu transportieren, empfinden sie es nun als ihre rechtmäßige Aufgabe, diese Schlacken zu produzieren. Die Evidenz für einen Zusammenhang zwischen Aufnahme von Ballaststoffen und Dickdarmkrebs wird abhängig vom Standpunkt von den einen als stark, von anderen jedoch als schwach bezeichnet. Ich erinnere mich an eine Diskussion mit dem Chirurgen Denis Burkitt (dem Entdecker und Namensgeber des Burkitt-Lymphoms) über dieses Thema. Er untersuchte das Auftreten und die Häufigkeit bestimmter Krankheiten bei Afrikanern, die sich an die westliche Lebenswelt angepasst hatten. Nach seiner Überzeugung gibt es einen ursächlichen Zusammenhang zwischen Ernährung und Dickdarmkrebs. In einem Vortrag (kurz vor dem Abendessen, wie sollte es auch anders sein) unterstütze er seine Argumente durch Photos, die Exkrementgröße und -beschaffenheit von Schwarzafrikanern mit denen englischer Städter verglichen. Wahrscheinlich hatte Burkitt recht mit seiner Annahme, dass sich das Darmkrebsrisiko der Schwarzafrikaner erhöht, sobald sie unsere ballaststoffarme und aus Fertigprodukten bestehende Ernährungsweise übernehmen. Dieser Zusammenhang ist wiederum biologisch nachvollziehbar, wenn man sich die verdauungsfördernde und reinigende Funktion der Ballaststoffe vergegenwärtigt. Sie neutralisieren Gallsäuren und andere chemische Bestandteile des Nahrungsbreis und bewahren so das Dickdarmepithel vor Schädigungen. Dennoch gibt es keine einheitlichen epidemiologischen Studien zu diesem Thema, und das ist eigentlich auch nicht verwunderlich, da die Bedeutung der Ballaststoffe nicht losgelöst von anderen Faktoren der Ernährung untersucht werden kann.

Insgesamt besteht allerdings kein Zweifel daran, dass unser Speiseplan Rückschüsse auf die dadurch ausgelösten Vorgänge im Darm erlaubt. Die Häufigkeit von Dickdarmkrebs variiert zwischen verschiedenen Gesellschaften um den Faktor zehn. Um die Pole-Position wetteifern Kopf an Kopf die USA, Kanada, Westeuropa und Neuseeland. In diesen Ländern besteht für Männer wie für Frauen das gleiche Risiko, an Darmkrebs zu erkranken. In den USA ist zudem lediglich ein geringer Unterschied zwischen Schwarzen, Weißen und Japanern (in Hawaii) und chinesischen Einwanderern, die seit über 20 Jahren in den USA leben, erkennbar. Die Krebsrate der Ureinwohner, die den westlichen Lebensstil angenommen haben (zum Beispiel die kanadischen Inuit oder die Ureinwohner Alaskas), hat allerdings während der zweiten Hälfte des 20. Jahrhunderts dramatisch zugenommen.

Welches Zusammenspiel einzelner Faktoren auch immer für das Auftreten von Dickdarmkrebs in den westlichen Nationen verantwortlich ist, es handelt sich wahrscheinlich um einen allgemeingültigen Mechanismus. Und es ist durchaus nicht schwierig, verdächtige Ernährungscharakteristika ausfindig zu machen. So besteht ein deutlicher Zusammenhang zwischen Dickdarmkrebs und dem Konsum von „rotem" Fleisch. Allerdings sind die biologischen Grundlagen dieses Zusammenhangs noch nicht klar. Überdurchschnittliche Fett-Aufnahme wurde zunächst ins Visier genommen, aber die Beweislage hierfür ist bestenfalls schwach. Übermäßiger Fleischkonsum könnte schlicht einhergehen mit einem Mangel an vorteilhaften pflanzlichen Nähr- und Ballaststoffen, da das Dickdarmkrebs-Risiko in der Tat mit verstärktem Gemüse-Konsum abnimmt. Betrachten wir jedoch noch einen weiteren Haken, der uns bis zu den Gaben von Prometheus führt. Es gibt recht überzeugende Beweise, dass der Genuss von Fleisch, das beim Grillen oder Braten sehr hohen Temperaturen ausgesetzt war, das Dickdarmkrebsrisiko erhöht. Damit kommen wir wieder zu karzinogenen Verbrennungsrückständen, die in diesem Falle allerdings in den Verdauungstrakt gelangen und nicht in die Lunge. Die Proteine, die im Fleisch enthalten sind, können durch Hitze und Verbrennung zu Karzinogenen, wie mutagenen Aminen, umgewandelt werden. Fett, das von gegrillten Steaks in glühende Kohlen tropft, wird auf das Fleisch in Form eines chemischen Cocktails aus karzinogenen Benzopyrenen und anderen schädlichen polyzyklischen Kohlenwasserstoffen zurückgefeuert. Eine alternative Form des Rauchens also? Auch bei der Wiederverwendung von Bratfett entstehen polyzyklische Kohlenwasserstoffe, und das sind wahrlich keine Gesellen, die man gerne in der Nähe seiner Darmwand-Krypten weiß, nicht einmal in geringsten Mengen. Wenn Sie demnächst also mal wieder zu einem Grillfest eingeladen werden, langen Sie kräftig am Salatbuffet zu.

Wahrscheinlich liegen die Ursachen für die relativ hohen Raten an Darmkrebserkrankungen der westlichen Welt also in einer Mischung aus geänderten Ernährungs- und Kochgewohnheiten zusammen mit gesunkener körperlicher Aktivität.

Das Salz in der Wunde?

Während das untere Ende unseres Verdauungstraktes also im Grunde die Hauptlast dieses modernen ernährungsbedingten Sturmangriffs ausbaden muss, ist für den vorderen Bereich eine ganz andere Soziobiologie und Historie relevant. Unsere Fast-Food-Kultur kann nicht für alles schädliche, was in unseren Verdauungstrakt gelangt, verantwortlich gemacht werden. Magenkrebs war lange Zeit eine der dominierenden Krebsarten auf der Erde und gehört auch heute noch in einigen Ländern, wie Japan und Chile, zu den sehr häufig auftretenden Tumorarten. Im 19. Jahrhundert waren es nicht nur Napoleon und seine Verwandten, die an Magenkrebs erkrankten, vielmehr war Magenkrebs zu dieser Zeit in Europa relativ weit verbreitet. Virchow verzeichnete Magenkrebs als die häufigste Krebsart in Deutschland, und um 1900 starben mehr Amerikaner an Magenkrebs als an jeder anderen Tumorform. Doch im 20. Jahrhundert begann die Häufigkeit des Magenkrebses im Westen zurückzugehen, stärker als jede andere Krebsart. Bis 1945 war sie in den USA bereits um das fünffache gesunken. Dass dies ohne jegliche bewusste Bekämpfung erfolgte, ist tatsächlich ein sehr glücklicher Umstand. Was aber ist passiert? So weit wir das aus heutiger Sicht beurteilen können, sind wahrscheinlich veränderte Konservierungsmethoden von Lebensmitteln für den Rückgang verantwortlich, besonders die gesunkene Verwendung von Salz als Konservierungsmittel und damit der reduzierte Konsum von eingelegten und stark salzhaltigen Nahrungsmitteln. Die Konservierung und Lagerung von Lebensmitteln für den zukünftigen Verzehr ist eine nützliche Eichhörnchen-Taktik, die viele Tiere anwenden. Das Salzen und Einlegen von Lebensmitteln mag ebenfalls eine gute Strategie gewesen sein, wir scheinen aber, während wir einen Geschmack für solche Nahrungsmittel entwickelten, vergessen zu haben, dass wir eben keine Meeres-Shrimps sind. Unser Magen ist zwar einigermaßen robust, er ist jedoch genetisch nicht dafür ausgestattet, permanent in einer Salzlake getränkt zu werden.

Noch ist nicht eindeutig geklärt, wie ein hoher Salzgehalt im Magen zur Tumorentwicklung beiträgt, wahrscheinlich führt aber das Salz alleine oder auch in Verbindung mit *Heliobacter*-Bazillen zu Entzündungen, Geschwüren und oxidativem Stress und damit zu DNA-Schäden. Infektionen mit *Heliobacter* sind sozioökonomisch betrachtet unterschiedlich stark verbreitet. In armen Ländern oder in wirtschaftlich unterprivilegierten Gruppen reicherer Länder ist die Wahrscheinlichkeit, sich bereits in frühen Lebensjahren zu infizieren, erhöht. Damit sind die betroffenen Menschen einer lang andauernden oder gar lebenslangen Infektion ausgesetzt. Wie bei einer Hepatitis B-Virusinfektion kann diese immunologische Dauerbelastung mit der Zeit zur Krebsentstehung führen.

Der bemerkenswerte Rückgang der Darmkrebs-Häufigkeit in Europa und den USA würde somit auf eine Kombination glücklicher Umstände beruhen. Der Kühlschrank machte die Konservierung von Lebensmitteln mit Hilfe von Salz und andere Konservierungsmethoden überflüssig, und die sozioökonomischen Verhältnisse der Gesellschaft, besonders die Hygiene bei Säuglingen und Kindern, verbesserten sich deutlich. Veränderungen der Ernährungsgewohnheiten, der Lebensmittelkonservierung und der Hygiene mögen daher als soziale Komponenten zunächst über Jahrhunderte hinweg dazu beigetragen haben, dass die krebsauslösende Wirkung von *Heliobacter pylori* mehr und mehr verstärkt wurde, schließlich stellten sie im Gegenzug in der neueren Vergangenheit paradoxerweise aber schließlich dessen wirksamstes Gegenmittel dar.

Manche mögen's heiß

Noch weiter aufwärts bekommen wir es mit weiteren gesellschaftlich überformten Schwierigkeiten zu tun. Speiseröhrenkrebs tritt in den westlichen Ländern immer häufiger auf und kann auf eine noch nicht vollständig verstandene Weise mit Alkoholkonsum in Zusammenhang gebracht werden. Dabei sind Menschen, die zusätzlich zu reichlichem Alkoholgenuss rauchen, besonders gefährdet. In anderen Teilen der Erde gibt es Ausprägungen dieser Krankheit, die auf tief verwurzelte Ernährungs- und Lebensgewohnheiten hinweisen, für die der menschliche Körper evolutionär gesehen nicht ausgerichtet ist. Ein besonders eindrucksvolles Beispiel wird uns in einem Phänomen vor Augen geführt, das man den „Zentralasiatischen Speiseröhrenkrebs-Gürtel" (Abb. 20.1) nennt. Er verläuft von der südlichen Türkei aus über den Norden Iraks, Afghanistan, die Republiken Kasachstan, Usbekistan und Turkmenistan und hinein nach Nord-West-China (Sinkiang). Sowohl Frauen als auch Männer innerhalb dieses geographischen Gürtels besitzen das gleiche Risiko, an Speiseröhrenkrebs zu erkranken, und dieses Risiko ist etwa hundertfach höher als in Europa. Innerhalb des zentralasiatischen Gürtels gibt es wiederum klar voneinander unterscheidbare Gebiete mit besonders hoher bzw. niedriger Speiseröhrenkrebsrate. Scheinbar steht die Häufigkeit dieser Krebsart mit türkisch-mongolischen Ursprüngen in Zusammenhang. Die Gebiete mit besonders hohem Krebsrisiko entsprechen dem Zentrum des alten türkischen Königreiches von Uleg Beg und Timur. Allerdings tragen wohl nicht, oder zumindest nicht in erster Linie, die mongolischen Gene zum erhöhten Krebsrisiko bei, sondern vielmehr kulturelle Bräuche und Sitten, die sich mit nur geringen Veränderungen seit mehr als tausend Jahren erhalten haben.

Beweise dafür, dass Speiseröhrenkrebs im Iran schon lange existiert hat, bieten uns die Aufzeichnungen des persischen Arztes Avicenna (980-1037). Die Liste der verdächtigen Nahrungsmittel umfasst quarzhaltige Hirse und Aflatoxin-Gifte in gelagerten und verdorbenen Lebensmitteln. Auch der inzwischen zu verzeichnende Mangel an Spurenelementen im Boden könnte seinen Beitrag leisten. Es gib allerdings auch noch andere Hinweise für mögliche Ursachen. Der aggressive Angriff auf die Speiseröhre ist wahrscheinlich auf eine ganze Reihe von Essgewohnheiten und gesellschaftlichen Bräuchen zurückzuführen: auf das Trinken von sehr heißem Tee, den Verzehr von Resten der Opiumpfeife und die vornehmliche Ernährung von Ziegen- und Schafsfleisch, Brot und Getreide und nur wenig frischen Früchten und Gemüse. Der Risikofaktor heißer Tee weist uns auf eine interessante Parallele hin: und zwar auf die Vorliebe für hochprozentigen, „scharfen" Alkohol in Gebieten mit hohem Speiseröhrenkrebs-Vorkommen in Europa (etwa Calvados in Frankreich) und den Genuss von heißem Maté in Süd-Brasilien, Uruguay und Nord-Argentinien (den amerikanischen „hot spots" für Speiseröhrenkrebs). Zwar gibt es bisher noch keine letztgültigen Beweise für einen ursächlichen Zusammenhang zwischen heißen und scharfen Getränken und der Entwicklung von Speiseröhrentumoren, nehmen wir aber einmal an, dieser Zusammenhang bestünde tatsächlich, dann könnte die Schädigung der Speiseröhre entweder durch die epithelschädigende Hitze beziehungsweise Schärfe oder durch in der heißen Flüssigkeit gelöste Karzinogene geschehen.

Ein weiterer möglicher Risikofaktor, von Antioxidantien-armer Ernährung mal ganz abgesehen, ist ein alter Bekannter in neuem Gewand. Sowohl in der Transkei in Süd-Afrika als auch im Nordosten Iraks (beides Gebiete mit hohem Speiseröhrenkrebs-Risiko) gehen Männer und Frauen gleichermaßen einer liebgewonnenen Gewohnheit beim Rauchen nach. In der Transkei werden die Tabakreste der Pfeife entweder mit Hilfe eines Strohhalmes in den Mund gesogen oder alternativ herausgekratzt, gekaut und geschluckt. Auch die Opium-Raucher im Iran nutzen auf gleiche Weise die verbliebenen Tabakreste. In Experimenten haben sich diese teerhaltigen Kondensate als stärker karzinogen herausgestellt als der Teer der Zigarette. So scheint es wahrscheinlich, dass sie einen ähnlichen, wenn nicht stärkeren Einfluss auf die Epithelzellen ausüben, obgleich sie in eine andere Röhre als beim Rauchen, die Speiseröhre, geleitet werden.

Dinner for two

Auch im Falle des Speiseröhrenkrebses sind Parallelen aus der Tierwelt erhellend. Speiseröhrenkrebs ist nach Magenkrebs die zweithäufigste Krebserkrankung in China – wobei voraussichtlich in naher Zukunft der Lungenkrebs diese Position einnehmen wird. Allerdings variiert die Häufigkeit des Auftretens von Speiseröhren- und Magenkrebs erheblich zwischen unterschiedlichen Gebieten innerhalb des Landes. Abgesehen von dem türkisch beeinflussten nordwestlichen Sinkiang kommen beide Krebsformen besonders in der Provinz Honan und in Linxian vor. Die Verbreitung von Speiseröhrenkrebs bei Männern und Frauen ist in diesen Gebieten vergleichbar mit dem Auftreten im zentralasiatischen Gürtel. Das Risiko, an Speiseröhrenkrebs zu erkranken, erreicht hier zehn Prozent, und lokale Überlieferungen belegen, dass dies bereits seit zweitausend Jahren der Fall ist. Allerdings treffen die türkischen Risikofaktoren auf die Bevölkerung dieser Gebiete nicht zu. Welche Faktoren hier zur Krebsentstehung beitragen, ist nicht klar. Wahrscheinlich handelt es sich um eine unglückliche Kombination aus einer vitamin-, mineralstoff- und Antioxidantien-armen Ernährung mit besonders schädlichen Zusätzen.

Die Bauern aus Linxian ernähren sich in der Hauptsache von eingelegtem Gemüse, das zunächst gekocht wird, um es dann in Krügen für etwa sechs Monate aufzubewahren. Während dieser Zeit entwickelt sich auf dem vergärenden Gemüse ein Überzug aus Schimmelpilzen. Dieser Gemüsebrei, der in den Nasen westlicher Besucher stark nach Silage riecht, wird schließlich gegessen. Epidemiologische Studien in Linxian haben bisher allerdings noch keine Beweise für einen ursächlichen Einfluss von vergorenem, verschimmeltem Gemüse auf die Entwicklung von Speiseröhrenkrebs liefern können. Es ist jedoch bekannt, dass

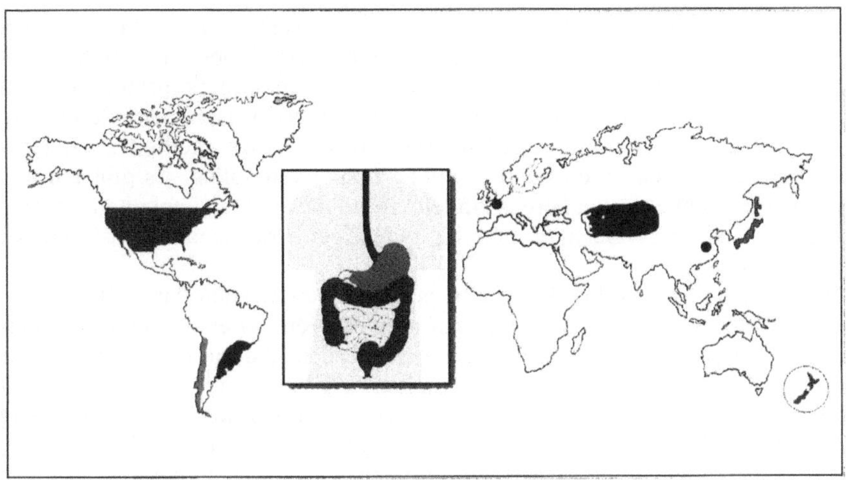

Abb. 20.1 Die Weltkarte bezeichnet die Gebiete mit besonders starkem Auftreten von Speiseröhren-, Magen-, und Dickdarmkrebskrebs.

Schimmelpilze viele krebsauslösende Stickstoffamine enthalten. Andere Studien konnten bereits einen Zusammenhang zwischen dem Konsum von eingelegtem Gemüse und chronischer Speiseröhrenentzündung (bei den 15 – 26jährigen in der Provinz Huixian) bzw. Speiseröhrenkrebs bei Hong Kong-Chinesen belegen.

Einen weiteren Hinweis auf diesen Zusammenhang bieten die Hühner der Bauern. Auch sie erhalten regelmäßig die gleiche vergorene Nahrung. In einem Akt bemerkenswerter Solidarität mit ihren Haltern entwickeln diese Hühner ebenfalls verstärkt eine dem Speiseröhrenkrebs entsprechende Krebsart, und zwar Tumoren des Schlundes. Erwähnt werden muss allerdings, dass diese Hühner bis zu einem für sie hohen Alter (fünf Jahre) gehalten werden und die Mehrheit der Tumoren erst in diesem Alter auftritt.

Nach dem Bau eines riesigen Stausees siedelten etwa 50 000 Bauern aus Linxian in die Provinz Hubei um. Ihre Ernährungsgewohnheiten und ihr Speiseröhrenkrebs-Risiko nahmen sie mit, ihre Hühner ließen sie zurück. Nachdem sie sich an ihren neuen Wohnsitzen behaglich niedergelassen hatten, erwarben sie neue Hühner. Eine anschließend durchgeführte Studie ergab, dass einige dieser „adoptierten" Hühner Schlund-Tumoren entwickelt hatten, während kein einziges Huhn der einheimischen Bewohner einen solchen Tumor aufwies. Das ist vielleicht noch kein eindeutiger Beweis, aber wenn ich Huhn wäre, würde ich unbedingt einen Umzugsantrag stellen.

Inzwischen haben chinesische Wissenschaftler gemeinsam mit dem US National Cancer Institute ein einzigartiges Ernährungsprojekt in Angriff genommen. Seit 1985 erhalten etwa 30 000 Erwachsene (40 – 69 Jahre alt) Nahrungsergänzungen in Form von bestimmten Vitaminen und Mineralstoffen in einer von vier möglichen Kombinationen. Die Krebsraten wurden während der folgenden fünf Jahre erfasst (eine kurze Zeitspanne allerdings, bedenkt man den langen Entstehungsweg eines Tumors aus einer Ursprungszelle). Ein Rückgang von Magenkrebs war in der Gruppe zu beobachten, die täglich Beta-Carotin, Vitamin E und Selen erhielt, und ein Rückgang von Speiseröhrenkrebs bei denjenigen, die täglich Riboflavin und Niacin zu sich nahmen. Die chinesischen Behörden haben zusätzlich ein umfangreiches Aufklärungs- und Vorsorgeprogramm in Linxian ins Leben gerufen. Vom Konsum von eingelegtem und vergorenem Gemüse wird inzwischen abgeraten. Dafür wurden neue Konservierungsmethoden eingeführt, die Verunreinigungen durch Schimmelpilze reduzieren sollen. Es gibt Hinweise, dass die Sterblichkeitsraten bereits sinken. Sollte dieser Trend anhalten, wäre dies ein bemerkenswertes Beispiel und ein wichtiger Präzedenzfall für wirksame Krebsvorbeugung.

In Bezug auf Speiseröhrenkrebs gibt es noch einen zweiten Parallelfall im Tierreich: schottische Rinder mit Speiseröhrentumoren. Hier konnten bestimmte Papillom-Viren als Verursacher identifiziert werden, die zusammen mit immunsuppressiven und karzinogenen Chemikalien des Farnkrauts, von dem sich die Rinder auf ihren Weiden ernähren, das Krebsrisiko erhöhen. In der einzigen menschlichen Population, die Farnkraut ebenfalls als genießbar empfindet (die Japaner), gibt es einen ähnlichen Zusammenhang zwischen dem Konsum von Farnkraut und dem Auftreten von Speiseröhrenkrebs.

Natürlich können wir bei vielen der unterschiedlichen und geographisch verschiedenen Krebsarten, die in irgendeiner Weise mit Ernährungsgewohnheiten zusammenhängen, noch nicht eindeutig nachweisen, welche Faktoren schließlich ursächlich für die Entstehung eines Tumors verantwortlich sind. Es besteht aber kaum ein Zweifel, dass ganz eigentümliche, gesellschaftliche Aspekte unserer Ernährungsgewohnheiten, für die wir genetisch nicht angepasst sind, die Wurzel des Übels darstellen. Wären krebsauslösende Nahrungsmittel extrem giftig oder akut lebensbedrohlich, wie viele andere Tierarten das erleben, wenn sie neue Nahrungsquellen ausprobieren, dann hätten auch wir ein natürliches „Heilmittel" in Form von natürlicher Selektion oder Aversion gegen bestimmte Nahrung. Krebs ist unglücklicherweise eine sich langsam entwickelnde Krankheit. Er bahnt sich seinen Weg, ineffizient und im Schneckentempo, über Jahrzehnte hinweg. Es wäre allerdings ein Fehler, deshalb einfach so fortzufahren, in der Hoffnung, Epidemiologen könnten uns irgendwann einmal eindeutige Antworten zu dem komplexen Thema Ernährung geben, oder die Biotechnologie sei irgendwann in Lage, ein Allheilmittel zu entwickeln.

Kapitel 21: Berufskrankheit

Bakterien und Insekten sind die erfolgreichsten Lebensformen auf dieser Erde – diese Feststellung ist weit verbreitet und anerkannt. Und sie trifft sicher zu, wenn man Erfolg über die erreichte Anzahl von Individuen und Arten, das evolutionäre Alter und die Anpassungsfähigkeit an außergewöhnliche Umweltbedingungen definiert. Stechmücken bringen es üblicherweise fertig, mich auszutricksen. Aber selbst ein flüchtiger Beobachter aus dem Weltraum würde vermutlich *Homo sapiens* als die herausragende Spezies ausmachen. Der Mensch ist unternehmungslustig und kühn, erfinderisch sowohl beim Konstruieren als auch beim Zerstören – und das alles in großem Maßstab. So verändert er seinen Lebensraum und kreiert völlig neuartige Umweltbedingungen. Das wird nirgendwo deutlicher als an unseren Arbeitsplätzen. Die Arbeitswelt kann bekanntermaßen erheblichen negativen Einfluss auf die Gesundheit haben. Drastische Auswüchse dieser Gefahren sind Verbrennungen, Vergiftungen, Quetschungen oder Tod durch Ertrinken oder auch schiere Erschöpfung.

Das auf Seite 145 angeführte, berühmte Zitat von Bernardino Ramazzini über Nonnen und Brustkrebs ist Bestandteil seiner bemerkenswerten wissenschaftlichen Abhandlung beziehungsweise „Diatriba" über berufsbezogene Krankheiten. Seine im Jahre 1700 erschienene Schrift „De morbis artificum" (Über die Krankheiten der Arbeitenden) stellt aus epidemiologischer Sicht einen Meilenstein dar, da sie erstmalig das Vorherrschen bestimmter Krankheiten mit berufsbedingten Belastungen in Verbindung brachte. Obwohl seine Belege größtenteils anekdotischer Natur sind oder aus zweiter Hand stammen, sind seine Ansichten über die typischen Krankheiten von Bergarbeitern, Jauchegrubenreinigern, Weinhändlern, Leichenträgern und „Gelehrten" durchaus interessant und darüber hinaus äußerst unterhaltend. Die Gefahrenquellen der beschriebenen Krankheiten waren und sind immer noch größtenteils direkt erkennbar. Ihre negativen Auswirkungen werden relativ unmittelbar offensichtlich. Bei den insgesamt eher tückischen, verborgenen Krebserkrankungen treten die Folgen einer Belastung weit verzögerter und schwerer nachvollziehbar auf.

Die Produktion industrieller, gewerblicher oder medizinischer Unternehmen führt lokal zu einzigartig hohen Konzentration mutagener Substanzen. Viele dieser chemischen oder radioaktiven Schadstoffe sind eigentlich natürlichen Ursprungs. Es sind Derivate oder synthetische Kopien von natürlichen Substanzen, die normalerweise in tolerierbaren Konzentrationen in unserer Umwelt existieren. Belasten diese Substanzen Gewebe, Zellen oder DNA in außergewöhnlich hohen Konzentrationen, so können sie unter Umständen die Funktion unserer zahlreichen Adaptionen außer Kraft setzen, die unser Überleben sichern. Krebs ist ein mögliches Resultat chronischer oder akuter berufsbedingter Belastungen.

Die erste Epidemie

Im 18. Jahrhundert beschrieb Percival Potts bei Schornsteinfegern auftretenden Hodenkrebs. Seine Beobachtungen werden üblicherweise als erste Beschreibung einer berufsbezogenen Krebserkrankung betrachtet. Sie ist in der Tat aufschlussreich, allerdings durchaus nicht das älteste Beispiel. Vielmehr muss historisch betrachtet der Lungenkrebs als die früheste industriell- oder berufsbedingte Krebsart bezeichnet werden. Ausnahmsweise steht er aber nicht mit Feuer oder Zigaretten in Verbindung, sondern mit einer durch und durch natürlichen Substanz: dem Radon. Radongas ist das natürliche Produkt des Urans und kommt in vielen geologischen Formationen vor, beispielsweise im Granit. Normalerweise steigt Radongas langsam und stetig durch Risse und Felsspalten an die Oberfläche von Gesteinen. Beim Bergbau aber werden aber häufig Wolken hoher Aktivität schubweise freigesetzt. Das Einatmen von Radongas oder von Staubpartikeln, die mit Radon oder einem seiner radioaktiven Zerfallsprodukte (darunter Polonium) überzogen sind, kann die Lunge verstrahlen und DNA-Mutationen auslösen.

Zinn-, Flurspat-, Eisen- und besonders Uranbergbau werden mit Lungenkrebs in Verbindung gebracht. Seit den 1940er Jahren wird in Zaire (Belgisch Kongo), Nordamerika, Ostdeutschland und später auch in Frankreich Uran für militärische Zwecke abgebaut. Zu Beginn war man sich der durch Radon verursachten Risiken gar nicht oder nur wenig bewusst. Daher gab es lediglich geringfügige Schutzvorschriften für die in den Minen tätigen Bergarbeiter. In den 1950er und 1960er Jahren untersuchte man schließlich in den USA den Zusammenhang zwischen Radongas-Belastung und Lungenkrebsrate. Das Ausmaß der Lungenkrebserkrankungen unter den Bergarbeitern war tatsächlich sogar größer als alle im Zusammenhang mit den Atombombenabwürfen auf Hiroshima und Nagasaki stehenden Krebserkrankungen zusammen. Unter den Toten waren viele Navaho-Indianer, die in den Uranminen von New Mexico angestellt waren. Diese bestürzende Entdeckung wurde von der Politik zunächst unter Verschluß gehalten, führte aber schließlich doch – mit reichlicher Verspätung – zur Einrichtung von Überwachungs- und Belüftungssystemen und insgesamt verbessertem Arbeitsschutz. Der größte Teil des Schadens war aber bereits angerichtet.

Schätzungen zufolge waren alleine in Ostdeutschland zwischen 1940 und 1960 etwa 250 000 Bergarbeiter unter Tage im Uranabbau beschäftigt. Weltweit mögen es insgesamt eine halbe Million Minenarbeiter gewesen sein. Nach dem Krieg standen die ostdeutschen Uranminen unter sowjetischer Kontrolle. Sie lagen auf einem Gebiet um Schneeberg herum an den nördlichen Hängen des Erzgebirges konzentriert. Nach dem Ende des Kommunismus wurden zuvor geheimgehaltene medizinische Untersuchungen von fast einer halben Million Uranarbeitern veröffentlicht, die belegten, dass bereits Tausende gestorben waren oder zum Zeitpunkt der Untersuchung an Lungenkrankheiten wie Staublunge und Lungenkrebs litten.

Dieses außerordentliche Desaster weist eine traurige Parallele zu den historischen Bergbauaktivitäten im Erzgebirge auf. Sowohl in den Minen von Schneeberg als auch in denen von Jachymov (im Süden des Erzgebirges) wird seit 1470 intensiv nach Silber geschürft. Bereits im frühen 16. Jahrhundert stellte man fest, dass die Bergleute außerordentlich anfällig für Lungenleiden waren, die allgemein als „Bergsüchte" und später auch als „Schneeberg-Lungenkrankheit" bezeichnet wurden. Im 17. und 18. Jahrhundert, als die Suche nach Silber, aber auch nach Kupfer und Kobalt intensiviert wurde, verzeichnete man auch eine steigende Anzahl an Lungenerkrankungen. 1870 schließlich stellten die beiden in Schneeberg ansässigen Ärzte Hesse und Härting fest, dass es sich hierbei in der Hauptsache um Lungenkrebs handelte. Sie errechneten, dass rund 75 Prozent der ehemaligen Bergarbeiter an dieser Krankheit starben. Die Ursache dafür blieb allerdings zunächst im Dunklen. Im Verdacht standen verschiedene Metalle des Erzstaubes.

Schon fast symbolträchtig mutet es an, dass Marie Curie und ihr Ehemann ausgerechnet aus der Jachymov-Mine ihr erstes radioaktives Radium (welches zu Radongas zerfällt) und Polonium (aus Uran-Pechblende) erhielten. Die Bedingungen in den Minen blieben miserabel, selbst nachdem dort außergewöhnlich hohe Radonkonzentrationen nachgewiesen worden waren. Jacobi, der dieses von Ignoranz, Versäumnissen und Ausbeutung erfüllte Trauerspiel zusammengefasst hat, weiß zu berichten, dass die Schachtanlage mit den höchsten gemessenen Radonkonzentrationen unter den Arbeiter als „Todesschacht" berüchtigt war.

1913 stellte der für die Gemeinschaft der Bergleute arbeitende H. E. Müller schließlich fest, der Schneeberg-Lungenkrebs sei eine auf Radon-Emission zurückzuführende, berufsbedingte Krankheit. Diese Ansicht wurde allerdings von vielen medizinischen Kollegen nicht geteilt. Sie hielten vielmehr andere Faktoren, wie das Einatmen von Staub und die unter den Minenarbeitern weit verbreiteten Pneumokoniosen (auch als „Staublunge" bekannt), für die ausschlaggebenden Faktoren. Es dauerte tatsächlich noch weitere zwanzig Jahre, bis 1940 B. Rajansky durch umfangreiche Untersuchungen zeigte, dass die vielen Lungenkrebserkrankungen mit an Sicherheit grenzender Wahrscheinlichkeit durch das Inhalieren von Radon verursacht wurden. Aber als 1946 die Sowjets gemeinsam mit ihren ostdeutschen Genossen das Ruder übernahmen, wurden die Sicherheitsempfehlungen wiederum ignoriert. Die Sowjets brauchten das Uran für die Entwicklung ihrer Atombombe, die sie glücklicherweise nie eingesetzt haben. Aber den Preis für diesen militärischen Fortschritt zahlten schätzungsweise 10 000 bis 15 000 Grubenarbeiter, die an Lungenkrebs starben. So betrachtet sind die sowjetische und die US-amerikanische Regierung gleichermaßen verantwortlich für Tausende von Todesfällen im Zusammenhang mit dem Bau der Atombombe.

Pyrotechnik, Hautwarzen und andere Übel

Diese wichtigsten historischen Beispiele berufsbedingter Krebserkrankungen führen uns wieder zurück zur Verfeuerung von Holz und anderen kohlenstoffhaltigen Brennstoffen. Bei einer Reihe von Männern mit ganz unterschiedlichen Berufen, darunter Schornsteinfeger sowie Arbeiter, die mit Teeren oder Ölen hantieren, ist das Risiko, an zunächst harmlosen Hautwarzen zu erkranken, die sich nach mehreren Jahren aber schließlich zu Hautkrebs entwickeln (häufig am Hoden), deutlich erhöht. Allen Berufsgruppen gemeinsam ist der Umgang und chronische Hautkontakt mit karzinogenen, teerhaltigen Verbrennungsrückständen – und entsprechenden, verzögerten Krebserkrankungen. Die Etnwicklung dieser Krebsarten reicht weit in die Geschichte zurück.

Bereits seit Millionen von Jahren werden frisch geschlagenes Holz und auch Holzkohle zum Verfeuern verwendet. Dieser Brennstoff produziert lediglich geringe Mengen an freigesetzten Rückständen und Teer. Die in Britannien angesiedelten Römer-Kolonien waren vielleicht die ersten, die Holzkohle als geeigneten Brennstoff entdeckten und gezielt abbauten. Der erste offizielle und mit gewerblicher Lizenz durchgeführte Holzkohle-Abbau begann 832 in Britannien, aber erst im 14. Jahrhundert wurde sie schließlich in größerem Maßstab genutzt. Neben Wärme entsteht beim Verbrennen von Kohle allerdings auch sehr viel Rauch, was ihre Verwendung lange Zeit gesellschaftlich inakzeptabel machte. Während der Elizabethanischen Zeit durften in London an Sitzungstagen des Parlamentes keine Feuer entfacht werden. Im 16. und 17. Jahrhundert änderte sich diese Situation aus mehreren Gründen. Der Bedarf an Brennstoffen stieg, während sich gleichzeitig die Holzvorräte verringerten und entsprechend verteuerten. Brennmaterial wurde nun nicht mehr alleine zum Beheizen der Wohnräume benötigt, sondern zunehmend auch für neu entwickelte industrielle Fertigungsprozesse, wie etwa die Glasmanufaktur, die Bierbrauerei und die Färberei. Kohle wurde schließlich als natürliche kohlenstoffhaltige Brenn- und Wärmequelle dem Holz vorgezogen.

Seit dem Entdeckung und Zähmung des Feuers haben Unfälle mit außer Kontrolle geratenen Bränden immer wieder erhebliche Schäden angerichtet. Das große Feuer 1666 in London markiert dabei ein ganz besonderes Datum. Im darauffolgenden Jahrhundert begannen aus Ziegeln und Stein gebaute Häuser immer mehr die Holzbehausungen zu ersetzen. Die meisten Häuser besaßen nun Feuerstellen innerhalb des Hauses sowie Schornsteine für den Rauchabzug. Eine Konsequenz, die man aus dem großen Feuer gezogen hatte, war der Bau längerer Schornsteine. Diese allerdings setzten sich leicht mit Rußablagerungen zu. Der Beruf des Schornsteinfegers erlebte daher einen enormen Aufschwung.[8]

To look like her are chimney sweepers black.
(William Shakespeare, Love's Labours Lost, 4. Akt, 3. Szene)

Schornsteinfeger gingen ihrem Gewerbe bereits zu Shakespeares Zeiten und mindestens hundert Jahre vor der großen Feuersbrunst in London nach. Nach der Feuerkatastrophe wurden die Schornsteinfeger immer häufiger von kleinen Jungen

---

[8] Eine gute Übersicht über die Geschichte der rußigen Schlote, Schornsteinfeger und ihre Hautwarzen in England bietet Henry SA (1946) Cancer of the scrotum in relation to occupation. Oxford University Press. Abbildung 21.1 stammt aus diesem Buch. Zweihundert Jahre nach Erscheinen von Ramazzinis „Diatribe", gab Thomas Oliver einen ähnlichen aber umfangreicheren und sehr gut dokumentierten Bericht mit dem Titel „Dangerous trades" (1902) John Murray Publishers, London, heraus. Darin stellt er dar, dass Schornsteinfeger eine höhere Krebsrate als alle anderen Berufsgruppen besitzen und zudem eine Häufung von Lungenkrankheiten und eine hohe Sterblichkeitsrate. Es kann daher nicht überraschen, dass sie viermal häufiger (als andere Berufsgruppen) an Alkoholsucht erkrankten und eine doppelt so hohe Selbstmordrate aufwiesen.

im Alter von fünf oder sechs Jahren begleitet, die auf Grund ihrer geringen Größe besser in die engen Abzugsröhren klettern konnten. Ihre Folgsamkeit wurde ihnen nicht nur mit einer lebenslangen Anstellung vergolten, sondern leider auch mit Lungenkrankheiten, Hautentzündungen, Hautwarzen (in der Branche als Rußwarzen bekannt) und schließlich nach einigen Jahrzehnten auch mit Hautkrebs.

Ein Zusammenhang zwischen Hautkrebs, besonders am Hoden, und der Tätigkeit als Schornsteinfeger wurde erstmals 1775 von Sir Percival Potts, Chirurg am St. Bartholomew's Hospital in London, erkannt. Bis dahin war diese Form des Hautkrebses als Geschlechtskrankheit betrachtet und mit Quecksilber behandelt worden, was Potts als unklug bezeichnete und daher feststellte, die einzige Möglichkeit, „dem Unheil vorzubeugen", sei das rechtzeitige Entfernen der Hautwucherungen, bevor diese sich durch die Hodenkanälchen zu den lokalen Lymphknoten und dem Abdomen ausbreiten könnten. Potts Hodenkrebspatienten waren im Vergleich zu seinen anderen Krebspatienten relativ jung und ganz offensichtlich nahm er ganz besonderen Anteil an ihrem Schicksal. So lamentierte er:

> Das Los dieser Leute ist einzigartig hart; in ihrer frühen Kindheit müssen sie häufig große Brutalitäten erdulden und sterben fast an Kälte und Hunger; sie werden enge und manchmal noch heiße Schornsteine hochgejagt, wo sie sich blaue Flecken und Quetschungen zuziehen, Verbrennungen erleiden und fast ersticken; und wenn sie die Pubertät erreichen, werden sie mit großer Wahrscheinlichkeit Opfer einer höchst widerlichen, schmerzhaften und fatalen Krankheit.

(Sir Percival Potts, 1775)

Und so blieb es noch für eine lange Zeit. Insgesamt kann man durch Ruß verursachten Hautkrebs am Hoden in England über 300 Jahre zurückverfolgen.[9]

Abb. 21.1 Die Kluft der europäischen Schornsteinfeger. Links: deutscher (1880), Mitte: belgischer (1880), rechts: englischer (1930) Schornsteinfeger.

---

[9] Siehe Fußnote 8.

Einige scharfsichtige, professionelle Beobachter der Krebs-Szene des 19. Jahrhunderts mutmaßten, dass dem durch Ruß und durch andere unsichtbare Chemikalien verursachten Hautkrebs ähnliche Mechanismen zugrunde liegen könnten, wie auch den durch Tabakrauch hervorgerufenen oralen Krebsarten. Ruß als Verbrennungsrückstand enthält tatsächlich einige der schädlichen Substanzen des Zigarettenteers (darunter auch Benzopyrene). Seine chemische Zusammensetzung ist aber insgesamt anders, und das aggressivste Karzinogen im Ruß ist vermutlich der polyzyklische Kohlenwasserstoff Cyclopenta(c,d)pyren.

Dann allerdings stehen wir vor einem Rätsel. Hoden-Hautkrebs war im 19. Jahrhundert den britischen Schornsteinfegern selbst als auch ihren Ärzten als berufsbedingte Krankheit der Branche bekannt. Gleichzeitig wusste man aber auch, dass dieser Hautkrebs bei den Kollegen in Kontinentaleuropa und den USA sehr selten war. Sir Henry Butlin, Professor für Pathologie in der Chirurgie am Londoner St. Bartholomew's Hospital (also ein Kollege Percival Potts), schickte seine Assistenten zur Erkundung der dortigen Befeuerungsanlagen auf das europäische Festland. Er wollte der englischen Krankheit auf die Spur zu kommen. Es wurde sehr schnell offensichtlich, dass die Schornsteinfeger in Deutschland deutlich besser organisiert waren – was vielleicht zu erwarten gewesen war,. Sie trugen eine bessere Schutzkleidung und wuschen sich gründlicher und häufiger. Ihre Arbeitskleidung sah zudem ungleich schmissiger aus (siehe Abb. 21.1). Das gleiche galt für ihre Kollegen in Holland und Belgien, die sich ebenfalls besser zu schützen wussten. Die Franzosen waren jedoch ein Problem. Sie waren ebenso rußverschmiert und schlecht ausgestattet wie die englischen Schornsteinfeger. Schützte sie eine sorgfältigere Körperpflege vor den gefürchteten Warzen? Butlin hielt das für unwahrscheinlich:

> Die Kleidung der Pariser Schornsteinfeger schützt deren Körper nicht vor Hautkontakt mit Ruß. Das Fehlen des Hoden-Hautkrebses müßte demnach auf ein Ausmaß an Reinigung der entscheidenden Körperregionen schließen lassen, das jedoch jedem, der die allgemeinen Gewohnheiten der Franzosen aus den unteren Schichten kennt, äußerst unwahrscheinlich erscheint.

Voilà!

Andere mögliche, risikobeeinflussende Faktoren könnten nach Butlins Ansicht die Art des Brennstoffs, die Bauweise der Feuerstelle und des Rauchabzuges sowie die Menge des entstehenden Rußes sein. Seine Erkundung und Bemessung der europäischen Verhältnisse mag etwas oberflächlich gewesen sein. Immerhin trat aber zum Vorschein, dass in den Ländern, in denen Schornsteinfeger weniger häufig an Hautkrebs erkrankten, eher Holz, Koks und Holzkohle als Brennstoff verwendet wurde, während England in erster Linie Steinkohle verfeuerte. Und Holz, Koks und Holzkohle hinterlassen weit weniger Rußrückstände.

Diese Geschichte von Feuer, Ruß und Warzen ist äußerst lehrreich, wenn man die allgemeinen kausalen Zusammenhänge bei der Krebsentstehung verstehen möchte. Wir kennen nun die chemischen Karzinogene der Verbrennungsrückstände im Ruß, denen Schornsteinfeger in erheblichem Maße ausgesetzt waren, als die entscheidenden und unmittelbaren Ursachen. Das tatsächliche Krebsrisiko des einzelnen wurde jedoch stark durch andere gesellschaftliche und technische Parameter moduliert. In diesem Falle waren dies etwa die Wahl des Brennstoffs und relativ einfache Aspekte der Kleidung und der Reinlichkeit. Auf Grundlage dieser Erkenntnisse müsste, so vermutete Butlin, die Krebsvorsorge relativ einfach zu bewerkstelligen sein.

Die Arbeit an Spinnmaschinen war ausschließlich Männern vorbehalten. Im 19. Jahrhundert begannen die Jungen bereits im Alter zwischen acht und zehn Jahren mit dieser Tätigkeit. Ein 75 Jahre alter Patient beispielsweise hatte bereits mit sechs Jahren, 1866, zum ersten Mal am Spinnrad gesessen. Die meisten Fälle deuten auf einen recht langen Zeitraum von einigen Jahrzehnten zwischen erstem Kontakt und Ausbruch der Krankheit hin. Das Durchschnittsalter bei Diagnose liegt zwischen 50 und 60 Jahren. Die Auswertung von Volkszählungsdaten ergab, dass von den 23 000 Männern, die in diesem Bereich arbeiteten, jedes Jahr durchschnittlich 1 von 2000 an Hoden-Hautkrebs starb. Durch vergleichende Analysen errechnete Archibald Leitch, dass in den 1920er Jahren durchschnittlich 1 von 1400 Schornsteinfegern an dieser Krebsart gestorben war.

Leitch wagte außerdem eine einleuchtende Erklärung für eine bislang ungelöste Frage. Schornsteinfeger boten im 18. Jahrhundert bis zum frühen 20. Jahrhundert und sogar noch in meiner Jugend üblicherweise einen rußverschmierten Anblick, und die Haut der Spinner kam in ähnlichem Umfange mit den heißen Ölen oder Paraffinen, die zum Schmieren der beweglichen Maschinenteile dienten, in Kontakt. Warum aber war unter diesen Umständen ausgerechnet der Hoden von Krebs betroffen?

Leitch mutmaßte, dass hier die Wärme der Maschinen und die löslichen Eigenschaften der talgigen Sekrete des Skrotums eine unheilvolle Allianz eingingen. Außerdem gab es noch eine zweite Frage zu lösen, wobei die Ausführungen von Henry Butlin erneut Bedeutung gewannen. Arbeiter in Deutschland und den USA, die in ähnlichem Umfange wie ihre Kollegen in England mit Schieferölen und Teer in Kontakt kamen (zum Beispiel bei der Paraffin-Herstellung), erkrankten dennoch weniger häufig an Hautkrebs. Das erhöhte Krebsrisiko der Spinner von Lancashire wurde auch auf die Mengen an als Schmieröl verwendetem Rohöl und auf das Fehlen jeglicher Waschmöglichkeiten zurückgeführt. Außerdem standen sie in ständigem Kontakt mit den ölüberzogenen, beweglichen Spindeln, Wellen und Schlitten. Im Rahmen ihrer schon als detektivisch zu bezeichnenden epidemiologischen Untersuchungen besuchten Southam und Wilson unter anderem die Spinnereien und stellten fest, dass die Männer nur leicht bekleidet in Baumwollhosen oder Overalls in den warmen, feuchten Räumen arbeiteten. Üblicherweise war auf ihrer Kleidung ein klar erkennbarer Ölstreifen zwischen Oberschenkel und Unterleib zu sehen, da sie bei der Arbeit ständig gegen die ölige Maschine gelehnt standen.

In Deutschland ist bereits seit 1875 bekannt, dass Teer und Paraffinöle vermutlich Karzinogene enthalten sowie auch weitere Substanzen, die ursächlich mit Hautkrebserkrankungen von Arbeitern zusammenhängen. Diese Beobachtungen haben entscheidend zur Entwicklung der Krebsforschung beigetragen. Die Haut von mit Teer bestrichenen Ratten entwickelte ähnliche Warzen und Tumoren und bot sich damit als natürliches Modell für die Aufreinigung und Identifizierung von im Teer enthaltenen, chemischen Karzinogenen an. In Mineralölen enthaltene chemische Karzinogene erwiesen sich als die aggressivsten Substanzen, die allerdings unterstützt und begünstigt wurden durch schlechte Arbeitsbedingungen – und natürlich hat auch hier Zufall seine Hände im Spiel.

Die Erkenntnisse über berufsbezogene, durch Kontakt mit Ruß, Teer und Ölen ausgelöste Krebsarten wurden von der Öffentlichkeit mit großem Interesse verfolgt und hatten nachhaltigen Einfluss auf die Entwicklung der Krebsforschung. Im Jahre 1907 fand Hoden-Hautkrebs Eingang in den sogenannten Workman's Compensation Act (Vertrag über Entschädigungsleistungen für Arbeiter), wo er folgendermaßen definiert wurde: „Epitheliom des Hodensacks bei Schornsteinfegern und epithelialer Krebs oder Geschwür der Haut, das durch den Umgang mit Pech, Teer oder teerhaltigen Verbindungen hervorgerufen wird". Es gab jedoch einen Haken für die Erkrankten. Um eine finanzielle Entschädigung zu erhalten, musste der Krebs noch während des Beschäftigungsverhältnisses bzw. maximal zwölf Monate danach diagnostiziert werden. Krebserkrankungen, die erst in höherem Alter auftraten, wurden nicht berücksichtigt und waren nicht entschädigungsberechtigt. So kamen Arbeiter, die erst Jahre nach Renteneintritt an bösartigem Hoden-Hautkrebs erkrankten, nie in den Genuss einer finanziellen Unterstützung. Dennoch war es schließlich ein an Krebs erkrankter Spinner, der den ersten Rechtsstreit der Geschichte gegen seinen Arbeitgeber gewann. Seine Krebserkrankung wurde gerichtlich als Folge von Belastungen am Arbeitsplatz anerkannt. 1920 wurde Hautkrebs im Rahmen des Factories Act zur meldepflichtigen Krankheit erhoben. Endlich wurde die Häufigkeit von Hautkrebserkrankungen zuverlässiger dokumentiert und Vorsorgemaßnahmen eingeführt und überwacht.

Giftiger Profit

Die „International Agency for Research on Cancer" (Internationales Amt für Krebsforschung, ein der Weltgesundheitsorganisation (WHO) assoziiertes Organ) ist hauptverantwortlich für die Prüfung von karzinogenen Substanzen. Inzwischen wurden bereits 40 industrielle oder arbeitsplatzbezogene Stoffe identifiziert, bei denen ein Zusammenhang mit bestimmten Krebserkrankungen nachgewiesen wurde. In den meisten Fällen hätten die Belastungen durch relativ einfache Maßnahmen zur Verbesserung der Arbeitsbedingungen und mit wenigen finanziellen Mitteln verhindert werden können. Eines der am weitesten verbreiteten Karzinogene ist das Asbest. Bereits seit Jahrhunderten kennt man die feuerbeständigen und wärmespeichernden Eigenschaften dieser natürlichen Silikatfasern. Das Einatmen von Asbest erhöht unzweifelhaft das Risiko, an einer normalerweise extrem seltenen Krebsart zu erkranken, die die Pleuralepithelien von Lunge und Bauchfell angreift (Mesotheliome). Das Lebenszeitrisiko der asbestbelasteten Menschen ist extrem hoch, und anders als beim Tabakrauchen scheint selbst mäßiger oder nur vorübergehender Kontakt bereits das Risiko zu erhöhen. Dies könnte daran liegen, dass die einmal eingeatmeten Asbestfasern im Körper überdauern.

Die genauen biologischen Mechanismen der Karzinogenese sind hierbei noch nicht so klar wie bei Tabak-assoziierten Krebserkrankungen. Wahrscheinlich spielen aber chronische Entzündung, oxidativer Stress und dadurch hervorgerufene „versehentliche" Mutationen eine Rolle. Die Geschichte der Aufklärung dieser Zusammenhänge zwischen Asbestbelastung und Krebs zeigt bemerkenswerte Parallelen zur Verbindung von Tabak und Lungenkrebs. Wie Robert Proctor sehr eindringlich beschreibt, verwendete die Industrie die gleichen Strategien des Leugnens, Verdunkelns und Vertäuschens, um ihre Branche auch nach der Aufdeckung der damit verbundenen Gefahren zu schützen.

Chemikalien wie Benzol, Vinylchlorid, 2-Napthylamin und andere aromatische Amine, die in der Vergangenheit in der Gummi- und Farbenindustrie Verwendung fanden, konnten eindeutig in Verbindung mit speziellen Krebserkrankungen gebracht werden. Berechnungen zufolge sind insgesamt etwa 200 000 Todesfälle in den USA auf berufsbedingte Belastungen zurückzuführen. Die tatsächliche Anzahl ist vielleicht sogar noch höher. Sicherheitsbestimmungen haben in den meisten höher entwickelten Ländern inzwischen zu einer deutlichen Verringerung von gefährlichen Substanzen am Arbeitsplatz geführt. In der Mehrheit der unterentwickelten, neoindustrialisierten Länder aber kommt aber nur ein kleine Zahl der Arbeiter in den Genuss von Schutzmaßnahmen. Hier bleibt die Krebsgefahr bestehen und steigt vermutlich eher an. Zur gleichen Zeit verstecken internationale Unternehmen in ihrer Fokussierung auf das Streben nach Gewinnen ihre ethisch und gesetzlich gebotenen Verantwortungen hinter lokalen Hilfsmaßnahmen. Das gleiche gilt für die Zigarettenindustrie. In den Entwicklungsländern wird sich daher unsere Krebsgeschichte wohl noch einmal wiederholen – und zwar vermutlich in deutlich größeren Dimensionen.

Und bei uns? Derzeitige Risikoabschätzungen über industriell bedingte Belastungen und Krebs in den westlichen Staaten sind sehr widersprüchlich. Die Furcht vor Krebs wird schnell angefacht durch eindrucksvolle Einzelfälle, schlechte Spurenanalyse, Geheimhaltungen, Misstrauen und bis zu einem gewissem Grad auch durch politisch und ideologisch motivierte Ausschmückungen. Betrachtet man die nun erkennbaren, industriellen Belege, so scheint ein gewisser Skeptizismus angebracht. Stetige Wachsamkeit, Sicherheitsbestimmungen und Überwachung sowie auch gewisse Verbote sind sicherlich unabdingbar. Aber noch immer bauschen einige standhafte Vertreter der „Die Industrie ist schuld!"-Krebstheorie das tatsächlich von der Industrie verursachte Risiko zu stark auf und schaden so leider eher ihren eigenen Interessen, da sie ihre Glaubwürdigkeit durch Übertreibungen aufs Spiel setzen. Die Epidemiologen Doll und Peto errechneten, dass höchstens fünf Prozent aller Krebserkrankungen von Erwachsenen auf die Begleiterscheinungen industrieller Produktion zurückzuführen sei. Sollte dies zutreffen, so beträfe dies noch immer eine erhebliche Anzahl von Krebstoten (25 000 pro Jahr alleine in den USA). Zudem sollte man im Blick behalten, dass ein großer Anteil des Risikos und Krebspotentials nicht gleichmäßig verteilt ist, sondern wahrscheinlich von punktuellen, lokalen Quellen ausgeht, von denen einige unsichtbar sind, und dass diejenigen, die dieser besonderen Belastung ausgesetzt sind, sich davor nicht selbst schützen können. Hier wartet noch viel Arbeit auf uns.

Kapitel 22: Kollateralschäden

Zum Schluss wollen wir hier nun noch diejenigen ursächlichen Zusammenhänge bei der Krebsentstehung betrachten, die erst im 20. Jahrhundert aufgrund der außerordentlichen technischen Virtuosität des Menschen relevant wurden. Es handelt sich dabei um relativ unregelmäßig auftretende Beispiele verzögerter „Kollateralschäden", die ihren Ursprung teils in positiven, teils aber auch in von vornherein zerstörerischen Absichten haben.

Hit by friendly fire – von Verbündeten beschossen

Die Wirksamkeit vieler medizinischer Behandlungen, etwa der Strahlen- und Chemotherapie, beruht auf der Zerstörung von Zellen. Für die Patienten kann dies eine zusätzliche Gefahr bedeuten, die unter Umständen zu einem fatalen Ergebnis führt: Krebs, der durch Krebstherapie verursacht wird. Um eine ebenso denkwürdige wie abscheuliche Wendung des Golfkrieges zu gebrauchen, könnte man auch sagen: „hit by friendly fire". Historisch gesehen lassen sich hier Parallelen zu unbeabsichtigten Vergiftungen mit Arsen oder anderen vermeintlichen Heilmitteln ziehen, die zu medizinisch-therapeutischen Zwecken eingesetzt wurden.

Der Kollateralschaden und die damit verbundenen Konsequenzen entstehen, da sowohl Bestrahlung als auch viele Medikamente keine Spezifität besitzen. Ein kleiner Prozentsatz (rund 1 bis 5 Prozent) der Patienten mit Leukämie, Hodgkin-Syndrom, Eierstockkrebs und auch anderen Krebsarten entwickelt sogenannte sekundäre Leukämien oder, allerdings seltener, andere sekundäre Krebserkrankungen, die auf eine vorangegangene Therapie zurückzuführen sind. Ein besonders tragisches und dramatisches Beispiel finden wir bei Frauen, deren Hodgkin-Krankheit häufig bereits im Alter von 13 bis 16 Jahren durch Bestrahlung behandelt wird und die in der Folge erheblich anfälliger für Brustkrebs sind. Das Risiko liegt bei 40 Prozent, das heißt, vier von zehn so behandelten Frauen erkranken später an Brustkrebs. Die meisten Patientinnen erkranken 20 bis 30 Jahre nach der Bestrahlung. Wahrscheinlich hängt es mit der hormonell gesteuerten Physiologie des Brustgewebes nach der Pubertät zusammen, dass das Risiko für jüngere Frauen höher ist als für ältere. Im Anschluss an die Pubertät vermehren sich die Stammzellen im Brustgewebe sehr stark, was unmittelbar auch das Risiko von DNA-Schäden erhöht. Allerdings konnte das von therapeutischen Bestrahlungen ausgehende Risiko inzwischen deutlich reduziert werden, da diese heute vielfach mit Hilfe von gebündelten, besser fokussierten Strahlen durchgeführt wird und das umgebende Gewebe durch Abschirmungen besser geschützt wird.

Opfer der ersten strahleninduzierten Krebserkrankungen waren Physiker, Chemiker und Ärzte, die den Einsatz von Bestrahlungen in der Therapie entwickeln wollten. Marie Curie und ihre Tochter Irene starben beide an den Folgen der strahleninduzierten Knochenmarkszerstörung. Besonders Marie Curie arbeitete mit derartig hohen Strahlendosen, dass ihre Briefe bis heute radioaktiv kontaminiert sind. Die Leukämierate unter den klinischen Radiologen war aufgrund der schlechten Abschirmungen besonders hoch. Dieses Problem wurde in den westlichen Ländern bald erkannt und gelöst. In einigen Ländern, wie beispielsweise China, schuf man jedoch erst während der zweiten Hälfte des 20. Jahrhunderts Abhilfe. Bereits 1902, nur sieben Jahre nachdem Röntgen die nach ihm benannten Strahlen entdeckt hatte, erkannte man, dass Bestrahlung nicht nur schmerzhafte Erytheme (Hautrötungen) und Hautentzündungen hervorrief, sondern bei einigen Menschen auch bösartigen Hautkrebs. Betroffen waren meistens die Hände, und auffällig war die relativ kurze Entstehungszeit von nur wenigen Jahren. Ein viertel Jahrhundert später bot die Entdeckung H. J. Müllers, dass Röntgenstrahlen bei *Drosophila*-Taufliegen Mutationen auslösten, einen ersten Hinweis auf die zugrundeliegenden Mechanismen der strahleninduzierten Krebserkrankungen. Allerdings erkannte man zu diesem Zeitpunkt die Bedeutung der Beobachtung noch nicht. Das blieb nicht ohne Konsequenzen.

Die weit verbreitete Anwendung von Röntgenstrahlung für therapeutische und diagnostische Zwecke während der 1930er und 1950er Jahre lässt vermuten, dass das damit verbundene Risiko noch nicht bewusst war. Viele Patienten mit Spondylitis (zur Gelenkversteifung führender Wirbelkörperentzündung), gutartigen Gebärmutterpolypen oder auch Kopfhaut-Ringelflechte wurden mit Hilfe von Bestrahlungen behandelt und entwickelten in der Folge häufig Leukämien. Und an Tuberkulose leidende Frauen, die sich regelmäßigen Röntgenuntersuchungen unterzogen hatten, erkrankten schließlich auch noch an Brustkrebs. In der gleichen Zeit stieg die Rate der Kinderleukämien um 40 Prozent an. Verursacht wurden diese durch vorsorgliche Unterleibsuntersuchungen der schwangeren Frauen mit Hilfe von Röntgenaufnahmen. Die Verwendung von Röntgenaufnahmen zu diagnostischen Zwecken wird inzwischen weit vorsichtiger betrieben, so dass es heute keine Hinweise mehr dafür gibt, dass die derzeit üblichen Untersuchungspraktiken (zum Beispiel Röntgenuntersuchungen beim Zahnarzt) irgendein Risiko bergen.

Ein weiteres trauriges Beispiel für therapieinduzierte Krebserkrankungen ist die relativ hohe Rate an Lymphomen sowie Haut- und Gebärmutterhalskrebs bei Patienten, die im Rahmen von Nieren- oder Herztransplantationen oder zur Behandlung von Autoimmunkrankheiten immununterdrückende Medikamente erhalten. In diesen Fällen entsteht das erhöhte Krebsrisiko in erster Linie dadurch, dass weit verbreitete Herpes- oder Papillom-Viren das Immunsystem unterlaufen und so ihre krebsauslösenden Fähigkeiten frei entfalten können. Schuppenflechte wurde häufig durch eine kombinierte Behandlung mit UV-Licht und lichtaktivierten Verbindungen therapiert. Die dadurch unbeabsichtigt hervorgerufenen Hautkrebserkrankungen illustrieren ebenfalls auf eindrucksvolle und bedrückende Art und Weise, auf welchen Seitenwegen Krebs entstehen kann.

Nach der bis hierin aufgeführten düsteren Litanei von ungewollt heraufbeschworenen Krebserkrankungen drängt sich die entscheidende Frage nach den

Fortschritten bei der Heilung von Krebs auf. Sogenannter sekundärer Krebs ist nur ein Aspekt der bei aggressiven und nicht spezifischen Therapien beobachtbaren unerwünschten Nebeneffekte oder sogar Sterblichkeit. In diesem Zusammenhang sollten wir noch auf einen sensiblen Umstand eingehen, bei dem Zynismus wenig angebracht ist. Die Ärzte können nur mit den jeweils besten Mitteln arbeiten, die ihnen zur Verfügung stehen, und häufig müssen sie ihre Entscheidung in Krisensituationen treffen. Der Einsatz eigentlich toxischer und gefährlicher Therapien erfolgt auf Grund der Abwägung von Nutzen und Risiko. Es ist meist das kleinere Übel, bei der Therapie einer akuten und ansonsten unheilbaren Krankheit drastische Nebenwirkungen wie die Erhöhung des Krebsrisikos oder andere potentiell lebensbedrohliche Auswirkungen in Kauf zu nehmen, wenn gleichzeitig die Chance der Heilung oder wenigstens Lebensverlängerung besteht. Dass es sich dabei vielleicht nur um einen Pyrrhussieg handelt, sollte bei den Überlegungen immer eine Rolle spielen, und natürlich muss der Patient selber vollständig informiert sein und die Abwägungen über Risiken und Chancen verstehen.

Oder doch eher "unfriendly fire"?

Viele Mikroorganismen, Tiere und sogar einige Pflanzen sind durchaus streitlustig, *Homo sapiens* jedoch übertrifft sie alle hinsichtlich der technischen Anstrengungen, die er unternimmt, um Mitglieder seiner eigenen Spezies zu töten. So bringt er es zu außerordentlichem Erfindungsreichtum, wenn es darum geht, Feinde oder Rivalen ein für allemal auszulöschen. Speer oder Gewehrkugel führen zu einem schnellen, wenn auch traumatischen Tod. Andere Waffen sind etwas langsamer, jedoch nicht weniger tödlich und mit Sicherheit schmerzhafter. Das während des Ersten Weltkrieges und während des Krieges zwischen Irak und Iran eingesetzte Senfgas ist eine höchst potentes Gift. Es ist derartig toxisch für Haut, Lungen und besonders das Knochenmark, dass es relativ schnell tötet. Außerdem ist es aber auch ein sehr wirkungsvolles chemisches Karzinogen, dass DNA-Mutationen hervorruft. Höchstwahrscheinlich haben viele Soldaten und Zivilisten, die lediglich geringen, nicht tödlichen Senfgas-Konzentrationen ausgesetzt waren, in der Folgezeit Krebs bekommen. Allerdings hat man dies nie weiter verfolgt. Es ist eine der Ironien der Krebs-Story, dass die DNA-schädigende Fähigkeit von Senfgas später zur Entwicklung zweier wirkungsvoller genotoxischer Substanzen führte, die nun regelmäßig in der Krebstherapie eingesetzt werden. Es handelt sich um Melphalan und Chlorambucil.

Der Atombombenabwurf auf Hiroshima und Nagasaki markiert sicher den unrühmlichen Gipfel kriegerischer Kreativität. Viele Menschen wurden sofort durch die Explosion und die unmittelbar freigesetzte Radioaktivität getötet oder starben kurz darauf an akuter Strahlenkrankheit. Diejenigen, die sich in etwas größerer Entfernung vom Einschlag (etwa 1500 Meter) aufgehalten hatten, entwickelten mit gewisser zeitlicher Verzögerung Krebserkrankungen. Die Atombomben sind heute unter den künstlichen krebserregenden Faktoren die in Zeit und Raum potentiell wirkungsvollste Gefahrenquelle. In den Jahren nach dem Abwurf gab es unter der lokalen Bevölkerung einen deutlichen Anstieg besonders von Leukämie-

Erkrankungen und ebenfalls von Schilddrüsenkrebs sowie einen etwas mäßigeren Anstieg von Brustkrebs und weiteren Krebsarten. Das Krebsrisiko war direkt proportional zu der empfangenen Dosis beziehungsweise der Entfernung zum Explosionsort. Die Folgen war derartig umfangreich, dass eine von den Japanern durchgeführte sogenannte Lebenszeitstudie das Krebsrisiko von 100 000 Überlebenden der Abwürfe verfolgte. Diese Untersuchung bietet nun die Grundlage für weitere Berechnungen, etwa über das potentielle Krebsrisiko nach chronischer, niedriger Strahlenbelastung, und für die Entwicklung von Sicherheitsstandards. Man berechnete die Höhe der empfangenen akuten Gamma-Strahlendosis von Leukämiepatienten und teilte sie in Einheiten von 1 bis 4 Gray ein. Dies entspricht in etwa der Dosis, die einige Patienten auch im Rahmen medizinischer Behandlungen bekommen haben, ist aber rund 1000fach höher als unsere jährliche Belastung durch natürliche Strahlungsquellen. Eine Ganzkörperbestrahlung von 5 Gray ist normalerweise tödlich. Es sollte uns daher nicht mehr überraschen, dass Strahlung Krebs verursachen kann. Erstaunlicher ist eher, dass die meisten der Strahlenopfer keinen Krebs entwickelten. Mit Hilfe von Blutuntersuchungen bei Überlebenden konnte in neuerer Zeit nämlich tatsächlich nachgewiesen werden, dass jeder von ihnen DNA-Mutationen davongetragen hatte.

Wie auch bei den therapeutisch vermittelten Gefahren und den Karzinogenen spielen Zufall und Schicksal die entscheidende Rolle. In Hiroshima und Nagasaki war es dem Zufall überlassen, ob durch die radioaktive Strahlung krebsrelevante Gene in potentiellen Krebszellen mutierten und ob die betroffene Zelle den Angriff überlebte. Selbst beim aggressivsten Angriff kann das Zusammenspiel von Zufall und zellulärer Kontrolle über DNA-Reparatur und Zelltod das Pendel noch gegen die Herausbildung von Krebs ausschlagen lassen. Das dem Krebs offenstehende Fenster ist eigentlich sehr klein.

Folgenreiche Lecks?

Die Atombombenabwürfe trugen viel zur Sensibilisierung der Weltöffentlichkeit gegenüber den Folgen von ionisierender Strahlung bei. Darüber hinaus bekam der Begriff Strahlung einen sehr negativen Beigeschmack, der Unbehagen und Furcht vor einer unsichtbaren Gefahr auslöste. Der friedlichen Nutzung der Atomenergie begegnete man mit Misstrauen und Ablehnung, und die Zweifel wurden verständlicherweise genährt durch bekannt gewordene Pannen, Vertuschungen und der Vermutung, in der unmittelbaren Umgebung von Kernkraftwerken gebe es einen Anstieg kindlicher-Leukämien und anderen Krebsarten. Unabhängig von den kommerziellen oder umweltbedingten Argumenten für oder gegen die Atomkraft gibt es, zumindest bis heute, bemerkenswert wenige überzeugende Beweise für einen Zusammenhang zwischen Atomenergieproduktion oder Wiederaufbereitungsanlagen und lokalen Krebsraten. Die von Kernkraftanlagen freigesetzte radioaktive Strahlung ist geringer als die natürliche Strahlung. Eine Häufung von Leukämieerkrankungen existiert zwar tatsächlich an zwei oder drei Standorten, könnte aber andere Hintergründe haben. Einer meiner Kollegen, Ray Cartwright, besitzt eine Karte, die mögliche Leukämie-Häufungen in England in der Umgebung von Gebieten markiert, die schlicht als „military establishments" bezeichnet worden waren. Es stellt sich heraus, dass es sich hierbei um verfallene, mittelalterliche Festungen handelt und der scheinbare Zusammenhang lediglich eine per Zufall entstandene Illusion ist. Andere Häufungen, wie die in dem Ort Seascale nahe der englischen Wideraufbereitungsanlage Sellafield, bestehen tatsächlich. Der Epidemiologe Leo Kinlen konnte diese jedoch schlüssiger durch besondere demographische Verhältnisse erklären, die durch Infektionen ausgelöste Leukämien bei Kindern fördern.[10] Ich will nicht behaupten, von Atomreaktoren könne keine Krebsgefahr ausgehen. Das Potential ist sicherlich vorhanden, aber offensichtlich ist es unter Kontrolle. Unser Vertrauen in die Kontrolle hängt von den getroffenen Sicherbestimmungen, Notfallmechanismen und der Überwachung ab.

Es gibt eine kleine, aber immerhin vorhandene Wahrscheinlichkeit, dass eine Katastrophe passiert, unterstützt und begünstigt durch menschliches Versagen. Tschernobyl hat uns hier das Paradebeispiel geliefert. Die Explosion des dortigen Reaktors setzte große Mengen an radioaktivem Caesium und Jod frei, und eine radioaktive Wolke zog über große Teile Europas und Skandinavien. Die Auswirkungen auf die Krebsrate ist allerdings nicht so gravierend, wie man das vielleicht erwarten würde. Auch wenn die Boulevardpresse häufig das Gegenteil behauptet, ist in den meisten strahlenexponierten Gegenden kein Anstieg von Kinder-Leukämien nachweisbar. Man kann einen signifikanten Anstieg von Schilddrüsenkrebs bei jungen Leuten beobachten, in deren Schilddrüsen sich das eingeatmete, radioaktive Jod eingelagert hat. Andere übermäßige Krebserkrankungen von Kindern oder Erwachsenen sind nicht festgestellt worden, und man sollte aufgrund der Natur und Dosis der freigesetzten Strahlung auch gar nichts anderes erwarten. Wahrscheinlich fällte es Ihnen angesichts dieser Feststellungen schwer zu glauben, dass ich einmal zahlendes Mitglied bei Greenpeace war, oder?

Doch lassen Sie uns noch einen Moment in Russland verweilen. Zur Zeit gelangen Berichte über Atombombentests in der alten Sowjetunion in die Öffentlichkeit, die in den südlichen Republiken offenbar verheerende Folgen für die Umwelt haben und zu einer ansteigenden Krebsrate führen. Wir werden mit Sicherheit in der Zukunft noch einiges in diesem Zusammenhang hören. Die schiere Inkompetenz und Nachlässigkeit , die für das industrielle System der Sowjetunion so typisch war, hat allerdings noch weiteres Unheil hervorgebracht: Tschernobyl war nicht der einzige Reaktorunfall. 1957 führte eine Explosion des Atomkraft-

---

[10] Scheinbare Krebshäufungen bei Kindern lassen schnell die Alarmglocken läuten. Einer der bekanntesten Fälle ist bereits etwas älter: Acht Kinder der gleichen Gemeinde in einem Vorort (Niles) von Chicago erkrankten zwischen 1957-60 an Leukämie. Die Ursache für diese Häufung konnte nie hundertprozentig aufgeklärt werden, vermutlich hat sie aber mit einer vorangegangenen Infektionswelle zu tun. In andere Fällen, wie in Woburn (Massachusetts) (dieser Fall lieferte den Stoff für das Buch und den Film mit dem Titel „A Civil Action"), machten Aktivisten Umweltverschmutzungen durch Chemikalien verantwortlich, was jedoch nie bewiesen werden konnte. Bei dem neuesten Fall (nun Erwachsene) sind drei Professoren und ein ehemaliger Student des Mozarteums in Salzburg betroffen – statistischer Zufall, kontaminierte Klimaanlage oder vielleicht Salieris Rache? Wer weiß?! Es ist fast unmöglich, bei solcherart isolierten Einzelfällen die Ursachen zu finden.

werks Mayak in Chelyabinsk (südlicher Ural) zur radioaktiven Verseuchung der umgebenden Gebiete, einschließlich des Flusses Techa. Dieser hatte bereits über Jahre hinweg als Auffangbecken für absichtlich eingeleitete und aus Lecks austretende hoch radioaktive Abfälle dienen müssen.. Einige tausend Bewohner der umgebenden Ortschaften wurden umgesiedelt und trugen unter anderem vermutlich auch Mutationen und ein erhöhtes Krebsrisiko mit im Gepäck. Nach Schätzungen einer Untersuchung könnte die örtliche Bevölkerung mit bis zu 4 Gray bestrahlt worden sein, was die Leukämierate in der Region ähnlich stark erhöhen dürfte, wie nach den Atombombenabwürfen in Japan beobachtet. Vermutlich ist Mayak die größte Quelle radioaktiver Verseuchung auf dem gesamten Planeten. Umgebung von Mayak wurde mit einer Menge an Radioaktivität verseucht, die fünfmal größer ist als die Summe aller 500 Atomtests in der Atmosphäre, Tschernobyl und Sellafield zusammengenommen.

Addendum: Tiere als Patienten

„Sind auch Tiere von einer dem Krebs beim Menschen ähnlichen Krankheit betroffen? Sobald wir die Antwort auf diese Frage kennen, wollen wir herausfinden, ob hauptsächlich wilde oder hauptsächlich domestizierte Tiere an Krebs erkranken. Die Untersuchungen könnten einerseits philosophisch aufschlussreich sein und andererseits nützliche Informationen hervorbringen. In erster Linie erfahren wir, inwiefern Lebensgewohnheiten die Krebsrate beeinflussen.“

(Punkt 10 (von 13) des Forschungskataloges der Society for Investigating the Nature and Cure of Cancer, Cancer Research Society, Edinburg, 1806)

Wenn es zutrifft, dass das Krebsrisiko unmittelbar mit der genetischen Konstitution vielzelliger Organismen zusammenhängt und besonders der *Homo sapiens* von Krebs als tragischem Nebenprodukt seines evolutionären „Erfolges“ und seiner ungewöhnlichen Verhaltensweisen betroffen ist - wie steht es dann mit anderen Spezies?

Die meisten Tiere, und zwar sowohl Wirbellose als auch Wirbeltiere, bekommen gutartige Tumoren und in einigen Fällen auch invasiv wachsenden Krebs. Sogar Pflanzen können durch Bakterien induzierte Tumoren entwickeln, und wir dürfen annehmen, dass diese schon existierten, lange bevor *Homo sapiens* den Planeten bevölkerte. Es gibt zwar keine zuverlässigen Schätzungen über das Krebsvorkommen bei Tieren, speziell bei wildlebenden Tieren, allerdings erkranken kleine, kurzlebige Tiere vermutlich nur sehr selten an Krebs. Viele in Zoos gehaltene Säugetierarten können an Krebs erkranken, wobei die Krebsraten im Vergleich zu entsprechenden Krebsarten beim Menschen als sehr gering erscheinen. Das trifft im übrigen auch auf das Krebsrisiko alternder Primaten zu.[11] Natür-

---

[11] Ich danke Dr. Dick Montali vom National Zoological Park, Washington DC, und Professor David Onions von der Glasgow University, die mich auf wertvolle Informationsquellen über Krebs bei wilden, in Gefangenschaft lebenden und domestizierten Tieren

lich sind daher diejenigen Fälle und Begleitumstände von besonderem Interesse, die eine hohe Krebsrate aufweisen. Im folgenden sind ein paar Beispiele aufgeführt, die übrigens alle auf das Mitwirken des Menschen zurückzuführen sind:

1. Durch genetische Inzucht hervorgebrachte und domestizierte Hunderassen erkranken an vielen unterschiedlichen Krebsarten. Besonders häufig ist allerdings Brustkrebs bei Hündinnen.

2. In Gefangenschaft gehaltene Großkatzen - Tiger, Löwen u.s.w. - denen Verhütungsmittel (Progestine) verabreicht wurden entwickeln regelmäßig Brust- oder Gebärmutterkrebs.

3. „Sozialisierte", domestizierte oder künstlich in Gemeinschaft gehaltene und aus Inzucht stammende Kühe, Katzen und Hühner bekommen sehr häufig Virus-induzierte Leukämien. Die Rinder-Leukämie ist in diesem Zusammenhang von besonderem Interesse. Hierbei handelt es sich um eine von speziellen Viren ausgelöste Leukämie, die nur bei Rindern anzutreffen ist und in Zusammenhang mit umfangreicher tierärztlicher Versorgung, intensiver Landwirtschaft und besonders mit engen, überfüllten Winterställen gebracht wird. Es stellte sich heraus, dass Tierärzte das Virus in der Vergangenheit unbeabsichtigt durch den mehrfachen Gebrauch von Spritzen verbreitet hatten – vergleichbar mit der Übertragung des HIV.

4. Bei Rindern, die auf verarmten Weiden mit einem hohen Anteil an Farnbewuchs grasen, kann man ein erhöhtes Speiseröhrenkrebs-Risiko beobachten.

5. In Legebatterien bei künstlichem Licht gehaltene Hennen weisen eine hohe Eierstockkrebsrate auf.

6. In China erkranken Hennen, die mit den Resten der Lebensmittel der Bauern gefüttert werden, in ähnlich großem Umfang an Speiseröhrenkrebs (bzw. Schlundkrebs) wie ihre Besitzer. Zumindest teilweise ist dies vermutlich auf Schimmelpilz-Kontaminationen und die insgesamt mangelhafte Ernährung zurückzuführen.

---

hingewiesen haben. Literaturhinweise dazu: Jubb KVF, Kennedy PC, Palmer N, Hrsgs. (1993) Pathology of domsticated animals. Vol. 3, 4th edn. Academic Press, San Diego; Montali RJ, Migaki F, Hrsgs. (1980) Pathology of zoo animals. Smithsonian Institution Press. Washington DC; National Cancer Institute (July 1969) Neoplams and related disorders of invertebrate and lower vertebrate animals. Monograph 31. US Department of Health, Education, and Welfare, Public Health Service, National Cancer Institutes, Bethesda; Harrenstien LA, Munson L, Seal US, American Zoo and Aquarium Association Mammary Cancer Study Group (1996) Mammary cancer in captive wide felids and risk factors for its development: a retrospective study of the clinical behaviour of 31 cases. J Zoo Wildlife Med 27:468-76.

7. Melanome kommen regelmäßig bei Schimmeln (deren Fell auf weiße Färbung hin gezüchtet wurde) vor.

8. Bei Fischen, die in Zuchtanlagen aufgezogen wurden und mit Aflatoxin verunreinigtes Futter erhielten, war eine Leberkrebs-Epidemie zu beobachten.

9. Aquatisch lebende Tiere, die hohen Konzentrationen von Verseuchungen und mutagenen Substanzen ausgesetzt sind, besitzen ein hohes Krebsrisiko. In verdreckten Flussmündungen lebende Mollusken beispielsweise entwickeln vielfältige Tumoren.

Willkommen in unserer Welt.

Kapitel 23: Finale: Ursachen, Komplexität – und der evolutionäre Haken

Biologen und Mediziner müssen die Vergangenheit befragen, wenn sie die Gegenwart erklären wollen.

(George Williams, 1985)

Bei der Krebsentstehung spielt der Zufall eine große Rolle. Eine Krebserkrankung entwickelt sich über einen sehr langen Zeitraum hinweg. Dies trägt beides dazu bei, dass die Ursachen von Krebs für die breite Öffentlichkeit und auch für die Experten nur schwer nachvollziehbar sind. Jede Krebsart für sich besitzt einen spezifischen Entstehungsmechanismus, allerdings variieren auch innerhalb verschiedenen Krebsarten Bedeutung und tatsächliche Auswirkung einzelner Risikofaktoren. Da es beim Krebs, wie auch bei vielen anderen Krankheiten übrigens, immer wieder Abweichungen vom üblichen Entstehungsweg gibt, ist es schwierig, diese Krankheit wirklich zu durchdringen. Stillschweigend hat man sich heute darauf verständigt, es gebe formal und widerspruchsfrei nachweisbare Krebsursachen, die darüber hinaus sowohl notwendig als auch ausreichend für die Entwicklung von Krebs seien. Diese Sichtweise ist jedoch grob vereinfachend und, um es deutlich zu sagen, sogar falsch.

Man könnte das Aufstellen von ursächlichen Zusammenhängen umschreiben mit „die wahrscheinlichste Erklärung finden", aber es ist heute noch außerordentlich schwierig, wenn nicht sogar unmöglich, eindeutige, unstrittige Kausalverknüpfungen darzustellen. Erschwerend kommt hinzu, dass alle Krebserkrankungen sich erst durch das Zusammenwirken vielfältiger Faktoren entwickeln und zudem über verschiedene Wege entstehen können. Die Kriterien „notwendig" und „hinreichend" sind in Bezug auf Krebs daher nicht sinnvoll. Und diese Feststellung trifft eigentlich sogar auf die meisten Krankheiten zu. Es gibt hier keinen alles erklärenden und unmittelbaren Zusammenhang zwischen einer Ursache und einer zwingend aus ihr folgenden Wirkung. Betrachten wir die Krebsart, der wir noch am ehesten eine Ursache zuordnen können: Das Rauchen ist der Hauptrisikofaktor für Lungenkrebs, aber es ist erstens nie der alleinige Verursacher auf dem langen Weg zur tatsächlichen Erkrankung und zweitens kann Lungenkrebs auch ganz ohne den Einfluss von Zigarettenteer entstehen. Keine Krebserkrankung wird durch nur eine einzelne Ursache ausgelöst, und genauso wenig kann Krebs durch eine einzige Behandlungsmethode geheilt werden.

Beim Krebs stehen wir vor einer Fülle von Kausalwegen und -netzen, bei denen das tatsächliche Risiko immer das Resultat von ineinandergreifenden positiven und negativen Faktoren ist, die die Wahrscheinlichkeit für Zellproliferation, Zelltod und Mutationen beeinflussen. Angesichts der Heterogenität der Krankheit, der Vielfältigkeit der Risikoparameter, der langen Zeitspanne und der Allgegenwart des Zufalls wird es verständlich, dass epidemiologische Untersuchungen häufig vergeblich nach eindeutigen und konsistenten Zusammenhängen suchen. Eigentlich können wir sogar froh sein, dass sich aus diesen Untersuchungen doch noch verhältnismäßig viele wertvolle Erkenntnisse herauskristallisieren. Zufall und Unsicherheit dominieren bei der gesamten Krebsproblematik und vermitteln natürlicherweise ein großes Unbehagen. Bereits im Zusammenhang mit BSE und anderen beängstigenden Krankheiten brachte man diese Gefühle auf den folgenden, sehr treffenden Nenner: Das Problem besteht darin, dass wir die Sicherheit der Religion durch die Ungewissheit der Wissenschaft ersetzt haben.

Dennoch ist es inzwischen gelungen, die biologische Komplexität in ein allgemeines Bild der Krebsentstehung zu integrieren, in dem Lebensstil, Umweltbelastungen, individuelle Risikofaktoren, unterschiedliche genetische Konstitutionen sowie schließlich auch der Zufall für die Abschätzung des Krebsrisikos berücksichtigt werden. Innerhalb dieses Rahmens können die jeweiligen Eigentümlichkeiten einer individuellen Krebserkrankung eingeschätzt werden. Die kausalen Zusammenhänge von Brustkrebs beispielsweise sind so zwar immer noch äußerst komplex, sie verlieren jedoch ihren rätselhaften, geheimnisvollen und unergründlichen Charakter. Abbildung 23.1 illustriert ein mögliches Entstehungsschema. Eine schädliche Belastung löst DNA-Mutationen aus, die entweder einen Krebsklon hervorbringen oder dessen Weiterentwicklung fördern können. Im Tabak enthaltene Karzinogene induzieren wahrscheinlich sogar beides. Der schädigende Einfluss kann entweder von außen (z.B. durch Viren) oder von innen (z.B. durch Hormone) geschehen, hat aber keinen unmittelbaren Zugriff auf die DNA. Vielmehr sind zunächst die zahlreichen Modulatoren betroffen, die entweder auf der Ebene der schädigenden Substanz selber oder weiter „downstream" in der Signalkette operieren, also dort, wo die Integrität der DNA direkt oder indirekt gestört wird. Unter den Modulatoren befinden sich die häufig als „Lifestyle-Faktoren" bezeichneten Variablen, die jedoch in ihrem historischen und gesellschaftlichen Kontext und nicht als persönliche Eigenarten betrachtet werden müssen.

Bestimmte Interaktionen zwischen schädigenden Einflüssen und Modulatoren können zwar als hauptsächliche Krebsverursacher betrachtet werden, wirken aber nie exklusiv, sondern setzen letztlich nur den immergleichen biologischen Mechanismus in Gang. Die beteiligten krebsauslösenden Faktoren und deren „Ziel"-Gewebe, -Zellen und -Gene sind unterschiedlich, die Krebserkrankungen und deren Verlauf entsprechend verschieden, aber im Prinzip ist dabei immer ein ähnliches Netz von Risikofaktoren und Modulatoren am Werke. Der entstehende Krebsklon entwickelt sich im Laufe der Zeit nach den gleichen Darwinschen Regeln wie auch Organismen während der Evolution. Der Zufall ist dabei stets der unberechenbare Parameter: Es ist dieser wahl- und ziellose Bestandteil, der sowohl beim Krebs als auch bei der Evolution die entscheidende, gestaltende Rolle spielt.

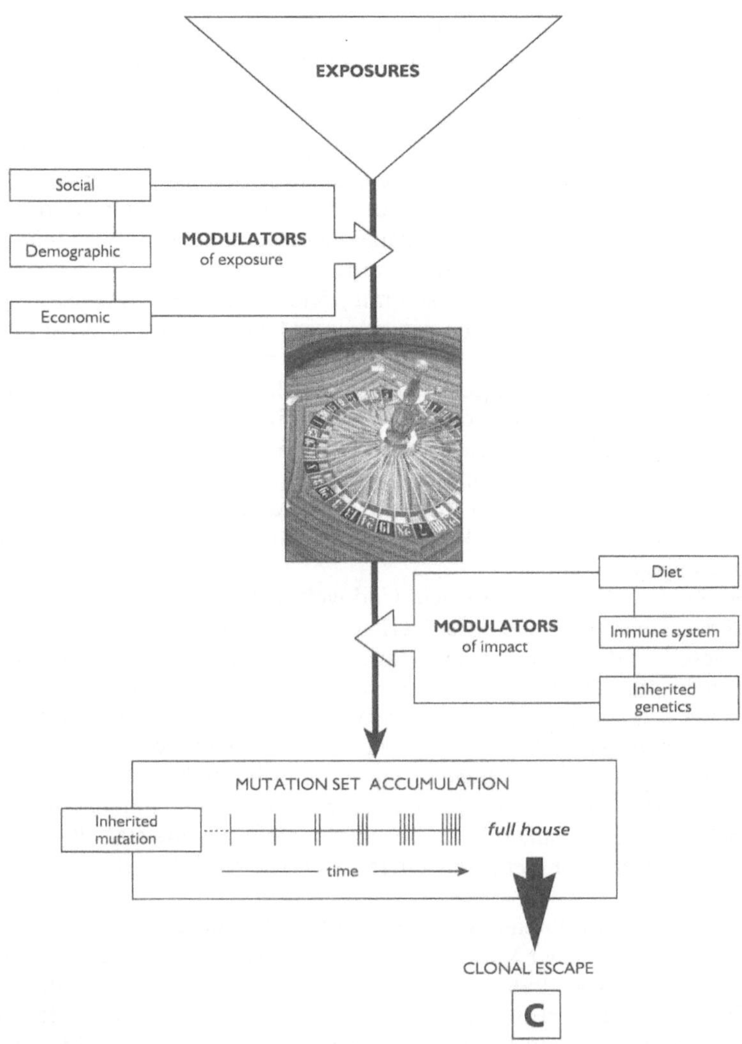

Abb. 23.1 Darstellung der verschiedenen, ineinandergreifenden Krebsrisikofaktoren.

Wenn wir uns nun in diesem Rahmen der Schlüsselfrage zuwenden, warum Krebs in der menschlichen Gesellschaft so häufig ist, – wenn auch in unterschiedlichen Ausprägungen und zeitlich und örtlich variierend – dann müssen wir die evolutionäre und historische Perspektive einnehmen. Die unmittelbar krebsauslösenden Mechanismen, wie Mutationen, genetische Rekombination und klonale Selektion von Zellen, sind allesamt Grundeigenschaften biologischer Systeme, die bereits über eine Milliarde Jahre, bevor es menschliche Gesellschaften gab, existierten. Die Evolution machte sich diese Mechanismen zunutze, um Vielfalt und ausreichende Plastizität hervorzubringen, an denen wiederum die Selektion angreift. In einer sich ständig ändernden Umwelt entsteht auf diese Weise ein breites

Spektrum einfacher bis sehr komplexer Organismen mit Überlebens- und Reproduktionserfolg. Gleichzeitig ist damit zwangsläufig ein inhärentes Risiko für Mutationen verbunden, die zu klonaler Emanzipation und Krebs führen können. Solange sich die negativen Auswirkungen erst im Anschluss an die reproduktive Lebensphase manifestieren, wirkt dem kein negativer Selektionsdruck entgegen.

Viele der bei der Krebsentstehung relevanten Risikofaktoren und Modulatoren entsprechen den negativen Seiten von ursprünglich vorteilhaften Merkmalen, die während der Tausende von Jahren dauernden Hominiden-Entwicklung von der natürlichen Selektion hervorgebracht wurden. Darunter befinden sich die Selektion für hormongesteuerte Fruchtbarkeit mit ständig stimuliertem Brust-, Eierstock-, Gebärmutter- und Prostatagewebe, ein gewisser Grad der Promiskuität (zumindest unter den Männern), helle Haut (aus welchem Grund auch immer) bei der nördlicheren Bevölkerung, die Neigung zu periodischen alkoholischen Bacchanalien, Energiespeicherung in Form von Fett, Langlebigkeit und nicht zuletzt eine unersättlich neugierige, risikofreudige, tüftlerische und unternehmerische Persönlichkeit. Wie immer in der Evolution bestimmen die aktuell herrschenden lokalen Verhältnissen das Ergebnis. Die Zukunft kann bei diesen Vorgängen nicht antizipiert werden und spielt daher keine Rolle – auf die aktuellen Verhältnisse und Zusammenhänge kommt es an.

Aber die Verhältnisse ändern sich. Und weit mehr als alle anderen Arten haben wir unsere Lebensräume und unser Verhalten verändert und beeinflusst.

Die Gesellschaftsstrukturen und Umweltbedingungen, die einst einen Selektionsvorteil für uns darstellten, haben sich nahezu unbemerkt gewandelt. Dagegen hat sich bei den Genen bemerkenswert wenig getan. *Homo sapiens* existiert erst seit insgesamt 10 000 Generationen, und erst 400 Generationen sind seit den einschneidenden landwirtschaftlichen und gesellschaftlichen Veränderungen der Jungsteinzeit (vor rund 10 000 Jahren) vergangen – in evolutionären Zeiträumen nicht mehr als ein Lidschlag. Viele der Sitten, die wir heute als selbstverständlich betrachten, sind erst vor wenigen Generationen während des 20. Jahrhunderts entstanden.

Sicherlich hat es während der vergangenen Jahrzehnte ebenfalls Selektion auf der Grundlage genetischer Variation gegeben. Darunter werden auch adaptiv neutrale Selektionen von Individuen gewesen sein, die während ihres Lebens schließlich neue Territorien gefunden und besiedelt haben und so zu den Gründern nachfolgender Generationen gehörten. Die natürliche Selektion wirkt *gegen* solche Individuen, die schädliche und sich frühzeitig negativ auswirkende Merkmale geerbt haben, und sie wirkt *für* solche Individuen, deren Immunsystem mit den verheerenden Angriffen von Plagegeistern aller Art fertig wird.

Der Genetiker und Mathematiker J.B.S. Haldane hatte sicher Recht mit seiner Vermutung, dass Infektionen die mächtigste selektive Kraft auf die menschliche Populationen ausgeübt haben. Andere Selektionskräfte mögen für die Veränderung von Allelfrequenzen verantwortlich sein. Zum Beispiel hatten diejenigen Individuen, die am wirksamsten pflanzliche Karzinogene entgiften konnten, einen Überlebensvorteil und konnten sich daher am erfolgreichsten fortpflanzen. Die natürliche Selektion könnte indirekt das später im Leben auftretende Krebsrisiko nur dann reduzieren, wenn das beteiligte Karzinogen bereits schädlich für den sich entwickelnden Fetus wäre. Insgesamt gesehen tragen diese Veränderungen jedoch nur wenig zur genetischen Anpassung an unsere gewandelten und teilweise exotisch anmutenden Lebensgewohnheiten und an die Belastung mit schädlichen Agenzien bei.

Man könnte nun annehmen, dass das Krebsproblem schon längst durch Darwinsche Selektionsmechanismen gelöst worden wäre, wenn unsere Gewebe und Zellen von der Evolution mit weniger wirkungsvollen Gegenmitteln gegen die Entartung einzelner Vorläuferzellen ausgestattet worden wäre und wenn Krebs selber eine akutere und schnellere Gesundheitsgefährdung darstellen würde. Aber genau das ist der Haken an der Sache: Die Evolution hat im großen und ganzen für dieses Problem bereits durchaus Sorge getragen, da sie die Vorteile klonaler Expansion sorgfältig zum Wohle des Reproduktionserfolges ausgenutzt und reguliert hat. Die damit einhergehende Gefahr von chronischen Krankheiten betrifft lediglich *Homo sapiens*, nachdem er eigenmächtig die Spielregeln geändert hat.

Unsere Zellen und Gewebe sind über Millionen von Jahren so konstruiert worden, dass sie sich gegen ein gewisses Ausmaß an Angriffen erwehren können. Bei chronischen, unter Umständen Jahrzehnte andauernden schädigenden Einflüssen gelangen sie jedoch irgendwann ihre Grenze. In diesen Fällen kann sich schließlich ein dominanter Zellklon entwickeln und ausbreiten. Verrückterweise sind es nun gerade die Fähigkeiten, die unseren Geweben Plastizität und Anpassung verleihen, die - sind sie erst durch Mutationen korrumpiert - den klonalen Ausreißern das Zugrunderichten des Körpers ermöglichen. Ein besonders bösartiger „Catch 22" also. Glücklicherweise oder unglücklicherweise – wie immer man das betrachten möchte – tritt diese Katastrophe üblicherweise erst ein, nachdem wir unsere primäre biologische Aufgabe (gemeint ist die Fortpflanzung) erfüllt haben. Da der Mensch über diese Lebensphase hinaus noch eine Weile weiter lebt, gibt er dem eigentlich Unwahrscheinlichen unter Umständen Zeit genug, sich zu entwickeln. Diese zerstörerischen Machenschaften sind für die natürliche Selektion unsichtbar. Die Natur interessiert sich einfach nicht für unsere Krebsprobleme.

Es ist bis hierher also deutlich geworden, dass das Ursachengeflecht des Krebses sowohl historisch als auch operational vielschichtig ist. Seine Komponenten sind Stück für Stück in Zeiträumen von einigen Jahrzehnten bis zu einigen Jahrmillionen entstanden und verkörpern das tief verwurzelte und umfangreiche Erbe des Gewinnertyps. Mit der Entstehung des Lebens erwarben Einzeller immer mehr vorteilhafte Merkmale, die konserviert und mit immer neuen adaptiven Tricks versehen wurden. Dann entstanden vielzellige Kreaturen; schließlich auch Säugetiere; hominide Primaten; steinzeitliche, feuerschürende Menschen; und erst vor kurzem legte der Mensch sein Fell ab, wurde zum umherziehenden Erfinder und Spielertyp. Und heute? Mensch als Schimäre – der Techniker, der feiste Pedant und sagenhafte Pilot; das Genie, das seine eigenen Gene klont, sich aber vor deren Launen nicht zu schützen weiß.

Krebs und auch viele andere Krankheiten sind aus evolutionärem Blickwinkel betrachtet eine unglaublich alte und komplexe Angelegenheit. Der Mensch hat seit jeher durch seine unersättliche Wissbegierde, Entdeckungsreisen und Änderungen der Ernährungsweise zur Etablierung seiner Krankheiten beigetragen. In gewisser Weise reflektieren alle unsere speziellen Leiden und besonders unsere „modernen", chronischen Störungen die Grenzen unserer körperlichen Konstitution und ein Missverhältnis zwischen unserer Biologie und unserer Lebensweise. Sie sind im Grunde verzögerte Resultate von vormals geschlossenen Kompromissen und Teil des natürlichen Systems aller Dinge, auch wenn wir noch so gerne glauben würden, dass wir bis hin zur Perfektion ausgestaltet wurden. Erst vor kurzem begann man, die großen Heimsuchungen der modernen Gesellschaften aus dem Blickwinkel der Evolution zu betrachten: Herzkreislauferkrankungen, Diabetes, Fettleibigkeit, neurodegenerative Störungen und neue oder wiederauflebende Infektionskrankheiten.

Der mit großem Weitblick ausgestattete Arzt Randolph Nesse und der herausragende Evolutionsbiologe George Williams gehören zu den bekanntesten und eloquentesten Vertretern dieser Forschungsrichtung und bezeichnen ihre spezielle Sicht auf Gesundheit und Krankheit als „Evolutionäre Medizin" bzw. „Darwinsche Medizin". In diesem Licht betrachtet sind die momentan in den westlichen Gesellschaften überwiegenden Krebsarten (Haut-, Dickdarm-, Prostata-, Brust- und Lungenkrebs) Teil einer ganzen Palette von chronischen, langsam voranschreitenden degenerativen Zuständen, die sich größtenteils erst im Anschluss an die fortpflanzungsaktive Lebensphase voll entfalten. Ihr derzeitiges Vorherrschen ist in hohem Maße darauf zurückzuführen, dass unser „moderner", postindustriell geprägter Lebensstil nicht mehr in Einklang steht mit unserer auf die Lebensumstände von vor 10 000 Jahren ausgerichteten, genetischen Konstitution. Diese prägt noch immer die menschliche Biologie und steuert vielfach das Verhalten. Aufgrund der rasanten Entwicklungen aber ist beides häufig nicht mehr zeitgemäß und bereitet gesundheitliche Probleme. Der Anthropologe S. Boyd Eaton beschreibt diese Situation mit einem anschaulichen Bild: Er bezeichnet den Menschen als Steinzeitwesen auf der Überholspur.

Der Mensch hat das 20. Jahrhundert geradezu im Laufschritt durcheilt. Mehr noch, der gesamte gesellschaftliche Prozess und seine „bösartigen" Konsequenzen wurden sogar noch einmal wiederholt, indem eingeborene Populationen ebenfalls zur Nachahmung unseres modernen Lebensstils überredet wurden. Natürlich profitierten sie zweifellos auch von diesen Entwicklungen, aber gleichzeitig brachten sie urbanisierten Schwarzafrikanern, kanadischen Inuit und anderen Volksgruppen eine erhöhte Lungen-, Dickdarm- und Brustkrebsrate ein.

Es wäre allerdings trotz des Ausmaßes der Krebserkrankungen zu einfach und zu kurzsichtig, Krebs ausschließlich als Produkt der momentanen, wohlhabenden westlichen Gesellschaften zu betrachten. Natürlich haben wir seit vielen hundert oder gar bereits einigen tausend Jahren durch Ernährungsänderungen einen Konflikt zwischen Verhalten und Biologie geschaffen. Das enorme Alter von Speiseröhren- und Magenkrebs gibt uns einen deutlichen Hinweis darauf. Andere Krebsarten wiederum (solche mit bakteriellem oder viralem Ursprung) reflektieren die beständige und wechselvolle Auseinandersetzung zwischen Mensch und Mikroorganismen, wobei die genauen Ergebnisse stark von demographischen Veränderungen, Populationsstrukturen und Mobilität abhängen. Nur ein kleiner Anteil der derzeitig auftretenden Krebsarten ist ausschließlich auf den technologischen Fortschritten des 20. Jahrhunderts zurückzuführen.

Im großen und ganzen begleitet der Krebs, der heute die westlichen und entwickelten Länder heimsucht, den Menschen in der einen oder anderen Form bereits seit Jahrhunderten. In der Moderne findet eine schnelle kommerzielle und gesellschaftliche Ausbreitung von Risikofaktoren statt, die wiederum Populationen treffen, deren Mitglieder sich inzwischen eines recht langen Lebens erfreuen – Resultat ist die Eskalation eines bereits lange bestehenden Missverhältnisses. Unser aufsehenerregender Fortschritt führt schwerwiegende Sanktionen im Gepäck; der Preis des Fortschrittes sozusagen. Dieser Preis ist jedoch nicht festgesetzt. Die Häufigkeit der verschiedenen Krebsarten variiert abhängig von den Vermögensverhältnissen. Auf der Habenseite können wir allerdings verbuchen, dass etwa 90 Prozent der Krebserkrankungen vermieden oder gestundet werden könnten.

Ich hoffe, der Leser stimmt mir darin zu, dass wir bis hierher eine sehr plausible Erklärung für die Verursachung von Krebs gefunden haben. Es ist nicht gerade die einfache Erklärung, die Susan Sontag erwartete, aber dennoch eine einheitliche und konsistente. Wir können nun also sagen: Nein, es ist nicht die Arbeit, nicht der Stress-erfüllte Lebensrhythmus, es sind nicht die Gene, nicht die Ernährung, auch nicht einfach nur Pech oder etwas, wofür man Gott verantwortlich machen kann. Vielmehr haben wir es mit einem vielschichtig gewebten Netz aus krebsauslösenden Faktoren und Modulatoren zu tun. Und im großen und ganzen ist dieses Netz das Konstrukt aus bereits lange währenden, evolutionären Wettbewerben und Problemlösungen, aus der Geschichte des Menschen und seiner gesellschaftlichen Entwicklungen. Es ist in den letzten Jahrhunderten und Jahrzehnten schließlich durch eine Reihe von kommerziellen und politischen Imperativen ausgeschmückt worden, und– last but not least – es ist durch und durch vom Zufall durchwoben.

Komplexe Ursachenverkettung

Erscheint es denn glaubhaft, dass so vielfältige Faktoren an der Verursachung von Krebs und an der Festlegung des Krebsrisikos beteiligt sein sollen? Es mag abwegig und absurd erscheinen und der Lebenserfahrung zuwiderlaufen. Techniker und Unfallforscher beispielsweise sind vertraut mit den chaotischen und hin und wieder auch etwas außergewöhnlichen Konsequenzen, die auf ein Zusammentreffen besonderer Umstände folgen können – historisch bedingte Konstruktionsgrenzen, ein festgesetztes Ventil, menschliches Versagen und purer Zufall. Sie kennen die nicht-linearen und manchmal sehr verschlungenen Beziehungen zwischen Ursachen und Wirkungen komplexer Systeme. Der Einfachheit halber sollten wir uns ein vergleichbares Beispiel aus dem nicht-medizinischen Bereich wählen: Das versehentliche Entfachen eines Feuers soll uns als Metapher dienen.

Seit die Wälder existieren, gibt es sporadisch auftretende Waldbrände, und zwar bereits Millionen Jahre bevor der Mensch begann, Wälder aufzuforsten oder zu zerstören. Feuerrodungen hatten vermutlich sogar einen positiven, regenerativen Effekt auf die Vegetation, den sich einige Pflanzen, wie etwa die Eukalyptusbäume, dauerhaft zunutze gemacht haben. Das pyrotechnische Talent des Menschen jedoch kann die ursächlichen Zusammenhänge und das Risiko deutlich modifizieren. Eine unachtsam weggeworfene Zigarette kann ein sehr wirkungsvoller Auslöser für ein Buschfeuer sein, wobei natürlich auch andere Brandauslöser, ob natürliche oder von Menschenhand hergestellte, denkbar sind. Das durch eine lokale Hitzequelle vermittelte Risiko oder dessen Auswirkungen werden beeinflusst und modifiziert von der Art der Vegetation, von der Jahreszeit, vorangegangenen Regen- oder Hitzeperioden und der herrschenden Windrichtung (so es überhaupt windig ist), von dem Vorhandensein oder dem Fehlen nicht entzündbarer Barrieren (beispielsweise einem Fluss) und vom Zeitpunkt der Entdeckung und Beginn der Bekämpfung. Im Grunde ist das seltene Ausbrechen eines wütenden Feuers also eine zufällige Anhäufung von aneinandergereihten Ereignissen, wobei die am unmittelbarsten erkennbaren Komponenten die vielfältigen und oftmals räumlich und zeitlich weit entfernten Aspekte verdecken.

Solche facettenreichen Kausalerklärungen mögen ermüdend wirken, bilden die Wirklichkeit jedoch zweifellos sinnvoll ab. Das Verständnis kausaler Zusammenhänge kann – zumindest im Falle versehentlich ausgelöster Brände – zu Strategien für die Reduzierung der Häufigkeit oder der Auswirkungen unerwünschter Ereignisse führen. Wenn wir also verstehen, wie die Aktivitäten von Zellen und Genen durch die natürliche Selektion herausgebildet wurden, dann können die Vielfalt der zum Krebsrisiko beitragenden Komponenten und die auf Wahrscheinlichkeiten beruhenden Vorgänge bei Krebs nicht mehr verwundern.

Innerhalb dieser höchst variablen Vorgänge existieren natürlich auch einige identifizierbare Hauptrisikofaktoren und molekulare und zelluläre Mechanismen, die die Evolution eines Krebsklons durch natürliche Selektion steuern. Bei der Entwicklung von bösartigen Tumoren ist also durchaus ein einheitlicher und sehr plausibler Mechanismus am Werke. Um den Prozess der Krebsentstehung zu durchdringen, müssen wir seine gesamte Komplexität erfassen und einkreisen und dabei gleichzeitig die Bedeutung der für die jeweilige Krebsart spezifischen Risikofaktoren und Modulatoren angemessen würdigen. Auf dieser Grundlage könnten dann innerhalb des dynamischen Ursachennetzes Ansatzpunkte für eine wirksame Therapie gefunden werden. Man muss sich allerdings darüber im klaren sein, dass man nicht losgelöst von der gesellschaftlichen Realität agieren kann: Akzeptanz durch die Gesellschaft, unveräußerliche Rechte, politisch Gebotenes und finanzielle Erwägungen werden immer eine Rolle spielen. Ich werde einige der möglichen Strategien, den Krebs zu bekämpfen, im letzten Teil dieses Buches diskutieren. Schon jetzt aber ist offensichtlich, dass es erfolgversprechender sein dürfte, einige unsere Gewohnheiten und gesellschaftlichen Strukturen zu ändern, als an unseren Genen herumzubasteln.

Weiterführende Literatur zu Teil 3

Allgemeines zu Krebsepidemiologie, -kausalketten und ätiologie

Adami H-O, Trichopoulos D, Hrsg (1998) Progress in Enigmas in Cancer Epidemiologie. Seminars in cancer biology, Vol. 8, No. 4

Doll R, Peto R (1981) The causes of cancer. Oxford University Press, Oxford.

Harvard report on cancer prevention (1996) Vol. 1: Causes of human cancer. Cancer Causes and Control 7 (suppl)

International Agency for Research on Cancer (IARC) Monographs on the evaluation of carcinogenic risks to humans. IARC, Lyon. (Dieser Band bietet eine große Anzahl von gründlichen und maßgeblichen Analysen und Risikoabschätzungen verschiedener biologischer, chemischer und physikalischer Stoffe, die bei der Krebsverursachung eine Rolle spielen könnten.)

Lewontin RC (1993) The doctrine of DNA biology as ideology. Penguin Books, London

Liechtenstein P, Holm NV, Verkasalo PK, Iliadou A, Kaprio J, Koskenvuo M et al. (2000) Environmental and heritable factors in the causation of cancer. N Eng J Med 343: 78-85

Parkin DM, Pisani P, Ferlay J (1999) Estimates of the worldwide incidence of 25 major cancers in 1990. Int J Cancer 80:827-41

Perera FP (1996) Uncovering new clues to cancer risk. Scientific American, May:54-62

Root-Bernstein (1993) Evolution and emergent properties. In: New frontiers in cancer causation (Iverson OH, Hrsg), pp 1-14. Taylor and Francis Publishers, Washington DC

Schottenfeld D, Fraumeni JF, Hrsg (1996) Cancer epidemiology and prevention. 2nd edition, Oxford University Press, New York

Taubes G (1995) Epidemiology faces its limits. Science 269:164-9

Tomatis L (1995) Socioeconomic factors and human cancer. Int J Cancer 62:21-5

Trichopoulos D, Petridou E, Lipworth L, Adami H-O (1997) In: Cancer: principles and practice of oncology (DeVita VT, Hellman S, Rosenberg SA). 5th edition, pp 231- 51. Lippincott-Raven Publishing, Philadelphia

Krebs und Alter

Balducci L, Lyman GH, Ershler WB, Hrsg (1998) Comprehensive geriatric oncology. Harwood Academic

Cohen HJ (1994) Biology of aging as related to cancer. Cancer 74:2092-210

Pennisi E (1996) Premature aging gene discovered. Science 272:193-4

Peto R, Roe FJC, Lee PN, Levy L, Clack J (1975) Cancer and ageing in mice and men. Br J Cancer 32: 411-26

Simpson AJG, Camargo AA (1998) Evolution and the inevitability of human cancer. Se Cancer Biol 8:439-46

Tollefsbol TO, Cohen HJ (1984) Werner's syndrome: an underdiagnosed disorder resembling premature aging. Age 7:75-88

Beherrschung des Feuers

Brink AS (1957) The spontaneous fire-controlling reactions of two chimpanzee smoking addicts. South African J Science, April:241-7

Frazer JG (1930) Myths of the origin of fire. Macmillan, London

Goudsblom J (1993) Fire and civilization. Allen Lane, Penguin Press, London

James SR (1989) Hominid use of fire in the lower and middle Pleistocene. Curr Anthropology 30:1-26

Perlès C (1997) Préhistoire du feu. Masson, Paris

Tabak und Lungenkrebs

BR Med J (die Ausgabe trägt den Titel: Towards a smoke free world), 5 August 2000, No. 7257

Count Corti (1931) A history of smoking (Übersetzung durch Paul England). G G Harrap Publishers, Bombay and Sydney. (Ein bemerkenswert gelehrtes, informatives und unterhaltendes Buch. Einige der in „And then you set fire to it" aufgeführten historischen Geschichten stammen ursprünglich hieraus.)

Denissenko MF, Pao A, Tang M, Pfeifer GP (1996) Preferential formation of benzo[a]pyrene adducts at lung cancer mutational hotspots in P53. Science 274:430-2

Doll R, Hill AB (1950) Smoking and carcinoma of the lung. Preliminary report. BMJ 2:739-48

Doll R, Peto R, Wheatley K, Gray R, Sutherland I (1994) Mortality in relation to smoking: 40 years' observations on male British doctors. BMJ 309:901-9

Erichsen-Brown C (1979) Medicinal and other uses of North American plants. A historical survey with special reference to the Eastern Indian Tribes. General Publishing Co., Toronto

Gao Y-T, Blot WJ, Zheng W, Ershow AG, Hsu CW, Lecin LI, et al. (1987) Lung cancer among Chinese women. Int J Cancer 40:604-9

Hecht SS (1999) Tobacco smoke carcinogens and lung cancer. J Natl Cancer Inst 91:1194-210

Hoffman FL (1931) Cancer and smoking habits. Ann Surg 93:50-67

James I (wiederaufgelegt 1954) A counter-blaste to tobacco. The Rodale Press, London. (ein wundervoll geschriebenes Pamphlet)

Johnson DH, Hrsg. (1977) Lung cancer. Seminars in Oncology, Vol.24(4)

Mackay J (1996) Tobacco: the third world war. Advice from General Sun Tzu. J Royal Coll Physicians 30:360-5

Peto R, Chen Z-M, Boreham J (1999) Tobacco – the growing epidemic. Nature Med 5:15-17

Proctor RN (1996) The anti-tobacco campaign of the Nazis: a little known aspect of public health in Germany, 1933-45. BMJ 313:1450-3

Redmond DG (1970) Tobacco and cancer: the first clinical report, 1761. N Engl J Med 282:18-23

Wynder EL, Graham EA (1950) Tobacco smoking as a possible etiologic factor in bronchogenic carcinoma. J Am Med Assoc 143:329-36

Informative Aufsätze über die Tabakindustrie und Krebs

Glantz S, Slade J, Bero LA, Hanauer P, Barnes DE (1996) The cigarette papers. California Press, Berkeley

Hilts PJ (1996) Smokescreen. The truth behind the tobacco industry cover-up. Addison-Wesley. Reading, MA

Kluger R (1996) Ashes to ashes. America's hundred-year cigarette war, the public health, and the unabashed triumph of Philip Morris. Knopf, New York

Brustkrebs

Colditz GA, Frazier AL (1995) Models of breast cancer show that risk is set by events of early life: prevention efforts must shift focus. Cancer Epidemiol, Biomarkers and Prevention 4:567-71

Couch FJ, Hartmann LC (1998) *BRCA1* testing – advances and retreates. J Am Med Assoc 279:955-6

DeMoulin D (1983) A short history of breast cancer. Kluwer Publishers, Dordrecht, The Netherlands. (eine exzellente Übersicht der historischen Thesen über Brustkrebs)

Eaton SB, Pike MC, Short RV, Hrsg. (1994) Women's reproductive cancers in evolutionary context. Quarterly Rev Biol 69:353-67. (eine Reihe von Reviews, die sich detailliert mit den evolutionären Aspekten des Brustkrebsrisikos, vorgelegt besonders von S Boyd Eaton und Lalcom Pike, beschäftigen)

Galdikas BMF, Wood JW (1990) Birth spacing patterns in humans and apes. Am J Physical Anthropol 83:185-91

Graham CE, Hrsg. (1981) Reproductive biology of the great apes. Academic Press, New York

Hankinson SE, Willett WC, Colditz GA, Hunter DJ, Michaud DS, Deroo B et al. (1998) Circulation concentrations of insulin-like growth factor-1 and risk of breast cancer. Lancet 351:1393-6

Henderson BE, Ross RK, Pike MC, Casagrande JT (1982) Endogenous hormones as a major factor in human cancer. Cancer Res 42:3232-9

Hulka BS, Stark AT (1995) Breast cancer: Cause and prevention. Lancet, 346:883-7

Jordan VC (1998) Designer estrogens. Scientific American, October: 36-43

Kagawa Y (1978) Impact of Westernization on the nutrition of Japanese: changes in physique, cancer, longevity and centenarians. Preventive Med 7:205-17

Kelsey JL, Hrsg. (1993) Breast cancer. Epidemiol Rev, Vol. 15 (No.1)

Konner M, Worthman C (1980) Nursing frequency, gonadal function, and birth spacing among !Kung hunter-gatherers. Science 207:788-91

Land CE (1995) Studies of cancer and radiation dose among atomic bomb survivors. The example of breast cancer. J Am Med Assoc 274:402-7

Light A, Saraf I (1997) Rachel's daughters. Light/Saraf Films (Video-Version), Vertrieb: Women Make Movies, New York, USA

Lipworth L (1995) Epidemiology of breast cancer. Eur J Cancer Prevention 4:7-30

MacMahon B, Cole P, Brown J (1973) Etiology of breast cancer: a review. J Natl Cancer Inst 50:21-42

Mezzetti M, La Vecchia C, Decarli A, Boyle P, Talamini R, Franceschi (1998) Population attributable risk for breast cancer: diet, nutrition, and physical exercise. J Natl Cancer Inst 90:389-94

Mustacchi P (1961) Ramazzini and Rigoni-Stern on parity and breast cancer. Arch Int Med 108:639-42

Pike MC, Krailo MD, Henderson BE, Casagrande JT, Hoel DG (1983) 'Hormonal' risk factors, 'breast tissue age' and the age-incidence of breast cancer. Nature 303:76-70

Risch HA, Weiss NS, Lyon H, Daling JR, Liff JM (1983) Events of reproductive life and the incidence of epithelial ovarian cancer. Am J Epidemiol 117:128-39

Shattuck-Eidens D, Oliphant A, McClure M, McBride C, Gupte J et al. (1997) *BRCA1* sequence analysis in women at high risk for susceptibility mutations. J Am Med Assoc 278:1242-50

Spencer Feigelson H, Mc Kean-Cowdin R, Coetzee GA, Stram DO, Kolonel LN, Henderson BE (2001) Building a multigenetic model of breast cancer susceptibility: *CYP17* and *HSD17B1* are two important candidates. Cancer Res 61:785-9

Stuart-Macadam P, Dettwyler KA (1996) Breast feeding. Biocultural perspectives. A de Gruyter Publishers, New York

Symmers WStC (1968) Carcinoma of breast in trans-sexual individuals after surgical and hormonal interference with the primary and secondary sex characteristics. BMJ 2:83-5

Szabo CI, King M-C (1997) Population genetics of *BRCA1* and *BRCA2*. Am J Hum Genet 60:1013-20

Tokunaga M, Land CE, Tokuoka S, Nishimori I, Soda M, Akiba S (1994) Incidence of female breast cancer among atomic bomb survivors, 1950-1985. Radiation Res 138:209.23

Yalom M (1997) A history of the breast. Alfred A Knopf, New York

Prostatakrebs

Bruce AW, Trachtenberg J, Hrsg. (1987) Adenocarcinoma of the prostate. Springer-Verlag, London

Cohen P (1998) Serum insulin-like growth facto-1 levels and prostate cancer risk – interpreting the evidence. J Natl Cancer Inst 90:876-9

Das S, Crawford ED, Hrsg. (1993) Cancer of the prostate. Marcel Dekker Inc, New York

Herbert JR, Hurley TG, Olendzki BC, Teas J, Ma Y, Hampl JS (1998) Nutritional and socioeconomic factors in relation to prostate cancer mortality: a cross-national study. J Natl Cancer Inst 90:1637-47

Karp JE, Chiarodo A, Brawley O, Kelloff GJ (1996) Prostate cancer prevention: investigational approaches and opportunities. Cancer Res 56:5547-56

Makridakis NM, Ross RK, Pike MC, Crocitto LE, Kolonel LN, Pearce CL, et al. (1999) Association of mis-sense substitution in *SRD5A2* gene with prostate cancer in African-American and Hispanic men in Los Angeles, USA. Lancet 354:975-8

Ross RK, Pike MC, Coetzee GA, Reichardt JKV, Yu MC, Feigelson H, et al. (1998) Androgen metabolism and prostate cancer: establishing a model of genetic susceptibility. Cancer Res 58:4497-504

Sakr WA, Haas GP, Cassin BF, Pontes JE, Crissman JD (1993) The frequency of carcinoma and intraepithelial neoplasia of the prostate in young male patients. J Urology 150:379-85

Sidney S, Quesenberry CP, Friedman GD, Tekawa IS (1997) Marijuana use and cancer incidence (California, United States). Cancer Causes and Control 8:722-8

Steele R, Lees REM, Kraus AS, Rao C (1971) Sexual factors in the epidemiology of cancer in the prostate. J Chron Dis 24:29-37

Gebärmutterkrebs und Humane Papillom-Viren

Bauer HM, Ting Y, Greer CE, Chambers JC, Tashiro CJ, Chimera J, Reingold A, et al. (1991) Genital human papillomavirus infection in female university students as determined by a PCR-based method. J Am Med Assoc 265:472-7

Brinton LA, Reeves WC, Brenes MM, Herrero R, Gaitan E, Tenorio F, et al. (1989) The male factor in the etiology of cervical cancer among sexually monogamous women. Int J Cancer 44:199-203

Cuzick J, Terry G, Ho L, Hollingworth T, Anderson M (1992) Human papillomavirus type 16 DNA in cervical smears as predictor of high-grade cervical cancer. Lancet 339:959-60

Ellis JRM, Keating PJ, Blaird J, Hounsell EF, Renouf DV, Rowe M, et al. (1995) The association of an HPV 16 oncogene variant with HLA-B7 has implications for vaccine design in cervical cancer. Nature Med 1:464-9

Morris JDH, Eddleston ALWF, Crook T (1995) Viral infection and cancer. Lancet 346:754-8

Shingleton HM, Orr JW, Hrsgs. (1995) Cancer of the cervix. JB Lippincott Co, Philadelphia

Thomas DB, Ray RM, Pardthaisong T, Chutivongse S, Koetsawang S, Silpisornkosol S, et al. (1996) Prostitution, condom use, and invasive squamous cell cervical cancer in Thailand. Am J Epidemiol 143:779-86

Infektiöse Mikroorganismen und Krebs

Gross L, Hrsg. (1983) Oncogenic viruses. 3rd edn. Pergamon Press, New York

Parsonnet J, Hrsg. (1999) Microbes and Malignancy. Oxford University Press, New York

Newton R, Beral V, Weiss RA, Hrsgs. (1999) Infections and human cancer. Cold Spring Harbor Laboratory Press. Cold Spring Habor

Scheiman JM, Cutler AF (1999) Heliobacter pylori and gastric cancer. Am J Med 106:222-6

Sonne, Hautfarbe und Krebs

Ariel IM, Hrsg. (1981) Malignant melanoma. Appleton-Century-Crofts, New York

Armstrong BK, Kricker A (1994) Cutaneous melanoma. In: Cancer surveys. Volume 19: Trends in cancer incidence and mortality. pp. 219-40. Imperial Cancer Research Fund, London.

Elwood JM, (1996) Melanoma and sun exposure. Sem Oncol 23:650-66

Harris CC (1996) Molecular epidemiology of basal cell carcinoma. J Natl Cancer Inst 88:315-17

Leffell DJ, Brash DE (1996) Sunlight and skin cancer. Scientific American, July:38-43

Pennisi E (1996) Gene linked to commonest cancer. Science 272:1583-4

Yarbro JW, Bornstein RS, Mastrangelo MJ, Hrsgs. (1996) Melanoma. Seminars in Oncology, Vol. 23, No. 6

Ernährung und Krebsrisiko

Block G (1992) The data support a role for antioxidants in reducing cancer risk. Nutrition rev 50:207-13

Blot WJ, Li J-Y, Taylor PR, Guo W, Dawsey S, Wang G-Q, et al. (1993) Nutrition intervention trials in Linxian, China: supplementation with specific vitamin/mineral combinations, cancer incidence, and disease-specific mortality in the general population. J Natl Cancer Inst 85:1483-92

Cheng KK, Day NE, Duffy SW, Lam TH, Fok M, Wong J (1992) Pickled vegetables in the aetiology of oesophageal cancer in Hong Kong Chinese. Lancet 339:1314-18

Correa P (1992) Human gastric carcinogenesis: a multistep and multifactorial process – first American Cancer Society Award lecture on cancer epidemiology and prevention. Cancer Res 52:6735-40

Eaton SB, Eaton III SB, Konner MJ (1997) Palaeolthic nutrition revisited: a twelve-year retrospective on its nature and implications. Eur J Clin Nutrition 51:207-16

Eaton SB, Konner MJ, Shostak M (1988) Stone agers in the fast lane: chronic degenerative diseases in evolutionary perspective. Am J Med 84:739-49

Food, nutrition and the prevention of cancer: a global perspective (1997). World Cancer Research Fund in association with the American Institute for Cancer Research

Frankel S, Gunnell DJ, Peters TJ, Maynard M, Davey Smith G (1998) Childhood energy intake and adult mortality from cancer: the Boyd Orr cohort study. BMJ 316:499-504

Kaplan HS, Tsuchitani PJ (1978) Cancer in China. Alan R Liss Publishers, New York

Milton K (1993) Diet and primate evolution. Scientific American, August:70-7

Munoz N, Day NE (1996) Esophageal cancer. In: Cancer epidemiology and prevention. 2nd edn., pp 681-706. Oxford University Press, New York

O'Dea K (1991) Traditional diet and food preferences of Australian Aboriginal hunter-gatherers. Phil Trans R Soc Lond B 334:233-41

Potter JD (1992) Reconciling the epidemiology, physiology, and molecular biology of colon cancer. J Am Med Assoc 268:1573-7

Potter JD, Slattery ML, Bostick RM, Gapstur SM (1993) Colon cancer: a review of the epidemiology. Epidemiologic Rev 15:499-545

Krebsrisiko durch berufs-, therapie- oder umweltbedingte Belastungen

Band P, Hrsg. (1990) Occupational cancer epidemiology. Springer-Verlag, Berlin

Bhatia S, Robinson LL, Oberlin O, Greenberg M, Bunin G, Fossati-Bellani F et al. (1996) Breast cancer and other second neoplasms after childhood Hodgkin's disease. N Engl J Med 334:745-51

Boice JD, Travis LB (1995) Body wars: effect of friendly fire (cancer therapy). J Natl Cancer Inst 87:705-6

Butlin HT (1892) Three lectures on cancer of the scrotum in chimney-sweeps and others. BMJ, 2 July:1-6

Caufield C (1989) Multiple exposures. Secker & Warburg, London

Doll R (1995) Hazards of ionising radiation: 100 years of observations on man. Br J Cancer 72:1339-49

Enderle GJ, Friedrich K (1995) East German uranium miners (Wismut) – exposure conditions and health consequences. Stem Cells 13 (suppl 1):78-89

Kossenko MM, Degteva MO, Vyushkova OV, Preston DL, Mabuchi K, Kozheurov VP (1997) Issues in the comparison of risk estimates for the population in the Techa river region and atomic bomb survivors. Radiation Res 148:54-63. Kommentare zu dieser Umweltkatastrophe sind zu finden bei Marshall E (1997) Science 275:1062 und Edwards SR (December 1997) New Scientist, p. 15

Leitch A (1924) Mule-spinners' cancer and mineral oils. BMJ, 22 Nov:941-4

London NJ, Farmery SM, Will EJ, Davison AM, Lodge JPA (1995) Risk of neoplasia in renal transplant patients. Lancet 346:403-6

Pearce N, Matos E, Vanio H, Boffetta P, Kogevinas M, Hrsgs. (1994) Occupational cancer in developing countries. IARC Scientific Publications, No. 129, Lyon

Peto J, Hodgson JT, Matthews FE, Jones JR (1995) Continuing increase in mesothelioma mortality in Britain. Lancet 345:535-9

Potts P (1775) Chirurgical observations relative to the cataract, the polypus of the nose, the cancer of the scrotum, the different kinds of ruptures, and the mortification of the toes and feet. Tracts 92. London.

Ramazzini B (1964) Disease of workers. Hafner Publishing Co., New York

Schull WJ, Hrsg. (1995) Effects of atomic radiation. Wiley-Liss, New York

Southam AH, Wilson SR (1922) Cancer of the scrotum. BMJ 18, Nov:971-3

Teil 4

Wie ist der Krebs zu überlisten?

Krebs ist nicht heilbar und wird es auch nie sein; die Menschheit aber möchte es gerne glauben.

(Gui Patin, Dekan der Pariser Medizinischen Fakultät, 1665)

In der Tat wurden bereits einige engagierte Anstrengungen (zur Krebsbekämpfung) unternommen ... wir brauchen nun aber neue, durchschlagende Ideen.

(R. Virchow, 1896)

Wie ich schon vor sieben Jahren festgestellt habe, muss das Ergebnis des jahrzehntelangen Kampfes gegen den Krebs also als Niederlage bezeichnet werden. Ich danke Ihnen.

(J. C. Bailar II beim Vice President's Cancer Panel Meeting, 1993)

Ich stelle also fest, dass wir dabei sind, den Kampf gegen den Krebs, zumindest in großen Bereichen, zu gewinnen.

(Sir Richard Doll, 1990)

Kapitel 24: Krebstherapie – Scharfschütze mit verbundenen Augen

Die bereits lange während Geschichte der Krebsbekämpfung berichtet von exotischen und bizarren Behandlungsmethoden, Scharlatanerie und beschämendem Versagen. Radikale, chirurgische Eingriffe standen jahrhundertelang im Wettstreit mit den weniger schmerzvollen und allerdings auch weniger wirkungsvollen Heilmitteln der Kräutersammler. Die Vergangenheit hat gezeigt, dass im Notfall, wenn guter Rat teuer ist, zu geradezu surrealen Methoden gegriffen wird:

> Hier ein Beispiel von einer Frau, deren Brustkrebs bereits so weit fortgeschritten war, dass er acht Löcher in das Gewebe gefressen hatte und die durch die folgende Behandlung geheilt werden konnte: Sie legte sich acht in Musselin-Säckchen gehüllte Frösche auf die Brust. Die Frösche hafteten sich augenblicklich klettengleich auf ihrer Haut fest. Nachdem sie sich vollkommen vollgesogen hatten, fielen sie unter heftigen Krämpfen ab, ohne dass der Frau das Aussaugen Schmerzen bereitet hatte. Diese Prozedur wurde wiederholt, bis insgesamt 20 Frösche sich auf diese Art und Weise vollgesogen hatten und daraufhin starben. Die Brust wurde nicht nur geheilt, sondern gelangte sogar wieder zu ihrer ursprünglichen Größe zurück.

(aus: Kook-Koeck en Recepte Boek, E.J.Dijkman, Cape Colony, 1905)

Die neuere Geschichte der Krebstherapie des 20. Jahrhunderts weist ähnlich phantastische Berichte von Wunderheilungen auf, die bis hin zu völliger Schwindelei reichen – ein beredtes Zeugnis sowohl für den Erfindungsreichtum als auch die Leichgläubigkeit des Menschen. Es ist sicherlich kein Zufall, dass diese Berichte nirgendwo so häufig zu finden sind wie in den USA. Gutgläubige und häufig verzweifelte Krebspatienten investierten Millionen von Dollar in bestimmte Behandlungen, nachdem sie sich von falschen und verbrecherischen Aussagen über deren Wirksamkeit oder bestenfalls von nicht erhärteten Einzelfallbeispielen täuschen ließen. Die amerikanische Verfassung schützt die Rechte des Individuums auf freie Wahlmöglichkeiten und billigt in ähnlicher Weise auch den Medien das Recht zur Verbreitung ihrer eigenen Theorien über Krebs zu. Vor der Zulassung neuer Medikamente durch die US Food and Drugs Administration (FDA) muss deren Wirksamkeit bewiesen werden. Dies soll Hersteller davon abhalten, wirkungslose oder gefährliche Heilmittel auf den Markt zu bringen. Aber es gibt natürlich immer ein Hintertürchen oder Versagen der Kontrollen. Ein wirklich infames Beispiel bilden die Krebsbehandlungen von Dr. William F. Koch in den 1940er und 1950er Jahren: Er injizierte seinen Krebspatienten reinstes, destilliertes Wasser für 300 Dollar pro Injektion. Koch entkam seiner gerichtlichen Verurteilung, da er sich rechtzeitig nach Brasilien absetzte, wo er schließlich seinen Lebensabend verbrachte.

Eine bizarrere, aber ähnlich skandalöse Falschmeldung wurde in den 1950er Jahren durch Henry Hoxsey verbreitet. In seinem Buch „You don't have to die" erfährt man, dass bereits 1840 sein Großvater das Geheimrezept für ein Kräutermittel entwickelt hatte. Dessen Pferd hatte sich nämlich von einem Tumor am Bein erholt, nachdem es auf einer Weide mit vielen unterschiedlichen Kräutern gegrast hatte. Das Gebräu enthielt die raue Rinde der Esche, rote Kleeblüten, Berberitzenwurzeln, Süßholz, Kermesbeeren, Luzerne, Kreuzdornrinde und die Wurzeln der Großen Klette. Alle Bestandteile wurden gemischt und in einem gebräuchlichen Abführmittel gelöst. Prost - Wohl bekomm's! Die FDA unterband schließlich die Aktivitäten in der amerikanischen Hoxsey-Klinik. Allerdings hatten Krebspatienten zu diesem Zeitpunkt bereits schätzungsweise 50 Millionen Dollar für diese Behandlungsmethode zum Fenster hinausgeworfen. Ein anderes vielfach zitiertes Beispiel ist das in den 1960er Jahren als „Krebiozen" verabreichte Gemisch aus Mineralöl und Laetril (ein Zyanid-haltiger Extrakt aus Aprikosenkernen).

Die Ironie dieser und vergleichbarer Fälle besteht darin, dass die Hersteller von wirkungslosen Heilmitteln häufig durch das Vertrauen der Patienten selbst bestärkt werden. Heute ist es Luigi Di Bella, der mit seinem krebsheilenden Gebräu die italienischen Politiker, Medien, Ärzte und Patienten in Aufruhr und Verzückung versetzt. Es gibt inzwischen eine überwältigende öffentliche Nachfrage nach diesem Mittel, nachdem einige angebliche Heilungserfolge bekannt geworden sind. Nach Angaben von Anhängern sollen diese bereits in die Tausende gehen. Klinische Studien mit diesem Mittel verschlangen einige Millionen Dollar, ergaben jedoch keine überzeugenden Beweise für eine heilende Wirkung. Di Bella hat nun angekündigt, seine Kritiker verklagen zu wollen.

Nicht hinter allen diesen Heilmitteln steckt eine betrügerische Absicht. Auch müssen sie nicht unbedingt schädlich oder nutzlos für die Steigerung der Lebensqualität sein. Sie signalisieren aber ganz deutlich, dass es offensichtlich so lange einen Bedarf an alternativen Heilmethoden geben wird, wie die konventionelle Medizin nicht mit überzeugenden Therapien aufwarten kann. Aber versagt sie denn überhaupt? Sicherlich erwarten wir inzwischen sehr viel von der medizinischen Forschung und zweifellos ist auch bereits einiges erreicht worden. Die Öffentlichkeit nimmt jedoch unterschiedliche Signale wahr: großes Versagen auf der einen Seite und übertriebene Meldungen von Durchbrüchen auf der anderen Seite. Was geht hier vor sich, und: könnte eine evolutionäre Sichtweise auf Krebs zu dieser Debatte beitragen?

Nicht ein Mangel an unermüdlichen und zuweilen gleichsam heroischen Versuchen bei der Krebsbekämpfung durch sowohl Onkologen als auch Patienten ist für das Vorherrschen von Krebs in unserer Gesellschaft verantwortlich. In den USA wurden seit den 1970er Jahren mehrere Milliarden Dollar in die Krebsforschung investiert. Dieser Feldzug gegen den Krebs wurde, vom amerikanischen Präsidenten unterstützt, mit viel Optimismus und glänzender Rhetorik in die Wege geleitet. Man verglich seine Bedeutung mit dem Manhattan-Projekt zur Entwicklung der ersten Atombomben oder der Mondlandung. Nach der ersten Ernüchterung wurde die Krebsforschung dann gelegentlich als „das Vietnam der

Medizin" bezeichnet. Unglücklicherweise waren die Voraussetzungen und der damalige Wissensstand noch sehr mangelhaft, was unrealistische Hoffnungen schürte und zwangsläufig zu Enttäuschungen und Skeptizismus führen musste. Der oben zitierte Ausspruch von Bailar, der inzwischen an der McGill University forscht und lehrt, reflektiert die weit verbreitete, aber nicht überall vertretene Ansicht, dass in den vergangenen Jahren nur geringer Fortschritt zu verzeichnen gewesen sei trotz erheblicher Anstrengungen und immensen finanziellen Aufwandes. Die Amerikaner nehmen solche Provokationen nicht eben teilnahmslos hin. Was aber sind die Fakten? Gibt es tatsächlich kein Vorankommen bei Behandlungsmethoden und Heilungsraten?

Teilweise muss man für die Konfusion wohl die Art und Weise der Präsentation klinischer Ergebnisse verantwortlich machen. Sterblichkeitsraten sind nicht unbedingt so einfach und eindeutig, wie man es auf den ersten Blick vermuten sollte. Die Aussicht auf Überleben oder Tod hängt natürlich mit der Wirksamkeit der Behandlung zusammen. Insgesamt aber wird der Anteil der Überlebenden und die Anzahl der nach Diagnose noch gelebten Jahre durch verschiedene diagnostische Variablen beeinflusst, wie beispielsweise durch Screening-Programme, die unauffällige Tumoren entdecken können. Die Todesrate steigt und sinkt zudem auch völlig unabhängig von Therapien und alleine aufgrund von Veränderungen der aktuellen Krebserkrankungen (was ein Einbeziehen diagnostischer Variablen verhindert). Diese Faktoren verzerren die Einschätzung von Behandlungserfolgen und -misserfolgen. Unter dem Strich ist das Auftreten einiger Krebsarten tatsächlich höher oder niedriger. Die Daten über die Häufigkeit einer bestimmten Krebsart werden durch Screening-Programme einerseits zwar verzerrt, andererseits erhöht eine Früherkennung aber die Überlebensaussichten. Und schließlich konnte ein Behandlungserfolg bei fortgeschrittenen, metastasierenden Tumoren nur in ausgewählten und wahrscheinlich biologisch sehr speziellen Fällen eindeutig belegt werden.

Zwar trifft es zu, dass – wie Bailar sagte – nur geringe Fortschritte bei der Reduzierung der allgemeinen Krebssterblichkeit zu verzeichnen sind, allerdings argumentierte Sir Richard Doll überzeugend, dass diese Statistiken häufig irreführend sind. Und das beruht nicht alleine auf den bereits oben erwähnten Schwierigkeiten der Datenerfassung. Unterzieht man laut Doll jede Krebsart einzeln einer genauen Prüfung, so ergibt sich ein weit positiveres Bild. Dies gilt besonders für die Gruppe der jüngeren Patienten, bei denen insgesamt die größten Fortschritte bei den Heilungserfolgen verzeichnet werden. Bei 14 Krebsarten war in Europa und den USA 1986-1987 die Sterblichkeit der 20 bis 44 Jahre alten Patienten und Patientinnen um mindestens 10 Prozent geringer als noch 1951 bis 1954. Britischen Statistiken der letzten Jahre zufolge konnte die Überlebensrate von Brustkrebspatientinnen inzwischen deutlich durch wirksamere Chemotherapien (darunter Tamoxifen) gesteigert werden.

Allerdings haben wir trotz dieser ermutigenden Mittelwerte in einigen Punkten noch immer Anlass zu Sorge. So variieren die Erfolge bei der Kontrolle und Bekämpfung der besonders vorherrschenden Krebsarten innerhalb und zwischen den westlichen Gesellschaften erheblich. Warum besitzen zum Beispiel Brustkrebspatientinnen in Schottland schlechtere Heilungsaussichten als ihre Leidensgenossinnen in Köln oder Chicago? Warum haben die nordamerikanischen

Indianerstämme unter allen ethnischen Gruppen die schlechtesten Chancen, eine Krebserkrankung zu überleben? Es gibt natürlich eine ganze Reihe von möglichen Erklärungen für diese Fragen, wahrscheinlich beruhen die Unterschiede aber auf Verfügbarkeit und Wirksamkeit von Screening-Programmen, Versorgung, Diagnosen und Behandlungsmethoden. Weitere Fortschritte bei der Krebstherapie könnten und sollten durch eine verbesserte Organisation und die Konzentration auf spezialisierte Zentren erreicht werden. Aber der Zugang zu optimaler medizinischer Versorgung sollte weder für Krebspatienten noch für andere Schwerkranke eine geographische oder soziale Lotterie sein, bei der die ärmeren und weniger gebildeten Patienten schlechtere Chancen besitzen.[1]

Bei der Bekämpfung bestimmten Krebsarten gibt es noch keine Fortschritte zu verzeichnen, einige werden sogar gerade in der jüngeren Bevölkerung eher häufiger und führen zu höherer Sterblichkeit. Bei letzteren handelt sich besonders um Bauchspeicheldrüsenkrebs, Speiseröhrenkrebs, Blasenkrebs und Melanome. Auch hier haben wir es mit paradoxen Beobachtungen zu tun. In den USA sterben heute mehr Menschen an Melanomen als jemals zuvor. Gleichzeitig hat es aber tatsächlich deutliche Verbesserungen bei der Früherkennung und chirurgischen Entfernung gegeben. In den 1950er Jahren überlebten von den Patienten mit früh erkannten Melanomen nur etwa 50 Prozent, heute sind es bereits 90 Prozent. Warum sterben dann heute insgesamt mehr Menschen an Melanomen? Die Erklärung ist sehr einfach: Inzwischen erkranken fünfmal mehr Menschen an schwarzem Hautkrebs als noch vor 50 Jahren. Therapeutische Maßnahmen greifen noch nicht wirksam genug.

Die Gründe für die verringerte Sterblichkeit bei anderen Krebsarten sind ebenfalls sehr gemischt. Nur ein Teil des Erfolges kann der verbesserten Behandlung durch wirksamere Chemotherapie zugeschrieben werden, die besonders bei Cho-

---

[1] Zweifellos haben in den westlichen Gesellschaften nicht alle Bürger gleichermaßen Zugang zu optimaler medizinischer Versorgung. Krebspatienten aus wirtschaftlich schwächeren Schichten weisen häufiger einen bereits relativ weit vorgeschrittenen Tumor auf. Dies deutet darauf hin, dass sie keinen optimalen Zugang zur Gesundheitsversorgung haben. Außerdem sind die Heilungsraten in den Krankhäusern sehr unterschiedlich – in höherem Maße als Gesundheitssystem und Regierungen das zugeben würden. Dies hat in erster Linie mit der Bereitstellung und Verteilung von spezialisierten Zentren zu tun und mit der Erfahrung, die notwendig ist, um lebensbedrohliche Krankheiten wirksam zu behandeln. Im Rahmen einer 1999 in den USA durchgeführten Untersuchung stellte sich heraus, dass Lehrkrankenhäuser mit entsprechender technischer Ausstattung und Ausbildung tatsächlich bessere Ergebnisse bei der Behandlung von Herzkreislauferkrankungen erzielten als andere Krankenhäuser. Interessanterweise ergab aber die parallel durchgeführte Befragung der Patienten, dass die Krankenhäuser ohne Lehrbetrieb eine bessere emotionale Betreuung boten. Diese Ergebnisse werden vermutlich niemanden überraschen, der mit der Struktur und Organisation des Gesundheitssystems in den USA oder Großbritannien vertraut ist. Auch der 1998 veröffentlichte Bericht des USA Institute of Medicine behandelt dieses Thema und beschäftigt sich mit seiner Bedeutung für die Verteilung von Forschungsgeldern und der erhöhten Krebsrate bei ethnischen Minderheiten und sozial Unterprivilegierten. Der Bericht ist auf der Webseite des Institute of Medicine veröffentlicht: http://nap.edu/reading_room.

riokarzinomen, Hodenkrebs, Kinderleukämien, Hodgkin-Syndrom und kindlichem Nierenkrebs Erleichterungen erbracht haben. Allerdings mögen die Fortschritte in diesen speziellen Fällen in erster Linie auf ganz besonderen biologischen Gründen beruhen, auf die ich in Kürze noch zu sprechen kommen werde. Der deutliche Rückgang der Sterblichkeit bei an Lungenkrebs erkrankten jungen Männern und bei Magenkrebs in Europa und den USA ist kein Verdienst der medizinischen Versorgung – vielmehr ist die Anzahl der Erkrankungen gesunken.

Für die niedrigere Lungenkrebsrate ist sicherlich der reduzierte Tabakkonsum der Männer verantwortlich. Veränderte Nahrungszubereitung und -lagerung kombiniert mit insgesamt gesünderer Ernährung haben zu einer verringerten Magenkrebsrate und vermutlich auch Darmkrebsrate beigetragen. Aber auch verbesserte Hygienebedingungen und das dadurch gesunkene Infektionsrisiko besonders während der ersten Lebensjahre konnten, wie bereits erwähnt, das Auftreten von Magenkrebserkrankungen reduzieren. Die Sterblichkeitsrate bei Gebärmutterhalskrebs ist seit den 1960er Jahren um etwa 50 Prozent gesunken, wobei allerdings gleichzeitig die Häufigkeit dieser Krebsart zugenommen hat. Die Erklärung hierfür ist insgesamt für unser Thema erhellend und stellt einen wichtige Präzedenzfall dar. Zwar können wir auch heute einen metastasierenden, bösartigen Gebärmutterhalskrebs nicht wirksamer behandeln als zuvor, routinemäßige, bevölkerungsweite Vorsorgeuntersuchungen durch den sogenannten PAP-Test ermöglichen jedoch inzwischen eine frühe Erkennung und Entfernung von Krebszellen.

Diese genaueren Analysen ermöglichen eine bessere Bewertung des Fortschrittes bei der Krebsbekämpfung. Daneben haben natürlich auch andere erfolgreiche Maßnahmen, wie frühe Diagnose, die Möglichkeit von Tumoraufnahmen, gezielte und gebündelte Strahlentherapie, gewebeerhaltende, rekonstruktive Chirurgie, therapieunterstützende Maßnahmen, Schmerztherapie und umfassende Beratungsmöglichkeiten zu einer insgesamt verbesserten Situation beigetragen. Die Behandlung, Versorgung und der Umgang mit Krebspatienten umfasst weit mehr als das Bekämpfen der Krebszellen. Eine Krebsdiagnose ist noch immer mit Ängsten verbunden, sollte aber zumindest in den wohlhabenderen Ländern den großen Schrecken der Vergangenheit verloren haben. Ehrlicherweise muss man allerdings zugeben, dass die Fortschritte bei Kontrolle und Bekämpfung der hauptsächlichen Erwachsenen-Krebsarten bestenfalls mäßig sind. Die Statistiken, was auch immer man aus ihnen herauslesen mag, sind für den einzelnen, betroffenen Patienten lediglich ein schwacher Trost. Wir haben noch einen weiten Weg vor uns.

Flucht durch natürliche Selektion

Werfen wir nun einen näheren Blick auf die Frage, warum Krebszellen offenbar den schweren Geschützen der Onkologen entgehen und durch den entscheidenden Flaschenhals entkommen. Wir werden sehen, es ist eine heilsame Lehre, und natürlich handelt sie wieder von den Darwinschen Selektionsmechanismen.

Krebs wird mit Hilfe von Chirurgie, Bestrahlung und Chemotherapie behandelt, beziehungsweise, um es mit den Worten des Zynikers auszudrücken, durch Schneiden, Verbrennen und Vergiften. Es ist eigentlich ein grausames Geschäft. Ist ein Tumor relativ klein, aber erkennbar und gut zu erreichen, kann er chirurgisch entfernt werden, so wie schon Leonides von Alexandria 180 v. Chr. es praktizierte, indem er Brustamputationen vornahm. Zweifellos kann in einigen Fällen schon das Herausschneiden des Tumors das Problem beheben. Genauso unbestritten ist aber, dass die Chirurgie regelmäßig bei der Krebsbekämpfung versagt. Besonders in Fällen, in denen der Tumor unter dem Messer des Chirurgen und dem mikroskopischen Auge des Pathologen als klar abgegrenzt erscheint, wiegt man sich unter Umständen zu schnell in falscher Sicherheit. Einzelne Krebszellen können unerkannt über diese scheinbare Grenze hinweg in das umgebende Gewebe oder auch an weiter entferntere Orte wandern. Zu Beginn ihrer Reise sind sie für traditionelle Untersuchungsmethoden unsichtbar und entgehen einer Entdeckung meistens auch bei sehr ausgeklügelten Ganzkörper-Fahndungen, die eine Auflösung von wenigen Kubikmillimetern besitzen. Um mit Hilfe solcher Untersuchungsmethoden einzelne Ausreißer zu erwischen, müssen diese bereits auf einen Zellklon von einer Million oder mehr Tochterzellen angewachsen sein. Krebszellen, die einzeln umherziehen oder nur eine geringe Anzahl an Nachkommen gebildet haben, können nur durch neuste, molekulare Methoden, die sich die krebszellspezifischen Mutationen als Erkennungsmerkmal zunutze machen, aufgespürt werden. Solche sensitiveren Verfahren sollten verstärkt in der Klinik Anwendung finden, da man mit ihnen gezielt nach Krebszellen in Geweben, Flüssigkeiten (Sputum, Blut, Urin) und Stuhl fahnden kann. Das wirkliche Problem der Krebsbekämpfung liegt in der zunächst nicht wahrnehmbaren Ausbreitung von Krebszellen innerhalb des Gewebes oder über Gewebegrenzen hinweg. Die Metastasierung geschieht häufig unbemerkt und zunächst symptomfrei, bevor Patient oder Arzt das Problem erkennen.

Hat sich ein Krebs erst bis zu diesem Stadium der territorialen Eroberung entwickelt, kann das Skalpell des Chirurgen nichts mehr ausrichten, und die vereinten Kräfte von Bestrahlung und Chemotherapie müssen nun in Aktion gebracht werden. Mit diesen beiden Behandlungsmethoden werden gezielt diejenigen Zellen abgetötet, die einen besonders aktiven Stoffwechsel aufweisen und sich sehr schnell teilen. Man benötigt keinen medizinischen Doktortitel, um zu erkennen, dass diese Methode sich nicht spezifisch gegen Krebszellen wendet, sondern vielmehr für den ganzen Körper toxisch ist. Man muss sich aber immer wieder ins Gedächtnis rufen, dass Krebs noch bis vor kurzem allgemein als unheilbar galt, bis aufkommende Therapiemethoden – Strahlentherapie zur Behandlung von Rachentumoren, Platinderivative bei Eierstock- und Hodenkrebs und Kombinationschemotherapie bei Kinderleukämien – diese Einschätzung zu relativieren begannen. Man darf die bemerkenswerten Erfolge durchaus als gewissen, beachtenswerten Triumph der modernen Medizin bezeichnen. Was wir aber wirklich dringend benötigen, ist eine erschöpfende Erklärung.

Warum sprechen einige metastasierende Tumoren sehr gut auf die Behandlung an, während andere – unglücklicherweise die Mehrheit – sich als äußerst widerstandsfähig erweisen? Warum lassen sich Krebserkrankungen von Kindern besser heilen als diejenigen von Erwachsenen? Die Antwort liegt in der Genetik und

Biologie dieser Krankheit begründet, denen man bis vor kurzem noch keine besondere Beachtung schenkte.

Wir wissen bereits, dass ein Krebsklon mit der Zeit ungeheure Mengen an Tochterzellen herstellen kann, dass er häufig genetisch instabil ist und einen defekten DNA-Reparatur-Mechanismus sowie ein verändertes Zelltod-Programm besitzt. Eine weitere, für die Bekämpfung entscheidende Eigenschaft besteht zudem in seiner außerordentlichen Heterogenität und Plastizität, was ihm Anpassungsfähigkeit an sich ändernde Außenbedingungen verleiht. Sobald also ein Tumor zu metastasieren beginnt, werden einige seiner sich verbreitenden Zellen den therapeutischen Interventionen entkommen können und im Anschluss erneut einen dominanten Krebsklon ausbilden. Wie sie das schaffen, ist heute kein Geheimnis mehr. Ihre Tricks sind inzwischen enthüllt.

Bevor wir uns nun mit den besonderen Tücken der Krebszellen beschäftigen wollen, sollten zuvor noch ein paar falsche Annahmen, die bislang die Grundlage für Therapieversuche boten, ausgeräumt werden. Bisher galt die Prämisse, dass Krebszellen schneller wachsen als normale Zellen. Das ist jedoch nicht immer der Fall. Unglücklicherweise hat diese Annahme zu der Entwicklung von systemischen Therapieformen geführt, bei der mit Hilfe von Bestrahlung und Chemotherapeutika alle sich schnell teilenden Zellen getötet werden sollen. Inzwischen hat sich aber herausgestellt, dass sich einige Krebszellen sogar außerordentlich langsam, dafür aber sehr ausdauernd teilen und auf diese Weise heimlich Dominanz erlangen. Das gilt beispielsweise für Prostatakrebs und eine Reihe anderer Krebsarten wie Lymphome und Brustkrebs. Krebszellen können sich als harmlos oder sogar schlafend tarnen und so den konventionellen Behandlungsmethoden entkommen. Diese Eigenschaften könnten während der Krebsentwicklung zufällig entstanden sein, wahrscheinlicher ist es jedoch, dass eine Darwinsche Taktik mit Selektion auf langsamen und schließlich zwangsläufigen Erfolg dahintersteckt.

Wir haben uns außerdem zu dem Glauben oder zumindest zu der Hoffnung verführen lassen, man könne einzelne Krebsarten, die sich in Stadien und Bösartigkeitsgrade einteilen lassen, klinisch als einheitliche Krankheit behandeln. Inzwischen hat sich jedoch herausgestellt, dass sie eine enorme molekulare Diversität aufweisen. Darüber hinaus haben klinische Studien ergeben, dass einzelne oder kombinierte molekulare Veränderungen besonders bei Leukämien, aber auch bei Brustkrebs wesentlich über den Erfolg der angewandten Therapie entscheiden können. Das Resultat einer den molekularen Verhältnissen gegenüber „blinden" Behandlung muss also notwendigerweise sehr unterschiedlich, im Grunde unvorhersagbar und letztlich enttäuschend ausfallen.

Betrachten wir als nächstes die Wirkungsweise von nicht-chirurgischen Behandlungsmethoden. Chemotherapeutika und Bestrahlung töten Krebszellen nicht, wie lange angenommen, unmittelbar durch Zerstörung der Zellstrukturen. Vielmehr schädigen sie die DNA so stark, dass das zelleigene Todesprogramm ausgelöst wird – nicht Mord, sondern Selbstmord also, obgleich natürlich herbeigeführt durch einen Angriff. Allerdings ist genau dieser Zelltod-Mechanismus bekanntermaßen bei Krebszellen bereits durch viele Mutationen, die entscheidend zur Krebsentwicklung beigetragen haben, ausgeschaltet. Eine so geartete Therapie muss also höchstwahrscheinlich versagen. Natürlich wird jede Krebszelle sterben, wenn man die chemotherapeutischen Medikamente oder die Strahlung nur hoch genug dosiert - das gilt dann aber auch für den Patienten.

Warum aber lassen sich bestimmte Krebserkrankungen dennoch mit Hilfe von Chemotherapie, ob in Kombination mit Strahlentherapie oder nicht, heilen? Ich habe bereits ausgeführt, dass die meisten der insgesamt nur wenigen tatsächlichen Erfolgsgeschichten der Krebstherapie – besonders Leukämien bei Kindern, aber auch Wilms-Tumoren, kindlicher Nierenkrebs, Hodgkin-Krankheit, Hodenteratome und Choriokarzinome bei jungen Erwachsenen – Ausnahmen darstellen, von denen man annimmt beziehungsweise weiß, dass sie von ganz speziellen Stammzelltypen herrühren und aufgrund ihres verkürzten Entwicklungsweges relativ früh klinisch diagnostiziert werden. Diese besonderen Stammzellen sind aus gewichtigen physiologischen und entwicklungsbiologischen Gründen sehr mobil, vermehrungsaktiv und weniger durch die Gewebearchitektur kontrolliert, dafür aber sehr sensibel für Apoptose und Differenzierung. Während ihrer Entwicklung reichen daher nur wenige Schritte aus, um bereits Symptome auszulösen und damit die Möglichkeit zu rechtzeitiger Diagnose und therapeutischer Intervention zu bieten. Diese Tumoren weisen nur wenige Mutationen auf (sagen wir vielleicht zwei) und sind genetisch stabil. Vielleicht kommen diese Tumorformen sogar vollkommen ohne Mutationen, die Zellwachstum oder Apoptose beeinflussen, aus. Ich könnte mir vorstellen, dass sie auch ohne Beteiligung von genetischen Veränderungen die Fähigkeit zu expansivem, invasivem Wachstum erreichen können. Diese Annahme widerspricht selbstverständlich bislang geltenden Thesen, die bereits den Charakter eines Paradigmas der Krebsbiologie angenommen haben. Jedenfalls liegt es in der Natur der erwähnten Krebsarten, dass sie besonders sensibel auf Therapeutika und Bestrahlung reagieren und daher im allgemeinen erfolgreich heilbar sind – immer unter der Voraussetzung natürlich, dass die Diagnose rechtzeitig gestellt werden konnte. Denn auch diese besonderen Krebszellen können unter sich verschärfenden Selektionsbedingungen überleben, vielfältige Mutationen anhäufen und sich schließlich zu einem hartnäckigen Krebs mausern, wenn man ihnen nur ausreichend Gelegenheit dazu lässt. Auf die Zeitspanne kommt es an.

Gute Nachrichten im Falle einiger Krebstypen also, allerdings muss man gerechterweise erwähnen, dass der therapeutische Erfolg sich nicht so mühelos einstellte, wie oben suggeriert. Die Interpretation der gut heilbaren Ausnahmen bietet uns gleichzeitig eine mögliche Erklärung dafür, warum wir nur schwer mit den meisten epithelialen Tumoren bei Erwachsenen fertig werden. Letztere entwickeln sich über weit längere Zeiträume hinweg und sind dabei in ihrem Gewebe besonders starken Kontrollen und Zwängen unterworfen. Um durch diesen Flaschenhals zu gelangen und expandieren und metastasieren zu können, müssen die Krebszellen augenscheinlich eine größere Zahl kooperierender Mutationen ansammeln. Diese erlauben es ihnen dann aber nicht nur, auszuwandern und sich in einer neuen Umgebung einzunisten, sondern wahrscheinlich auch – vielleicht als Nebeneffekt – therapeutische Angriffe unbeschadet zu überstehen.

Die in den meisten metastasierenden Tumoren von Erwachsenen ausgeschalteten Apoptose-Programme sind aber nicht das einzige Problem, mit dem eine erfolgreiche Therapiestrategie zu kämpfen hat. Krebszellen, deren Fähigkeit zur Erkennung und Reparatur von DNA-Schäden eingeschränkt ist (was wiederum deren Weiterentwicklung antreibt), widerstehen mit hoher Wahrscheinlichkeit auch Behandlungsformen, die genau auf diesen Mechanismus abzielen, also die Zelle durch DNA-Schädigung in den Selbstmord treiben wollen. Bis zu 50 Prozent der fortgeschrittenen, metastasierenden Tumoren haben Deletionen oder Mutationen im *p53*-Gen, die zum Verlust seiner normalen Funktion führen. Wie erwähnt ist das p53-Protein der zelluläre Schlüssel zum Erkennen von DNA-Veränderungen und zum Einleiten von Apoptose. Eine Chemotherapie könnte also eine beliebige, noch ruhende Zelle mit *p53*-Mutation geradezu vorantreiben, indem sie das geeignete selektive Umfeld bietet, in dem nur eine Mutante überleben, seine Konkurrenten im Wachstum übervorteilen und so zum dominanten Klon werden kann. Das erklärt auch, warum eine diagnostizierte p53-Fehlfunktion meist mit einer ungeünstigen Prognose verbunden ist.

Eine Therapie kann die allgemeinen Bedingungen sogar noch verschlechtern, wenn sie weitere Mutationen auslöst. Krebszellen überleben unter Umständen auch schwerwiegende Mutationen, da sie nicht mehr zu Apoptose in der Lage sind. Im Gegensatz dazu besitzen die oben erwähnten therapiesensiblen und heilbaren Krebsarten nur selten *p53*-Mutationen, was vermutlich mit fehlendem Selektionsdruck auf dieses „Merkmal" zusammenhängt.

Unnatürliche Selektion

Zusätzlich zu diesen Schwierigkeiten, bereitet nun auch noch eine „klassische" Medikamentenresistenz weitere Probleme. Krebspharmakologen hatten lange Zeit angenommen, dies sei die einzige oder zumindest die hauptsächliche Hürde bei der Krebstherapie. Hier bekommen wir es nun mit der versammelten Wucht der Selektion zu tun, wobei es sich strenggenommen nicht um natürliche Selektion, sondern um künstliche, durch therapeutische Intervention vermittelte Selektionsbedingungen handelt – eine jedenfalls äußerst wirkungsvolle Selektionskraft. Je mehr Zellen ein metastasierender Tumor enthält (sagen wir 10^{12} Zellen, was einem Kilogramm entspricht) und je mehr genetische Veränderungen und Diversifikationen bereits stattgefunden haben, desto höher ist die Wahrscheinlichkeit, dass bereits vor Beginn der Behandlung ruhende, medikamentenresistente Zellen existieren. Viele Krebsmittel sind synthetische oder halbsynthetische Kopien natürlicher Substanzen oder sogenannte Xenobiotika, die von Bakterien, Pilzen oder Pflanzen stammen, also im Grunde natürlich vorkommende Gifte. Natürlich haben aber tierische Zellen (und so auch unsere menschlichen Zellen) bereits vor langer Zeit Tricks erfunden, um mit Hilfe verschiedener, zusammenwirkender Moleküle diese mikrobiellen oder pflanzlichen Substanzen zu neutralisieren, enzymatisch abzubauen oder zu detoxifizieren.

Wenn sich ein Krebsmedikament an die Arbeit macht, muss es zunächst irgendwie versuchen, diese zellulären Abwehrmoleküle abzusättigen oder zu überwältigen. Vorausgesetzt die Krebszellen sind ausreichend zahlreich und genetisch verschieden (was üblicherweise bei metastasierenden Tumoren der Fall ist), dann ist es statistisch extrem wahrscheinlich, dass mindestens eine der Zellen durch Mutationen bereits seine Abwehrmechanismen verbessert hat. In diesem

Falle bietet ihr die Behandlung die günstige Gelegenheit und den notwendigen Selektionsdruck, die Dezimierung der anderen Krebszellen zu überleben und den entstandenen Freiraum zu besiedeln. Sie überwindet so den entscheidenden Flaschenhals und bildet den neuen, dominanten Subklon.

Der hier ablaufende Selektionsprozess ist vergleichbar mit der Entwicklung von Insektizidresistenzen bei Insekten. Es sind sogar die gleichen Tricks der Mutanten im Spiel: Beispielsweise haben beide eine erhöhte Anzahl von Genen, die detoxifizierende Enzyme kodieren. Aufkommende Resistenz gegen einzelne Chemotherapeutika läuft also nach diesem Selektionsmechanismus ab. Dies gilt auch für die Behandlung von Brust- und Prostatakrebs mit Anti-Östrogenen bzw. Anti-Androgenen. Daher ist es nun auch nachvollziehbar, warum diese Krebszellen es schaffen, sich bei ihrer Vermehrung unabhängig von Hormonstimuli zu machen.

Lange galt die Regel, man solle zur Vermeidung von auf Mutationen beruhenden Resistenzen die Medikamente wechseln (wie bei Antibiotika) oder Kombinationspräparate verwenden. Die erfolgreiche Behandlung von fortgeschrittenen Krebserkrankungen wurde tatsächlich in erster Linie durch den Einsatz von kombinierten Wirkstoffen erzielt. Es ist unwahrscheinlich, dass eine mutierte Zelle den versammelten Angriff von vielfältigen, verschiedenen Drogen, die über unterschiedliche Wege und in unterschiedlichen Konzentrationen alle letztlich den Zelltod induzieren, überlebt. Aber natürlich gibt es auch einen Haken. Fast alle in der Krebstherapie verwendeten Medikamente benötigen, nachdem sie ins Blut gelangt sind, Zellpumpen, um ins Innere von Zellen zu gelangen. Diese chemisch aufgebauten Pumpen haben eine lange evolutionäre Vergangenheit, durchziehen Zellmembranen und regulieren sowohl den Eintritt als auch den Austritt zahlreicher unterschiedlicher Substanzen. Unsere Zellen verwenden nun evolutionär konservierte Mechanismen, darunter Proteinpumpen und Poren, um solche, in der Krebstherapie verwendeten Substanzen aus der Zelle hinauszubefördern. Obwohl die Wirkstoffe ganz unterschiedliche chemische Zusammensetzungen besitzen, werden sie dennoch alle von den gleichen Zellstrukturen erkannt und durch den gleichen Ausgang hinausgeleitet. Diese uralten Systeme erlauben den Zellen einen kontrollierten Austausch mit ihrer toxischen Mikroumwelt. In diesem Zusammenhang werden die Krebsmittel als Teil der giftigen, natürlichen Außenwelt identifiziert und durch ein nicht sehr ausgefeiltes oder selektives Schleusentor ausgeschwemmt. Unglücklicherweise bietet dieses System einer mutierten Zelle die Gelegenheit, in nur einem Schritt Resistenz gegen viele verschiedene Medikamente zu erwerben. Dies gelingt, indem das entsprechende Pumpen-Gen mehr Proteine herstellt, was den Ausstrom insgesamt steigert und der Zelle sowie ihren Nachkommen eine Resistenz gegen zahlreiche Medikamente verleiht.

Alle diese „Ausreißmöglichkeiten" einer Krebszelle werden dadurch unterstützt, dass diejenige Zelle, die den vielfältigen Bekämpfungsmaßnahmen widersteht, von der Dezimierung ihrer Nachbarzellen zusätzlich profitiert. So entsteht ausreichender Raum für eigennützige Ausbreitung, ähnlich wie nach natürlichen Umweltkatastrophen (Waldbrände, Fluten, Asteroideneinschlägen).

Neben Genmutationen und Genamplifikationen, dürften auch andere Mechanismen eine wichtige Rolle bei der Entstehung solcher Medikamentenresistenzen spielen. Die Expression der Zellpumpen variiert stark in unterschiedlichen Geweben. Die Blutzellen innerhalb des Zentralnervensystems etwa sind in dieser Hinsicht sehr gut versorgt. Dies ist sicherlich auf ihre Funktion als Kontrolleure der Blut-Hirn-Schranke, die unser lebenswichtiges Organ vor toxischen Substanzen schützen soll, zurückzuführen. Das gleiche trifft auch auf die physische Barriere der Sertoli-Zellen zu, die die im Hoden liegenden Stammzellen vor Giftstoffen aus dem Blut schützen soll. Zellen der Nieren, der Nebennierenrinde, der Bauschspeicheldrüse und die Blutstammzellen sind ebenfalls allesamt reichlich mit Pumpen-Proteinen ausgestattet. Das mag erklären, warum Tumoren, die von solchen Zellen abstammen, sich häufig schon in relativ frühem Stadium als resistent erweisen. (Das bedeutet, dass sich hier nicht eine einzelne Mutante durchschlägt, sondern die Chemotherapie von vornherein für die meisten Krebszellen wirkungslos ist.)

Meine Ausführungen erscheinen vermutlich zunehmend entmutigend, aber es gibt noch einen letzten Grund für das häufige Versagen von kombinierter Chemo- und Strahlentherapie. Dieser hat mit den Schwierigkeiten beim Erreichen des Wirkortes zu tun. Zur effizienten Abtötung von Zellen durch Strahlung muss ausreichend Sauerstoff im Tumor vorhanden sein. Wirkstoffe können in geeigneter Konzentration nur dann zu allen Krebszellen transportiert werden, wenn das Zielgewebe gut mit Blutgefäßen versorgt ist. Wie bereits erwähnt induzieren Tumoren ab einem gewissen Entwicklungsstadium üblicherweise die Bildung von Blutgefäßen, die die Versorgung mit Sauerstoff und Nährstoffen sicherstellen. Inzwischen kann man dieses häufig sehr dichte und ausgedehnte Adernetz, das den wachsenden Tumor sowie auch dessen Metastasen umgibt und durchzieht, sichtbar machen. Neuere Untersuchungen mit Hilfe von sogenanntem „Microbubble"-Ultraschall und fraktaler Bildanalyse ergaben jedoch, dass dieses Kapillarsystem nicht so ausgeprägt ist, wie zuvor vermutet. Offenbar durchzieht den Tumor kein symmetrisches, feinverästeltes Netz von Kapillaren. Vielmehr scheinen die neuen Gefäße eher wahllos zu wachsen, so dass einige Bereiche des Tumors besonders gut, andere jedoch nahezu unversorgt bleiben. In den abseits gelegenen Bereichen herrscht folglich akute Sauerstoffnot, die viele der Krebszellen absterben lässt und gleichzeitig einen Selektionsdruck zur Ausprägung entsprechender, überlebensfähiger Mutationen aufbaut. Ausgerechnet in diesen schlecht durchbluteten Tumorbereichen sind die therapeutischen Maßnahmen am wenigsten wirksam – ein zugegebenermaßen unfairer Wettkampf.

Die erfolgreiche Therapie von evolvierenden und expandieren Tumoren wird also erheblich durch natürliche Selektionsmechanismen erschwert. Das Ausmaß dieser Schwierigkeiten offenbarte sich erst mit der Entdeckung mutierter Gene und der Aufklärung der bei der Krebsentwicklung herrschenden Mechanismen. Jetzt, wo wir die genetischen und evolutionären Spielregeln der Krebszellen besser durchschauen, können wir auch nachvollziehen, warum metastasierende Tumoren sich meistens nicht mit Hilfe von Chemotherapien heilen lassen. Einigen mutierte Zellen gelingt es, auch diesen engsten aller Flaschenhälse zu durchwandern. Sie hegen dabei keine bewusst bösartigen Absichten – es handelt sich schlicht um das „Überleben des Tüchtigeren".

Welche praktischen Lehren können wir daraus ableiten? Einige Onkologen setzen auf noch stärkere Medikamentenkombinationen beziehungsweise, wie Paul Ehrlich es bereits vor fast einem Jahrhundert in Bezug auf mikrobielle Infektionen ausdrückte, auf eine „frühe und heftige" Bekämpfung. In den USA wird diese

Strategie als „up-front, mega-dose"-Therapie bezeichnet. Den Krebszellen soll auf diese Weise, unabhängig von ihren ausreißerischen, mutierten Eigenschaften, kein Raum zum Verstecken überlassen werden. Einigen noch in ferner Zukunft liegenden Verheißungen zufolge könnte die Transplantation von Blutstammzellen einst dieser Therapiestrategie zum Erfolg verhelfen. Die Stammzellen würden dabei vor der Transplantation gentechnisch resistent gegen die eingesetzten Chemotherapeutika gemacht. Dazu müsste es allerdings zunächst gelingen, neue Blutstammzellen aus Patientengewebe (beispielsweise mit Hilfe von Haut-Zellkernen) zu gewinnen, etwa mit einem der „Dolly-Methode" vergleichbaren Verfahren. Diese technisch beeindruckenden, molekularen Methoden bieten uns jedoch keine wirklich neuen Therapieansätze. Im Grunde bemühen sie sich in erster Linie darum, den Patienten vor den potentiell tödlichen Konsequenzen einer sehr intensiven, altmodischen Chemotherapie zu schützen, indem sie die bei der Therapie zerstörten, aber lebenswichtigen Blutstammzellen ersetzen.

Traurige Verhältnisse eigentlich, auch wenn es bereits einige Erfolge bei der Anwendung von Hochdosistherapie kombiniert mit Knochenmarkstransplantation bei Leukämiepatienten zu verzeichnen gibt. Vielleicht kann diese Methode demnächst auch bei anderen Krebsarten angewendet werden. Aber das Zell-Trauma und die therapiebegleitenden Schädigungen, die bei der großflächigen und brutalen Zerstörung von Tumorzellen entstehen, sind vermutlich beträchtlich, und es gibt eigentlich keinen zwingenden Grund dafür anzunehmen, dass diese Taktik ihr gesetztes Ziel erreicht. Eine andere Gruppe von Wissenschaftlern, denen ich mich zurechne, glaubt, dass wir bereits zu lange und einfach blindlings einen ganz falschen Weg gegangen sind, der als zentrale Strategie heute nicht mehr aufrechtzuerhalten ist. Natürlich würde ich als Krebspatient ebenfalls erwarten, dass mir die Therapie zuteil wird, die sich als die wirksamste und aussichtsreichste Behandlungsmethode erwiesen hat, selbst wenn sie im Grunde toxisch und von erheblichen Nebenwirkungen begleitet ist. Als nur potentieller Krebspatient erwarte ich jedoch gemeinsam mit den vielen anderen, dass sich die Therapiemöglichkeiten weiterentwickeln – und vielleicht eben auch radikal. Es ist inzwischen allgemein anerkannt, dass wir zur Entwicklung einer erfolgreichen Krebstherapie versuchen müssen, an den biologischen Mechanismen der Krebsentstehung anzusetzen, um sie für therapeutische Zwecke auszunutzen. Am besten ist es natürlich immer noch, man erwischt den Tumor früh genug, bevor er sich auf den Weg macht.

Kapitel 25: Epilog: Krebs im 21. Jahrhundert

Sobald die Gründe für diese Unterschiede (der Krebsraten) identifiziert und kontrolliert sind, werden wir in der Lage sein, die altersspezifische Krebshäufigkeit um etwa 80 bis 90 Prozent zu reduzieren. Und bereits die Hälfte davon könnte erreicht werden, indem wir unser heute bereits gesichertes Wissen einsetzten.

(Sir Richard Doll, 1996)

Das evolutionäre und historische Bild, das ich bis hierher gezeichnet habe, könnte den Eindruck einer fatalistischen Grundhaltung der Unausweichlichkeit und Resignation vermitteln. Da ich aber, wie im übrigen auch die meisten anderen Krebsforscher (zugegebenermaßen alles unverbesserliche Optimisten), nicht so pessimistisch denke, möchte ich abschließend noch ein paar Ausblicke wagen. Von einer höheren Ebene aus betrachtet, ist Krebs in gewisser Weise unvermeidlich. Die genaue Höhe der Ebene wird wiederum durch gesellschaftliche Variablen bestimmt. Wenn wir die Taktik der Krebszellen verstehen, haben wir den Kampf bereits halb gewonnen, da wir den Krebs dann intelligenter bekämpfen oder die gesellschaftlich bedingten Risikofaktoren vermeiden können – oder sogar beides gleichzeitig versuchen können. Natürlich sollten wir am besten beides versuchen, wobei man aber klug wählen und Prioritäten setzen muss. Es wird keine „Wunderpille" oder ähnliches gegen Krebs geben. Die Politiker sollten endlich erkennen, dass das Krebsproblem größere Herausforderungen birgt als bisher der Bau der Atombombe oder die erste Mondlandung. Im Falle des Krebses haben wir es mit den Ergebnissen von Millionen von Jahren natürlicher Evolution zu tun, mit denen wir durch geänderte Verhaltensweisen zunehmend in Konflikt geraten.

Hohe Erwartungen

Wie können wir also das neue biologische Wissen nutzen? Dazu gibt es verschiedene hoffnungsvolle Ansätze, von denen einige tatsächlich bereits in ersten klinischen Studien getestet werden. Zur Zeit herrscht eine große Zuversicht, dass einige der neuen molekularen Strategien sich als erfolgreich erweisen werden. Unternehmer und die Biotechnologie-Branche sehen bereits die Dollarzeichen aufleuchten. Und kommerzielle Interessen in diesem Bereich müssen nicht unbedingt negativ sein, vorausgesetzt die Preise der Therapeutika werden schließlich erschwinglich sein, wenn sie einst auf den Markt kommen.

Werden wir aber tatsächlich von den Erfolgen profitieren können? Lewontin, Cairns und andere Kritiker der molekularbiologischen Ansätze, die sich mit der Entwicklung und Herstellung von Krebsmedikamenten befassen, warnen vor zu hohen Erwartungen. Die von den Medien vermittelte Euphorie und die zu Recht von der molekularen Krebstherapie und Gentherapie allgemein geweckten Hoffnungen könnten leicht in resignierenden oder zynischen Pessimismus umschlagen. Haben wir das alles nicht schon einmal gehört? Es steht so viel auf dem Spiel, dass voreilige oder übertriebene Ankündigungen, die die Aktienkurse beflügeln und persönliches Prestige und das Ansehen von Institutionen verstärken sollen, unausweichlich sind. Alle lechzen nach guten Neuigkeiten, aber es wäre grotesk, Krebspatienten vorzugaukeln, die Lösung ihrer Probleme sei bereits in greifbarer Nähe. In gewisser Weise könnte die Täuschung sogar schlimmer sein, da der Genetik und Molekularbiologie unglaublich viel zugetraut wird und diese beiden Disziplinen gleichzeitig für die meisten Menschen unzugängliche Wissensgebiete darstellen.

Auf der anderen Seite: Wen kümmert es schon, wenn ein paar Unternehmer ihr Geld verlieren? Investitionen treiben zweifellos die außerordentlichen technologischen Fortschritte voran, die vielleicht demnächst tatsächlich zur Entwicklung molekularer Therapien führen werden. Unter den Biotechnologie-Unternehmen könnten dereinst ein paar Gewinner sein. Regierungen und medizinische Wohlfahrtsorganisationen alleine verfügen nicht über ausreichende Mittel, um in dem notwendigen Umfange zu forschen, und es gibt weltweit nur wenige akademische Krebsforschungszentren, die über die notwendigen Fertigkeiten und ausreichende finanzielle Mittel verfügen, um den gestellten Herausforderungen erfolgreich zu begegnen. Und was sollte Otto Normalverbraucher inzwischen machen? Nüchterne Überlegungen auf der einen Seite und Zukunftsvisionen auf der anderen Seite stehen im Widerstreit. Es gibt reale Hoffnungen und es gibt noch wirkliche Probleme, und es ist nicht das Anliegen dieses Buches, tiefer in diesen Diskurs einzudringen. Insgesamt betrachtet muss man feststellen, dass die biologischen Mechanismen der Krebsentstehung uns noch vor große Herausforderungen bei der wirkungsvollen Bekämpfung stellen werden.

Molekulare Horoskope?

Voraussichtlich werden schon bald sensitive und spezifische Screening-Methoden zur Verfügung stehen, mit denen Hochrisikogruppen (beispielsweise bei familiärem Brust-, Dickdarm- oder Prostatakrebs) auf bereits bekannte, vererbbare Krebsgene untersucht werden können. Das Wissen, nicht von einer krebsassoziierten Genmutation betroffen zu sein, ist wichtig und wird noch hilfreicher sein, sobald wir uns sicher sind, das vollständige Inventar krebsauslösender Gene zu kennen. Besitzt man aber tatsächlich eine krebsrelevante Genmutation, so besteht heute eine gute Chance, dass frühe Diagnose, chirurgische Intervention und vielleicht auch eine spezielle Diät und hormonelle Prophylaxe (bei Brustkrebs) den Krebs nicht zum Ausbruch kommen lassen. Personen mit genetisch bestätigter, familiärer Krebsbelastung können eine Weitervererbung an ihre Nachkommen vermeiden, indem sie entweder ganz auf eigene Kinder verzichten oder aber durch *in vitro*-Fertilisation (IVF) und molekulargenetische Analyse der Embryonen gezielt mutationsfreie Kinder zeugen. Wie bei vielen anderen ererbten Genmutationen, die potentiell tödliche Konsequenzen im späteren Leben haben können, gibt es auch bei der Analyse von Krebsgenen einige wichtige Punkte zu bedenken: nicht zuletzt die Logistik des Screenings selbst, Risikofeststellung und anschließende Überwachung, Behandlungsmöglichkeiten - und die Interessen der Versicherer. Es ist ein wenig beunruhigend, dass einige Biotechnologie-Unternehmen Anstalten machen, auf den potentiell lukrativen Markt des genetischen Screenings zu drängen, obwohl wir die notwendigen rechtlichen Grundlagen noch nicht geschaffen haben.

Auch bei der Mehrheit der erst im Erwachsenenalter auftretenden Krebsarten, bei denen keine ererbten Gene beteiligt sind, können risikobelastete Personen identifiziert werden, indem man beispielsweise genetische Variationen in mit dem karzinogenen Metabolismus assoziierten Genen aufgespürt oder Hormonstimulationen und Immunantworten überwacht. Allerdings trägt die genetische Ausstattung vermutlich nur wenig zur Modulation des Krebsrisikos bei. Da voraussichtlich zudem das Zusammenwirken mehrer Gene für die Beeinflussung des Risikos verantwortlich ist, entstehen erhebliche Probleme für Screening-Strategien. Der potentielle Nutzen ist in diesem Falle nur gering.

Dagegen könnte die Identifizierung von mutierten Genen, die das Fortschreiten der bösartigen Entartung vorantreiben, und der Einsatz effizienter Methoden zum Nachweis früher Anfangsstadien die Wirksamkeit und Zuverlässigkeit von Krebsfrüherkennung und -vorsorge deutlich verbessern. Momentan wird viel Energie in die Entwicklung von sensitiven und umfassenden molekularen Screening-Technologien auf Grundlage sogenannter Microarrays gesteckt. Mit ihnen hofft man, in Zukunft mutierte Gene in DNA- oder RNA-Extrakten kleiner Gewebebiopsien nachweisen zu können. Diese Ansätze beruhen allesamt auf der Annahme, dass die Kenntnis aller molekularen Veränderungen einer gegebenen Gewebeprobe Aufschluss über ihre physiologische Verfassung geben kann. Da der evolutionäre Weg der Krebszellen sich jedoch nicht zuverlässig vorhersagen lässt, wird es wohl nie hundertprozentig sichere Prognosen geben. Dennoch kann eine frühe Identifizierung von Risikofaktoren die klinische Prognose und die Heilungschancen verbessern.

Häufig wird die Metastasierung des Krebses nicht rechtzeitig erkannt, so dass sich der Beginn einer systemisch angelegten Chemotherapie verzögert. Daher könnten molekulare Analysen von lokalen Lymphknoten, von Blut oder anderen Körperflüssigkeiten dazu beitragen, diejenigen Patienten zu identifizieren, bei denen der Tumor bereits gestreut hat und die daher neben einer lokalen Behandlung zusätzlich auch eine systemische Therapie benötigen. Wie die bereits erwähnten Erfahrungen mit Gebärmutterhalskrebs belegen, könnte vermutlich auch die Krebssterblichkeit durch Screening-Maßnahmen gesenkt werden. In dieser Hinsicht wird sich in der Zukunft sicherlich noch einiges tun. Das Ziel muss es sein, die Tumorzellen zu erwischen, bevor sie sich zu voll entwickelten, umherziehenden Krebszellen gemausert haben. Die Herausforderung besteht also darin, kluge, sorgfältige und allgemein verfügbare Screening-Verfahren zu entwickeln und gezielt die Risikogruppen zur Teilnahme an den Untersuchungen zu bewegen. Das birgt, gelinde gesagt, erhebliche Konsequenzen und Anstrengungen für technologische Innovation, Bereitstellung der erforderlichen Ressourcen und für die öffentliche Aufklärung.

Thema kontroverser Diskussionen sind vor allem die umstrittenen Vorsorgeprogramme für Brust- und Prostatakrebs. Brustkrebs ist, wie fast alle im Erwachsenenalter auftretenden Krebsarten, eine chronische Erkrankung, die erst nach einer mehr oder minder langen symptomfreien Latenzzeit in ein akutes, bösartiges Stadium übergehen kann. Es sollte daher möglich sein, geeignete Überwachungs- und Identifizierungsmethoden zu entwerfen, die bereits die frühesten besorgniserregenden Anzeichen erkennen, so dass Tumoren ausfindig gemacht werden können, lange bevor sie alle zur malignen Entartung und Metastasierung notwendigen Mutationen erworben haben. Die Mammographie hat in dieser Hinsicht sicherlich schon einige Leben gerettet, insgesamt betrachtet ist ihr Nutzen jedoch bestenfalls mäßig.[2] Als Screening-Methode ist sie ganz einfach nicht intelligent genug. Mehr wird man sich dagegen von anderen bildgebenden Verfahren versprechen dürfen, die informativere Aufnahmen von bereits kleinsten Tumoren erstellen können.

Ähnliche Argumente treffen auch auf die Prostatakrebs-Vorsorge zu. In den USA, wo urologische Vorsorgeuntersuchungen weiter verbreitet sind als in Europa, werden entsprechend viele Männer mit Prostatakrebsrisiko identifiziert. Allerdings ist das genaue Risiko momentan noch nicht quantifizierbar, so dass vermutlich viele Männer ihre Prostata verlieren – mit all den damit verbundenen, nicht unerheblichen Begleiterscheinungen –, obwohl sie sich nie bösartig vergrößert hätte. Es wäre daher außerordentlich wünschenswert, beginnende Prostatakrebserkrankungen mit Hilfe molekularer Profile genauer auf Genmutationen untersuchen zu können, um daraus Prognosen und eine geeignete und möglichst schonende Behandlungsform abzuleiten.

Es gibt in dieser Hinsicht noch weitere ermutigende Entwicklungen. Man mag geteilter Meinung über die Annehmlichkeit einer regelmäßigen endoskopischen Darmuntersuchung sein, aber es sind inzwischen überzeugende Belege dafür vorgelegt worden, dass mit Hilfe der sogenannten magnifizierenden Endoskopie sehr effizient erste verdächtige Veränderungen in Rektum und Kolon identifiziert werden können. Diese werden anschließend durch Biopsie-Entnahme oder vollständige Entfernung einer genaueren Untersuchung unterzogen. Polypen des Dickdarms, die größer als einen Zentimeter sind, tragen ein hohes Risiko zur malignen Entartung. Wir haben heute umfassende Beweise dafür, dass ihre Erkennung und Entfernung die Dickdarmkrebsrate um etwa 90 Prozent senken kann. Ob dieser „Service" allerdings jemals als Teil der Gesundheitsvorsorge allgemein verfügbar wird, ist fraglich.

---

[2] Und zudem auch umstritten. Im Journal of the National Cancer Institute (1999) 91: 750 finden sich aktuelle Argumente dieser Diskussion. Eine gute Übersicht über die logistischen und vorbeugenden Aspekte von Screening-Programmen im Zusammenhang mit Krebs bietet Cuzick J (1999) Screening for cancer: future potential. Eur J Cancer 35:685-92.

Krebsbekämpfung mit Hilfe von „Designer"-Medikamenten

Vorsorge, genaue und frühe Diagnose sowie die Entfernung solider Tumoren reichen allerdings zur umfassenden Krebsbekämpfung noch nicht aus. Wir benötigen dringend wirksamere und weniger toxische Methoden für die Bekämpfung metastasierender Tumoren. Es wird sicherlich immer Patienten geben, deren Krebserkrankung erst entdeckt wird, nachdem sich bereits Metastasen im Körper ausgebreitet haben. Für die Überlistung der bösartigen Krebszellen sind ausgeklügelte technologische Kunstgriffe vonnöten. Können wir sie zum Absterben bringen? Krebszellen mögen zwar ihre Zelltod-Programme ausgeschaltet haben, diese sind jedoch nur ruhiggestellt, nicht aber völlig verloren gegangen. Es besteht also immerhin die Möglichkeit, sie durch künstliche apoptotische Impulse, die die üblichen zellulären Signalwege umgehen, wiederzubeleben. Alternativ könnte man versuchen, genau diejenigen mutierten Proteine, die den Weg in den programmierten Zelltod blockieren, zu inhibieren, um so den apototischen Signalweg wieder zu öffnen.

So interessant diese Möglichkeiten sein mögen, sie beinhalten eine drängende Frage: Wie könnten sie zu krebszellspezifischen und nicht-toxischen Medikamenten führen? In gewisser Weise ist dies die eigentliche Feuerprobe das kommende Jahrhundert der Krebsforschung: Wird es möglich sein, Krebszellen an ihrer Achillesferse zu treffen – den mutierten Genen oder den veränderten Proteinfunktionen, die diese kodieren? Reagenzglasversuche und einige Tierexperimente deuten darauf hin, aber es wird noch viel Erfindungsreichtum nötig sein. Milliarden britische Pfund und Dollar werden momentan in diese Forschung gesteckt, in der Hoffnung, dass sie demnächst zur Entwicklung einer neuen Generation nicht-toxischer „Designer"-Medikamente und damit zu einer neuen Epoche der molekularen Krebstherapie führen wird.

Ich bedaure es wirklich, erneut als Spielverderber auftreten zu müssen, aber auch hier sehe ich ein Problem, und zwar eines, dass Krebsforscher häufig ignorieren: Es betrifft die immer wiederkehrende Frage nach der Spezifität - Wie gelingt es, ausschließlich die Krebszellen abzutöten? Paul Ehrlich entwickelte mit dem Medikament Salvasan (zur Behandlung von Syphilis) vor fast einem Jahrhundert die erste „Wunderpille". Deren Erfolg beruhte in erster Linie darauf, dass die Syphilis-Erreger sich so stark von unseren eigenen Körperzellen unterscheiden, dass sie sehr wirksam abgetötet werden können, während die Köperzellen weitgehend verschont werden. Krebszellen besitzen zwar ganz spezifische Genmutationen, die wiederum entsprechend veränderte Proteine kodieren, allerdings sind die dadurch deregulierten zellulären Signalwege durchaus nicht krebszellspezifisch, sondern essentielle Funktionen einer jeden Zelle. Das besondere an Krebszellen ist ihr in Raum und Zeit uneingeschränktes Wachstum. Es wird daher wenig erfolgreich sein, sich bei der molekularen Krebstherapie auf das Ausschalten konstitutiv aktiver Wachstums-Signalwege zu konzentrieren, etwa mit Hilfe hochspezifischer Peptidinhibitoren innerhalb der Signalkaskade (siehe Abb. 8.4). Eine solche Strategie wäre vermutlich nur wenig spezifischer als das Abtöten aller sich schnell teilenden Zellen durch die althergebrachten Wirkstoffe. Sie besäße zwar nun eine *molekulare* Spezifität, entbehrte aber weiterhin der entscheidenden *zellulären* Spezifität. Eine molekulare oder maßgeschneiderte Therapie zu entwickeln, die in diesem schwierigen Feld erfolgreich wäre, erscheint mir ein bisschen viel verlangt. Es gibt dennoch weiterhin viel über die Komplexität der Signalnetzwerke in Krebszellen zu lernen, und vielleicht erleben wir noch ein paar positive Überraschungen. Ich hätte nichts dagegen, mich eines besseren belehren zu lassen – und einige meiner Kollegen würden genau das lieber heute als morgen tun. Lassen wir uns also überraschen

Idealerweise müsste man das mutierte Gen oder sein primäres Protein selbst angreifen, da nur dies wirkliche Spezifität bedeuten würde. Hier sind erhebliche grundlegende Vorarbeiten zu leisten, aber es gibt erste ermutigende Anzeichen. Am meisten verspricht man sich vom p53 als potentielles Zielmolekül neuer Therapieansätze. Dieses Protein ist in etwa 50 Prozent aller fortgeschrittenen Tumoren vollständig verloren oder hat eine veränderte Funktion angenommen. Das Fehlen normaler p53-Funktion ist der häufigste biochemische Unterschied zwischen normalen Zellen und Krebszellen. Es bietet daher optimale Voraussetzungen als Ansatzpunkt für die Krebstherapie. Neuere Forschung versucht daher, ein weit verbreitetes Virus (das Erkältungen verursachende Adenovirus) so zu verändern, dass es selektiv nur Zellen ohne funktionierendes p53 abtötet. Die ersten Versuche mit diesem veränderten Virus, das als „smart bomb“ (um den Begriff der „Wunderpille“ zu vermeiden) bezeichnet wird, erscheinen vielversprechend. Andere Forschungsansätze bemühen sich, die normale Konformation der mutierten p53-Proteine mit Hilfe kleiner Peptid-Moleküle, die an deren zerstörte Oberfläche binden, wieder herzustellen. Die therapeutische Anwendung solcher Peptide soll die Krebszellen sensibler für genotoxische Krebsmedikamente machen. Ich könnte zwar ein paar Gründe dafür anführen, warum diese Strategien eventuell ebenfalls ins Leere laufen, will mich hier aber zurückhalten. Es sind so intelligente Ideen, dass sie ein wenig Optimismus verdienen - wir werden es ja bald sehen.

Es gibt noch viele andere molekularbiologische Ansätze, die mit viel Eifer in das weite Feld der Krebstherapie geführt werden. Darunter befinden sich Bemühungen, das Immunsystem zur Erkennung von in Krebszellen mutierten Proteinen anzuregen – eine alte Idee in neuem Gewand. Schon lange hegt man die Hoffnung, dereinst Krebsvorbeugung durch Impfung zu erreichen. Ein weiterer Forschungsansatz beschäftigt sich damit, konventionelle, zytotoxische Wirkstoffe so zu inaktiven „Vorläufer-Wirkstoffen“ umzuwandeln, dass sie erst in Anwesenheit bestimmter Gene, beispielsweise Prostata-spezifischer Gene, ihre toxische Aktivität wiedergewinnen. Auch ist es denkbar, sich die innerhalb wachsender Tumoren üblicherweise sauerstoffarmen Bedingungen zunutze zu machen, indem man Medikamente entwickelt, die nur bei geringen Sauerstoffkonzentrationen wirksam werden. Und schließlich gibt es da noch die fesselnde Idee, die Unsterblichkeit der Krebszellen durch Inhibierung einer ihrer stärksten Waffen – des Telomerase-Enzyms – zunichte zu machen.

Wird dereinst eine dieser „smart bombs“ tatsächlich Wirkung zeigen – oder werden sie sich als Blindgänger herausstellen? Es sind ehrgeizige Ziele, die sich man sich in der Krebsforschung gestellt hat. Dessen sollten sich die Wissenschaftler ständig bewusst sein. Einige Krebszellen werden sich sicherlich immer an unzugänglichen Orten verstecken, und es wird schwierig sein, sie mit neuen

Therapeutika, wie intelligent oder „magic" auch immer, zu erreichen. Erschwerend kommt hinzu, dass die „Ziele" ständig in Bewegung sind. Ist die Krebsevolution erst in vollem Gange und hat bereits zahlreiche und vielfältige, genetisch instabile Krebszellen hervorgebracht, dann ist es durchaus wahrscheinlich, dass einige von ihnen auch dem intelligentesten molekularen Zugriff entgehen.

Wie könnte man die Selektionsmechanismen umgehen?

Idealerweise sollten wir uns um eine Behandlungsmethode bemühen, die die weiteren Entwicklungsmöglichkeiten einer Krebszelle verhindert oder wenigstens hemmt, ohne dabei gleichzeitig einen Selektionsdruck aufzubauen, der das Heranwachsen eines mutierten Subklons innerhalb des Tumors ermöglicht. Dies ist ein außerordentlich kniffliger und fast nicht auflösbarer Konflikt für jegliche Therapie, die unmittelbar an den Krebszellen ansetzt. Dies gilt natürlich besonders, wenn diese bereits Fuß gefasst haben, genetisch diversifiziert und bereit zum Reißaus sind. Man kann das Problem aber dennoch umgehen. Je mehr wir nämlich über die entscheidenden biologischen Mechanismen lernen – das Überwinden von Gewebegrenzen, das Anheften der Zellen und besonders die Angiogenese (also die Bildung neuer Blutgefäße) –, desto besser werden wir in der Lage sein, die Tumoren an der Transformation zu malignem, metastasierendem Wachstum zu hindern. Hier steht eventuell eine Therapiemöglichkeit zur Verfügung, die eine breite Anwendung bei vielen Krebsarten finden könnte: das Unterbinden der Blutgefäßbildung bei Erwachsenen. Ohne die Bildung neuer Blutgefäße kann sich kein Krebsklon entwickeln, die Tumorbildung kann buchstäblich im Keime erstickt werden.

Dieser Therapieansatz beinhaltet ein reizvolles, biologisches Grundprinzip. Das Hauptproblem bei der Entwicklung von Krebstherapien, ob „magic" oder nicht, besteht darin, dass die genetische Diversität der Krebszellen diesen die Möglichkeit zur Entwicklung von Resistenzen und damit zum Reißaus eröffnet, sobald sie mit einem intensiven Selektionsdruck konfrontiert werden. Setzt man die Therapie dagegen direkt an der Vaskularisierung an, so umgeht man dieses Problem, da die Gefäßzellen genetisch stabile Untereinheiten des Tumors sind. Mit Hilfe einer solchen Strategie wird die Umgebung der Krebszellen verändert, ohne sie dabei direkt anzugreifen.

Ist dieser Therapieansatz aber auch effizient und spezifisch genug? Neu gebildete Blutgefäße sind in jedem Falle physisch gut zu erreichen, was schon einmal beste Voraussetzungen bedeutet. Hat aber ein Angriff auf das Gefäßsystem nicht vielleicht auch eine negative Kehrseite? Der Mensch benötigt die Fähigkeit zur Gefäßneubildung bei der embryonalen und fetalen Entwicklung und auch als Säugling. Aber ist diese Fähigkeit im Erwachsenenalter ebenfalls noch notwendig? Tatsächlich bildet auch der Erwachsene neue Blutgefäße. Frauen im fortpflanzungsfähigen Alter benötigen diese Eigenschaft im Rahmen des Ovulationszyklus und für den Aufbau der Plazenta während der Schwangerschaft. Außerdem werden bei Wundheilung und Entzündungen neue Kapillaren gebildet. Ansonsten aber ist diese Fähigkeit eher lästig, nicht nur weil sie die Krebsentstehung unterstützt, sondern auch da sie in Zusammenhang mit diabetischer Retinitis, Erblindung und Arthritis steht. Die Unterdrückung der Angiogenese könnte also tatsächlich von Nutzen sein, ohne gleichzeitig negative Nebeneffekte heraufzubeschwören.

Bahnbrechende Untersuchungen von Judah Folkman und seinem Team in Boston brachten eine Fülle von natürlichen Substanzen hervor, die das Wachstum neuer Blutgefäße blockieren können, darunter etwa Substanzen aus Haiknorpeln und grünem Tee. Einige von ihnen könnten tatsächlich therapeutisches Potential besitzen. Zur Zeit werden bereits zehn Produkte in klinischen Phase I- beziehungsweise Phase II-Studien getestet, andere befinden sich in der Entwicklung. Einige der sehr vielversprechenden Kandidaten, beispielsweise das Endostatin, haben sich bereits als äußert wirkungsvoll in Tiermodellen herausgestellt. Kurioserweise erwies sich ausgerechnet das Thalidomid (bekannt als Contergan) als eine der potentesten antiangionetischen Substanzen. Es würde wirklich eine außerordentlich bizarre Wendung bedeuten, wenn sich dieser Wirkstoff nun als tatsächlich „heilsam" herausstellen sollte.

Natürlich wird es auch hier noch Schwierigkeiten zu überwinden geben. Substanzen wie das Thalidomid wirken durch das Zusammenspiel mit bestimmten chemischen Signalen, besonders mit TGFα. Diese Moleküle sind jedoch nicht ausschließlich für die Bildung von Blutgefäßen zuständig, sondern gleichzeitig auch für andere lebenswichtige Funktionen, wie beispielsweise die Immunabwehr. Die sicherlich reizvolle Herausforderung wird es daher noch sein, eine Substanz zu finden, die spezifisch nur an der Gefäßneubildung beteiligt ist. Dies erscheint möglich. Vermutlich ist diese Strategie momentan die Trumpfkarte unter den neuen Therapieansätzen.

Die oben ausgeführten Abwägungen mögen den Optimismus dämpfen, sollten ihn aber nicht gänzlich vernichten. Schon zu dem Zeitpunkt, an dem dieses Buch publiziert wird oder der Leser diese Seite liest, werden bereits viele neue Einsichten zu Tage gefördert worden sein. Es ist sehr wahrscheinlich, dass über die biologische Schiene tatsächliche einige praktische Fortschritte in Bezug auf frühe Intervention, Verhinderung der Tumorausbreitung oder in einigen Fällen auch dauerhafte oder zumindest deutliche Rückbildung von metastasierten Tumoren gemacht werden. Jenseits aller vernehmbaren Übertreibungen gibt es durchaus auch intelligente, clevere Krebsforschung.

In der Zwischenzeit müssen wir uns mit einfacheren Therapiemöglichkeiten helfen. Es gibt inzwischen überzeugende, wenngleich noch unvollständige Hinweise darauf, dass nicht-steroide, entzündungshemmende Medikamente die Häufigkeit von Krebsvorläuferstadien im Dickdarm reduzieren und so das Dickdarmkrebsrisiko um vielleicht 50 Prozent verringern können. Die gleichen Medikamente verhindern die Bildung von Zellklonen im Verdauungstrakt von Ratten, denen zuvor krebsauslösende Substanzen verabreicht wurden. Was sind das für bemerkenswerte Medikamente? Bei einem Wirkstoff handelt es sich um das Derivat einer natürlichen Pflanzensubstanz, die bereits seit mehr als zweitausend Jahren als Schmerzmittel verwendet wird. Schon Hippokrates empfahl sie Frauen, die sie in Form einer Infusion aus Weiden-Extrakt zur Erleichterung der Wehen-Schmerzen zu sich nahmen. Diese Substanz wird bereits seit hundert Jahren hergestellt und ist darüber hinaus sogar billig. Die Rede ist von Aspirin. Sie schützt nicht nur den Dickdarm und vertreibt Kopfschmerzen, sondern nützt auch bei erhöhtem Herzinfarkt- oder Schlaganfallrisiko.

Diese außergewöhnliche Vielseitigkeit des Aspirin ist auf seine Interaktionen mit den Prostaglandinen zurückzuführen. Prostaglandine wiederum sind Teil eines Signalnetzes, dass sowohl Zellteilung als auch Zelltod kontrolliert. Der schützende Einfluss des Aspirin auf den Verdauungstrakt beruht darauf, dass es unter dem Strich die Zellteilung herunterreguliert und gleichzeitig den Zelltod stimuliert. Man sollte eigentlich erwarten, dass ein neues, patentgeschütztes Krebsmittel, das diese Eigenschaften auf sich vereint, große Begeisterungsstürme verursacht – und vermutlich auch sehr teuer ist. Aspirin ist sicherlich nicht die vielbeschworene „Wunderpille", und es kann unerwünschte Nebenwirkungen hervorrufen, wirft im Grunde aber dennoch die meisten anderen Therapeutika-Kandidaten aus dem Rennen.

Vorsorge durch Verhaltensänderungen

Die „Zauberkunst" der Molekularbiologie alleine wird das Krebsproblem nicht lösen können. Schon der gesunde Menschenverstand sagt uns, dass Vorsorge allemal besser wäre, daher sollten – pragmatisch gedacht – sich die Anstrengungen bei der Krebsbekämpfung in erster Linie auf diese notwendige und hauptsächliche Strategie konzentrieren. Auch dieser Weg ist nicht einfach, aber der Nutzen könnte immens sein. Ich vermute, wir werden bei der Krebstherapie eine Wiederholung der Geschichte erleben. Wie schon bei der Bekämpfung der Infektionskrankheiten am Beginn des 20. Jahrhunderts, wird auch der Kampf gegen den Krebs nur zu einem kleineren Teil durch wohlüberlegte, ausgefeilte Wissenschaft gewonnen werden, während die weitaus größere Rolle Heilungswege spielen, die sich mit den Lebensbedingungen, sozialen und wirtschaftlichen Strukturen und Lebensstil verbünden.

Dem kann man natürlich entgegenhalten, dass sich weit verbreitete und mit Genuss verbundene Gewohnheiten, besonders wenn sie hübsch verpackt daherkommen, der einen Seite kommerziellen Profit und der anderen Steuereinnahmen bescheren, wahrscheinlich nicht so einfach werden ändern lassen, und ohnehin viel zu viel Zeit benötigen würden. Das ist jedoch eine gefährliche Miesmacher-Ansicht. Sie wird von Leuten vertreten, die im Grunde den Gedanken verübeln, dass persönliche Verhaltens- oder Lebensweise zum Krebsrisiko beitragen. Dies komme einer Anklage des Opfers gleich, widersprechen sie. Allerdings geht es natürlich überhaupt nicht darum, Individuen oder auch gar die Gesellschaft allgemein anzuschuldigen. Dieses immer wiederkehrende doppelzüngige Argument ist bequem und kontraproduktiv. Dass Lebensgewohnheiten beteiligt sind, ist unbestreitbar, und selbstverständlich sind damit nicht triviale Dinge, wie die Wahl der Haarfarbe, Automarke oder Moderichtung gemeint. Wir besitzen nicht immer die Kontrolle über die relevanten Verhaltensweisen, außerdem sind sie stark beeinflusst durch die sozialen und ökonomischen Systeme, in denen wir leben und arbeiten. Der Tabak beispielsweise mag eine wichtige Rolle spielen, aber die hilflose Suche nach *der* allgemeingültigen Ursache für Krebs, nach einer einfachen

Ursache-Wirkung-Beziehung, wird dem komplexen Zusammenhang zwischen Tabak und Krebs nicht gerecht. In der großen Mehrzahl der Fälle haben wir es mit komplizierten Wechselwirkungen zwischen biologischen, historischen, sozialen und wirtschaftlichen Faktoren zu tun, aus denen heraus unsere Angst vor dem Krebs entsteht.

So betrachtet kann sich der Fatalist natürlich bequem zurücklehnen. Da der Mensch ohnehin irgendwann sterben muss, warum sollte er dann nicht die Unternehmen machen lassen, was sie wollen, ansonsten das Leben in vollen Zügen genießen – und dem Krebsrisiko wissend ins Auge blicken? Ja warum eigentlich nicht? Weil Krebs im Durchschnitt das Leben um 15 Jahre verkürzt und wahrlich kein angenehmes Ende bedeutet. Darüber hinaus wäre es doch eigentlich erstrebenswert, eine bewusste Entscheidung darüber treffen zu können, wie gesund wir unser Leben verbringen wollen. Wir sollten uns weniger auf die Onkologen, Chirurgen und Ärzten und deren Heilungsmöglichkeiten verlassen und stattdessen mehr Gewicht auf die Rolle der kulturell bestimmten Risikofaktoren legen. Schätzungen zufolge könnten 80 bis 90 Prozent aller Krebserkrankungen im Prinzip vermieden werden – eine wahrlich beeindruckende Ziffer. Wollen wir aber etwas über die konkreten, das Individuum betreffenden und auf sozialen Strukturen und Lebensgewohnheiten beruhenden Risikofaktoren herausfinden, dann beginnen die Probleme – die Risiken müssen akzeptiert und gewichtet und Maßstäbe für Interventionen müssen gefunden werden, um nur einige zu nennen.

Es ist offensichtlich sehr nahe liegend, sich um die Bekämpfung der mit dem Rauchen in Verbindung stehenden Krebsarten zu kümmern. Vergessen wir für einen Moment alle zuvor erörterten Details und Überlegungen, um ein paar blanke Zahlen zu betrachten: Von 1000 jungen Männern, die ihr ganzes Leben lang rauchen, wird einer ermordet, sechs bei Autounfällen getötet werden und 250 an Krankheiten sterben, die mit dem Rauchen in Zusammenhang stehen (darunter natürlich Lungenkrebs). Könnten wir diese Wahrscheinlichkeit auf eine Ziehung der Lottozahlen übertragen, so würden wir uns bei einer Gewinn-Chance von 1 zu 4 schon fast als sichere Gewinner des Jackpots fühlen – selbst wenn wir, nun wieder in den Zeitdimensionen der Krebsentstehung gedacht, lange auf den Gewinn warten müssten. Würden alle Raucher heute mit dem Rauchen aufhören, so könnten nach aktuellen Schätzungen ein Drittel der Krebserkrankungen bei Erwachsenen vermieden werden, ganz zu schweigen von anderen schweren Krankheiten. In den westlichen Ländern geht die Lungenkrebsrate zumindest bei den Männern inzwischen zurück. Dagegen beginnen nun die Raucherinnen, die bitteren Früchte der Emanzipation und Nachahmung männlicher Gewohnheiten zu kosten. Und in Osteuropa, Afrika und China stehen monströse Epidemien bevor, die den überzeugenden – oder sollte man sagen „bösartigen"? – Aktivitäten der Zigarettenindustrie zu verdanken sind. Es grenzt an Irrsinn dies zuzulassen, und man muss es als reine Heuchelei bezeichnen, wenn die westlichen Regierungen sich einerseits die Aufklärung der Gesundheitsrisiken auf die Fahne schreiben und andererseits Steuervergünstigungen an die Tabakindustrie und Subventionen an Tabakbauern verteilen und Zigarettenwerbung erlauben.

Auch andere, die zur Genüge über die Gefahren des Rauchens Bescheid wissen müssten, unterstützen bis zum heutigen Tag die Kommerzialisierung des Tabaks und tragen so zu dessen Akzeptanz bei – darunter auch die britische Königsfamilie. Einige Zigarettenmarken erfreuen sich seit über hundert Jahren des königlichen Ritterschlages und der Ehre, Seiner oder Ihrer Majestät zu Diensten sein zu dürfen. Zweifellos haben sie sich tatsächlich in besonderer Weise verdient gemacht: Der Vater der heutigen Königin Elizabeth I. starb an Lungenkrebs, ebenso wie dessen Vater und Großvater. Da erscheint es wirklich zynisch, dass die Nachkommen von Charles I. noch immer einzelne Tabak-Unternehmen unter Vertrag haben. Inzwischen, zur Jahrtausendwende, hat allerdings die Königin ihre Unterstützung für Benson and Hedges zurückgezogen. Entgegen aller Logik hielt jedoch die Königinmutter (die übrigens noch vor dem Abschluß der Verträge zwischen Tabakindustrie und königlicher Familie geboren wurde) ihr Leben lang an der Unterstützung für John Player fest.[3]

Als Kritiker der Tabakindustrie und der Rauchgewohnheiten ist man schnell dem Vorwurf ausgesetzt, man wolle den freien Markt und die persönliche Freiheit des einzelnen einschränken. Dennoch wiederhole ich, dass das im Tabak enthaltene Nikotin zweifellos dem Rauchen auch eine psychische Komponente verleiht. Vielen Rauchern kommt es auf die Gewohnheit an, die unbestritten angenehm ist und das Risiko leicht in den Hintergrund rücken lässt. Man beruhigt sich schnell mit dem Gedanken: „Mich wird es schon nicht treffen." oder „Sollte ich tatsächlich Lungenkrebs bekommen, so ist er eben eines von vielen möglichen Tickets ins Jenseits." Wichtig wäre es, bereits die Jugend zu informieren und ihr eine bewusste Entscheidung in einer Welt mit konkurrierenden Verlockungen und sozialem wie kommerziellem Druck zu ermöglichen.

In gewisser Weise ist die daraus zumindest für die westlichen Länder zu ziehende Lehre einfach: Tabakgenuss führt schnell zu Abhängigkeit; es ist eine sehr gefährliche Droge; es tötet mit hoher Wahrscheinlichkeit auf die eine oder andere Art und Weise; es verkürzt das Leben im Durchschnitt um rund 15 Jahre und führt zu einem wenig angenehmen Ende. Und ganz nebenbei führt es zu schlechtem Atem und kostet eine ganze Stange Geld. Glücklicherweise verläuft die Krebsentwicklung in Schüben und mit träger Geschwindigkeit. Daher können selbst langjährige Raucher das Lungenkrebsrisiko noch deutlich senken, sobald sie sich das Rauchen abgewöhnen.

Auch andere Krebsarten sind eigentlich vermeidbar. Bei vielen Krebserkrankungen spielen wie erwähnt Viren eine Rolle, so zum Beispiel Papillom-Viren bei Gebärmutterhalskrebs, Hepatitis B und C bei Leberkrebs und das Epstein-Barr-Virus bei nasopharyngealen Tumoren (NPC) und einigen Lymphomen. Diese Krebsarten treten häufiger in den weniger entwickelten Ländern, wie beispielsweise Südostasien, Indien und Afrika, auf. Vorbeugende Impfung ist hier erstrebenswert, wobei auch der Gebrauch von Kondomen etwa das Gebärmutterhalskrebsrisiko schon senken könnte (und nebenbei auch noch ein paar andere Probleme lösen würde). Die Bemühungen um die Entwicklung von Impfstoffen werden nun am Beginn des 21. Jahrhunderts verstärkt und zeitigen bereits die ersten hoffnungsvollen Erfolge, so beispielsweise bei der Bekämpfung von Leberkrebs in Taiwan.

---

[3] Anmerkung: Die Königinmutter verstarb am 30.3.2002 (nach Erscheinen der englischen Originalausgabe).

Einen wichtigen und ermutigenden Präzedenzfall für prophylaktische Impf-maßnahmen gegen Krebs hat man bei Hühnern geschaffen. Bei ihnen konnte das durch Herpes-Viren hervorgerufene Marek-Syndrom wirkungsvoll eliminiert wer-den. Vor dem Einsatz der Impfungen verzeichnete die Geflügelindustrie der USA in den 1960er Jahren einen Verlust von geschätzten 200 Millionen Dollar im Jahr. Was bei Hühnern möglich ist, sollte doch auch für andere Arten und den Men-schen erreicht werden können. Bei einigen Viren, deren Übertragungswege be-kannt sind, könnte schon der Schutz vor Ansteckung zur Reduzierung der entspre-chenden, damit assoziierten Krebsart führen. Das humane Retrovirus HTLV-1 beispielsweise verursacht in Japan und in der Karibik eine aggressive Form der Leukämie. Übertragen wird das Virus in erster Linie über die Körperflüssigkeiten (so wie auch das HIV), also durch Muttermilch, Blut und Samenflüssigkeit. Es sollte möglich sein, diese Infektionswege zu kontrollieren. Tatsächlich werden in Japan daher inzwischen Blutkonserven auf das Virus untersucht. Zudem klärt man infizierte Schwangere über das Risiko der Übertragung auf und rät entsprechend vom Stillen des Neugeborenen ab.

Auch einige Co-Faktoren, die das Risiko Virus-induzierter Krebserkrankungen deutlich erhöhen, sollten relativ einfach ausgeschaltet werden können. Zum Bei-spiel verstärken in der Nahrung enthaltene Aflatoxine das durch Hepatitis-Viren vermittelte Leberkrebsrisiko. Insgesamt betrachtet sollten die Virus-assoziierten Krebsarten demnächst also wirkungsvoll bekämpft werden können. In ähnlicher Weise führte die Bekämpfung des Magenbakteriums *Heliobacter pylori* mit Hilfe kombinierter Antibiotika zur Rückbildung und möglicherweise Heilung von gast-rischen Lymphomen. Vermutlich hat dieses Bakterium auch Einfluss auf Magen-schleimhautentzündungen, Magengeschwüre und eventuell Magenkrebs.

Die Verfügbarkeit von sauberem Trinkwasser könnte, besonders in Ägypten, den mit Bilharzia-Infektionen assoziierten Blasenkrebs eindämmen. Saubereres Wasser könnte überhaupt insgesamt das Blasenkrebsrisiko senken, und zwar be-sonders in denjenigen Ländern, in denen das Trinkwasser heute noch teilweise mit karzinogenen Chemikalien kontaminiert ist. Vielleicht wäre es schon hilfreich, einfach nur mehr Wasser zu trinken, um die im Urin konzentrierten, Blasenkrebs-fördernden Karzinogene zu verdünnen und um einen spülenden, reinigenden Ef-fekt zu erzielen.[4] Und schließlich ist es auch zur Vermeidung von Blasenkrebs günstig, nicht zu rauchen.

Im Falle des Hautkrebses, auch des malignen Melanoms, setzt sich endlich die Erkenntnis durch, dass Schutz vor intensiver Sonneneinstrahlung und speziell vor Sonnenbränden das Risiko stark reduziert. Das gilt insbesondere für Kinder. Der Vorteil dieser Krebsart besteht zudem darin, dass er eigentlich leicht sichtbar und identifizierbar ist und daher durch rechtzeitige Behandlung geheilt werden kann. Da die Melanomrate innerhalb der letzten 20 Jahre drastisch zugenommen hat, ist dieser Umstand ganz besonders entscheidend. Melanome sind momentan die häu-figste Krebserkrankung unter Frauen zwischen 20 und 30 Jahren. Etwa 20 Prozent der diagnostizierten Melanome stellen sich als tödlich heraus, obwohl sie eigent-

---

[4] Erhöhte Flüssigkeitsaufnahme könnte das Blasenkrebsrisiko senken. Für eine Auseinan-dersetzung mit diesem Thema siehe Jones PA, Ross RK (1999) Prevention of bladder cancer. N Engl J Med 340: 1424-6.

lich durch rechtzeitige operative Entfernung heilbar gewesen wären. Kein Mensch müsste heute an Hautkrebs sterben. In den USA, Europa, Australien und Neuseeland gibt es inzwischen verstärkt Vorsorgeprogramme sowie Versuche zur Vorbeugung und Behandlung und Aufklärungsmaßnahmen besonders für die Jugend. Es besteht begründete Hoffnung, dass sich alle diese Maßnahmen bezahlt machen werden, allerdings dauert es noch zwei bis drei Jahrzehnte, bis man deren Bedeutung und Auswirkung tatsächlich ermessen kann. Während die Melanomrate also vermutlich noch für mindestens zehn Jahre ansteigen wird, sollten wir uns verstärkt um Schutz vor Sonneneinstrahlung bemühen. Dazu reicht es allerdings nicht aus, den Körper mit UV-Blockern zu versiegeln, um sich gleichzeitig von der Sonne gar grillen zu lassen.[5]

Abb. 25.1 „Wie sollen wir Schwangerschaften *verhindern*? Wir wissen nicht einmal, wodurch sie *verursacht werden*."

[5] Sonnenschutzcreme mag einen gewissen, jedoch nicht völligen Schutz gegen UV-Strahlung bieten. Sie vermittelt unter Umständen eine falsche Sicherheit und verführt zu unbedenklichem, „riskanten" Sonnenbad. Wirkungsvollerer Schutz oder vorbeugende Maßnahmen könnten schon bald verfügbar werden. Experimentelle Hinweise deuten darauf hin, dass Retinoid-Derivate (Vitamin A-Derivate) dazu beitragen könnten, Hautschädigungen durch UV-Licht vorzubeugen beziehungsweise zu reparieren (ein Kommentar zu diesem Thema ist nachzulesen bei Gilchrest B (1999) Nature Med 5:376-7).

Die Beweise für einen Zusammenhang zwischen Brustkrebs und modernem Fortpflanzungsverhalten und kalorienreicher, Antioxidantien-armer Ernährung, gekoppelt mit unzureichender körperlicher Bewegung, mögen noch unvollständig sein. Allerdings erwarten wir in dieser Hinsicht zu viel von epidemiologischen Untersuchungen. Das gilt besonders, da vermutlich weitere Ernährungsfaktoren zur Modulierung des tatsächlichen Brustkrebsrisikos beitragen. Insgesamt betrachtet sind die Hinweise überzeugend, auch wenn sie nur einen Teil der zur Entstehung von Brustkrebs führenden Parameter darstellen. Natürlich ist eine Rückkehr zu den urtümlichen Fortpflanzungsgewohnheiten von Adam und Eva keine realistische Option für die Brustkrebsbekämpfung, eine hormonell gesteuerte Reduzierung des proliferativen Stresses für das Brustgewebe könnte es aber sehr wohl sein. Es sollte möglich sein, ein Prophylaktikum für alle jungen Frauen zu entwickeln, das, nach Abschluss der Pubertät eingenommen, den schützenden Effekt einer frühen Schwangerschaft nachahmt. Diese Strategie konnte bereits bei Ratten erfolgreich angewendet werden. Sie bekamen zu diesem Zweck das Hormon Gonadotropin verabreicht oder alternativ eine einmalige hohe Dosis Östradiol und Progesteron.[6]

Die Einnahme von Tamoxifen als Anti-Östrogen ist ebenfalls ein Schritt in die richtige Richtung. Es konnte seinen prophylaktischen Wert (bezogen auf einen Zeitraum von 5 Jahren) bereits in einer breit angelegten US amerikanischen Untersuchung unter Beweis stellen. Im Rahmen dieser Studie wurde bei der untersuchten Risikogruppe eine fünfzigprozentige Reduzierung des Brustkrebsrisikos verzeichnet. Inzwischen macht die Entwicklung neuer und vermutlich wirksamerer Anti-Östrogene Fortschritte. Dabei wird es allerdings entscheidend sein, herauszufinden, welche Auswirkungen diese Substanzen, wie beispielsweise Raloxifen, das eine leichte östrogene Aktivität beibehält, auf Osteoporose und Herzkreislauferkrankungen besitzen.[7] Die Idee, dem Brustkrebs durch Manipulation des Östrogenhaushaltes vorzubeugen, existiert bereits seit einigen Jahrzehnten und begann mit der nicht gerade als ideal zu bezeichnenden Methode Eierstockentfernung. Sicherlich benötigen wir noch weit mehr biologische Einsichten über die hormonelle Physiologie des Brustgewebes. Die Brustkrebsforschung in den USA und Europa macht auf diesem Gebiet derzeit große Forschritte.

Und schließlich: Man ist was man isst. Die Ernährung spielt zweifellos eine der entscheidendsten Rollen bei der Krebsentstehung. Allerdings sind die epidemiologischen Hinweise nicht eindeutig und können es bei diesem Thema auch nie sein. Die Chemie von pflanzlichen Nahrungsbestandteilen ist derartig komplex, besonders in Zusammenhang mit den verschlungenen Stoffwechselwegen unserer eigenen Zellen, dass es schlicht und einfach naiv wäre, anzunehmen, wir könnten ein paar „protektive" Moleküle herausfischen oder sie gar medikamentös zuführen. Selbst diejenigen Pflanzenmoleküle, die sich als schützend erwiesen haben (wie beispielsweise die anti-oxidativen Flavenoide), existieren in Hunderten von ver-

---

[6] Siehe Guzman RC, Yang J, Rajkumar L, Thordarson G, Chen X, Nandi S (1999) Hormonal prevention of breast cancer: mimicking the protective effect of pregnancy. Proc Natl Acad Sci USA 96:2520-5.

[7] Jordan VC, Morrow M (1999) Tamoxifen, raloxifen, and the prevention of breast cancer. Endocrine Review 20:253-278.

schiedenen Ausprägungen oder Varietäten und haben sich in sehr hohen Konzentrationen sogar als genotoxisch herausgestellt. Und dennoch können wir die schützenden, so wertvollen Substanzen auf sehr einfache Weise zu uns nehmen. Es ist erwiesen, dass der regelmäßige Verzehr von frischem Gemüse und Obst das Krebsrisiko senkt. Daher wäre es also sehr sinnvoll, einen größeren Wert auf gesunde Ernährung mit Obst, Gemüse, Ballastoffen, weniger tierischen Fetten und insgesamt geringerem Kaloriengehalt zu legen und zusätzlich auf mehr körperliche Bewegung zu achten.

Blick in die Zukunft

Keine der oben genannten Änderungen der Lebensgewohnheiten kann natürlich Mutationen in potentiellen Krebszellen gänzlich verhindern. Allerdings sind sie in diesem zufallsgesteuerten Prozess immerhin dazu angetan, das Risiko für eine Anreicherung genetischer Veränderungen signifikant zu reduzieren. Damit senken sie also die Wahrscheinlichkeit, dass es eine Zelle innerhalb der zur Verfügung stehenden Zeit schafft, die zum malignen Wachstum notwendigen Mutationen anzusammeln. Das Lebenszeitrisiko für Krebs sinkt erheblich, wenn man nicht raucht, sich kalorienbewusst und mit ausreichend Obst und Gemüse ernährt, sich regelmäßig körperlich bewegt und beim Sonnenbaden Vorsicht walten lässt. Wäre es eine Pille, die das Krebsrisiko um rund 75 Prozent senken könnte, sie würde vermutlich den größten Anklang finden.

Diese Empfehlungen für eine gesunde, krebsfreie(re) Gesellschaft sind bereits verfügbar, aufgelistet und von nationalen Krebsgesellschaften und anderen Gesundheitsorganisationen unter die Bevölkerung gebracht. Sie sind einfach und zielgerichtet, und das ist vielleicht gleichzeitig auch ihr Problem. Der durchschnittliche Jugendliche in Glasgow oder Detroit betrachtet solche Empfehlungen, wenn er sie überhaupt zur Kenntnis nimmt, als uncool, langweilig oder einfach blöd. Für manch einen jungen New Yorker, der statistisch gesehen ein höheres Risiko hat, an AIDS zu sterben oder auf der Straße totgeschlagen zu werden, mag das Krebsrisiko nebensächlich erscheinen. Damit krebsvorbeugende Verhaltensweisen bei der Jugend ankommen, müssen sie mit einem bestimmten Lebensgefühl verbunden sein und in ihre „Jugendkultur" (was immer das auch ist) hineinpassen. Zudem mag es wirkungsvoll sein, sie frühzeitig und schonungslos mit Krebs zu konfrontieren.

Für eine so einzigartig reflektierte und angeblich weise (sapient) Spezies wie den Menschen, sind wir bemerkenswert schwer von Begriff und langsam, wenn es darum geht, die wahrscheinlichen Konsequenzen unseres Verhaltens zu ermessen und insgesamt offenbar mental nicht in der Lage, die Alltagsrisiken korrekt einzuschätzen. Zweifellos gibt es komplexe und interessante soziobiologische Gründe für diesen Geisteszustand, von denen einige mit gewisser evolutiver Logik untermalt sein dürften. Dass wir ein risikofreudiges Völkchen sind, ist unbestreitbar, birgt durchaus einige Vorteile und hat zu den unterschiedlichsten Errungenschaften geführt. Das Leben in einer risikofreien Welt wäre außerordentlich langweilig und weder erstrebenswert noch erreichbar. Aber das Gesellschaftsspiel hat sich verändert.

In den reichen, westlichen Ländern erfreuen sich die meisten Menschen inzwischen eines langen Lebens, eines unkomplizierten Zugangs zu Gesundheitsinformationen und ausreichender finanzieller Möglichkeiten. Es ist daher sinnvoll, nun die Aufmerksamkeit verstärkt auf unnötige, verhaltensbedingte Risiken zu richten, die katastrophale, obgleich verzögerte Konsequenzen nach sich ziehen können. Im Grunde besteht dabei kein großer Unterschied zu anderen Vorsorgemaßnahmen, die wir in Form von Altersversorgung oder Versicherungen treffen. Es ist jedoch nicht alleine Sache des einzelnen. Auch die Politik muss in dieser Hinsicht wichtige Entscheidungen herbeiführen, um eine angemessene Gesundheitsversorgung zu gewährleisten. Die Krebsprävention sollte dabei nicht als isolierter Tagesordnungspunkt auftreten, sondern vielmehr in allgemeine Strategien zur Gesundheitsverbesserung der Bevölkerung eingebettet werden: als Frage der Lebensqualität.

Wir müssen die Aktivitäten bündeln und miteinander in Einklang bringen. Und zwar bald. Mit steigender Anzahl älterer Mitbürger in den westlichen Ländern erhöht sich die Anzahl der Krebserkrankungen. Zusätzlich hat gerade (2001) auch die Weltgesundheitsorganisation (WHO) vor den negativen Konsequenzen einer unausgeglichenen Energiebilanz für das Krebsrisiko gewarnt. Es sei zu beobachten, dass die Anzahl der übergewichtigen Menschen steige und insgesamt zu wenig Wert auf körperliche Bewegung gelegt werde. Trotz dieser demographischen und verhaltensbedingten Herausforderungen bin ich optimistisch, dass sich Vorsorgemaßnahmen, Früherkennung und biologisch intelligente Therapieformen im 21. Jahrhundert positiv niederschlagen werden. Ich vermute, dass selbst bei nur mäßigen Fortschritten bei der Heilung metastasierender Krebserkrankungen die Sterblichkeit der meisten im Westen vorherrschenden Krebsarten (also Lungen-, Brust-, Dickdarm- und Hautkrebs) deutlich sinken wird. Natürlich wird das eine ganze Zeit in Anspruch nehmen, da die positiven Auswirkungen erst nach einigen Jahrzehnten zum Tragen kommen. Nichts anderes darf man bei einer Krankheit, die lange Zeiträume zum Ausbruch benötigt, erwarten. Ich würde sagen, für das Jahr 2025 sieht die Prognose wahrscheinlich schon sehr gut aus und die Anzeichen deuten darauf hin, dass Krebssterblichkeit im Jahr 2050 vielleicht nicht einmal mehr der Rede wert ist. Sie wird in Zukunft in dem Maße sinken, wie sie in der Vergangenheit durch gesellschaftliche und sozio-ökonomische Faktoren verstärkt wurde. Das wiederum wird sich zunächst in den höher gebildeten und wohlhabenderen Gesellschaftsgruppen bemerkbar machen. Und schließlich wird zur Bekämpfung von Brust- und Prostatakrebs sicherlich pharmakologische Hilfe notwendig sein.

Vermutlich werden in Zukunft weltweit besonders die unterprivilegierten Menschen von Krebs betroffen sein. Mit anderen Worten trifft es also eher diejenigen, die nicht in dem Maße wie andere Bevölkerungsgruppen in der Lage sind, bewusste Entscheidungen über ihre Lebensführung zu treffen oder umzusetzen. Die Verbreitung der einzelnen Krebsarten wird sich künftig weiterhin ändern. Einige der vorherrschenden Krebsarten werden an Häufigkeit oder Bedeutung abnehmen, so wie beispielsweise beim Magenkrebs bereits geschehen. Auf der anderen Seite werden eventuell neue Krebsarten auftauchen bzw. an Verbreitung zunehmen.

Arbeiter der Maschinenbauindustrie und des Bauwesens waren in den 1960er und 1970er Jahren relativ hohen Asbestbelastungen ausgesetzt und erwarben dadurch ein erhöhtes Mesotheliom-Risiko. Die Anzahl der Mesotheliom-Todesfälle steigt noch immer an, und die Spitze wird erst für das Jahr 2020 erwartet. Außerhalb von Europa und den USA wird auch heute noch vielfach unkontrolliert mit Asbest gearbeitet. Dabei zählen die südostasiatischen Länder zu den Hauptimporteuren von Asbest, das sie von multinationalen Unternehmen in Südafrika geliefert bekommen. Es steht also zu erwarten, dass auch auf diese südostasiatischen Länder noch während des 21. Jahrhunderts eine Mesotheliom-Epidemie zukommen wird – ein Skandal sondergleichen.

Die Bekämpfung des Prostatakrebses wird nicht möglich sein, ohne dass wir uns unsere medizinische und gesellschaftliche Entwicklung vergegenwärtigen. Sollte sich meine sehr spekulative Theorie über den Prostatakrebs als richtig herausstellen, wie wird sich dann wohl der häufige Gebrauch von Viagra auf die Prostatakrebsrate bei den über 50-jährigen Männern auswirken? Und wie steht es mit dem Konsum von sogenannten Lifestyle-Drogen in den wohlhabenderen Gesellschaften, in denen das Zigarettenrauchen zwar zurückgeht, aber von anderen entspannenden Drogen abgelöst wird? Marihuana mag einige positive, medizinische Wirkungen haben, ist aber sicherlich keine ausschließlich wohltuende und unschuldige Substanz. Vielmehr enthält Marihuana unter anderem ebenfalls Benzopyrene und andere üble chemische Karzinogene. Außerdem hat inzwischen tatsächlich eine Studie gezeigt, dass das Bronchienepithel von Personen, die sowohl Marihuana als auch Crack konsumieren, häufig ähnliche molekulare Veränderungen aufweist, wie das von Zigarettenrauchern. Das wirkt sich vermutlich auch auf deren Krebsrisiko aus. Wie bei den Tabakrauchern wird es davon abhängen, über welchen Zeitraum hinweg jemand raucht und wie tief er inhaliert. Man kann noch weitere Szenarien heraufbeschwören, die zwar vielleicht nicht sehr wahrscheinlich sind, aber immerhin nicht völlig unmöglich erscheinen. Sollte das Ozonloch jemals mit Macht die nördliche Hemisphäre erreichen, so ist mit einem enormen Anstieg der Melanomrate zu rechnen.

Die Leberkrebshäufigkeit (Hepatozelluläres Karzinom) war in den USA während der 1990er Jahre bereits doppelt so hoch wie noch 10 bis 15 Jahre zuvor, und dieser Trend scheint sich noch eine Weile fortzusetzen. Besonders deutlich ist der Anstieg bei den relativ jungen Männern. Dies ist höchstwahrscheinlich auf eine verstärkte Übertragung von Hepatitis B und C während der späten 1960er und 1970er Jahre zurückzuführen. Die Infektionen geschahen hauptsächlich durch die Wiederverwendung von Injektionsnadeln unter Drogenabhängigen, durch die Verwendung nicht-getesteter Blutkonserven und durch ungeschützten Geschlechtsverkehr – eine traurige Parallele zu den HIV-Infektionen. Die Infektionsraten gehen in jüngerer Zeit wieder zurück, so dass mit entsprechender Verzögerung demnächst auch wieder mit sinkenden Leberkrebsraten zu rechnen ist.

Schließlich gibt es noch einen beunruhigenden Anstieg von Speiseröhrenkrebserkrankungen in den westlichen Ländern und in erster Linie bei Männern zu verzeichnen. Aus epidemiologischer Sicht lässt sich ein Zusammenhang mit Alkoholkonsum ausmachen, besonders wenn er von Zigarettengenuss begleitet wird. Bereits 1926 waren Berichte von überdurchschnittlich vielen Todesfällen infolge von Speiseröhrenkrebs im Biergewerbe (bei Gastwirten, Abfüllern, Kellermeistern) erschienen. Vermutlich ist dies allerdings nicht einfach nur auf den Alkohol zurückzuführen. Wie so oft in der Krebsforschung, bleiben auch hier noch viele Fragen offen und Rätsel zu lösen.

Der Mensch hat schon immer Krebs bekommen und wird auch in Zukunft mit Krebs leben müssen. Die völlige Ausrottung von Tumoren und lebensbedrohlichen oder metastasierenden Krebserkrankungen ist unwahrscheinlich. Allerdings werden sich die Verbreitungsmuster der verschiedenen Krebsarten immer wieder ändern. Auch die Krebssterblichkeit wird vermutlich in den westlichen Ländern zurückgehen, da sich in dieser Hinsicht die Geschichte in gewisser Weise wiederholt und da neue medizinische Dilemmas unsere immer älter werdende und wohlhabende Gesellschaft heimsuchen werden. Und in diesen wechselvollen Verläufen wird wohl nichts weltweit so viel Einfluss haben wie die Rauchgewohnheiten.

Zurück an den Anfang des Lebens

Betrachten wir die Krebserkrankungen bei Kindern, sieht die Situation etwas anders aus. Für einen kleinen Teil der Krebsarten, der auf eine bereits bekannte genetische Prädisposition zurückgeht, sind genetische Untersuchungen der Eltern, *in-vitro*-Fertilisation (IVF) und Genom-Screening der frühen Embryonen dankbare Optionen zur Vermeidung. Die Mehrheit der kindlichen Krebserkrankungen lassen sich auf diese Weise allerdings nicht identifizieren und verhindern. Viele pädiatrische Tumoren entstehen aufgrund spontaner DNA-Fehler während der komplexen Embryogenese und sind daher vermutlich unvermeidbar. Glücklicherweise können viele dieser Krebsarten, wenn auch leider nicht alle, wirkungsvoll (allerdings mit teilweise schweren Nebenwirkungen) behandelt werden. Neue Methoden molekularer Therapien könnten sich hier als sehr erfolgreich herausstellen, und zwar, so wie es aussieht, besonders bei Hirntumoren.

Neuere epidemiologische Studien deuten darauf hin, dass die hohe Rate akuter Leukämien bei Kindern in erster Linie auf moderne Lebensumstände zurückzuführen sind. Allerdings sind nicht, wie man vielleicht spontan vermuten würde, künstlich erzeugte Strahlung oder Pestizide beteiligt. Vielmehr wird inzwischen vermutet, dass Infektionen eine entscheidende Rolle spielen. Kleinkinder kommen heute später und insgesamt weniger mit bakteriellen und viralen Erregern in Kontakt und bauen ein ganz anderen natürlichen Schutz auf. Früher wurden die Säuglinge und Kleinkinder (zumindest in den urbanisierten Gesellschaften) durch den engen sozialen Kontakt mit Geschwistern, anderen Kindern oder der Mutter mit Erregern konfrontiert, während viele Kindern heute erst im Kindergarten- oder Schulalter die typischen „Kinderkrankheiten" und andere Infektionen bekommen. Diese Veränderungen beruhen auf der Tendenz zu kleinen Familien und Lebensgemeinschaften, verbesserter Hygiene, verstärkter Mobilität und Vermischung der Menschen. Natürlich haben diese geänderten Strukturen auf der anderen Seite sehr positiv auf die Kinder- und Säuglingssterblichkeit ausgewirkt und verringern virale oder bakterielle Epidemien. Vielleicht müssen wir allerdings einen sehr unerwarteten Preis dafür zahlen, sollte es sich als richtig herausstellen, dass die verzögert auftretenden, typischen kindlichen Infektionen einen erhöhten proliferativen Stress auf das Knochenmark ausüben und so Leukämien hervorrufen können.

Auch andere „moderne" Krankheiten, wie Polio, Drüsenfieber, vielleicht auch die Hodgkin-Krankheit bei jungen Erwachsenen (ein Lymphom), Insulin-abhängiger Diabetes und Multiple Sklerose, könnten sich als fatale Konsequenzen verzögerter Infektionen in den hochentwickelten Gesellschaften erweisen. Und ein ähnliches Szenario wird schließlich auch für Heuschnupfen und andere Allergien vermutet. Dass gesellschaftliche Entwicklungen, die auf den ersten Blick positiv erscheinen (wie etwa die reduzierte Infektionsrate bei Säuglingen und Kleinkindern), sich letztendlich so außergewöhnlich und im Grunde chaotisch auswirken, ist wiederum auf den Widerstreit zwischen menschlicher Biologie und menschlichem Verhalten zurückzuführen.

Unser Immunsystem wurde während der Evolution daraufhin optimiert, kurz nach der Geburt auftretende Infektionen oder immunologische Veränderungen zu bekämpfen, natürlich mit Hilfe der von der Mutter bereitgestellten Antikörper und unterstützt durch eine lange Stillphase. Während der frühen Zeit der Urbanisierung und der steigenden Bevölkerungsdichte hatten vermutlich diejenigen Säuglinge einen Überlebensvorteil, deren Immunsystem besonders schnell und wirkungsvoll auf Infektionen reagieren konnte. Das Immunsystem ist sogar auf relativ frühen Kontakt mit mikrobiellen Erregern angewiesen, um deren Struktur kennenzulernen und sich für spätere Infektionen zu wappnen. Je mehr das Immunsystem bereits gelernt hat, um so besser kann es späteren Infektionen begegnen.

Die Forschung beschäftigt sich momentan mit der Frage, ob kindliche Leukämien tatsächlich mit anormal verzögerten Konfrontation mit Infektion in Zusammenhang stehen. Die Klärung dieser Frage könnte dazu beitragen, diese Krebsform, die auf so traurige Art und Weise in den entwickelten Ländern präsent ist, wirkungsvoller zu bekämpfen. Sie mögen nun vielleicht einwenden, ich hätte eben doch erst dargelegt, dass diese Leukämien sehr gut heilbar sind und damit also vielleicht gar nicht ein so großes Problem darstellen. Die Krebstherapie hilft aber leider nicht allen Kindern und ist zudem mit schweren Nebenwirkungen und Langzeit-Folgen verbunden, die erhebliche Auswirkungen auf die kindliche Entwicklung haben können. Kinder sind außerordentlich robust, aber wir sollten uns mit den zur Zeit verfügbaren Möglichkeiten nicht zufrieden geben. Vielleicht könnten wir Leukämien noch viel besser bekämpfen, als wir momentan zu hoffen wagen.

Weiterführende Literatur zu Teil 4

Bailar JC, Gornik HL (1997) Cancer undefeated. N Engl J Med 336:1569-74

Beardsley T (1994) A war not won. Scientific American. January: 118-26

Boehm T, Folkman J, Browder T, O'Reilly MS (1997) Antiangiogenic therapy of experimental cancer does not induce acquired drug resistance. Nature 390:404-7. In der selben Ausgabe erschien dazu ein Kommentar von Kerbel RS (A cancer therapy resistant to resistance, pp 335-6). Einen Kommentar veröffentlichte Cohen J (1999) Behind the headlines of endostatin's ups and downs. Science 283:1250-1

Borst P, Hrsg. (1997) Seminars in cancer biology. Multidrug Resistant Proteins, Vol. 8, No. 3

Cain JM, Howett MK (2000) Preventing cervical cancer? Science 288:1753-4

D'Angio GJ (1975) Pediatric cancer in perspective: cure is not enough. Cancer 35(suppl 3):866-70

Doll R (1990) Are we winning the fight against cancer? An epidemiological assessment. Eur J Cancer 26:500-8

Fidler IJ (1995) Modulation of the organ microenvironment for treatment of cancer metastasis. J Natl Cancer Inst 87:1588-92

Gazit Y, Baish JW, Safabakhsh N, Leuning M, Baxter LT, Jain RK (1997) Fractal characteristics of tumor vascular architecture during tumor growth and regression. Microcirculation 4:395-402

Giovannucci E, Egan KM, Hunter DJ, Stampfer MJ, Colditz GA, Willett WC et al. (1995) Aspirin and the risk of colorectal cancer in women. N Engl J Med 333:609-14

Greaves M (1997) Aetiology of acute leukaemia. Lancet 349:244-9

Hahn WC, Stewart SA, Brooks MW, York SG, Eaton E, Kurachi A et al. (1999) Inhibition of telomerase limits the growth of human cancer cell. Nature Med 5:1164-70

Hickman JA, Potten CS, Merritt AJ, Fisher TC (1994) Apoptosis and cancer chemotherapy. Phil Trans R Soc Lond B 345:319-25

Jain RK (1998) The next frontier of molecular medicine: delivery of therapeutics. Nature Med 4:655-7

Janssen WF (1979) Cancer quackery – the past in the present. Sem Oncol 6:526-36

Karp JE, Broder S (1995) Molecular foundations of cancer: new targets for intervention. Nature Med 1:309-20

Lowe SW (1997) Progress of the smart bomb cancer virus. Nature Med 3:606-8

Passalacqua R, Campione F, Caminiti C, Salvagni S, Barilli A, Bella M et al. (1999) Patient's opinions, feeling, and attitudes after a campaign to promote the Di Bella therapy. Lancet 353:1310-14

Peto J, Hodgson JT, Matthews FE, Jones JR (1995) Continuing increase in mesothelioma mortality in Britain. Lancet 345:535-9

Rosenberg SA (1999) A new era for cancer immunotherapy based on the genes that encode cancer antigens. Immunity 10:281-7

Swisher SG, Roth JA, Neumunaitis J, Lawrence DD, Kemp BL, Carrasco CH et al. (1999) Adenovirus-mediated *p53* gene transfer in advanced non-small-cell lung cancer. J Natl Cancer Inst 91:763-71

Twardowski P, Gradishar WJ (1997) Clinical trials of antiangiogenic agents. Curr Opinion Oncol 9:584-9

Glossar

Adenom   Gutartiger, epithelialer Tumor, der sich zu einem Karzinom weiterentwickeln kann.

Aflatoxin   Pilzgift, das häufig in eingelagerten Lebensmitteln (z. B. Nüssen) zu finden ist. Produziert wird es von *Aspergillus*-Pilzen. Trägt in humiden Klimazonen vermutlich zum Leberkrebsrisiko bei.

Allele   Alternative Formen desselben Gens.

Aminosäure   Untereinheit beziehungsweise Konstituenten von Proteinen.

Angiogenese   Bildung neuer Blutkapillaren.

Antigen   Jede Substanz, die vom Immunsystem als körperfremd erkannt wird. Ruft zelluläre Reaktionen und/oder die Bildung von Antikörpern hervor.

Antikörper   Spezialisiertes Blutprotein, das vom Immunsystem gebildet wird.

Apoptose   Programmierter Zelltod.

Ätiologie   Gesamtheit der ursächlichen Faktoren, die zu einer Krankheit führen (oder auch die Lehre von den Krankheitsursachen).

Benigner Tumor   Gutartiger Tumor, der nicht in das umliegende Gewebe infil-triert oder es zerstört und auch nicht metastasiert.

Benzo(a)pyren   Chemische Substanz, die bei der Verkohlung zellulose-, wachs- oder fetthaltiger Stoffe (Tabak, Zigarettenpapier) entsteht und in den teerhaltigen Produkten enthalten ist.

BRCA-1, BRCA-2   *Breast cancer associated gene 1* und *2*. Erhöhen deutlich das Brustkrebsrisiko derjenigen, die sie in mutierter Form erben.

Carcinoma *in situ*   Karzinom, das auf einen kleinen Gewebebereich beschränkt bleibt.

Choriokarzinom   Krebsform der Gebärmutter, entsteht aus embryonalem (plazentalem) Gewebe.

Chromosom   Lineare Struktur bestehend aus DNA und Protein. Jede humane Zelle besitzt 23 Chromosomen-Paare.

Cytochrom p450   Enzymgruppe die beim oxidativen Metabolismus karzinogener Substanzen beteiligt sind.

Deletion   Verlust von Teilen eines Gens (oder Chromosoms) oder kompletten Genen (oder Chromosomen).

Differenzierung   Entwicklungsprozess bei dem unspezialisierte Zellen oder Gewebe spezialisiert werden. Die daraus resultierende Zelle übt entweder über einen definierten Zeitraum hinweg die zugewiesene Funktion aus und stirbt anschließend (z. B. Blutzellen) oder senkt die Zellteilungsgeschwindigkeit und ist über mehrere Jahre hinweg funktionstüchtig (z. B. Muskel- oder Nervenzellen).

DNA Desoxyribonukleinsäure. Genetisches Material, das auf die Nachkommen vererbt wird. Existiert als Doppelhelix aus zwei komplementären Strängen und wird zu Chromosomen kondensiert.

Entzündung Natürliche Reaktion des Gewebes auf Verletzung oder Infektion, an der infiltrierende weiße Blutkörperchen und vaskuläre Reaktionen beteiligt sind.

Enzyme spezielle Proteine, die (in geringen Mengen eingesetzt) biologische Reaktionen beschleunigen, ohne selbst bei der Reaktion verbraucht zu werden.

Epithel Gewebe, das den Körper umhüllt und die meisten Hohlräume des Körpers auskleidet.

Gen Entscheidende Einheit des genetischen Codes (DNA), die die Informationen für die Bildung von Proteinen oder Proteinuntereinheiten trägt.

Genetischer Code In der DNA enthaltene Information über die Aminosäuresequenz der Proteine. Der genetische Code kontrolliert demnach die Gestalt aller in einer Zelle enthaltener Proteine.

Genotyp Einzigartige Genzusammensetzung eines Individuums.

HBV Hepatitis B Virus. Weit verbreitetes Virus, das unter anderem in Zusammenhang mit Leberkrebs gebracht wird und üblicherweise über das Blut übertragen wird.

Histopathologie Standard-Diagnose-Methode, mit der durch mikroskopische Untersuchung von Gewebebiopsien Art und Stadium eines Tumors bestimmt wird; ergänzt häufig durch Färbung der Gewebeschnitte mithilfe von Farbstoffen oder anderen Reagenzien (Antikörper oder DNA-, bzw. RNA Proben).

HIV Humanes Immundefizienz Virus.

HLA Histocompatibility locus angigen. Individuell spezifische Zelloberflächenproteine, die bei Transplantationen Abstoßungsreaktionen hervorrufen können. Sie erleichtern das Erkennen körperfremder (z. B. mikrobieller) Antigene durch das Immunsystem.

Hominiden Arten der menschlichen Abstammungslinie (*Homo spec., z. B. H. sapiens, H. erectus, H. neanderthalensis*).

HPV Humanes Papillomvirus. Große Virenfamilie, die weit verbreitet ist. Einige Papillomviren stehen in Zusammenhang mit bestimmten Krebsarten.

HTLV Humanes T-lymphotrophes Virus. Das weit verbreitete HTLV 1 ist mit einer bestimmten Leukämieform bei Erwachsenen in Japan und der Karibik assoziiert.

Hyperplasie Reversibler Anstieg der Zellteilungsrate innerhalb eines Gewebes, der allerdings bei anhaltender Proliferation in tumorigenes Wachstum ausarten kann.

Ionidisierend Ladungsübertragung (durch Elektronentransfer) auf „Empfänger“-Moleküle durch z. B. viele (aber nicht alle) Strahlungsformen.

Kambrium Erdgeschichtliche Periode vor 545 bis 495 Jahren, während der sich die Hauptgruppen der vielzelligen Organismen stark ausgebreitet haben.

Kapillare Extrem feine Blutgefäße.

Karzinogene Substanzen (chemische Stoffe oder ionidisierende Strahlung), die die DNA schädigen und Krebs auslösen können.

Karzinom potentiell bösartige, epitheliale Krebsform.

Keimzelle Spezialisierte Zelle, die die Spermien und Eizellen hervorbringt.

Klon Gruppe von Zellen (oder Individuen), die von der gleichen Ursprungszelle (oder dem gleichen Vorfahren) abstammen.

Klonieren Experimentelle Produktion multipler Kopien eines Gens (oder einer Zelle oder eines Organismus) durch gentechnische Verfahren.

Kodierung Gene kodieren die Aminosäuresequenz von Proteinen.

Leukämie Gruppe von Krebsarten, die aus den weißen Blutzellen entstehen.

Lymphozyten spezielle Gruppe der weißen Blutzellen (Leukozyten), die die Hauptfunktionen des Immunsystems übernehmen. Die beiden Varietäten, B- und T-Lymphozyten, produzieren Antikörper oder zerstören infizierte Zellen.

Lymphom Gruppe von Krebsarten, die aus den lymphatischen Geweben (z. B. Lymphknoten) entstehen.

Maligne Tumoren Klinische Bezeichnung für lebensbedrohliche Krebserkrankungen, die üblicherweise auf metastasierende Tumoren angewendet wird.

Mastektonomie Chirurgische Brustamputation.

Melanom Krebsart, die aus den Melanin-produzierenden Hautzellen entsteht. Wenn Melanome nicht rechtzeitig erkannt und entfernt werden, können sie sehr bösartig werden.

Metastasierung Ausbreitung von Krebszellen vom Ursprungsort in andere Gewebe des Körpers.

Metazoen Bezeichnung für alle vielzelligen, tierischen Arten.

M.I.T. Massachusetts Institute of Technology.

Monoklonal Von einer einzigen Ursprungszelle abstammend.

Mutation Veränderung des genetischen Materials (DNA) einer Zelle oder die Veränderung von charakteristischen Merkmalen eines Individuums, die nicht durch normale genetische Prozesse verursacht wurden. Abhängig von Art und Auswirkung (auf das kodierte Protein) der Mutation ist diese entweder neutral oder führt zu Informationsverlusten oder wirkt sich in sehr seltenen Fällen positiv und förderlich aus.

Neolithikum Jungsteinzeit (10000 bis 5000 v. Chr.).

Nukleotid Verbindung aus Stickstoff mit einem Zuckermolekül und einer Phosphatgruppe.

Nukleotidbase Untereinheit des genetischen Codes, der aus vier verschiedenen Nukleotidbasen besteht: Adenin, Thymin, Cytosin, Guanin (A, T, C, G).

Onkogen Bezeichnung für ein mutiertes Gen, das direkt und positiv verstärkend auf die maligne Transformation einer Zelle in eine Krebszelle wirkt.

Östrogene Bezeichnung für eine Gruppe weiblicher, Steroidhormone (Östradiol ist das Hauptöstrogen).

Paläolithikum   Altsteinzeit (250000 bis 10000 v. Chr.).

PAP-Test   Mikroskopische Untersuchung von Abstrichen der Gebärmutterhalsschleimhaut zur Identifizierung von Krebszellen. Benannt nach Dr. G. Papanicolaou, der diesen Test entwickelte.

Parasiten   Organismen, die durch das Zusammenleben mit anderen Organismen, ihren Wirten, einseitig Nutzen ziehen.

Phänotype   Einzigartige Merkmalszusammensetzung einer Zelle oder eines Individuums.

Pleistozän   Erdgeschichtliche Epoche vor 1,75 Millionen bis 10000 Jahren).

Polymerasenkettenreaktion   Molekularbiologische Methode, bei der mit Hilfe von Nukleotiden (Oligonukleotide, sog. Primer) und dem Enzym Polymerase Millionen von Kopien des selben DNA-Fragmentes hergestellt werden. Sie kann unter anderem dazu dienen, sehr kleine Mengen eines Gens (oder eines Genfragmentes) nachzuweisen und ist daher von großem diagnostischen Wert in der Medizin und der Forensik.

Polyp   Tumor, der auf der Oberfläche eines Gewebes (Epithel oder Epidermis) wächst.

Protein   Funktionelle und strukturelle Bestandteile der Zellen, deren Aufbau von den Genen kodiert wird.

p53   Protein 53 mit einem Molekulargewicht von 53 kiloDalton. Wichtiges Protein, das die Zellen vor den Folgen von Stress und DNA-Schäden schützt. Es ist regelmäßig in Krebszellen deletiert. Das p53-Protein wird von dem Gen *p53* kodiert (Genbezeichnungen werden kursiv gedruckt.).

Pyrolyse   Bezeichnung für den chemischen Prozess der Verbrennung.

Radon   Radioaktives Gas. Natürliches Produkt des Urans, das aus bestimmten Gesteinsformationen austritt.

RAS   Regelmäßig bei einigen weit verbreiteten Krebsarten mutiertes Gen. Kodiert ein Protein, das bei intrazellulären Signalwegen und der Zellwachstumskontrolle eine Rolle spielt.

Rezeptor   Proteinmolekül, das andere Moleküle, die sogenannten Liganden, im „Schlüssel-Schloss-Prinzip" bindet.

Sarkom   Krebsform, die aus „unterstützenden" Geweben entsteht, z. B. aus Bindegewebe, Muskeln oder Knochen (Osteosarkome).

Seneszenz   Alterungsprozess der Zelle, bei dem das Zellwachstum langsam abnimmt, bis die Zelle entweder zur Ruhe kommt oder in den Zelltod übergeht.

Squamoser Tumor   Beschreibender Ausdruck für sehr flache Tumoren.

Stammzelle   Gründerzelle von spezialisierten Zellen (Blut-, Epithel-, Epidermis-, Leberzellen), das die Bildung dieser differenzierten dauerhaft Zellen gewährleistet. Aus Stammzellen entwickeln sich die Hauptkrebsarten.

Testosteron   Männliches Steroidhormon, das auch als Androgen bezeichnet wird und im Hodengewebe produziert wird.

Toxisch/Toxizität   Gewebeschädigend.

Transgene Organismen oder Zellen   Organismen oder Zellen, die ein künstlich übertragenes Gen (ein Transgen) tragen.

Translokation   Überführung von genetischem Material von einem Chromosom auf ein anderes, der besonders bei Leukämien und Sarkomen häufig zu beobachten ist.

Tumorsuppressorgen   Gen, das die maligne Transformation von Zellen verhindert. Normalerweise kontrollieren Tumorsuppressoren die Proliferationsaktivität oder induzieren alternative Zellreaktionen (z. B. Seneszenz, Differenzierung oder Zelltod). Der Verlust der normalen Zellfunktion eines solchen Gens (durch Deletion oder Mutation) trägt zur Anhäufung von Mutationen in einer Krebszelle bei.

Zellnukleus   Zellkern. Zentrale, membranumhüllte Zellstruktur, die die Chromosomen enthält.

Sachverzeichnis